U0872892

中国国家标准汇编

2014年修订-24

中国标准出版社　编

中国标准出版社
北　京

图书在版编目(CIP)数据

中国国家标准汇编:2014 年修订.24/中国标准出版社编.—北京:中国标准出版社,2015.11
ISBN 978-7-5066-7960-2

Ⅰ.①中… Ⅱ.①中… Ⅲ.①国家标准-汇编-中国-2014 Ⅳ.①T-652.1

中国版本图书馆 CIP 数据核字(2015)第 179918 号

中国标准出版社出版发行
北京市朝阳区和平里西街甲 2 号(100029)
北京市西城区三里河北街 16 号(100045)

网址 www.spc.net.cn
总编室:(010)68533533 发行中心:(010)51780238
读者服务部:(010)68523946

中国标准出版社秦皇岛印刷厂印刷
各地新华书店经销

*

开本 880×1230 1/16 印张 38 字数 1 169 千字
2015 年 11 月第一版 2015 年 11 月第一次印刷

*

定价 220.00 元

如有印装差错 由本社发行中心调换
版权专有 侵权必究
举报电话:(010)68510107

出 版 说 明

1.《中国国家标准汇编》是一部大型综合性国家标准全集。自 1983 年起，按国家标准顺序号以精装本、平装本两种装帧形式陆续分册汇编出版。它在一定程度上反映了我国建国以来标准化事业发展的基本情况和主要成就，是各级标准化管理机构，工矿企事业单位，农林牧副渔系统，科研、设计、教学等部门必不可少的工具书。

2.《中国国家标准汇编》收入我国每年正式发布的全部国家标准，分为"制定"卷和"修订"卷两种编辑版本。

"制定"卷收入上一年度我国发布的、新制定的国家标准，顺延前年度标准编号分成若干分册，封面和书脊上注明"20××年制定"字样及分册号，分册号一直连续。各分册中的标准是按照标准编号顺序连续排列的，如有标准顺序号缺号的，除特殊情况注明外，暂为空号。

"修订"卷收入上一年度我国发布的、被修订的国家标准，视篇幅分设若干分册，但与"制定"卷分册号无关联，仅在封面和书脊上注明"20××年修订-1，-2，-3，……"字样。"修订"卷各分册中的标准，仍按标准编号顺序排列(但不连续)；如有遗漏的，均在当年最后一分册中补齐。需提请读者注意的是，个别非顺延前年度标准编号的新制定的国家标准没有收入在"制定"卷中，而是收入在"修订"卷中。

读者配套购买《中国国家标准汇编》"制定"卷和"修订"卷则可收齐由我社出版的上一年度我国制定和修订的全部国家标准。

3. 由于读者需求的变化，自 1996 年起，《中国国家标准汇编》仅出版精装本。

4. 2014 年我国制修订国家标准共 1 611 项。本分册为"2014 年修订-24"，收入新制修订的国家标准 38 项。

中国标准出版社
2015 年 8 月

目　录

ICS 61.020
Y 75

中华人民共和国国家标准

GB/T 21294—2014
代替 GB/T 21294—2007

服装理化性能的检验方法

Testing methods of physical and chemical performance of garments

2014-09-03 发布　　2015-08-01 实施

中华人民共和国国家质量监督检验检疫总局
中国国家标准化管理委员会　发布

前言

本标准按照 GB/T 1.1—2009 给出的规则起草。

本标准代替 GB/T 21294—2007《服装理化性能的检验方法》。

本标准与 GB/T 21294—2007 的主要技术性差异如下：

——补充了耐热压、染料迁移性能、拼接互染程度、酚黄变色牢度的测试方法(见第 5 章)；

——修改了可萃取重金属的测试方法，补充了阻燃整理剂、邻苯二甲酸酯、总铅含量、烷基酚(AP)和烷基酚聚氧乙烯醚(APEO)的测试方法(见第 6 章)；

——补充了洗涤后外观测试方法(见 8.5)；

——修改了缝子纰裂程度的测试方法(见 9.2.1，2007 年版的 5.1)；

——补充了接缝强力的测试方法(见 9.2.2)；

——补充了裤后裆缝接缝强力测试方法(见 9.2.3)；

——增加了耐磨性能的测试方法(见 9.5)；

——修改了起球的测试方法(见 9.6，2007 年版的 5.4)；

——删除了透气率、保温率的测试方法(见 2007 年版的 8.2 和 8.4)；

——补充了耐静水压性能、防紫外线性能、抗钩丝性能、吸湿速干性能、拒油性能、易去污性能的测试方法(见 10.3、10.4、10.5、10.6、10.7、10.8)；

——增加了附录 A、附录 B、附录 C、附录 D、附录 E。

本标准由中国纺织工业联合会提出。

本标准由全国服装标准化技术委员会(SAC/TC 219)归口。

本标准起草单位：上海市服装研究所、国家服装质量监督检验中心(上海)、福建省纤维检验局、广州市纤维产品检测院、深圳市计量质量检测研究院、杭州市质量技术监督检测院、上海天祥质量技术服务有限公司、必维申美商品检测(上海)有限公司、通标标准技术服务(上海)有限公司、恒源祥(集团)有限公司、九牧王股份有限公司。

本标准主要起草人：施琴、阿阳、黄颖、聂凤明、叶毓辉、顾红烽、钱玮、高铭、张巍、邱洪生、林荣宗、周双喜、王宏明。

本标准所代替标准的历次版本发布情况为：

——GB/T 21294—2007。

服装理化性能的检验方法

1 范围

本标准规定了服装产品理化性能检验的测试方法。

本标准适用于以纺织机织物为主要原料生产的服装产品理化性能技术指标的检验。

2 规范性引用文件

下列文件对于本文件的应用是必不可少的。凡是注日期的引用文件，仅注日期的版本适用于本文件。凡是不注日期的引用文件，其最新版本（包括所有的修改单）适用于本文件。

GB/T 250 纺织品 色牢度试验 评定变色用灰色样卡

GB/T 251 纺织品 色牢度试验 评定沾色用灰色样卡

GB/T 2910（所有部分） 纺织品 定量化学分析

GB/T 2912.1 纺织品 甲醛的测定 第1部分：游离和水解的甲醛（水萃取法）

GB/T 3917.1—2009 纺织品 织物撕破性能 第1部分：冲击摆锤法撕破强力的测定

GB/T 3917.2—2009 纺织品 织物撕破性能 第2部分：裤形试样（单缝）撕破强力的测定

GB/T 3920 纺织品 色牢度试验 耐摩擦色牢度

GB/T 3921—2008 纺织品 色牢度试验 耐皂洗色牢度

GB/T 3922 纺织品 色牢度试验 耐汗渍色牢度

GB/T 3923.1—2013 纺织品 织物拉伸性能 第1部分：断裂强力和断裂伸长率的测定（条样法）

GB/T 4744—2013 纺织品 防水性能的检测和评价 静水压法

GB/T 4745—2012 纺织品 防水性能的检测和评价 沾水法

GB/T 4802.1—2008 纺织品 织物起毛起球性能的测定 第1部分：圆轨迹法

GB/T 5455—1997 纺织品 燃烧性能试验 垂直法

GB/T 5711—1997 纺织品 色牢度试验 耐干洗色牢度

GB/T 5713 纺织品 色牢度试验 耐水色牢度

GB/T 6152—1997 纺织品 色牢度试验 耐热压色牢度

GB/T 6529—2008 纺织品 调湿和试验用标准大气

GB/T 6682—2008 分析实验室用水规格和试验方法

GB/T 7573 纺织品 水萃取液pH值的测定

GB/T 8170—2008 数值修约规则与极限数值的表示和判定

GB/T 8427—2008 纺织品 色牢度试验 耐人造光色牢度：氙弧

GB/T 8628—2013 纺织品 测定尺寸变化的试验中织物试样和服装的准备、标记及测量

GB/T 8629—2001 纺织品 试验用家庭洗涤和干燥程序

GB/T 8630—2002 纺织品 洗涤和干燥后尺寸变化的测定

GB/T 11047—2008 纺织品 织物勾丝性能评定 钉锤法

GB/T 12704.1—2009 纺织品 织物透湿性试验方法 第1部分：吸湿法

GB/T 12704.2—2009 纺织品 织物透湿性试验方法 第2部分:蒸发法

GB/T 13769—2009 纺织品 评定织物经洗涤后外观平整度的试验方法

GB/T 13771—2009 纺织品 评定织物经洗涤后接缝外观平整度的试验方法

GB/T 14644—1993 纺织织物 燃烧性能45°方向燃烧速率测定

GB/T 14576—2009 纺织品 色牢度试验 耐光、汗复合色牢度

GB/T 16988—2013 特种动物纤维与绵羊毛混合物含量的测定

GB/T 17592 纺织品 禁用偶氮染料的测定

GB/T 17593.1—2006 纺织品 重金属的测定 第1部分:原子吸收分光光度法

GB/T 17593.2—2007 纺织品 重金属的测定 第2部分:电感耦合等离子体原子发射光谱法

GB/T 17593.3—2006 纺织品 重金属的测定 第3部分:六价铬 分光光度法

GB/T 17593.4—2006 纺织品 重金属的测定 第4部分:砷、汞原子荧光分光光度法

GB 18401—2010 国家纺织产品基本安全技术规范

GB/T 18830—2009 纺织品 防紫外线性能的评定

GB/T 18886 纺织品 色牢度试验 耐唾液色牢度

GB/T 19977—2005 纺织品 拒油性 抗碳氢化合物试验

GB/T 19981.2—2005 纺织品 织物和服装的专业维护、干洗和湿洗 第2部分:使用四氯乙烯干洗和整烫时性能试验的程序

GB/T 21196.2—2007 纺织品 马丁代尔法织物耐磨性的测定 第2部分:试样破损的测定

GB/T 21655.1—2008 纺织品 吸湿速干性的评定 第1部分:单项组合试验法

GB/T 23319.3—2010 纺织品 洗涤后扭斜的测定 第3部分:机织服装和针织服装

GB/T 23322—2009 纺织品 表面活性剂的测定 烷基酚聚氧乙烯醚

GB/T 23344 纺织品 4-氨基偶氮苯的测定

GB/T 24279—2009 纺织品 禁/限用阻燃剂的测定

GB/T 29778—2013 纺织品 色牢度试验 潜在酚黄变的评估

GB/T 30157—2013 纺织品 总铅和总镉含量的测定

FZ/T 01026—2009 纺织品 定量化学分析 四组分纤维混合物

FZ/T 01057(所有部分) 纺织纤维鉴别试验方法

FZ/T 01095—2002 纺织品 氨纶产品纤维含量的试验方法

FZ/T 01118—2012 纺织品 防污性能的检测和评价 易去污性

FZ/T 30003—2009 麻棉混纺产品定量分析方法 显微投影法

FZ/T 80007.1—2006 使用粘合衬服装剥离强力测试方法

FZ/T 80007.3—2006 使用粘合衬服装耐干洗测试方法

ISO 17294-2:2003 水质-感应耦合等离子体质谱法(ICP-MS)的应用-第2部分:62种元素的测定

3 基本安全技术要求测试

3.1 甲醛含量测试

成品的甲醛含量按GB/T 2912.1规定测试。

3.2 pH测试

成品的pH按GB/T 7573规定测试。

3.3 异味测试

成品的异味按 GB 18401—2010 中的 6.7 规定测试。

3.4 可分解致癌芳香胺染料测试

成品的可分解致癌芳香胺染料按 GB/T 17592 和 GB/T 23344 规定测试。

3.5 耐水色牢度测试

成品的耐水色牢度按 GB/T 5713 规定测试。

3.6 耐汗渍色牢度测试

成品的耐汗渍色牢度按 GB/T 3922 规定测试。

3.7 耐唾液色牢度测试

成品的耐唾液色牢度按 GB/T 18886 规定测试。

3.8 耐干摩擦色牢度测试

成品的耐干摩擦色牢度按 GB/T 3920 规定测试。

4 燃烧性能测试

4.1 儿童睡衣燃烧性能测试方法

按 GB/T 5455—1997 规定，试样尺寸为 300 mm×80 mm，火焰高度为 40 mm±2 mm，点火时间为 3 s±0.2 s。进行过阻燃整理的产品测试和仲裁检验测试，应将试样连续洗涤、干燥 50 次，再进行燃烧性能的测试。洗涤、干燥方法按 GB/T 8629—2001 规定，选用 2B 洗涤程序，翻滚烘干。

4.2 其他产品燃烧性能测试方法

其他产品的燃烧性能按 GB/T 14644—1993 规定测试。

5 色牢度测试

5.1 耐湿摩擦色牢度测试

成品的耐湿摩擦色牢度按 GB/T 3920 规定测试。

5.2 耐皂洗色牢度测试

成品的耐皂洗色牢度按 GB/T 3921—2008 规定测试。

5.3 耐干洗色牢度测试

成品的耐干洗色牢度按 GB/T 5711—1997 规定测试。

5.4 耐人造光色牢度测试

成品的耐人造光色牢度按 GB/T 8427—2008 中的方法 3 规定测试。

5.5 耐光、汗复合色牢度测试

成品的耐光、汗复合色牢度按 GB/T 14576—2009 规定测试。

5.6 耐热压色牢度测试

成品的耐热压色牢度按 GB/T 6152—1997 规定测试。

5.7 染料迁移性能测试

成品的染料迁移性能按附录 A 规定测试。

5.8 拼接互染程度测试

成品的拼接互染程度按附录 B 规定测试。

5.9 酚黄变测试

成品的酚黄变按 GB/T 29778—2013 规定测试。

6 可萃取的重金属、阻燃整理剂、邻苯二甲酸酯、总铅含量、烷基酚(AP)和烷基酚聚氧乙烯醚(APEO)测试

6.1 取样

应对服装的商标标签、面料、里料、辅料和配件(如钮扣、拉链、贴片、贴花等)分别选取具有代表性的样品,具体要求按表 1 规定。

表 1

测试项目	取样内容	取样原则
可萃取重金属	对面料、里料、辅料、金属配件、塑料配件、皮革等产品组成部分取样	按材质和颜色取样
阻燃整理剂	对经过阻燃整理或含有阻燃剂的纺织品取样	按材质取样
邻苯二甲酸酯	对 14 岁及以下儿童服装取样,通常非染料印花部分、涂层部分、塑料(橡胶)附件和附件/配件的表面涂层可能含邻苯二甲酸酯	按材质取样
总铅含量	对非纺织品部分取样	按材质和颜色取样
烷基酚(AP)和烷基酚聚氧乙烯醚(APEO)	对面料、里料、辅料等纺织品取样	按材质取样

6.2 测试方法

6.2.1 成品的可萃取重金属按 GB/T 17593(所有部分)、GB/T 3922 和 ISO 17294-2:2003 的规定测试,具体测试方法按表 2 规定。

表 2

可萃取重金属	方法标准
锑(Sb)、砷(As)、铅(Pb)、镉(Cd)、铬(Cr)、钴(Co)、铜(Cu)、镍(Ni)[a]	方法 1:GB/T 17593.1—2006 方法 2:GB/T 17593.2—2007 方法 3[c]:GB/T 3922 和 ISO 17294-2:2003
汞(Hg)、砷(As)[b]	方法 1:GB/T 17593.4—2006 方法 2:GB/T 3922 和 ISO 17294-2:2003
铬(六价)(Cr VI)	GB/T 17593.3—2006

[a] 锑(Sb)、砷(As)、铅(Pb)、镉(Cd)、铬(Cr)、钴(Co)、铜(Cu)、镍(Ni)8 种可萃取重金属的检测,可根据实际条件,在所列 3 种试验方法标准中选 1 种进行测试。

[b] 汞(Hg)、砷(As)可萃取重金属的检测,可根据实际条件,在所列 2 种试验方法标准中任选 1 种进行测试。

[c] 在 GB/T 3922 和 ISO 17294-2:2003 试验方法中,采用 GB/T 3922 规定的酸性汗液,称取 4 g 剪碎至 5 mm×5 mm以下的试样 2 份(供平行试验),精确至 0.01 g,置于具塞三角烧瓶中,加入 80 mL 酸性汗液,将纤维充分浸湿,放入(37±2)℃恒温水浴振荡器中振荡 60 min 后取出,静置冷却至室温,过滤后根据 ISO 17294-2:2003 规定进行分析。

6.2.2 成品的禁/限用阻燃整理剂按 GB/T 24279—2009 规定测试。

6.2.3 成品的邻苯二甲酸酯含量按附录 C 规定测试。

6.2.4 成品的总铅含量按 GB/T 30157—2013 和附录 D 规定测试。

6.2.5 成品的烷基酚(AP)按附录 E 规定测试,烷基酚聚氧乙烯醚(APEO)按 GB/T 23322—2009 规定测试。

7 纤维成分和含量测试

7.1 取样

在成品中裁取具有代表性的样品,即包含组成(面料、里料、填充料)的各种纱线和纤维成分的试样 2 份各 1 g 及以上。

7.2 测试方法

成品所用原料的纤维成分和含量按 FZ/T 01057(所有部分)、GB/T 2910(所有部分)、FZ/T 01026—2009、FZ/T 01095—2002、FZ/T 30003—2009、GB/T 16988—2013 等规定测试。

8 洗涤性能测试

8.1 水洗尺寸变化率测试

成品的水洗尺寸变化率按 GB/T 8628—2013、GB/T 8629—2001、GB/T 8630—2002 规定测试。

8.2 干洗尺寸变化率测试

成品的干洗尺寸变化率按 FZ/T 80007.3—2006 或 GB/T 19981.2—2005 规定测试。

8.3 洗涤干燥后外观平整度测试

成品的洗涤干燥后外观平整度测试按 GB/T 13769—2009 规定测试。

8.4 洗涤干燥后接缝外观平整度测试

成品的洗涤干燥后接缝外观平整度测试按 GB/T 13771—2009 规定测试。

8.5 洗涤后外观测试

8.5.1 测试方法

洗涤干燥方法按照相应的产品标准要求或 GB/T 8629—2001 规定，洗涤 1 次或洗涤循环次数可以由相关利益方协商决定。至少抽取 1 件成品。

洗涤前剪取成品上有代表性部位的小块面积作为原样，以供洗涤后样品的变化评级。被剪取小块面积后的测试样品不应有任何影响外观评定的因素。

成品的扭曲率按 GB/T 23319.3—2010 方法 B 规定测试。

8.5.2 评定

外观评定一般采用灯光照明，照度不低于 600 lx，有条件时也可采用北空光照明，目光和成品中间距离为 35 cm 以上。评定成品变色时，评定条件按照色牢度评级规定要求执行。

将干燥后的样品平摊放置，用剪取的有代表性的小块成品原样对比洗后样，目测洗后样的变化并进行记录：

a) 成品扭曲率的测试结果；

b) 用 GB/T 250 变色样卡评定颜色变化；

c) 面料是否出现明显的起皱、波纹、起球、钩丝、破洞、磨损痕迹、脱毛，填充物是否出现成束、不匀、破洞、缩团等明显外观变化；

d) 粘合、复合、涂层、印花部位面料是否出现起泡、脱落裂开；

e) 里料是否出现外露；

f) 衬布是否出现断裂、起泡、脱胶；

g) 绣花部位面料是否出现明显起皱，贴花部位是否出现脱开，印花部位是否出现明显掉色、霜白、裂开；

h) 布边是否出现松散、卷曲，流苏是否散开、凌乱；

i) 包缝线是否脱落、缝纫线是否开线，绣花线迹是否明显松弛；

j) 钮扣、拉链、铆钉等硬质附件(装饰件除外)是否出现明显变形、变色、生锈、掉漆、脱落等现象，绱拉链是否平服；

k) 以上尚未提及的其他明显影响服装穿着使用外观变化的缺陷也应该包含在评定内容中。

8.5.3 结果

按照 8.5.2 评定的内容，综合评定成品洗后外观是否可以接受。评定至少需要 2 位检验人员，当判定结果出现不一致时，应有第 3 个人参与评定。以 2 个人的意见作为最终的判定结果。

9 耐用性能测试

9.1 覆粘合衬部位剥离强力测试

9.1.1 取样

按 GB/T 6529—2008 规定进行调湿。调湿结束后，在成品的覆粘合衬部位裁取 25 mm×150 mm 的试样 3 块。

9.1.2 测试方法

成品的覆粘合衬部位剥离强力按 FZ/T 80007.1—2006 规定测试。

9.2 接缝性能测试

9.2.1 缝子纰裂程度

9.2.1.1 取样

9.2.1.1.1 按 GB/T 6529—2008 规定进行调湿。取 3 件(条)成品，然后从成品的各个取样部位(或缝制样)上分别截取 50 mm×200 mm 试样 1 块，共 3 块。其直向中心线应与缝迹垂直(缝迹线位于上、下夹钳中间)。

注：必要时，对缝线部位两端进行加固。

9.2.1.1.2 上装的取样部位按表 3 规定。

表 3

部位名称	取样部位规定
后背缝	后领中向下 250 mm
袖窿缝	后袖窿弯处
摆缝	袖窿底处向下 100 mm

9.2.1.1.3 下装的取样部位按表 4 规定。

表 4

部位名称	取样部位规定
裤后缝	后龙门弧线 1/2 为中心
裤侧缝	裤侧缝上 1/3 为中心
下裆缝	下裆缝上 1/3 为中心

9.2.1.1.4 连衣裙、裙套的取样部位按表 5 规定。

表 5

部位名称	取样部位规定
后背缝	后领中向下 150 mm
袖窿缝	后袖窿弯处
摆缝	袖窿底处向下 100 mm
裙侧缝、裙后中缝	腰头向下 200 mm

9.2.1.2 **测试设备**

织物拉力机，夹钳距离可调至 100 mm±1 mm，夹钳无载荷时移动速度可调至 50 mm/min±1 mm/min，预加张力为 2 N，夹钳对试样的有效夹持面积为 25 mm×25 mm。

9.2.1.3 **试验步骤**

9.2.1.3.1 将拉力机的 2 个夹钳分开至 100 mm±1 mm，2 个夹钳边缘必须相互平行且垂直于移动方向。

9.2.1.3.2 将试样固定在夹钳中间（预加张力为 2 N），使试样直向中心线与夹钳边缘相互垂直（缝迹线位于两夹钳中间）。

9.2.1.3.3 以 50 mm/min 的速度逐渐增加至规定负荷（见表 6）或未达到最大负荷而试样伸长率达到 30%时，停止夹钳的移动，然后在试样上垂直量取其接缝脱开的最大距离，见图 1，测量值精确至 0.5 mm。若试验中出现纱线从试样中滑脱现象，则测试结果记录为滑脱。若试验中出现织物断裂、撕破或缝线断裂现象，则在试验记录予以描述。

表 6

类　　别		规定负荷/N
服装面料	织物单位面积质量 ≤52 g/m^2	45.0±1.0
	织物单位面积质量[a] 52 g/m^2～150 g/m^2	80.0±2.0
	织物单位面积质量>150 g/m^2	100.0±2.0
服装里料		70.0±1.5

[a] 52 g/m^2 以上丝绸织物规定负荷 67 N±1.5 N，67 g/m^2 以上缎类织物规定负荷 45 N±1.0 N。

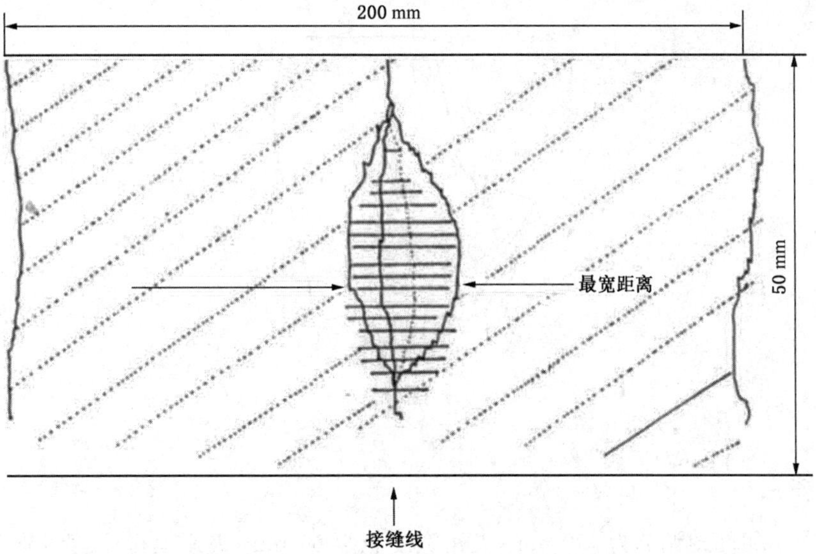

图 1

9.2.1.4 试验结果

分别计算每部位各试样测试结果的算术平均值，计算结果按 GB/T 8170—2008 修约至 1 mm。若 3 块试样中仅有 1 块出现滑脱、织物断裂或缝线断裂现象，则计算另 2 块试样的平均值，若 3 块试样中有 2 块或 3 块出现滑脱、织物断裂或缝线断裂现象，则结果为滑脱、织物断裂或缝线断裂。

9.2.2 接缝强力

9.2.2.1 取样

按 GB/T 6529—2008 规定进行调湿。然后从成品上裁取 50 mm×200 mm 接缝试样各 3 块，试样缝线应垂直于长度方向的中心位置。

注：必要时，对缝线部位两端进行加固或加宽处理。

9.2.2.2 测试方法

将拉力机 2 个夹钳间距调节为 100 mm，夹钳宽度至少 60 mm，夹钳运行速度调节为 100 mm/min ±1 mm/min。然后，将试样两端分别夹入拉力机的夹钳中，缝线位于两钳口线间的 1/2 处（预加张力为 2 N），启动测试程序，直至缝线断裂。计算 3 个试样测试结果的算术平均值，计算结果按 GB/T 8170—2008修约至 1 N。

如因织物断裂、纱线滑脱而导致试验结果有显著变化时，则应剔除此次试验数据，并在成品上重新裁取试样进行试验。若所有试样均是织物断裂或纱线滑脱，则记录试验结果（力值）并注明“织物断裂”或“纱线滑脱”。

9.2.3 裤后裆缝接缝强力测试

9.2.3.1 取样

按 GB/T 6529—2008 规定进行调湿。在成品裤后裆缝弧形处以切线点为样本中心裁取 50 mm×200 mm 试样，见图 2。

注：必要时，对缝线部位两端进行加固。

单位为毫米

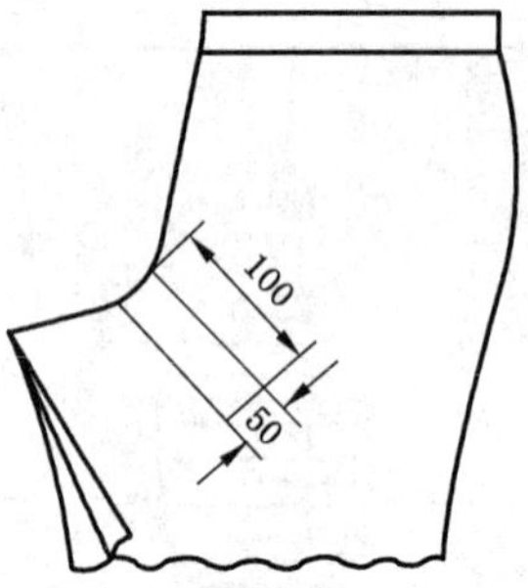

图 2

9.2.3.2 测试方法

将拉力机2个夹钳间距调节为100 mm,夹钳宽度至少60 mm,夹钳运行速度调节为100 mm/min±1 mm/min。然后,将试样两端分别夹入拉力机的夹钳中,缝线位于两钳口线间的1/2处(预加张力为2 N),启动测试程序,开启拉力机,直至缝线断裂。计算3个试样测试结果的算术平均值,计算结果按GB/T 8170—2008修约至1 N。

如因织物断裂、纱线滑脱而导致试验结果有显著变化时,则应剔除此次试验数据,并另加取1个试样进行试验。若所有试样均是织物断裂或纱线滑脱,则记录试验结果(力值)并注明"织物断裂"或"纱线滑脱"。

9.3 断裂强力测试

成品的断裂强力按GB/T 3923.1—2013规定测试。

9.4 撕破强力测试

成品的撕破强力按GB/T 3917.1—2009或GB/T 3917.2—2009规定测试。

9.5 耐磨性能测试

成品的耐磨性能按照GB/T 21196.2—2007规定测试。

9.6 起球测试

9.6.1 取样

在成品的未覆粘合衬部位阶梯式裁取试样5块,按GB/T 6529—2008规定进行调湿。

9.6.2 测试方法

起球按GB/T 4802.1—2008规定测试(其中磨毛织物、精梳毛织品按方法E,松结构精梳毛织品、粗梳毛织品按方法F,其余按方法D)。

10 功能性要求测试

10.1 透湿率测试

成品的透湿率,涂层产品按GB/T 12704.1—2009规定测试,覆膜产品按GB/T 12704.2—2009的方法 A 规定测试。GB/T 12704.1—2009 和 GB/T 12704.2—2009 均采用 a)组试验条件。

10.2 拒水性能测试

成品的拒水性能按 GB/T 4745—2012 规定测试。

10.3 耐静水压性能测试

10.3.1 取样

成品的未覆粘合衬部位。试验时可不剪下试样，但不应在有很深折皱或折痕的部位进行试验。

10.3.2 测试方法

成品的耐静水压性能按 GB/T 4744—2013 规定测试。水压上升速率为 6.0 kPa/min±0.3 kPa/min，水温为 20 ℃±2 ℃。

10.4 防紫外线性能测试

成品的防紫外线性能按 GB/T 18830—2009 规定测试。

10.5 抗钩丝性能测试

成品的抗钩丝性能按 GB/T 11047—2008 规定测试。

10.6 吸湿速干性能测试

成品的吸湿速干性能按 GB/T 21655.1—2008 规定测试。

10.7 拒油性能测试

成品的拒油性能按 GB/T 19977—2005 规定测试。

10.8 易去污性能测试

成品的易去污性能按 FZ/T 01118—2012 规定测试。

附 录 A
（规范性附录）
染料迁移性能测试方法

A.1 原理

A.1.1 由不同颜色部分组成的织物，在储存中有时会发生染料由一处向另一处迁移。通常是由深色部分向浅色部分迁移，造成移染现象。
A.1.2 当不同颜色的织物叠加在一起或紧密接触时，经常发生染料的移染现象。在适宜的温度、湿度条件下，会加速这种现象的产生。
A.1.3 本测试方法用来评价织物在储存、堆放、运输等紧密接触时，染料迁移的潜在可能性。

A.2 设备与材料

A.2.1 耐汗渍色牢度仪、恒温箱（或其他满足恒温条件的环境下）。
A.2.2 聚乙烯塑料袋（尺寸要足够大，能装入耐汗渍色牢度仪和烧杯）。
A.2.3 100 mL 蒸发皿或烧杯。
A.2.4 蒸馏水或去离子水。

A.3 试样制备

A.3.1 从待测样品上取样，制备 40 mm×100 mm 的测试试样。
A.3.2 制备 40 mm×100 mm 多纤维标准贴衬布。

A.4 操作程序

A.4.1 在常温下，将多纤维标准贴衬布（A.3.2），浸入蒸馏水或去离子水中，使其渗透均匀，含水率达到 100%±5%。不要打湿待测试样（A.3.1），以防止染料和表面活性剂在测试前迁移。
A.4.2 把待测试样与预湿的多纤维标准贴衬布叠加在一起形成组合试样。将组合试样夹到耐汗渍色牢度仪的树脂板间，上面施加 4.54 kg 重量，固定好耐汗渍色牢度仪试验架。
A.4.3 将试验架和盛有至少 50 mL 蒸馏水或去离子水的蒸发皿或烧杯放入塑料袋（A.2.2）中，用绳子或胶带将袋口封好，塑料袋中保持较高的相对湿度。将整个袋子置入恒温箱（或其他满足恒温条件的环境下），在 38 ℃±1 ℃下保持 4 h。
A.4.4 取出试样，将组合试样展开，在室温下干燥。

A.5 结果评定

按 GB/T 251 样卡评定多纤维标准贴衬布沾色等级，即为染料迁移等级。

附 录 B
（规范性附录）
拼接互染程度测试方法

B.1 原理

成品中拼接的2种不同颜色的面料组合成试样，放于皂液中，在规定的时间和温度条件下，经机械搅拌，再经冲洗、干燥。用灰色样卡评定试样的沾色。

B.2 试验要求与准备

B.2.1 在成品上选取面料拼接部位，以拼接接缝为样本中心，取样尺寸为40 mm×200 mm，使试样的一半为拼接的一个颜色，另一半为另一个颜色。

B.2.2 成品上无合适部位可直接取样的，可在成品上或该批产品的同批面料上分别剪取拼接面料的40 mm×100 mm，再将2块试样沿短边缝合成组合试样。

B.3 试验操作程序

B.3.1 按GB/T 3921—2008进行洗涤测试，试验条件按A(1)执行。

B.3.2 用GB/T 251样卡评定试样中2种面料的沾色。

附 录 C
（规范性附录）
邻苯二甲酸酯含量测试方法

C.1 原理

试样经四氢呋喃溶液超声波提取，通过乙腈沉淀，过滤后提取液用气相色谱质谱联用仪（GC-MSD）测定，采用选择离子检测进行确证，外标法定量。

C.2 试剂和材料

C.2.1 除另有规定外，所用试剂应均为分析纯。
C.2.2 四氢呋喃。
C.2.3 乙腈。
C.2.4 四氢呋喃/乙腈混合溶液：将四氢呋喃和乙腈按照 1∶2 的体积比例混合均匀。
C.2.5 配备 0.45 μm 聚四氟乙烯过滤膜的针筒过滤。
C.2.6 邻苯二甲酸酯类增塑剂标准品：纯度≥98%，见表 C.1。

表 C.1 邻苯二甲酸酯的种类表

序号	邻苯二甲酸酯类名称	英文名称	化学文摘编号（CAS No.）	化学分子式
1	邻苯二甲酸二甲酯	Dimethyl phthalate(DMP)	131-11-3	$C_{10}H_{10}O_4$
2	邻苯二甲酸二乙酯	Diethyl phthalate(DEP)	84-66-2	$C_{12}H_{14}O_4$
3	邻苯二甲酸二正丙酯	Di-n-propyl phthalate(DPRP)	131-16-8	$C_{14}H_{18}O_4$
4	邻苯二甲酸二异丁酯	Diisobutyl phthalate(DiBP)	84-69-5	$C_{16}H_{22}O_4$
5	邻苯二甲酸二丁酯	Di-n-butyl phthalate(DBP)	84-74-2	$C_{16}H_{22}O_4$
6	邻苯二甲酸二正戊酯	Di-n-amyl phthalate(DAP)	131-18-0	$C_{18}H_{26}O_4$
7	邻苯二甲酸二己酯	Di-n-hexyl phthalate(DHP)	84-75-3	$C_{20}H_{30}O_4$
8	邻苯二甲酸丁基苄基酯	Butyl benzyl phthalate(BBP)	85-68-7	$C_{19}H_{20}O_4$
9	邻苯二甲酸二(2-乙基)己酯	Di(ethylhexyl)phthalate(DEHP)	117-81-7	$C_{24}H_{38}O_4$
10	邻苯二甲酸二壬酯	Di-n-onyl phthalate(DnNP)	84-76-4	$C_{26}H_{42}O_4$
11	邻苯二甲酸二异壬酯	Di-isononyl phthalate(DINP)	28553-12-0	$C_{26}H_{42}O_4$
12	邻苯二甲酸二辛酯	Di-n-octyl phthalate(DnOP)	117-84-0	$C_{24}H_{38}O_4$
13	邻苯二甲酸二异癸酯	Di-iso-decyl phthalate(DIDP)	26761-40-0	$C_{28}H_{46}O_4$

C.2.7 标准储备溶液：分别准确称取适量的每种邻苯二甲酸酯标准品，用四氢呋喃/乙腈混合溶液（C.2.4）分别配制成浓度为 10 mg/mL 的标准储备液。
C.2.8 混合标准工作溶液：根据需要再用四氢呋喃/乙腈混合溶液（C.2.4）稀释成适用浓度的混合标准工作溶液。

注：标准储备溶液在 0 ℃～4 ℃冰箱中保存有效期 12 个月，工作溶液在 0 ℃～4 ℃冰箱中保存有效期 6 个月。

C.3 仪器和设备

C.3.1 气相色谱质谱联用仪。

C.3.2 超声波发生器。

C.3.3 反应瓶:具磨口塞,40 mL。

C.4 分析步骤

C.4.1 提取

取代表性样品,将其制成至大约 2 mm×2 mm,混匀。称取 0.3 g(精确至 0.001 g)试样,置于40 mL 具塞反应瓶中,加入 10 mL 四氢呋喃(C.2.2),于超声波发生器中提取 30 min。对于在四氢呋喃中溶解较慢的样品,可延长超声提取至 1 h。然后让样品中的基质能有效析出,需逐滴加入 20 mL 乙腈(C.2.3)至反应瓶。混合物在室温下静置 30 min(聚合材料会沉积在反应瓶底部)。使用 0.45 μm 聚四氟乙烯过滤膜(C.2.5)进行过滤,过滤后萃取液供气相色谱质谱仪测定和确证。

C.4.2 测定

C.4.2.1 气相色谱质谱条件

由于测试结果取决于所使用仪器,因此不可能给出色谱分析的通用参数。设定的参数应保证色谱测定时被测组分与其他组分能够得到有效的分离,下面给出的参数证明是可行的。

a) 色谱柱:HP-5MS,30 m×0.25 mm×0.25 μm,或相当者;

b) 色谱柱温度:初温 110 ℃(0.5 min),20 ℃/min 的速率升温至 280 ℃,保持 1 h,20 ℃/min 的速率升温至 320 ℃,保持 5 min;

c) 进样口温度:270 ℃;

d) 色谱质谱接口温度:280 ℃;

e) 载气:氦气,纯度≥99.999%,1.5 mL/min;

f) 电离方式:EI;

g) 电离能量:70 eV;

h) 测定方式:选择离子监测方式,参见表 C.2;

i) 进样方式:不分流进样,1.5 min 后开阀;

j) 进样量:2 μL。

C.4.2.2 气相色谱质谱分析及阳性结果确证

根据样液中被测物含量情况,选定浓度相近的标准工作溶液,对标准工作溶液与样液等体积参插进样测定,标准工作溶液和待测样液中每种邻苯二甲酸酯类增塑剂的响应值均应在仪器检测的线性范围内。

注:如果样液的检测响应值超出仪器检测的线性范围,可适当稀释后测定。

在上述气相色谱质谱条件下,13 种邻苯二甲酸酯类增塑剂标准物的参考保留时间和气相色谱质谱。选择离子色谱图见表 C.2 和图 C.1。

如果样液与标准工作溶液的选择离子色谱图中,在相同保留时间有色谱峰出现,则根据表 C.2 中每种邻苯二甲酸酯类增塑剂选择离子的种类及其丰度比进行确证。

表 C.2　邻苯二甲酸酯定量和定性选择离子表

序号	邻苯二甲酸酯类增塑剂名称	保留时间/min	特征碎片离子/amu		
			定量	定性	丰度比
1	邻苯二甲酸二甲酯	4.59	163	194,164,135	100：08：10：06
2	邻苯二甲酸二乙酯	5.51	149	176,177,222	100：11：26：03
3	邻苯二甲酸二正丙酯	6.77	149	150,191,209	100：09：07：08
4	邻苯二甲酸二异丁酯	7.41	149	167,205,223	100：05：04：11
5	邻苯二甲酸二丁酯	8.05	149	150,205,223	100：09：06：07
6	邻苯二甲酸二正戊酯	9.26	149	150,219,237	100：09：05：09
7	邻苯二甲酸二己酯	10.40	149	150,233,251	100：09：04：11
8	邻苯二甲酸丁基苄基酯	10.48	149	150,206,238	100：12：31：06
9	邻苯二甲酸二(2-乙基)己酯	11.49	149	150,167,279	100：11：36：18
10	邻苯二甲酸二壬酯	12.07	149	150,167,293	100：10：08：40
11	邻苯二甲酸二异壬酯	12.22～13.37	293	418,347	100：02：06
12	邻苯二甲酸二辛酯	12.44	279	390,261	100：03：20
13	邻苯二甲酸二异癸酯	12.66～14.23	307	446,321	100：05：08

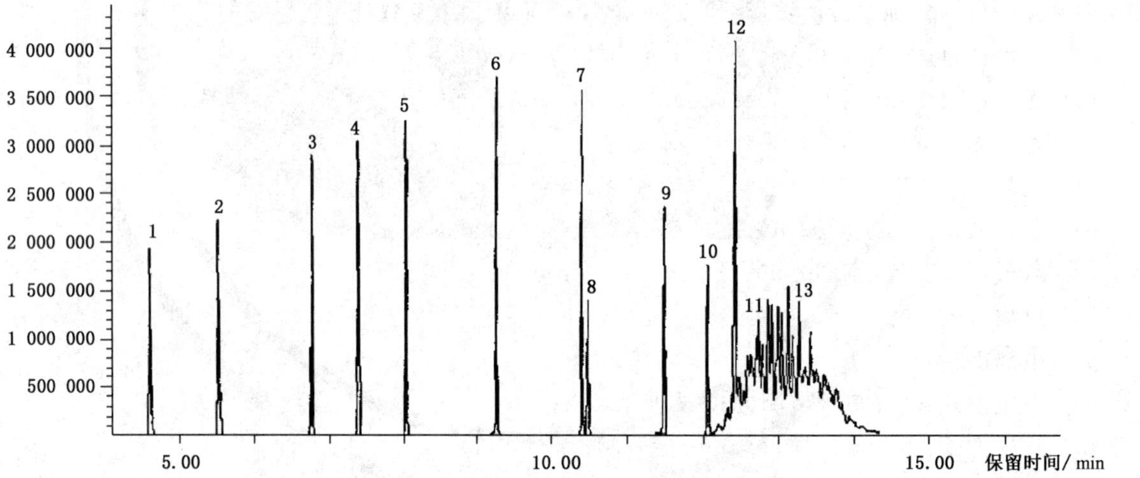

说明：

1——邻苯二甲酸二甲酯(DMP)；
2——邻苯二甲酸二乙酯(DEP)；
3——邻苯二甲酸二正丙酯(DPRP)；
4——邻苯二甲酸二异丁酯(DIBP)；
5——邻苯二甲酸二丁酯(DBP)；
6——邻苯二甲酸二正戊酯(DAP)；
7——邻苯二甲酸二己酯(DHP)；
8——邻苯二甲酸丁基苄基酯(BBP)；
9——邻苯二甲酸二(2-乙基)己酯(DEHP)；
10——邻苯二甲酸二壬酯(DNP)；
11——邻苯二甲酸二异壬酯(DINP)；
12——邻苯二甲酸二辛酯(DNOP)；
13——邻苯二甲酸二异癸酯(DIDP)。

图 C.1　邻苯二甲酸酯标准物的气相色谱质谱选择离子色谱图

C.5 结果计算

试样中每种邻苯二甲酸酯类增型剂含量按式(C.1)计算,结果表示到小数点后一位:

$$x=\frac{c\times V}{m}\times D.F. \quad\cdots\cdots(C.1)$$

式中:

x ——试样中邻苯二甲酸酯的含量,单位为毫克每千克(mg/kg);

c ——试样溶液中邻苯二甲酸酯的浓度,从标准曲线读出,单位为毫克每升(mg/L);

V ——试样溶液最终体积,单位为毫升(mL);

m ——样品质量,单位为克(g);

$D.F.$ ——稀释系数。

C.6 测定低限、回收率和精密度

C.6.1 测定低限

本方法对纺织品中每种邻苯二甲酸酯的测定低限为 50 mg/kg。

C.6.2 回收率

本方法每种邻苯二甲酸酯的回收率均为 85%～110%。

C.6.3 精密度

在同一实验室,由同一操作者使用相同设备,按相同的测试方法,并在短时间内对同一被测对象相互独立进行的测试获得的 2 次独立测试结果的绝对差值不大于这 2 个测定值的算术平均值的 10%。以大于这 2 个测定值的算术平均值的 10%的情况不超过 5%为前提。

C.7 试验报告

试验报告至少应给出以下内容:

a) 试样描述;

b) 使用的标准;

c) 试验结果;

d) 偏离标准的差异;

e) 在试验中观察到的异常现象;

f) 试验日期。

附　录　D
（规范性附录）
纺织制品辅料和装饰部件的前处理方法

D.1　试剂

D.1.1　GB/T 30157—2013 所列试剂。
D.1.2　盐酸。
D.1.3　三氯甲烷。

D.2　仪器与设备

D.2.1　GB/T 30157—2013 所列设备。
D.2.2　金属切割器。
D.2.3　旋转式研磨机。
D.2.4　低温粉碎机。
D.2.5　液氮。

D.3　样品前处理

D.3.1　样品制备类型

涂层样品的制备包括钮扣、拉链等附件上的表面涂层等。可触及基底材料样品的制备包括可触及基底材料上的钮扣、拉链、饰扣、徽章等。

D.3.2　涂层样品的制备

用一次性刀片将表面涂层刮下，并尽可能少地刮掉金属基质或用三氯甲烷(D.1.3)将金属表面的涂层剥离。涂层样品的前处理步骤按 GB/T 30157—2013 执行。

D.3.3　可触及基底材料样品的制备

D.3.3.1　金属样品

若样品被漆或类似表面涂层覆盖，则应先将涂层刮离金属基质，并尽可能少地刮掉金属基质或用三氯甲烷将金属表面的涂层剥离；若样品没有被漆或类似表面涂层覆盖，则可直接将样品用金属切割器切碎或用旋转式研磨机将金属研碎。称取 30 mg～100 mg 试样，精确至 0.1 mg，置于微波消解容器中。

往装有测试样和空白的消解容器中分别加入 4.5 mL 浓硝酸和 1.5 mL 浓盐酸，将消解容器放置到微波消解装置中，用 6 min 升温至 175 ℃±5 ℃，并在 175 ℃±5 ℃的条件下保持 5 min，让样品冷却至少 5 min，然后从微波消解装置中取出。打开消解容器前应先在通风柜中将容器泄压。

转移消解后的溶液于 50 mL 容量瓶中，用 10 mL 的水分 3 次冲洗消解容器，合并冲洗液于容量瓶中，用水定容到刻度，混匀，过水相过滤膜，此液体用于 ICP-OES 测定。

D.3.3.2　非金属材料

若样品被漆或类似表面涂层覆盖，则先将涂层刮离基质，尽可能少地刮掉基质；若样品没有被漆或类似表面涂层覆盖，则可直接将样品用低温粉碎机粉碎。称取 100 mg～150 mg 粉碎的试样，精确至 0.1 mg，置于微波消解容器中。

往装有测试样和空白的消解容器中分别准确加入 8.0 mL 浓硝酸，将消解容器放置到微波消解装置中，用 20 min 升温至 210 ℃±5 ℃，并在 210 ℃±5 ℃的条件下保持 10 min，让样品冷却至少 5 min，然后从微波消解装置中取出。打开消解容器前应先在通风柜中将容器泄压。

转移消解后的溶液至 50 mL（或 25 mL）容量瓶中，用 10 mL 的水分 3 次冲洗消解容器，合并冲洗液于容量瓶中，用水定容到刻度，混匀，过水相过滤膜，此液体用于 ICP-OES 测定。

附 录 E
（规范性附录）
烷基酚(AP)含量测试方法

E.1 原理

纺织品中残留的壬基苯酚、辛基苯酚用甲醇超声提取，过滤后用气相色谱-质谱联用仪(GC-MSD)测定，采用选择离子进行确证，外标法定量。

E.2 试剂和材料

E.2.1 除非另有说明，所用试剂均为分析纯，水为符合GB/T 6682—2008规定的三级水。

E.2.2 甲醇。

E.2.3 壬基苯酚和辛基苯酚标准品：纯度>99%，各种异构体混合物。

E.2.4 壬基苯酚和辛基苯酚标准储备溶液：分别称取适量的每种壬基苯酚和辛基苯酚标准品，用甲醇分别配制成浓度为10 mg/mL的标准储备液。

E.2.5 壬基苯酚和辛基苯酚混合标准工作溶液：根据需要再用甲醇稀释成适用浓度的混合标准工作溶液。

注：标准溶液在4 ℃以下避光保存，标准储备液有效期为12个月，标准工作液有效期为3个月。

E.3 仪器和设备

E.3.1 气相色谱质谱联用仪。

E.3.2 超声波水浴，自带温度控制。

E.3.3 反应瓶：40 mL具磨口塞。

E.3.4 容量瓶、移液管等常用玻璃器具。

E.4 分析步骤

E.4.1 试样制备

从代表性的样品上切取适量试样，用合适的方法切碎至5 mm×5 mm以下的小块，切碎的试样混合均匀，称量1 g(精确至0.01g)样品置于40 mL反应瓶(E.3.3)内待测。

E.4.2 提取

于40 mL反应瓶中加入20 mL甲醇(E.2.2)，盖上塞子置于超声波水浴(E.3.2)中40 °C下超声30 min。取出后立即将溶液用0.45 μm尼龙滤盘过滤，萃取液供气相色谱质谱仪测定和确证。

E.4.3 测定

E.4.3.1 色谱条件

推荐的色谱条件如下：

a) 色谱柱：HP-5MS,30 m×0.25 mm×0.25 μm 或相当者；
b) 载气：氦气，纯度>99.999%；
c) 柱流量：1.2 mL/min；
d) 进样方式：脉冲不分流；
e) 进样量：2 μL；
f) 进样口温度：300 ℃；
g) 色谱柱温度：初温 80 ℃(1 min),20 ℃/min 的速率升温至 250 ℃，保持 1.5 min；
h) 色谱质谱接口温度：280 ℃。

E.4.3.2 质谱条件

推荐的质谱条件如下：
a) 离子源温度：230 ℃；
b) 四极杆温度：150 ℃；
c) 离子化方式：EI,70 eV；
d) 数据采集模式：选择离子监测方式，参见表 E.1。

表 E.1 壬基苯酚/辛基苯酚定量和定性离子

化学品名称	保留时间/min	定量离子	定性离子
壬基苯酚	7.5～8.5	220	107,135,121
辛基苯酚	8.5	206	149,135,107

E.4.3.3 测定步骤

将标准工作溶液(E.2.5)和试样溶液参插进样，用保留时间和选择离子的相对丰度定性，峰面积定量。标准稀释液中被测组分的浓度应与试样溶液中被测组分的浓度尽可能接近。壬基苯酚和辛基苯酚标准品选择离子流色谱图见图 E.1 和图 E.2。

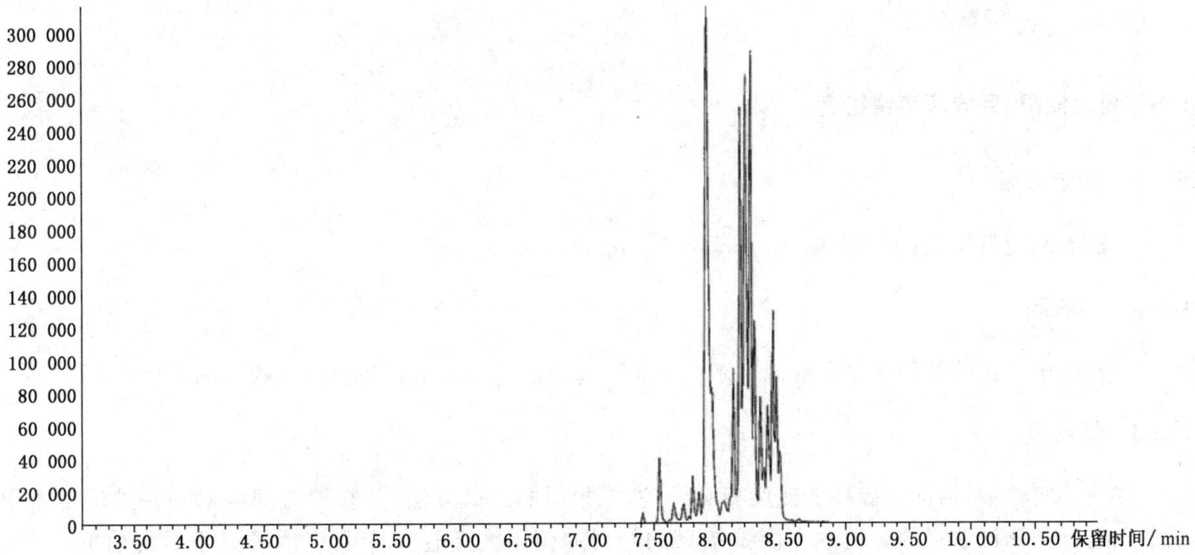

图 E.1 壬基苯酚标准品选择离子流色谱图

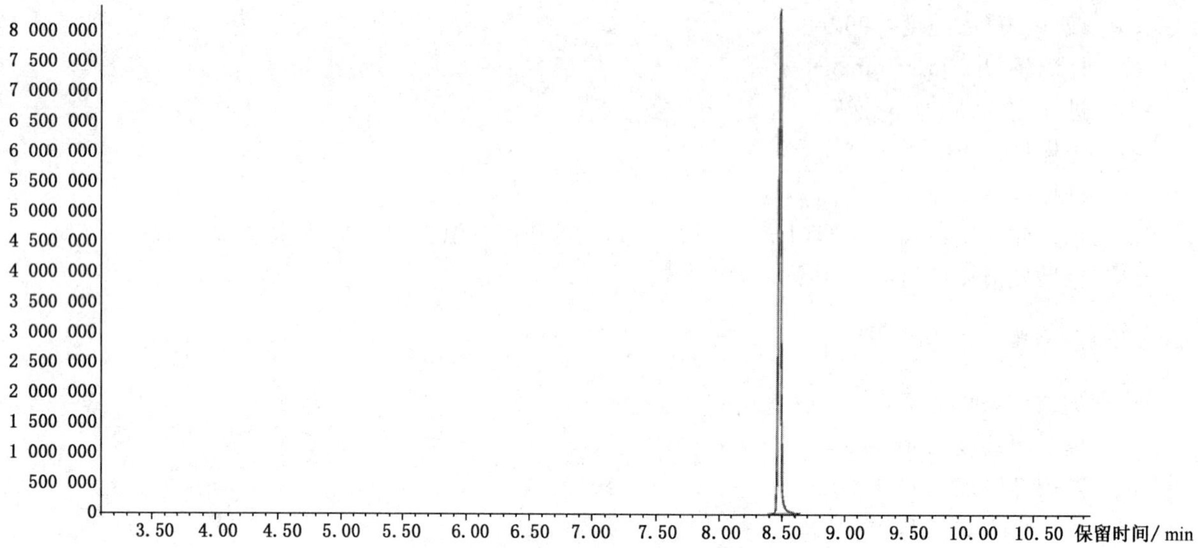

图 E.2 辛基苯酚标准品选择离子流色谱图

E.5 结果计算

试样中壬基苯酚和辛基苯酚残留量按式(E.1)计算:

$$x = \frac{c \times V}{m} \times D.F. \quad \cdots\cdots\cdots\cdots (E.1)$$

式中:

x ——试样中壬基苯酚、辛基苯酚残留量,单位为毫克每千克(mg/kg);

c ——试样溶液中壬基苯酚/辛基苯酚的浓度,从标准曲线读出,单位为毫克每升(mg/L);

V ——试样溶液最终体积,单位为毫升(mL);

m ——样品质量,单位为克(g);

$D.F.$ ——稀释系数。

E.6 测定低限、回收率和精密度

E.6.1 测定低限

本标准测定低限为:壬基苯酚/辛基苯酚 10 mg/kg。

E.6.2 回收率

本方法中壬基苯酚和辛基苯酚添加浓度为 10 mg/kg~1 000 mg/kg 时,回收率为 80%~110%。

E.6.3 精密度

在同一实验室,由同一操作者使用相同设备,按相同的测试方法,并在短时间内对同一被测对象相互独立进行的测试获得的 2 次独立测试结果的绝对差值不大于这 2 个测定值的算术平均值的 10%。以大于这 2 个测定值的算术平均值的 10%的情况不超过 5%为前提。

E.7 试验报告

试验报告至少应给出以下内容：

a） 试样描述；

b） 使用的标准；

c） 试验结果；

d） 偏离标准的差异；

e） 在试验中观察到的异常现象；

f） 试验日期。

ICS 61.020
Y 75

中华人民共和国国家标准

GB/T 21295—2014
代替 GB/T 21295—2007

服装理化性能的技术要求

Requirements of physical and chemical performance of garments

2014-09-03 发布 2015-08-01 实施

中华人民共和国国家质量监督检验检疫总局
中国国家标准化管理委员会 发布

前　言

本标准按照 GB/T 1.1—2009 给出的规则起草。

本标准代替 GB/T 21295—2007《服装理化性能的技术要求》。

本标准与 GB/T 21295—2007 的主要技术性差异如下：

——增加了引言；

——补充了规范性引用文件(见第 2 章,2007 年版的第 2 章)；

——补充并修改了术语和定义(见第 3 章,2007 年版的第 3 章)；

——增加了耐热压(潮压变色、沾色)、拼接互染程度(沾色)、染料迁移性能、酚黄变等色牢度要求(见 4.3,2007 年版的 4.1)；

——增加了阻燃整理剂、邻苯二甲酸酯、总铅含量、烷基酚(AP)和烷基酚聚氧乙烯醚(APEO)的要求(见 4.5、4.6、4.7、4.8)；

——修改了尺寸变化率要求；增加了成品洗涤后外观的要求(见 4.10)；

——将“纰裂”修改为“接缝性能”,并补充相关要求(见 4.11.2)；增加了耐磨性能要求(见 4.11.5)；修改了起球要求(见 4.11.6,2007 年版的 4.6)；

——删除了保温率、透气率的具体指标(2007 年版的 4.13、4.14)；

——增加了耐静水压性能、防紫外线性能、抗钩丝性能、吸湿速干性能、拒油性能、易去污性能的要求(见 4.12.3、4.12.4、4.12.5、4.12.6、4.12.7、4.12.8)；

——增加了技术要求的检测方法(见第 5 章)；

——增加了附录 A“阻燃剂具体物质名单”、附录 B“邻苯二甲酸酯具体物质名单”、附录 C“烷基酚(AP)和烷基酚聚氧乙烯醚(APEO)具体物质名单”(见附录 A、附录 B、附录 C)。

本标准由中国纺织工业联合会提出。

本标准由全国服装标准化技术委员会(SAC/TC 219)归口。

本标准起草单位：上海市服装研究所、国家服装质量监督检验中心(上海)、广州市纤维产品检测院、福建省纤维检验局、深圳市计量质量检测研究院、杭州市质量技术监督检测院、上海天祥质量技术服务有限公司、必维申美商品检测(上海)有限公司、通标标准技术服务(上海)有限公司、恒源祥(集团)有限公司、九牧王股份有限公司。

本标准主要起草人：许鉴、孙敏、吴淑焕、黄颖、王秀、李莉、朱雯喆、高铭、张巍、何爱芳、林荣宗、秦威、杨秀月。

本标准所代替标准的历次版本发布情况为：

——GB/T 21295—2007。

引　言

GB/T 21295—2007《服装理化性能的技术要求》自实施以来，对我国服装行业起到了重要的指导作用。为了更好地适应我国服装标准化工作发展的需要，有必要对GB/T 21295进行修订。

此次修订以提供行业指导、引领行业发展为基本原则。GB/T 21295作为我国服装基础类标准，可作为企业参考依据，旨在对我国服装行业的产品质量控制和提高起指导作用。各生产单位应在此基础上选择并适当提高各项技术指标，严格把控自身产品质量，为消费者提供满意、安全的服装产品，促进我国服装行业稳定、健康发展。另外，服装新产品的开发已成为我国服装行业发展的创造性活动，为保证新开发产品适应市场需求，本标准可作为产品开发过程中技术要求的重要参考依据。

服装理化性能的技术要求

1 范围

本标准规定了服装产品的理化性能技术要求。

本标准适用于以纺织机织物为主要原料生产的服装产品。

2 规范性引用文件

下列文件对于本文件的应用是必不可少的。凡是注日期的引用文件,仅注日期的版本适用于本文件。凡是不注日期的引用文件,其最新版本(包括所有的修改单)适用于本文件。

GB/T 3291.2 纺织 纺织材料性能和试验术语 第2部分:织物

GB/T 4841.3 染料染色标准深度色卡 2/1、1/3、1/6、1/12、1/25

GB/T 14644—1993 纺织织物 燃烧性能 45°方向燃烧速率测定

GB/T 15557 服装术语

GB 18401 国家纺织产品基本安全技术规范

GB/T 21294—2014 服装理化性能的检验方法

GB/T 29862 纺织品 纤维含量的标识

3 术语和定义

GB/T 3291.2、GB/T 15557 中确立的以及下列术语和定义适用于本文件。

3.1

耐久压烫性能 durable press performance

纺织品经家庭洗涤和干燥后,不经熨烫,仍能满足日常生活所需要的外观平整度、褶裥外观、接缝外观和尺寸稳定性的能力。

3.2

耐久压烫纺织品 durable press textiles

经若干次洗涤干燥循环后,仍具有耐久压烫性能的纺织品。

3.3

透湿率 water vapour transmission rate;WVT

在织物两面保持规定的温湿度条件下,规定时间内垂直通过织物单位面积的水蒸气质量,以克每平方米小时[$g/(m^2 \cdot h)$]或克每平方米24小时[$g/(m^2 \cdot 24h)$]为单位。

3.4

燃烧性能 flammability

在规定的试验条件下,测定织物燃烧后的损毁状况或有焰燃烧能力。

3.5

拒水性能 water repellency

织物抵抗吸收喷淋水的能力。

注:拒水性能以在指定的淋水装置下,在规定的时间内织物表面的沾湿程度或织物的吸水量表征。

3.6

耐静水压性能　hydrostatic pressure

以织物承受的静水压来表示织物抵抗液态水渗透的能力。

注：耐静水压性能可量化为在规定的试验条件下，对织物的一面施加一个持续上升的水压，直到另一面出现3处渗水点时的压力值。

3.7

防紫外线性能　solar ultraviolet radiation protective properties

织物防护日光紫外线的能力。

注：防紫外线性能可量化为用UV射线辐射织物，收集总的光谱透射射线，测定出总的光谱透射比，并计算织物的紫外线防护系数UPF值。

3.8

抗钩丝性能　snagging

织物抵抗尖锐物钩出或钩断其纤维或纱线的能力。

3.9

吸水率　water absorption rate

织物在水中完全浸润后取出至无滴水时，织物所吸取的水分对织物原始质量的百分率。

3.10

滴水扩散时间　drip diffusion time

将水滴在织物上，从水滴接触试样至其完全扩散并渗透至织物内所需要的时间。

3.11

蒸发速率　evaporation rate

将一定量的水滴在织物上后，悬挂在标准大气中自然蒸发，其时间-蒸发量曲线上线性区间内单位时间的蒸发质量。

3.12

蒸发时间　evaporation time

将一定量的水滴在织物上后，悬挂在标准大气中至水分全部蒸发所需时间。

3.13

芯吸高度　wicking height

纺织材料毛细效应的度量，即垂直悬挂的纺织材料一端被水浸湿时，水通过毛细管作用，在一定时间内沿纺织材料上升的高度。

3.14

拒油性能　oil repellency

织物抵抗吸收油类液体的能力。

3.15

易去污性能　soil release

织物被污染后，采用普通洗涤或擦拭方法很容易将污物去除的能力。

3.16

婴幼儿产品　products for infants

年龄在36个月及以下(或身高100 cm及以下)的婴幼儿穿着或使用的产品。

4　要求

4.1　基本安全技术要求

成品的基本安全技术要求按表1规定。

表 1

项　目	基本安全技术要求
甲醛含量/(mg/kg)	按 GB 18401 规定
pH	
异味	
可分解致癌芳香胺染料/(mg/kg)	
耐水色牢度/级	
耐酸汗渍色牢度/级	
耐碱汗渍色牢度/级	
耐唾液色牢度/级	
耐干摩擦色牢度/级	

4.2 燃烧性能

成品的燃烧性能要求按表 2 规定。

表 2

产品分类	损毁长度/cm	级别[a]
14 岁及以下儿童睡衣	≤17.8	—
其他产品	—	1 级
注：“—”为无需考核。		
[a] 级别按 GB/T 14644—1993 规定。		

4.3 色牢度

成品的色牢度允许程度按表 3 规定。

表 3

单位为级

项　目		允许程度 ≥	
		婴幼儿产品	其他产品
色牢度	耐湿摩擦[a,b]	3	2-3
	耐皂洗(变色、沾色)	3-4	3
	耐干洗[c](变色、沾色)	—	3-4
	耐人造光[a,d]	3(深色 4)	
	耐光、汗复合[e](变色)	3-4	3-4
	耐热压[f](潮压变色、沾色)	3-4	3
	染料迁移性能[g]	4	3-4

表 3（续）

单位为级

项目		允许程度 ≥ 婴幼儿产品	允许程度 ≥ 其他产品
色牢度	拼接互染程度(沾色)	4	
	酚黄变[h]	4	
	缝纫线、装饰线及绣花线的耐皂洗色牢度(沾色)	3-4	

[a] 深浅色按 GB/T 4841.3 规定，颜色大于 1/12 标准深度为深色，颜色不大于 1/12 标准深度为浅色。

[b] 其他产品(非婴幼儿产品)中，磨毛、起绒、植绒类面料、深色面料的耐湿摩擦色牢度的考核指标允许比本标准低半级。

[c] 不考核产品标识明示不可干洗产品。

[d] 耐人造光色牢度不考核里料。

[e] 耐光、汗复合色牢度只考核直接接触皮肤的单层类服装。

[f] 耐热压色牢度不考核里料。

[g] 染料迁移性能考核深浅色拼接、色织间色或印花的产品。

[h] 酚黄变考核白色系产品及浅色产品。

4.4 可萃取的重金属

成品的可萃取的重金属要求按表 4 规定。

表 4

单位为 mg/kg

项目		技术要求 ≤ 婴幼儿产品	技术要求 ≤ 其他产品
可萃取的重金属	砷(As)	0.2	1.0
	铅[a](Pb)	0.2	1.0
	铬(Cr)	1.0	2.0
	钴(Co)	1.0	4.0
	铜[b](Cu)	25.0	50.0
	镍(Ni)	1.0	4.0
	锑(Sb)	30.0	
	镉(Cd)	0.1	
	铬(六价)(Cr Ⅵ)	0.5	
	汞(Hg)	0.02	

[a] 金属附件禁止使用铅和铅合金。

[b] 铜不考核产品中的无机材料。

4.5 阻燃整理剂

成品的阻燃整理剂要求按表5规定。

表 5

项　目	技术要求
PBB,TRIS,TEPA,pentaBDE,octaBDE[a]	禁用
[a] 阻燃剂具体物质名单见附录A。限量值≤10 mg/kg。	

4.6 邻苯二甲酸酯

成品的邻苯二甲酸酯在服装及其附件中的含量要求按表6规定。

表 6

%

项　目		技术要求 ≤	
		婴幼儿产品	备　注
邻苯二甲酸酯[a]	DEHP,BBP,DBP(总量)	0.1	本项目同时考核14岁及以下儿童产品
	DINP,DNOP,DIDP(总量)	0.1	—
[a] 邻苯二甲酸酯在服装及其附件中的含量(总量)是指邻苯二甲酸酯占检测试样的百分率,而不是占整个服装产品的百分率。邻苯二甲酸酯具体物质名单见附录B。适用于14岁及以下儿童服装,通常非染料印花部分、涂层部分、塑料(橡胶)附件和附件/配件的表面涂层可能含邻苯二甲酸酯。			

4.7 总铅含量

成品的总铅含量要求按表7规定。

表 7

单位为 mg/kg

项　目	技术要求 ≤
	14岁及以下儿童产品
总铅含量[a]	90
[a] 适用于14岁及以下儿童服装,通常非染料印花部分、涂层部分、塑料(橡胶)附件和附件/配件的表面涂层可能含铅。	

4.8 烷基酚(AP)和烷基酚聚氧乙烯醚(APEO)

成品的烷基酚(AP)和烷基酚聚氧乙烯醚(APEO)的含量要求按表8规定。

表 8

单位为 mg/kg

项目		技术要求 ≤
烷基酚(AP)和烷基酚聚氧乙烯醚(APEO)[a]	NP+OP	100
	NPEO+OPEO	1 000
[a] 烷基酚(AP)和烷基酚聚氧乙烯醚(APEO)具体物质名单见附录 C。		

4.9 纤维成分和含量

纤维成分和含量按 GB/T 29862 规定。

4.10 洗涤性能

4.10.1 尺寸变化率

4.10.1.1 成品的水洗后的尺寸变化率按表 9 规定。

表 9

%

项目	技术要求[a] ≥
领大[b]	−2.0
胸围	−2.5
衣长	−3.5
腰围	−2.0
裤(裙)长	−3.5
[a] 只考核使用说明中标注可水洗的产品。 [b] 领大只考核关门领。	

4.10.1.2 成品的干洗后的尺寸变化率按表 10 规定。

表 10

%

项目	技术要求[a] ≥
领大[b]	−1.5
胸围	−2.0
衣长	−2.0
腰围	−1.5
裤(裙)长	−2.0
[a] 只考核使用说明中可干洗的产品。 [b] 领大只考核关门领。	

4.10.2 洗涤干燥后外观平整度

成品的洗涤干燥后外观平整度按表11规定。

表 11

单位为级

项　目	技术要求 ≥
洗涤干燥后外观平整度[a]	3
[a] 只考核经过耐久压烫整理过的产品,洗涤条件按使用说明指示。	

4.10.3 洗涤干燥后接缝外观平整度

成品的洗涤干燥后接缝外观平整度按表12规定。

表 12

单位为级

项　目	技术要求 ≥
洗涤干燥后接缝外观平整度[a]	3
[a] 只考核可水洗的产品,洗涤条件按使用说明指示。	

4.10.4 洗涤后外观

成品的洗涤后外观按表13规定。

表 13

项　目	技术要求
变色/级	≥3-4
扭曲率/%	≤3.0
外观质量[a]	面料:面料不允许出现破洞,填充物不允许出现缩团等明显外观变化;粘合、复合、涂层、印花部位面料不允许起泡、脱落裂开;绣花部位面料不允许明显起皱,贴花部位不允许脱开等。 里料:里料不允许外露。 其他:边饰等不可出现凌乱现象;包缝线不可脱落、缝纫线不可开线,绣花线迹不可明显松弛等;钮扣、饰品等附件不允许破损、脱落和锈蚀等
[a] 未提及的具体要求详见GB/T 21294—2014第8.5.2条。	

4.11 耐用性能

4.11.1 覆粘合衬剥离强力

成品的覆粘合衬剥离强力不小于6 N。覆粘合衬剥离强力只考核上衣的领子和大身部位,且不考核复合、涂层、粗纺毛织物产品的剥离。粘合衬如在试验中无法剥离则不考核此项目。

4.11.2 接缝性能

成品的接缝性能按表14规定。

表 14

项目		技术要求
缝子纰裂程度[a]/cm	织物单位面积质量≤52 g/m²	≤0.8
	其他织物	≤0.6
接缝强力/N	面料单位面积质量＞52 g/m²	≥140
	里料单位面积质量＞52 g/m²	≥80
	单位面积质量≤52 g/m²	—
裤后裆缝接缝强力/N	面料	≥140
	里料	≥80

[a] 缝子纰裂试验结果出现织物断裂、滑脱、缝线断裂的现象，判定为不合格。轻薄类丝绸产品、缕空、烂花类织物不考核，但应在产品使用说明中明示相关注意事项的警示用语。

4.11.3 断裂强力

成品的断裂强力按表15规定。

表 15

单位为N

产品分类		技术要求 ≥
精梳毛织物及其混纺织物	单位面积质量＜220 g/ m²	147
	其他	196
粗梳毛织物及其混纺织物		157
精梳羊绒织物(羊绒含量10%及以上)		147
粗梳羊绒织物(羊绒含量30%及以上)		127
其他织物		150

4.11.4 撕破强力

成品的撕破强力按表16规定。

表 16

单位为 N

产品分类	技术要求 ≥
蚕丝织物 单位面积质量<100 g/ m^2 的化纤织物 单位面积质量<140 g/ m^2 的纯棉织物	7
其他织物	10

4.11.5 耐磨性能

成品的耐磨性能按表 17 规定。

表 17

单位为次

产品分类	技术要求 ≥
上装	10 000
下装	15 000

4.11.6 起球

成品的起球允许程度要求不小于 3 级。

4.12 功能性要求

4.12.1 透湿率

有透湿要求的成品的透湿率不小于 2 200 g/(m^2·24 h)。

4.12.2 拒水性能

有拒水要求的成品的沾水等级不小于 4 级。

4.12.3 耐静水压性能

有防雨功能要求的成品的耐静水压不小于 13 kPa;有防暴雨功能要求的成品的耐静水压不小于 35 kPa。

4.12.4 防紫外线性能

有防紫外线要求的成品的要求:UPF>40,且 $T(UVA)_{AV}$<5%。

4.12.5 抗钩丝性能

有抗钩丝要求的成品的抗钩丝性不小于 3-4 级。

4.12.6 吸湿速干性能

4.12.6.1 对于有吸湿速干要求的成品的吸湿速干性能按表 18 规定,成品的洗涤前和洗涤后的各项指标均达到技术要求的,可明示为吸湿速干产品。

4.12.6.2 对于吸湿成品,仅考核吸湿性的3项指标;对于速干成品,仅考核速干性的2项指标。

表 18

项　目		技术要求
吸湿性	吸水率/%	≥100
	滴水扩散时间/s	≤5
	芯吸高度/mm	≥90
速干性	蒸发速率/(g/h)	≥0.18
	透湿率/[g/(m^2·24 h)]	≥8 000
注:芯吸高度以经向或纬向中较大者考核。		

4.12.7 拒油性能

有拒油性要求的成品拒油等级不小于4级。

4.12.8 易去污性能

有易去污性要求的成品易去污性等级不小于3-4级,本白及漂白产品可降低半级。

5 测试方法

本标准提及的理化性能要求按照GB/T 21294—2014测试。

附　录　A
（规范性附录）
阻燃剂具体物质名单

禁用阻燃剂见表 A.1。

表 A.1

序号	中文名称	英文名称	化学文摘编号
1	多溴联苯	Polybrominated biphenyles (PBB)	—
2	三-(2,3-二溴丙基)-磷酸酯	Tri-(2,3-dibromo-propy)-phosphate(TRIS)	126-72-7
3	三-(氮环丙基)-氧化膦	Tris-(azir-idinyl)-phos-phinoxide(TEPA)	5455-55-1
4	五溴联苯醚	Pentabromodiphenyl ether(penta BDE)	32534-81-9
5	八溴联苯醚	Octabromodiphenyl ether(octa BDE)	32536-52-0

附 录 B
（规范性附录）
邻苯二甲酸酯具体物质名单

邻苯二甲酸酯见表B.1。

表 B.1

序号	中文名称	英文名称	化学文摘编号
1	邻苯二甲酸二异壬酯	Di-iso-nonyl phthalate(DINP)	28553-12-0
2	邻苯二甲酸二辛酯	Di-n-octyl phthalate(DNOP)	117-84-0
3	邻苯二甲酸二(2-乙基)己酯	Di(2-ethyl hexyl)-phthalate(DEHP)	117-81-7
4	邻苯二甲酸二异癸酯	Diisodecyl phthalate(DIDP)	26761-40-0
5	邻苯二甲酸丁基苄基酯	Butylbenzyl phthalate(BBP)	85-68-7
6	邻苯二甲酸二丁酯	Dibutuyl phthalate(DBP)	84-74-2

附 录 C
（规范性附录）
烷基酚(AP)和烷基酚聚氧乙烯醚(APEO)具体物质名单

烷基酚(AP)和烷基酚聚氧乙烯醚(APEO)具体物质见表 C.1。

表 C.1

序 号	中文名称	英文名称
1	壬基酚	Nonylphenol(NP)
2	辛基酚	Octylphenol(OP)
3	壬基酚聚氧乙烯醚	Nonylphenol ethoxylate(NPEO)
4	辛基酚聚氧乙烯醚	Octylphenol ethoxylate(OPEO)

ICS 27.010
F 01

中华人民共和国国家标准

GB 21348—2014
代替 GB 21348—2008

锡冶炼企业单位产品能源消耗限额

The norm of energy consumption per unit product of tin metallurgical enterprise

2014-04-28 发布　　2015-01-01 实施

中华人民共和国国家质量监督检验检疫总局
中国国家标准化管理委员会　发布

前　言

本标准的4.1和4.2为强制性的，其余为推荐性的。

本标准按照GB/T 1.1—2009给出的规则起草。

本标准代替GB 21348—2008《锡冶炼企业单位产品能源消耗限额》。与GB 21348—2008相比，本标准主要变化如下：

——修改“范围”，明确规定“以综合回收为主的锡冶炼企业的单位产品能耗的计算、考核不适合本标准”；

——删除“术语和定义”中的3.2“工序实物单耗”；

——修订、更新了锡冶炼企业综合能源消耗限额限定值、准入值和先进值；

——修改5.1.5锡冶炼产品能耗的计算原则，即增加了“5.1.5.2　能耗考核以综合能耗考核优先”条款；

——修改5.1.7企业余热利用能源的计算原则，将“回收的能源折标煤后应在回收余热的工序扣除”修改为“回收的能源折标煤后应在回收余热的工序扣除或在产品综合能源消耗中扣除”，以满足不同的统计方式；

——修改5.2.1工序实物单耗的计算和5.2.2工序能耗单耗的计算；

——修改5.3计算范围部分内容；

——对附录A、附录B备注中的部分内容进行了修改或删减。

本标准由国家发展和改革委员会资源节约与环境保护司、工业和信息化部节能与综合利用司、中国有色金属工业协会提出。

本标准由全国有色金属标准化技术委员会(SAC/TC 243)归口。

本标准负责起草单位：广西华锡集团股份有限公司、中国有色金属工业标准计量质量研究所。

本标准参加起草单位：云南锡业集团有限责任公司。

本标准主要起草人：覃祚明、陶政修、李永、白家强、李志红、罗佩珍、汤粉兰、赵永善。

本标准所代替标准的历次版本发布情况为：

——GB 21348—2008。

锡冶炼企业单位产品能源消耗限额

1 范围

本标准规定了锡冶炼企业单位产品的能源消耗(以下简称能耗)限额的技术要求、统计范围、计算方法、计算范围和节能管理与措施。

本标准适用于以锡精矿为主要原料的所有锡冶炼企业的单位产品能耗的计算、考核,以及新建锡冶炼项目的能耗控制。

本标准不适用于以综合回收为主的锡冶炼企业的单位产品能耗的计算、考核。

2 规范性引用文件

下列文件对于本文件的应用是必不可少的。凡是注日期的引用文件,仅注日期的版本适用于本文件。凡是不注日期的引用文件,其最新版本(包括所有的修改单)适用于本文件。

GB/T 2589 综合能耗计算通则

GB/T 12723 单位产品能源消耗限额编制通则

GB 17167 用能单位能源计量器具配备和管理通则

3 术语和定义

GB/T 2589 和 GB/T 12723 界定的术语和定义适用于本文件。

4 要求

4.1 现有锡冶炼企业单位产品综合能耗限定值

现有锡冶炼企业单位产品综合能耗限定值应符合表 1 的要求。

表 1 现有锡冶炼企业单位产品综合能耗限定值

序 号	工序名称	限定值/(kgce/t)	说 明
1	炼前工序综合能耗	50	
2	还原熔炼工序综合能耗	1 050	
3	炼渣工序综合能耗	3 100	适用于处理平均含锡量≤6%的物料
		2 600	适用于处理平均含锡量>6%的物料
4	精炼工序综合能耗	200	
5	锡冶炼企业单位产品综合能耗	2 400	

4.2 新建锡冶炼企业单位产品综合能耗准入值

新建锡冶炼企业单位产品综合能耗准入值应符合表 2 的要求。

表 2　新建锡冶炼企业单位产品综合能耗准入值

序　号	工序名称	准入值/(kgce/t)	说　　明
1	炼前工序	45	
2	还原熔炼工序	850	
3	炼渣工序	2 800	适用于处理平均含锡量≤6%的物料
		2 400	适用于处理平均含锡量>6%的物料
4	精炼工序	160	
5	锡冶炼企业单位产品综合能耗	2 000	

4.3　锡冶炼企业单位产品综合能耗先进值

锡冶炼企业单位产品综合能耗先进值应符合表 3 的要求。

表 3　锡冶炼企业单位产品综合能耗先进值

序　号	工序名称	先进值/(kgce/t)	说　　明
1	炼前工序	40	
2	还原熔炼工序	750	
3	炼渣工序	2 500	适用于处理平均含锡≤6%的物料
		2 200	适用于处理平均含锡>6%的物料
4	精炼工序	120	
5	锡冶炼企业单位产品综合能耗	1 700	

5　统计范围、计算方法及计算范围

5.1　统计范围

5.1.1　企业实际消耗的各种能源

企业实际消耗的各种能源包括：一次能源(原煤、原油、天然气等)，二次能源(电力、热力、石油制品、焦炭、煤气等)和生产使用的耗能工质(水、氧气、压缩空气等)所消耗的能源。

企业实际消耗的各种能源是指用于生产活动的各种能源。其包括主要生产系统、辅助生产系统和附属生产系统用能，不包括生活用能和批准的基建项目用能。

生活用能是指企业系统内的宿舍、学校、文化娱乐、医疗保健、商业服务等直接用于生活方面的能耗。

5.1.2　企业计划统计期内的能源实物消耗量和能源消耗量

企业计划统计期内的某种能源实物消耗量的计算，应符合式(1)。

$$e_h = e_1 + e_2 - e_3 - e_4 - e_5 - e_6 \qquad \cdots\cdots(1)$$

式中：

e_h——企业的能源实物消耗量；

e_1——企业购入能源实物量；
e_2——期初库存能源实物量；
e_3——期末库存能源实物量；
e_4——外销能源实物量；
e_5——生活用能源实物量；
e_6——企业工程建设用能源量。

企业计划统计期内的能源消耗量的计算，应符合式(2)。

$$E_h = E_1 + E_2 - E_3 - E_4 - E_5 = E_{ZG} + E_{ZF} = E_{ZZ} \quad \cdots\cdots (2)$$

式中：

E_h ——企业计划统计期内能源消耗量；
E_1 ——购入能源量；
E_2 ——库存能源增减量；
E_3 ——外销能源量；
E_4 ——生活用能源量；
E_5 ——企业工程建设用能源量；
E_{ZG}——诸产品工艺能源消耗量；
E_{ZF}——间接辅助生产部门用能源量及损耗；
E_{ZZ}——诸产品综合能源消耗量。

所消耗的各种能源不得重计或漏计。存在供需关系时，输入、输出双方在计算中量值上应保持一致。设备大修的能源消耗也应计算在内，且按设备检修后的运行周期逐月分摊。企业综合能耗计算按GB/T 2589的规定进行。

5.1.3 各种能源的计量单位

企业工序能耗量、产品综合能耗量的单位：千克标准煤/吨(kgce/t)、吨标准煤/吨(tce/t)；
电力：单位为千瓦时(kW·h)、万千瓦时(10^4 kW·h)；
蒸汽：单位为千焦(kJ)、兆焦 (MJ)、百万千焦(GJ)；
煤炭、焦炭、重油、汽油、柴油的实物单位：千克(kg)、吨(t)；
煤气、压缩空气、氧气、天然气实物单位：立方米(m^3)、万立方米($10^4 m^3$)；
水实物单位：吨(t)、万吨(10^4t)。

5.1.4 各种能源(包括生产耗能工质消耗的能源)折算标煤量方法

应用基低(位)发热量等于29.307 6 MJ(兆焦)的燃料，即1 kgce(千克标准煤)。

各种能源及耗能工质消耗量应折算为标煤量计算。外购的燃料能源可取实测的低(位)发热量或供货单位提供的实测值为计算基础，或用国家统计部门的折算系数折算，参见附录A。二次能源(除电外)及耗能工质均按相应能源等价值折算，电力按能源当量值折算；企业能源转换自产时，按实际投入的能源实物量折算标煤量；由集中生产单位外销供应时，其能源等价值应主管部门规定；外购外销时，其能源等价值应相同；当未提供能源等价值时，可按国家统计部门的折算系数折算，参见附录B。企业回收的余热按热力的折算系数，余热发电统一按电力的折算系数折算。

5.1.5 锡冶炼单位产品能耗的计算原则

5.1.5.1 锡冶炼各工序单位产品能耗的计算，按各工序同一计划统计期内产出的产品实物量计算工序单位产品能耗：

——炼前工序按焙砂、焙烧渣及其他焙烧产物重量统计；

——还原熔炼工序按粗锡量(包括甲锡、乙锡、硬头)重量统计；

——炼渣工序按烟尘重量统计；

——精炼工序按合格锡产品(精锡、焊锡、锡基合金)重量统计；

——企业综合能耗按合格锡产品(精锡、焊锡、锡基合金)重量统计；

——所有产品产量均以吨(t)为计量单位，以企业计划统计部门正式上报的数据为准。

5.1.5.2 能耗考核以综合能耗考核优先。拥有完整工艺流程的锡冶炼企业，即四个工序都有的企业，只考核单位产品综合能耗，只要单位产品综合能耗指标符合标准要求，不考核单一工艺能耗指标。工艺流程不完整的锡冶炼企业，缺少一个以上生产工序，应按工序综合能耗指标分别进行考核，所有工序综合能耗指标均达到要求时，判定为符合标准的指标要求。

5.1.6 有价金属综合回收的产品能耗计算原则

经过精炼的合金锡、精锡、焊锡产品的能耗，按实际产品的产量分摊。

其他有价金属综合回收产品，指除精锡、焊锡、锡基合金以外的产品，如：银、铟、铜、锑、铅、锌、砷及其化工产品等。所在工序能耗可以单独计量的，则单独分摊该工序的能耗，不计入锡冶炼产品能源消耗。

5.1.7 企业余热利用能源的计算原则

企业回收的余热，属于节约能源循环利用，不属于外购能源，在计算时，应避免和外购能源重复计算。余热利用装置用能计入能耗。回收能源自用部分，计入自用工序；转供其他工序时，在所用工序以正常消耗计入；回收的能源折标煤后应在回收余热的工序扣除或在产品综合能源消耗中扣除。

5.1.8 其他

企业的辅助、附属生产系统的能源消耗量和能源及耗能工质在企业内部贮存、转换与分配供应及外销中的损耗，应根据各产品工艺能耗占企业生产工艺能耗量的比例，分摊给各个产品。

5.2 计算方法

5.2.1 工序实物单耗的计算

工序实物单耗按式(3)计算。

$$E_S = \frac{M_S}{P_Z} \qquad \cdots\cdots(3)$$

式中：

E_S ——某工序的实物单耗，单位为千克每吨(kg/t)、千瓦时每吨(kW·h/t)、立方米每吨(m^3/t)；

M_S ——某工序直接消耗的某种能源实物总量，单位为千克(kg)、千瓦时(kW·h)、立方米(m^3)；

P_Z ——某工序产出的产品实物量，单位为吨(t)。

5.2.2 工序能源单耗的计算

工序能源单耗按式(4)计算。

$$E_I = \frac{E_H}{P_Z} \qquad \cdots\cdots(4)$$

式中：

E_I ——某工序能源单耗，单位为千克标准煤每吨(kgce/t)；

E_H ——某工序直接消耗的各种能源实物量折标煤之和，单位为千克标准煤(kgce)；

P_Z ——某工序产出的产品实物量，单位为吨(t)。

5.2.3 企业综合能耗的计算

综合能耗的计算应符合式(5)。

$$E_Z = E_I + E_F \qquad (5)$$

式中：

E_Z ——综合能耗，单位为千克标准煤每吨(kgce/t)；

E_I ——工艺能耗，单位为千克标准煤每吨(kgce/t)；

E_F ——辅助能耗和损耗分摊量，单位为千克标准煤每吨(kgce/t)。

5.3 计算范围

5.3.1 炼前处理工序产品能耗计算范围

从含锡物料(主要为锡精矿)进入炼前工序开始到处理后的含锡产物(焙砂、焙烧渣及其他焙烧产物)离开炼前工序止。包括(沸腾炉、回转窑)从配料、进料、焙烧、排料、供排风、物料输送、收尘、供排水、辅助设备及照明等所有能源量。

5.3.2 还原熔炼工序产品能耗计算范围

从含锡物料(主要为锡焙砂)进入还原熔炼工序开始到粗锡(包括甲锡、乙锡、硬头)离开还原熔炼工序止。包括(反射炉、电炉、顶吹炉、艾萨炉)从配料、进料、熔炼、供排风、收尘、供水、粉煤制备、煤气制造、余热装置、照明等所有消耗的能源量。

5.3.3 精炼工序产品能耗计算范围

5.3.3.1 火法精炼：从粗锡开始到产出合格锡产品(锡锭、焊锡、锡基合金)为止。包括从氧化锅、高温锅、结晶机、精炼锅、浇铸、熔析炉、离心机、真空炉等工序的加热、熔化除杂、供排水、供排风、收尘、煤气制造、车间运输及照明等所有消耗的能源量。

5.3.3.2 湿法电解精炼：从粗锡或粗焊锡开始到产出锡锭或电焊锡为止。包括从精锡电解、焊锡电解、电解辅助设施及供排水、通风、车间运输、照明等所有消耗的能源量。

5.3.4 炼渣工序产品能耗计算范围

从富渣、锡中矿及其他含锡渣料进入炼渣工序开始到产出含锡烟尘为止。包括(烟化炉、电炉、艾萨炉)从备料、进料、硫化挥发、供排水、收尘、供排风、粉煤制备、辅助设备及照明等所有消耗的能源量。

5.3.5 各工序实物单耗、能耗计算

炼前处理工序、还原熔炼工序、精炼工序及炼渣工序实物单耗参照式(3)计算，炼前处理工序、还原熔炼工序、精炼工序及炼渣工序能源单耗参照式(4)计算。各工序能耗计算中，含回收余热时，按5.1.7处理。

5.3.6 企业单位产品综合能耗计算

企业单位产品综合能耗参照式(5)计算，包括产品工序能耗、辅助能耗和及损耗分摊量。

6 节能管理与措施

6.1 节能基础管理

6.1.1 企业应建立节能考核制度，定期对锡冶炼企业的各生产工序能源消耗情况进行考核，并把考核指标分解落实到各基层单位。

6.1.2 企业应按要求建立能耗统计体系,建立能耗计算和统计结果的文件档案,并对文件进行受控管理。

6.1.3 企业应根据 GB 17167 的要求配备相应的能源计量器具并建立能源计量管理制度。

6.2 节能技术管理

锡冶炼企业应配备余热回收等节能设备,最大限度地回收工序产出的能源。

附　录　A
（资料性附录）
常用能源品种现行折标煤系数

常用能源品种现行折标煤系数见表 A.1。

表 A.1　常用能源品种现行折标煤系数

能源		折标煤系数及单位	
品种	单位	系数	单位
原煤	吨(t)	0.714 3	吨标煤/吨（tce/t）
无烟煤	吨(t)	0.900	吨标煤/吨（tce/t）
洗精煤	吨(t)	0.900	吨标煤/吨（tce/t）
褐煤	吨(t)	0.404	吨标煤/吨（tce/t）
重油	吨(t)	1.428 6	吨标煤/吨（tce/t）
汽油	吨(t)	1.471 4	吨标煤/吨（tce/t）
柴油	吨(t)	1.457 1	吨标煤/吨（tce/t）
焦炭	吨(t)	0.971 4	吨标煤/吨（tce/t）
液化石油气	吨(t)	1.714 3	吨标煤/吨（tce/t）
电力	万千瓦时(10^4 kW·h)	1.229	吨标煤/万千瓦时[tce/10^4(kW·h)]
煤气（热值为 1 250×4.186 8 kJ/m^3）	万立方米(10^4 m^3)	1.786	吨标煤/万立方米(tce/10^4 m^3)
热力(当量)	百万千焦(GJ)	0.034 12	吨标煤/百万千焦(tce/GJ)
天然气	千立方米(10^3 m^3)	1.330 0	吨标煤/千立方米(tce/10^3 m^3)

注 1：蒸汽折标系数按热值计。

注 2：部分品种仍采用“万”为计量单位。

附 录 B
（资料性附录）
耗能工质能源等价参考值

耗能工质能源等价参考值见表 B.1。

表 B.1 常用耗能工质能源等价值

<table>
<tr><th rowspan="2">序号</th><th rowspan="2" colspan="2">名 称</th><th rowspan="2">单 位</th><th colspan="2">能源等价值</th><th rowspan="2">备 注</th></tr>
<tr><th>热值/MJ</th><th>折标煤/kgce</th></tr>
<tr><td>1</td><td rowspan="2">液体</td><td>新鲜水</td><td>吨</td><td>7.535 0</td><td>0.257 1</td><td rowspan="2">指尚未使用过的自来水，按平均耗电计算</td></tr>
<tr><td>2</td><td>软化水</td><td>吨</td><td>14.234 7</td><td>0.485 7</td></tr>
<tr><td>3</td><td rowspan="6">气体</td><td>压缩空气</td><td>立方米</td><td>1.172 3</td><td>0.040 0</td><td rowspan="3"></td></tr>
<tr><td>4</td><td>二氧化碳</td><td>立方米</td><td>6.280 6</td><td>0.214 3</td></tr>
<tr><td>5</td><td>氧气</td><td>立方米</td><td>11.723 0</td><td>0.400 0</td></tr>
<tr><td rowspan="2">6</td><td rowspan="2">氮气</td><td rowspan="2">立方米</td><td>11.723 0</td><td>0.400 0</td><td>当副产品时</td></tr>
<tr><td>19.677 1</td><td>0.671 4</td><td>当主产品时</td></tr>
<tr><td>7</td><td>乙炔</td><td>立方米</td><td>243.672 2</td><td>8.314 3</td><td>按耗电石计算</td></tr>
<tr><td>8</td><td>固体</td><td>电石</td><td>千克</td><td>60.918 8</td><td>2.078 6</td><td>按平均耗焦炭、电等计算</td></tr>
<tr><td colspan="7">注：本附录中的能源等价值如有变动，以国家统计部门最新公布的数据为准。</td></tr>
</table>

ICS 27.010
F 01

中华人民共和国国家标准

GB 21349—2014
代替 GB 21349—2008

锑冶炼企业单位产品能源消耗限额

The norm of energy consumption per unit product of antimony metallurgical enterprise

2014-04-28 发布

2015-01-01 实施

中华人民共和国国家质量监督检验检疫总局
中国国家标准化管理委员会 发布

前　言

本标准的 4.1 和 4.2 是强制性的，其余是推荐性的。

本标准按照 GB/T 1.1—2009 给出的规则起草。

本标准代替 GB 21349—2008《锑冶炼企业单位产品能源消耗限额》。本标准与 GB 21349—2008 相比，主要变化如下：

——脆硫铅锑精矿为原料的锑冶炼企业粗炼工序（脆硫铅锑精矿-锑氧、粗铅）工序修改成了粗炼、吹炼工序（脆硫铅锑精矿-锑氧、底铅）；

——加严了锑冶炼企业各工序能耗指标及综合能耗指标。

本标准由国家发展和改革委员会资源节约和环境保护司、工业和信息化部节能与综合利用司和中国有色金属工业协会提出。

本标准由全国有色金属标准化技术委员会（SAC/TC 243）归口。

本标准负责起草单位：锡矿山闪星锑业有限责任公司、中国有色金属工业标准计量质量研究所。

本标准参加起草单位：广西华锡集团股份有限公司。

本标准起草人：李志强、刘新春、戴永俊、赵永善、廖光荣、龚福保、邓卫华、王卫国。

本标准所代替标准的历次版本发布情况为：

——GB 21349—2008。

锑冶炼企业单位产品能源消耗限额

1 范围

本标准规定了锑冶炼企业单位产品的能源消耗限额的要求、计算原则、计算方法及计算范围和节能管理与措施。

本标准适用于以硫化锑精矿、硫氧混合锑精矿和脆硫铅锑精矿为原料的锑冶炼企业产品能耗的计算和考核,以及对新建项目的能耗控制。

2 规范性引用文件

下列文件对于本文件的应用是必不可少的。凡是注日期的引用文件,仅注日期的版本适用于本文件。凡是不注日期的引用文件,其最新版本(包括所有的修改单)适用于本文件。

GB/T 2589 综合能耗计算通则

GB/T 12723 单位产品能源消耗限额编制通则

GB 17167 用能单位能源计量器具配备和管理通则

3 术语和定义

GB/T 2589 和 GB/T 12723 界定的术语和定义适用于本文件。

4 要求

4.1 现有锑冶炼企业单位产品综合能耗限定值

4.1.1 以硫化锑、硫氧混合锑精矿为原料的冶炼企业单位产品综合能耗限定值应符合表 1 的要求。

表 1 以硫化锑、硫氧混合锑精矿为原料的锑冶炼企业单位产品综合能耗限定值

工艺、工序	限定值/(kgce/t)	
	硫化锑矿	硫氧混合锑矿
粗炼工序(锑精矿-锑氧)	≤700	≤950
精炼工序(锑氧-锑锭)	≤440	≤440
锑冶炼工艺(锑精矿-锑锭)	≤1 250	≤1 400

4.1.2 以脆硫铅锑精矿为原料的锑冶炼企业单位产品综合能耗限定值应符合表 2 的要求。

表 2 以脆硫铅锑精矿为原料的锑冶炼企业单位产品综合能耗限定值

工艺、工序	限定值/(kgce/t)
粗炼、吹炼工序(脆硫铅锑精矿-锑氧、底铅)	≤950
炼渣工序(鼓风炉渣-粗锑氧、铅锑粗合金)	≤600
精炼工序(底铅、锑氧-铅锭、锑锭、高铅锑锭)	≤500
脆硫铅锑矿冶炼工艺(脆硫铅锑精矿-铅锭、锑锭、高铅锑锭)	≤2 100

4.2 新建锑冶炼企业单位产品综合能耗准入值

4.2.1 以硫化锑、硫氧混合锑精矿为原料的锑冶炼企业单位产品综合能耗准入值应符合表 3 的要求。

表 3 新建硫化锑、硫氧混合锑精矿为原料的锑冶炼企业单位产品综合能耗准入值

工艺、工序	准入值/(kgce/t)	
	硫化锑矿	硫氧混合锑矿
粗炼工序(锑精矿-锑氧)	≤640	≤890
精炼工序(锑氧-锑锭)	≤420	≤400
锑冶炼工艺(锑精矿-锑锭)	≤1 150	≤1 300

4.2.2 以脆硫铅锑精矿为原料的冶炼企业单位产品综合能耗准入值应符合表 4 的要求。

表 4 以脆硫铅锑精矿为原料的锑冶炼企业单位产品能耗准入值

工艺、工序	准入值/(kgce/t)
粗炼、吹炼工序(脆硫铅锑精矿-锑氧、底铅)	≤900
炼渣工序(鼓风炉渣-粗锑氧、铅锑粗合金)	≤540
精炼工序(底铅、锑氧-铅锭、锑锭、高铅锑锭)	≤450
脆硫铅锑矿冶炼工艺(脆硫铅锑精矿-锑锭、铅锭、高铅锑锭)	≤1 900

4.3 锑冶炼企业单位产品综合能耗先进值

4.3.1 以硫化锑、硫氧混合锑精矿为原料的冶炼企业单位产品综合能耗先进值应符合表 5 的要求。

表 5 以硫化锑、硫氧混合锑精矿为原料的锑冶炼企业单位产品综合能耗先进值

工艺、工序	先进值/(kgce/t)	
	硫化锑矿	硫氧混合锑矿
粗炼工序(锑精矿-锑氧)	≤590	≤800
精炼工序(锑氧-锑锭)	≤380	≤380
锑冶炼工艺(锑精矿-锑锭)	≤1 000	≤1 100

4.3.2 以脆硫铅锑精矿为原料的冶炼企业单位产品综合能耗先进值应符合表 6 的要求。

表6 以脆硫铅锑精矿为原料的锑冶炼企业单位产品综合能耗先进值

工艺、工序	先进值/(kgce/t)
粗炼、吹炼工序(脆硫铅锑精矿-锑氧、底铅)	≤880
炼渣工序(鼓风炉渣-粗锑氧、铅锑粗合金)	≤500
精炼工序(底铅、锑氧-铅锭、锑锭、高铅锑锭)	≤400
脆硫铅锑矿冶炼工艺(脆硫铅锑精矿-锑锭、铅锭、高铅锑锭)	≤1 800

5 统计范围、计算方法及计算范围

5.1 计算原则

5.1.1 企业实际(生产)消耗的各种能源

企业实际消耗的各种能源,系指用于生产活动的各种能源。它包括:一次能源(原煤、原油、天然气等)、二次能源(如电力、热力、石油制品、焦炭、煤气等)和生产使用的耗能工质(水、氧气、压缩空气等)所消耗的能源。其主要用于生产系统、辅助生产系统和附属生产系统;不包括生活用能和批准的基建项目用能。在企业实际消耗的能源中,用做原料的能源也应包括在内。

生活用能是指企业系统内的宿舍、学校、文化娱乐、医疗保健、商业服务等直接用于生活方面的能耗。

5.1.2 企业计划统计期内的能源实物消耗量和能源消耗量

企业计划报告期内的某种能源实物消耗量的计算,应符合式(1)。

$$e_h = e_1 + e_2 - e_3 - e_4 - e_5 - e_6 \qquad \cdots\cdots(1)$$

式中:

e_h——企业的能源实物消耗量;

e_1——企业购入能源实物量;

e_2——期初库存能源实物量;

e_3——期末库存能源实物量;

e_4——外销能源实物量;

e_5——生活用能源实物量;

e_6——企业工程建设用能源量。

企业计划报告期内的能源消耗量的计算,应符合式(2)。

$$\begin{aligned} E &= E_1 + E_2 - E_3 - E_4 - E_5 \\ &= E_{ZG} + E_{ZF} \\ &= E_{ZZ} \end{aligned} \qquad \cdots\cdots(2)$$

式中:

E ——企业计划报告期内能源消耗量;

E_1 ——购入能源量;

E_2 ——库存能源增减量;

E_3 ——外销能源量;

E_4 ——生活用能源量；

E_5 ——企业工程建设用能源量；

E_{ZG} ——诸产品工艺能源消耗量；

E_{ZF} ——间接辅助生产部门用能源量及损耗；

E_{ZZ} ——诸产品综合能源消耗量。

所消耗的各种能源不得重计或漏计。存在供需关系时，输入、输出双方在计算中量值上应保持一致。设备停炉大修的能源消耗也应计算在内，且按检修后设备的运行周期逐月平均分摊。企业综合能耗的计算按 GB/T 2589 的规定进行。

5.1.3 能源实物量的计量

能源实物量的计量应符合《中华人民共和国计量法》和 GB 17167 的规定。

5.1.4 各种能源的计量单位

企业生产能耗量、产品工艺能耗量(或称产品直接综合能耗)、产品综合能耗量的单位：千克标准煤(kgce)、吨标准煤(tce)；

煤、焦炭、重油的单位：吨(t)、万吨(10^4 t)；

电的单位：千瓦时(kW·h)、万千瓦时(10^4 kW·h)；

蒸汽的单位：千克(kg)、吨(t)或千焦(kJ)、吉焦(GJ)；

煤气、压缩空气、氧气的单位：立方米(m^3)、万立方米(10^4 m^3)；

水的单位：吨 (t)、万吨(10^4 t)。

5.1.5 各种能源(包括生产耗能工质消耗的能源) 折算标准煤量方法

应用基低(位)发热量等于 29.307 6 MJ(兆焦) 的能源，称为 1 kgce(千克标准煤)。

外购能源可取实测的低(位)发热量或供货单位提供的实测值为计算基础，或用国家统计部门的折算系数折算，参见附录 A。二次能源(电除外)及耗能工质均按相应能源等价值折算：企业能源转换自产时，按实际投入的能源实物量折算标准煤量；由集中生产单位外销供应时，其能源等价值应经主管部门规定；外购外销时，其能源等价值应相同；当未提供能源等价值时，可按国家统计部门的折算系数折算，参见附录 B。企业回收的余热按热力的折算系数，余热发电统一按电力的折算系数。

5.1.6 合格产品产量的确定

5.1.6.1 以硫化锑精矿、硫氧混合锑精矿为原料的锑冶炼企业合格产品产量的确定

锑冶炼粗炼工序合格产品产量，应采用同一计划报告期内产出的合格锑氧产量。

锑冶炼精炼工序合格产品产量，应采用同一计划报告期内产出的合格锑锭产量。

5.1.6.2 以脆硫铅锑精矿为原料的锑冶炼企业合格产品产量的确定

锑铅冶炼粗炼工序合格产品产量，应采用同一计划报告期内产出的合格锑氧和粗铅的产量。

锑铅冶炼炼渣工序合格产品产量，应采用同一计划报告期内产出的合格最终产品产量。

锑铅冶炼精炼工序合格产品产量，应采用同一计划报告期内产出的合格锑锭、铅锭、高铅锑的产量。

5.1.7 余热利用能耗的计算原则

企业回收的余热，属于节约能源循环利用，不属于外购能源，在计算能耗时，应避免和外购能源重复计算。余热利用装置用能计入能耗。回收能源自用部分，计入自用工序；转供其他工序时，在所用工序以正常消耗计入；回收的能源折标准煤后应在回收余热的工序、工艺中扣除。

5.1.8 其他

间接的辅助、附属生产系统的能源消耗量和能源及耗能工质在企业内部贮存、转换与分配供应及外销中的损耗，即间接综合能耗，应根据各产品工艺能耗占企业生产工艺能耗量的比例，分摊给各个产品。

5.2 计算方法

5.2.1 工序（工艺）实物单耗的计算

工序（工艺）实物单耗按式(3)计算。

$$E_S = \frac{M_S}{P_Z} \qquad \cdots\cdots(3)$$

式中：

E_S——某工序（工艺）的实物单耗，单位为千克每吨(kg/t)、千瓦时每吨(kW·h/t)、立方米每吨(m^3/t)；

M_S——某工序（工艺）直接消耗的某种能源实物量，单位为千克(kg)、千瓦时(kW·h)、立方米(m^3)；

P_Z——某工序（工艺）产出的合格产品（锑氧、粗铅、锑锭、铅锭、高铅锑）产量，单位为吨(t)。

5.2.2 工序（工艺）能源单耗的计算

工序（工艺）能源单耗按式(4)计算。

$$E_I = \frac{E_H}{P_Z} \qquad \cdots\cdots(4)$$

式中：

E_I——某工序（工艺）能源单耗，单位为千克标准煤每吨(kgce/t)；

E_H——某工序（工艺）直接消耗的各种能源实物量折标准煤之和，单位为千克标准煤(kgce)；

P_Z——某工序（工艺）产出的合格产品（锑氧、粗铅、锑锭、铅锭、高铅锑锭）总量，单位为吨(t)。

注：该工序直接消耗的各种能源实物量折标准煤量之和为代数和，当含回收余热时，按5.1.7处理。以免回收余热和外购能源重复计算。

5.2.3 工序（工艺）综合能源单耗的计算

工序（工艺）综合能耗按式(5)计算。

$$E_Z = E_I + E_F \qquad \cdots\cdots(5)$$

式中：

E_Z——某产品综合能源单耗，单位为千克标准煤每吨(kgce/t)；

E_I——某产品工艺（工序）能源单耗，单位为千克标准煤每吨(kgce/t)；

E_F——某产品间接辅助能耗及损耗分摊量，单位为千克标准煤每吨(kgce/t)。

5.3 计算范围

5.3.1 以硫化锑精矿、硫氧混合锑精矿为原料的锑冶炼企业产品能耗的计算范围

5.3.1.1 粗炼工序

粗炼工序产品能耗计算范围,包括从精矿备料开始到锑氧产出的整个生产过程所消耗的各种能源量,其中包括余热回收。

5.3.1.2 精炼工序

精炼工序产品能耗计算范围包括还原熔炼、浮渣分离、脱砷、脱铅、铸锭等工艺过程及相关配套系统所消耗的各种能源,其中包括余热回收。

5.3.1.3 各工序实物单耗、能耗计算

粗炼工序和精炼工序实物单耗参照式(3)计算,能源单耗参照式(4)计算。

5.3.2 以脆硫铅锑精矿为原料的冶炼企业产品能耗计算范围

5.3.2.1 粗炼、吹炼工序

粗炼、吹炼工序包括氧化焙烧、烧结、熔炼、吹炼四个冶炼过程。铅锑工序能耗计算范围,包括从精矿备料开始到锑氧(底铅),整个生产过程所消耗的各种能源,其中包括余热回收。

5.3.2.2 炼渣工序

炼渣工序包括鼓风炉炼渣和反射炉炼渣两个过程,炼渣工序能耗计算范围,包括从水渣或各种渣熔炼开始到铅锑粗合金或锑氧,整个生产过程所消耗的各种能源,其中包括余热回收。

5.3.2.3 精炼工序

精炼工序的产品为锑锭、高铅锑锭和铅锭。

当精炼工序的产品为精锑时,产品能耗计算范围包括还原熔炼、浮渣分离、脱砷、脱铅、铸锭等工序所消耗的各种能源,其中包括余热回收。

当锑精炼工序的产品为高铅锑时,产品能耗计算范围包括还原熔炼、浮渣分离、脱砷、铸锭等工序所消耗的各种能源,其中包括余热回收。

当锑精炼工序的产品为铅锭时,产品能耗计算范围包括粗铅脱铜、铅阳极板浇铸、铅阴极板浇铸、铅电解、阴极铅脱砷、阴极铅铸锭等工序所消耗的各种能源,其中包括余热回收。

5.3.2.4 各工序实物单耗、能耗计算

粗炼、吹炼工序、炼渣工序、精炼工序实物单耗参照式(3)计算,粗炼、吹炼工序、炼渣工序、精炼工序能源单耗参照式(4)计算。

6 节能管理与措施

6.1 节能基础管理

6.1.1 企业应建立节能考核制度,定期对锑冶炼企业的各生产工序能耗情况进行考核,并把考核指标

分解落实到各基层单位。

6.1.2　企业应按要求建立能耗统计体系，建立能耗计算和统计结果的文件档案，并对文件进行受控管理。

6.1.3　企业应根据 GB 17167 的要求配备相应的能源计量器具并建立能源计量管理制度。

6.2　节能技术管理

锑冶炼企业应配备余热回收等节能设备，最大限度地回收工序产生的能源。

附 录 A
(资料性附录)
常用能源品种现行参考折标准煤系数

常用能源品种现行参考折标准煤系数见表 A.1。

表 A.1 常用能源品种现行折标准煤系数

能源		折标准煤系数及单位	
品种	单位	系数	单位
原煤	吨(t)	0.714 3	吨标煤/吨(tce/t)
无烟煤	吨(t)	0.900	吨标煤/吨(tce/t)
洗精煤	吨(t)	0.900	吨标煤/吨(tce/t)
重油	吨(t)	1.428 6	吨标煤/吨(tce/t)
柴油	吨(t)	1.457 1	吨标煤/吨(tce/t)
汽油	吨(t)	1.471 4	吨标煤/吨(tce/t)
焦炭	吨(t)	0.971 4	吨标煤/吨(tce/t)
液化石油气	吨(t)	1.714 3	吨标煤/吨(tce/t)
电力	万千瓦时 (10^4 kW·h)	1.229	吨标煤/万千瓦时 [tce/10^4(kW·h)]
热力	百万千焦(GJ)	0.034 1	吨标煤/百万千焦(tce/GJ)
煤气 (热值为 1 250×4.186 8 kJ/m^3)	万立方米 (10^4 m^3)	1.786	吨标煤/万立方米(tce/10^4 m^3)
天然气	千立方米 (10^3 m^3)	1.330 0	吨标煤/千立方米(tce/10^3 m^3)

注 1:蒸汽折标准煤系数按热值计。

注 2:部分品种仍采用“万”为计量单位。

注 3:本附录中折标准煤系数如遇国家统计部门规定发生变化,能耗等级指标则应另行设定。

附　录　B
（资料性附录）
耗能工质能源等价参考值

耗能工质能源等价参考值见表 B.1。

表 B.1　常用耗能工质能源等价值

<table>
<tr><th rowspan="2">序号</th><th colspan="2" rowspan="2">名称</th><th rowspan="2">单位</th><th colspan="2">能源等价值</th><th rowspan="2">备注</th></tr>
<tr><th>热值/MJ</th><th>折标煤/kgce</th></tr>
<tr><td>1</td><td rowspan="2">液体</td><td>新鲜水</td><td>吨(t)</td><td>7.535 0</td><td>0.257 1</td><td rowspan="2">指尚未使用过的自来水，按平均耗电计算</td></tr>
<tr><td>2</td><td>软化水</td><td>吨(t)</td><td>14.234 7</td><td>0.485 7</td></tr>
<tr><td>3</td><td rowspan="6">气体</td><td>压缩空气</td><td>立方米(m^3)</td><td>1.172 3</td><td>0.040 0</td><td rowspan="3"></td></tr>
<tr><td>4</td><td>二氧化碳</td><td>立方米(m^3)</td><td>6.280 6</td><td>0.214 3</td></tr>
<tr><td>5</td><td>氧气</td><td>立方米(m^3)</td><td>11.723 0</td><td>0.400 0</td></tr>
<tr><td rowspan="2">6</td><td rowspan="2">氮气</td><td rowspan="2">立方米(m^3)</td><td>11.723 0</td><td>0.400 0</td><td>当副产品时</td></tr>
<tr><td>19.677 1</td><td>0.671 4</td><td>当主产品时</td></tr>
<tr><td>7</td><td>乙炔</td><td>立方米(m^3)</td><td>243.672 2</td><td>8.314 3</td><td>按耗电石计算</td></tr>
<tr><td>8</td><td>固体</td><td>电石</td><td>千克(kg)</td><td>60.918 8</td><td>2.078 6</td><td>按平均耗焦炭、电等计算</td></tr>
<tr><td colspan="7">注：本附录中的能源等价值如有变动，以国家统计部门最新公布的数据为准。</td></tr>
</table>

ICS 27.010
F 01

中华人民共和国国家标准

GB 21351—2014
代替 GB 21351—2008

铝合金建筑型材单位产品能源消耗限额

The norm of energy consumption per unit product of wrought aluminium alloy extruded profiles for architecture

2014-06-09 发布　　2015-01-01 实施

中华人民共和国国家质量监督检验检疫总局
中国国家标准化管理委员会　发布

前　言

本标准4.1与4.2为强制性的，其余为推荐性的。

本标准按照GB/T 1.1—2009给出的规则起草。

本标准代替GB 21351—2008《铝合金建筑型材单位产品能源消耗限额》。本标准与GB 21351—2008相比，主要变化如下：

——取消了工艺能耗的要求；

——产品分类进一步细化，增加了丙烯酸漆喷涂型材、木纹型材和隔热型材；

——现有铝合金建筑型材生产企业单位产品能源消耗限定值、新建铝合金建筑型材生产企业单位产品能源消耗准入值、铝合金建筑型材生产企业单位产品能源消耗先进值指标根据产品分类进行了重新规定；

——能耗统计范围和计算方法根据产品分类进行了相应修改；

——修改了节能措施与管理建议。

本标准由国家发展和改革委员会资源节约与环境保护司、工业和信息化部节能与综合利用司、中国有色金属工业协会提出。

本标准由全国有色金属标准化技术委员会(SAC/TC 243)归口。

本标准负责起草单位：广东凤铝铝业有限公司、有色金属技术经济研究院。

本标准参加起草单位：广东坚美铝型材厂(集团)有限公司、福建省南平铝业有限公司、兴发铝业(成都)有限公司、福建省闽发铝业股份有限公司、广亚铝业有限公司、四川广汉三星铝业有限公司、佛山市南海华豪铝型材有限公司、广东新合铝业有限公司、广东豪美铝业股份有限公司、山东华建铝业集团有限公司、山东南山铝业股份有限公司、苏州罗普斯金铝业股份有限公司、广东华昌铝厂有限公司、肇庆亚洲铝厂有限公司。

本标准主要起草人：李文武、黄志其、葛立新、戴悦星、林洁、陈文泗、黄长远、潘学著、杨文忠、蓝安英、曹贵水、项胜前、张洪亮、李喆、颜廷柱、唐性宇、巫赐建。

本标准所代替标准的历次版本发布情况为：

——GB 21351—2008。

铝合金建筑型材单位产品能源消耗限额

1 范围

本标准规定了铝合金建筑型材单位产品能源消耗(以下简称“能耗”)限额的要求、计算原则、计算范围及计算方法和节能管理与措施。

本标准适用于铝合金建筑型材生产企业单位产品能耗的计算、考核,以及对新建项目的能耗控制。

2 规范性引用文件

下列文件对于本文件的应用是必不可少的。凡是注日期的引用文件,仅注日期的版本适用于本文件。凡是不注日期的引用文件,其最新版本(包括所有的修改单)适用于本文件。

GB/T 2589 综合能耗计算通则

GB 5237.1 铝合金建筑型材 第1部分:基材

GB 5237.2 铝合金建筑型材 第2部分:阳极氧化型材

GB 5237.3 铝合金建筑型材 第3部分:电泳涂漆型材

GB 5237.4 铝合金建筑型材 第4部分:粉末喷涂型材

GB 5237.5 铝合金建筑型材 第5部分:氟碳漆喷涂型材

GB 5237.6 铝合金建筑型材 第6部分:隔热型材

GB/T 12723 产品单位能源消耗限额编制通则

GB 17167 用能单位能源计量器具配备和管理通则

GB 30872 建筑用丙烯酸喷漆铝合金型材

YS/T 694.1—2009 变形铝及铝合金单位产品能源消耗限额 第1部分:铸造锭

YS/T 730 建筑用铝合金木纹型材

3 术语和定义

GB/T 2589 和 GB/T 12723 界定的术语和定义适用于本文件。

4 技术要求

4.1 现有铝合金建筑型材生产企业单位产品能源消耗限定值

现有铝合金建筑型材生产企业单位产品能源消耗限定值应符合表1的要求。企业位处长江以北时,表中单位产品能源消耗限定值应乘以修正系数 K(山海关以南,取 $K=1.1$;山海关以北,取 $K=1.2$);企业位处海拔高度超过1 500 m时,表中单位产品能源消耗限定值应乘以1.03进行修正。

表 1　现有铝合金建筑型材生产企业单位产品能源消耗限定值

<table>
<tr><th colspan="3">产品分类</th><th>原　　料</th><th>单位产品能源消耗限定值
kgce/t</th></tr>
<tr><td rowspan="2">基材(符合 GB 5237.1 的要求，生产工艺流程参见图 1)</td><td colspan="2">幕墙用型材</td><td rowspan="2">圆铸锭</td><td>≤165</td></tr>
<tr><td colspan="2">其他型材</td><td>≤150</td></tr>
<tr><td rowspan="7">阳极氧化型材(符合 GB 5237.2 的要求，生产工艺流程参见图 2)</td><td rowspan="3">幕墙用型材</td><td>AA15 级</td><td rowspan="13">基材</td><td>≤155</td></tr>
<tr><td>AA20 级</td><td>≤210</td></tr>
<tr><td>AA25 级</td><td>≤265</td></tr>
<tr><td rowspan="4">其他型材</td><td>AA10 级</td><td>≤155</td></tr>
<tr><td>AA15 级</td><td>≤230</td></tr>
<tr><td>AA20 级</td><td>≤310</td></tr>
<tr><td>AA25 级</td><td>≤385</td></tr>
<tr><td colspan="3">电泳涂漆型材(符合 GB 5237.3 的要求，生产工艺流程参见图 3)</td><td>≤200</td></tr>
<tr><td colspan="3">粉末喷涂型材(符合 GB 5237.4 的要求，生产工艺流程参见图 4)</td><td>≤90</td></tr>
<tr><td rowspan="3">氟碳漆喷涂型材(符合 GB 5237.5的要求)</td><td colspan="2">二涂型材(生产工艺流程参见图 5)</td><td rowspan="2">≤150</td></tr>
<tr><td colspan="2">三涂型材(生产工艺流程参见图 5)</td></tr>
<tr><td colspan="2">四涂型材(生产工艺流程参见图 6)</td><td>≤230</td></tr>
<tr><td colspan="3">丙烯酸漆喷涂型材(符合 GB 30872 的要求，生产工艺流程参见图 7)</td><td>≤150</td></tr>
<tr><td rowspan="2">木纹型材(符合 YS/T 730 的要求)</td><td colspan="2">热转印木纹型材(生产工艺流程参见图 8)</td><td>电泳涂漆型材、粉末喷涂型材、氟碳漆喷涂型材、丙烯酸漆喷涂型材</td><td>≤60</td></tr>
<tr><td colspan="2">二次喷涂木纹型材(生产工艺流程参见图 9)</td><td>粉末喷涂型材</td><td>≤90</td></tr>
<tr><td rowspan="2">隔热型材(符合 GB 5237.6 的要求)</td><td colspan="2">穿条式隔热型材(生产工艺流程参见图 10)</td><td rowspan="2">基材、阳极氧化型材、电泳涂漆型材、粉末喷涂型材、氟碳漆喷涂型材、丙烯酸漆喷涂型材、木纹型材</td><td rowspan="2">≤5</td></tr>
<tr><td colspan="2">浇注式隔热型材(生产工艺流程参见图 11)</td></tr>
</table>

4.2　新建铝合金建筑型材生产企业单位产品能源消耗准入值

新建铝合金建筑型材生产企业单位产品能源消耗准入值应符合表 2 的要求。企业位处长江以北时，表中单位产品能源消耗准入值应乘以修正系数 K(山海关以南，取 $K=1.1$；山海关以北，取 $K=1.2$)；企业位处海拔高度超过 1 500 m 时，表中单位产品能源消耗准入值应乘以 1.03 进行修正。

表 2　新建铝合金建筑型材生产企业单位产品能源消耗准入值

<table>
<tr><th colspan="3">产品分类</th><th>原　料</th><th>单位产品能源消耗准入值
kgce/t</th></tr>
<tr><td rowspan="2">基材(符合 GB 5237.1 的要求,生产工艺流程参见图 1)</td><td colspan="2">幕墙用型材</td><td rowspan="2">圆铸锭</td><td>≤145</td></tr>
<tr><td colspan="2">其他型材</td><td>≤125</td></tr>
<tr><td rowspan="7">阳极氧化型材(符合 GB 5237.2 的要求,生产工艺流程参见图 2)</td><td rowspan="3">幕墙用型材</td><td>AA15 级</td><td rowspan="13">基材</td><td>≤130</td></tr>
<tr><td>AA20 级</td><td>≤175</td></tr>
<tr><td>AA25 级</td><td>≤215</td></tr>
<tr><td rowspan="4">其他型材</td><td>AA10 级</td><td>≤125</td></tr>
<tr><td>AA15 级</td><td>≤190</td></tr>
<tr><td>AA20 级</td><td>≤255</td></tr>
<tr><td>AA25 级</td><td>≤320</td></tr>
<tr><td colspan="3">电泳涂漆型材(符合 GB 5237.3 的要求,生产工艺流程参见图 3)</td><td>≤170</td></tr>
<tr><td colspan="3">粉末喷涂型材(符合 GB 5237.4 的要求,生产工艺流程参见图 4)</td><td>≤75</td></tr>
<tr><td rowspan="3">氟碳漆喷涂型材(符合 GB 5237.5的要求)</td><td colspan="2">二涂型材(生产工艺流程参见图 5)</td><td rowspan="2">≤120</td></tr>
<tr><td colspan="2">三涂型材(生产工艺流程参见图 5)</td></tr>
<tr><td colspan="2">四涂型材(生产工艺流程参见图 6)</td><td>≤195</td></tr>
<tr><td colspan="3">丙烯酸漆喷涂型材(符合 GB 30872 的要求,生产工艺流程参见图 7)</td><td>≤120</td></tr>
<tr><td rowspan="2">木纹型材(符合 YS/T 730 的要求)</td><td colspan="2">热转印木纹型材(生产工艺流程参见图 8)</td><td>电泳涂漆型材、粉末喷涂型材、氟碳漆喷涂型材、丙烯酸漆喷涂型材</td><td>≤55</td></tr>
<tr><td colspan="2">二次喷涂木纹型材(生产工艺流程参见图 9)</td><td>粉末喷涂型材</td><td>≤75</td></tr>
<tr><td rowspan="2">隔热型材(符合 GB 5237.6 的要求)</td><td colspan="2">穿条式隔热型材(生产工艺流程参见图 10)</td><td rowspan="2">基材、阳极氧化型材、电泳涂漆型材、粉末喷涂型材、氟碳漆喷涂型材、丙烯酸漆喷涂型材、木纹型材</td><td rowspan="2">≤4</td></tr>
<tr><td colspan="2">浇注式隔热型材(生产工艺流程参见图 11)</td></tr>
</table>

4.3　铝合金建筑型材生产企业单位产品能源消耗先进值

铝合金建筑型材生产企业单位产品能源消耗先进值应符合表 3 的要求。企业位处长江以北时,表中单位产品能源消耗先进值应乘以修正系数 K(山海关以南,取 $K=1.1$;山海关以北,取 $K=1.2$);企业位处海拔高度超过 1 500 m 时,表中单位产品能源消耗先进值应乘以 1.03 进行修正。

表 3　铝合金建筑型材生产企业单位产品能源消耗先进值

<table>
<tr><th colspan="3">产品分类</th><th>原　　料</th><th>单位产品能源消耗先进值
kgce/t</th></tr>
<tr><td rowspan="2">基材(符合 GB 5237.1 的要求，生产工艺流程参见图 1)</td><td colspan="2">幕墙用型材</td><td rowspan="2">圆铸锭</td><td>≤130</td></tr>
<tr><td colspan="2">其他型材</td><td>≤115</td></tr>
<tr><td rowspan="7">阳极氧化型材(符合 GB 5237.2 的要求，生产工艺流程参见图 2)</td><td rowspan="3">幕墙用型材</td><td>AA15 级</td><td rowspan="13">基材</td><td>≤115</td></tr>
<tr><td>AA20 级</td><td>≤150</td></tr>
<tr><td>AA25 级</td><td>≤195</td></tr>
<tr><td rowspan="4">其他型材</td><td>AA10 级</td><td>≤115</td></tr>
<tr><td>AA15 级</td><td>≤170</td></tr>
<tr><td>AA20 级</td><td>≤230</td></tr>
<tr><td>AA25 级</td><td>≤295</td></tr>
<tr><td colspan="3">电泳涂漆型材(符合 GB 5237.3 的要求，生产工艺流程参见图 3)</td><td>≤160</td></tr>
<tr><td colspan="3">粉末喷涂型材(符合 GB 5237.4 的要求，生产工艺流程参见图 4)</td><td>≤65</td></tr>
<tr><td rowspan="3">氟碳漆喷涂型材(符合 GB 5237.5的要求)</td><td colspan="2">二涂型材(生产工艺流程参见图 5)</td><td rowspan="2">≤110</td></tr>
<tr><td colspan="2">三涂型材(生产工艺流程参见图 5)</td></tr>
<tr><td colspan="2">四涂型材(生产工艺流程参见图 6)</td><td>≤180</td></tr>
<tr><td colspan="3">丙烯酸漆喷涂型材(符合 GB 30872 的要求，生产工艺流程参见图 7)</td><td>≤110</td></tr>
<tr><td rowspan="2">木纹型材(符合 YS/T 730 的要求)</td><td colspan="2">热转印木纹型材(生产工艺流程参见图 8)</td><td>电泳涂漆型材、粉末喷涂型材、氟碳漆喷涂型材、丙烯酸漆喷涂型材</td><td>≤50</td></tr>
<tr><td colspan="2">二次喷涂木纹型材(生产工艺流程参见图 9)</td><td>粉末喷涂型材</td><td>≤65</td></tr>
<tr><td rowspan="2">隔热型材(符合 GB 5237.6 的要求)</td><td colspan="2">穿条式隔热型材(生产工艺流程参见图 10)</td><td rowspan="2">基材、阳极氧化型材、电泳涂漆型材、粉末喷涂型材、氟碳漆喷涂型材、丙烯酸漆喷涂型材、木纹型材</td><td rowspan="2">≤3</td></tr>
<tr><td colspan="2">浇注式隔热型材(生产工艺流程参见图 11)</td></tr>
</table>

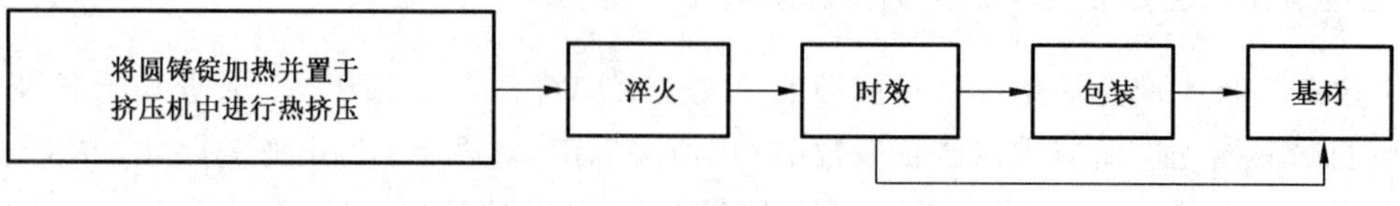

图 1　基材典型生产工艺流程简图

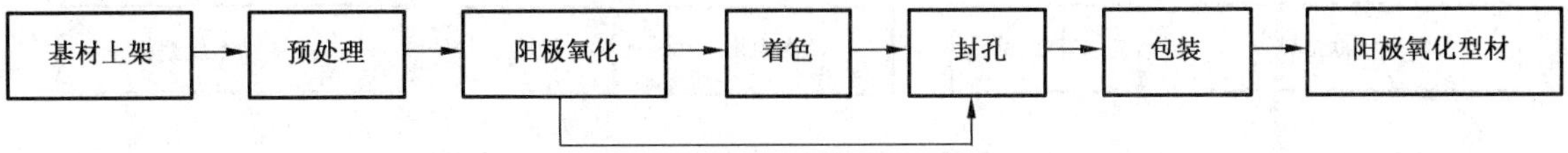

图 2 阳极氧化型材典型生产工艺流程简图

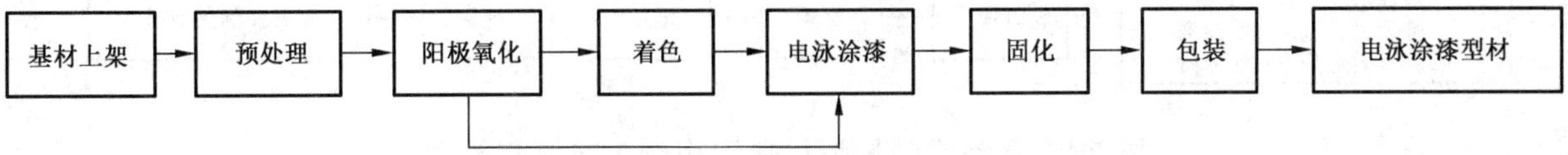

图 3 电泳涂漆型材典型生产工艺流程简图

图 4 粉末喷涂型材典型生产工艺流程简图

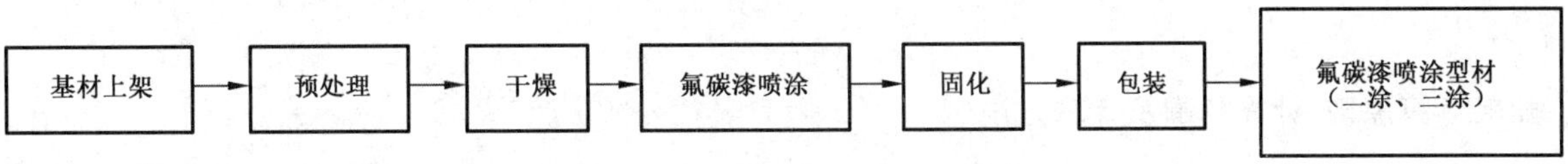

图 5 氟碳漆喷涂型材(二涂型材、三涂型材)典型生产工艺流程简图

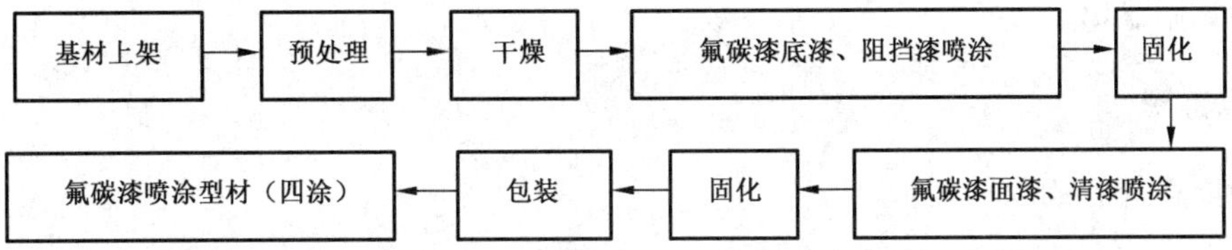

图 6 氟碳漆喷涂型材(四涂型材)典型生产工艺流程简图

图 7 丙烯酸漆喷涂型材典型生产工艺流程简图

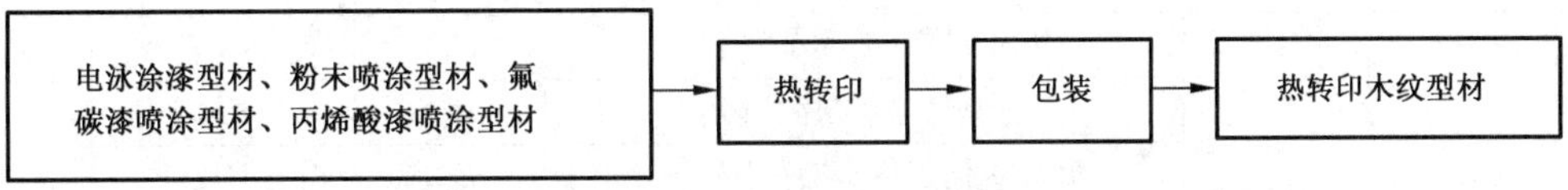

图 8 热转印木纹型材典型生产工艺流程简图

图 9　二次喷涂木纹型材典型生产工艺流程简图

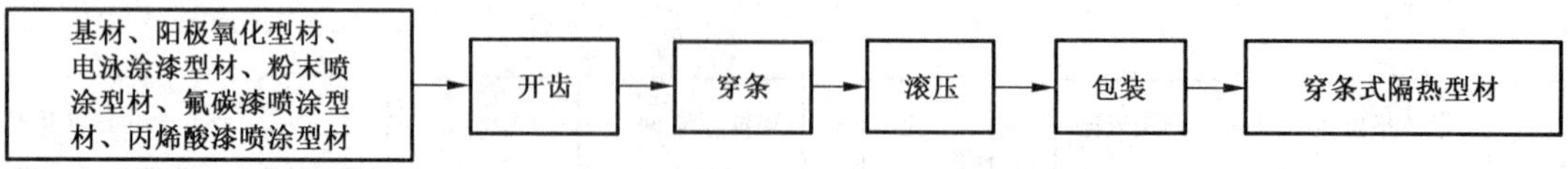

图 10　穿条式隔热型材典型生产工艺流程简图

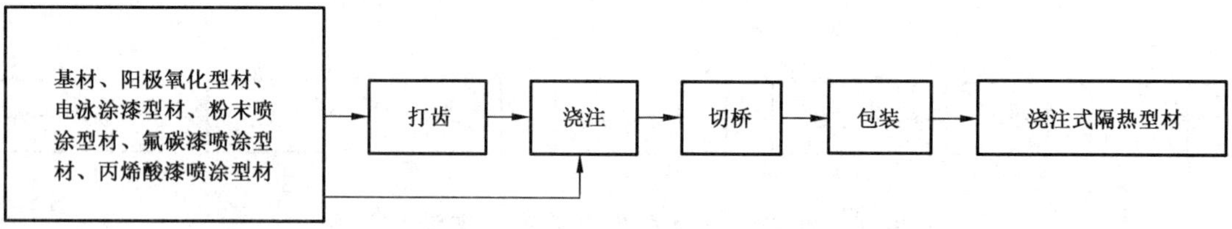

图 11　浇注式隔热型材典型生产工艺流程简图

5　能耗计算原则、计算范围及计算方法

5.1　能耗计算原则

能耗计算原则应符合 YS/T 694.1—2009 中 5.1 的规定，常用能源品种现行折标煤系数和耗能工质能源等价值参见附录 A。

5.2　能耗计算范围

本标准的能耗计算范围见表 4。

表 4　能耗计算范围

产品分类		能耗分类	能耗计算范围	能源单耗代号		
产品名称	产品代号			实物单耗	工艺能源单耗	综合能源单耗
基材	J	工序能耗	热挤压工序(工序代号:1)	E_{SJ}^{1}	E_{GJ}^{1}	E_{ZJ}^{1}
			淬火工序(工序代号:2)	E_{SJ}^{2}	E_{GJ}^{2}	E_{ZJ}^{2}
			时效工序 (工序代号:3)	E_{SJ}^{3}	E_{GJ}^{3}	E_{ZJ}^{3}
			包装工序(工序代号:4)	E_{SJ}^{4}	E_{GJ}^{4}	E_{ZJ}^{4}
		产品能耗	产品生产过程中发生的能耗	E_{SJ}	E_{GJ}	E_{ZJ}
阳极氧化型材	A	工序能耗	上架工序(工序代号:1)	E_{SA}^{1}	E_{GA}^{1}	E_{ZA}^{1}
			预处理工序(工序代号:2)	E_{SA}^{2}	E_{GA}^{2}	E_{ZA}^{2}
			阳极氧化工序(工序代号:3)	E_{SA}^{3}	E_{GA}^{3}	E_{ZA}^{3}
			着色工序(工序代号:4)	E_{SA}^{4}	E_{GA}^{4}	E_{ZA}^{4}
			封孔工序(工序代号:5)	E_{SA}^{5}	E_{GA}^{5}	E_{ZA}^{5}
			包装工序(工序代号:6)	E_{SA}^{6}	E_{GA}^{6}	E_{ZA}^{6}
		产品能耗	产品生产过程中发生的能耗	E_{SA}	E_{GA}	E_{ZA}

表 4（续）

产品分类		能耗分类	能耗计算范围	能源单耗代号		
产品名称	产品代号			实物单耗	工艺能源单耗	综合能源单耗
电泳涂漆型材	E	工序能耗	上架工序(工序代号:1)	E_{SE}^{1}	E_{GE}^{1}	E_{ZE}^{1}
			预处理工序(工序代号:2)	E_{SE}^{2}	E_{GE}^{2}	E_{ZE}^{2}
			阳极氧化工序(工序代号:3)	E_{SE}^{3}	E_{GE}^{3}	E_{ZE}^{3}
			着色工序(工序代号:4)	E_{SE}^{4}	E_{GE}^{4}	E_{ZE}^{4}
			电泳涂漆工序(工序代号:5)	E_{SE}^{5}	E_{GE}^{5}	E_{ZE}^{5}
			固化工序(工序代号:6)	E_{SE}^{6}	E_{GE}^{6}	E_{ZE}^{6}
			包装工序(工序代号:7)	E_{SE}^{7}	E_{GE}^{7}	E_{ZE}^{7}
		产品能耗	产品生产过程中发生的能耗	E_{SE}	E_{GE}	E_{ZE}
粉末喷涂型材	G	工序能耗	上架工序(工序代号:1)	E_{SG}^{1}	E_{GG}^{1}	E_{ZG}^{1}
			预处理工序(工序代号:2)	E_{SG}^{2}	E_{GG}^{2}	E_{ZG}^{2}
			干燥工序(工序代号:3)	E_{SG}^{3}	E_{GG}^{3}	E_{ZG}^{3}
			粉末喷涂工序(工序代号:4)	E_{SG}^{4}	E_{GG}^{4}	E_{ZG}^{4}
			固化工序(工序代号:5)	E_{SG}^{5}	E_{GG}^{5}	E_{ZG}^{5}
			包装工序(工序代号:6)	E_{SG}^{6}	E_{GG}^{6}	E_{ZG}^{6}
		产品能耗	产品生产过程中发生的能耗	E_{SG}	E_{GG}	E_{ZG}
氟碳漆喷涂型材 二涂型材、三涂型材	LF	工序能耗	上架工序(工序代号:1)	E_{SLF}^{1}	E_{GLF}^{1}	E_{ZLF}^{1}
			预处理工序(工序代号:2)	E_{SLF}^{2}	E_{GLF}^{2}	E_{ZLF}^{2}
			干燥工序(工序代号:3)	E_{SLF}^{3}	E_{GLF}^{3}	E_{ZLF}^{3}
			氟碳漆喷涂工序(工序代号:4)	E_{SLF}^{4}	E_{GLF}^{4}	E_{ZLF}^{4}
			固化工序(工序代号:5)	E_{SLF}^{5}	E_{GLF}^{5}	E_{ZLF}^{5}
			包装工序(工序代号:6)	E_{SLF}^{6}	E_{GLF}^{6}	E_{ZLF}^{6}
		产品能耗	产品生产过程中发生的能耗	E_{SLF}	E_{GLF}	E_{ZLF}
氟碳漆喷涂型材 四涂型材	LF4	工序能耗	上架工序(工序代号:1)	E_{SLF4}^{1}	E_{GLF4}^{1}	E_{ZLF4}^{1}
			预处理工序(工序代号:2)	E_{SLF4}^{2}	E_{GLF4}^{2}	E_{ZLF4}^{2}
			干燥工序(工序代号:3)	E_{SLF4}^{3}	E_{GLF4}^{3}	E_{ZLF4}^{3}
			氟碳漆底漆、阻挡漆喷涂工序(工序代号:4)	E_{SLF4}^{4}	E_{GLF4}^{4}	E_{ZLF4}^{4}
			固化工序(工序代号:5)	E_{SLF4}^{5}	E_{GLF4}^{5}	E_{ZLF4}^{5}
			氟碳漆面漆、清漆喷涂工序(工序代号:6)	E_{SLF4}^{6}	E_{GLF4}^{6}	E_{ZLF4}^{6}
			固化工序(工序代号:7)	E_{SLF4}^{7}	E_{GLF4}^{7}	E_{ZLF4}^{7}
			包装工序(工序代号:8)	E_{SLF4}^{8}	E_{GLF4}^{8}	E_{ZLF4}^{8}
		产品能耗	产品生产过程中发生的能耗	E_{SLF4}	E_{GLF4}	E_{ZLF4}

表 4（续）

产品分类		能耗分类	能耗计算范围	能源单耗代号		
产品名称	产品代号			实物单耗	工艺能源单耗	综合能源单耗
丙烯酸漆喷涂型材	LB	工序能耗	上架工序(工序代号:1)	E^{1}_{SLB}	E^{1}_{GLB}	E^{1}_{ZLB}
			预处理工序(工序代号:2)	E^{2}_{SLB}	E^{2}_{GLB}	E^{2}_{ZLB}
			干燥工序(工序代号:3)	E^{3}_{SLB}	E^{3}_{GLB}	E^{3}_{ZLB}
			丙烯酸漆喷涂工序(工序代号:4)	E^{4}_{SLB}	E^{4}_{GLB}	E^{4}_{ZLB}
			固化工序(工序代号:5)	E^{5}_{SLB}	E^{5}_{GLB}	E^{5}_{ZLB}
			包装工序(工序代号:6)	E^{6}_{SLB}	E^{6}_{GLB}	E^{6}_{ZLB}
		产品能耗	产品生产过程中发生的能耗	E_{SLB}	E_{GLB}	E_{ZLB}
木纹型材 热转印木纹型材	EM	工序能耗	热转印(工序代号 1)	E^{1}_{SEM}	E^{1}_{GEM}	E^{1}_{ZEM}
			包装工序(工序代号 2)	E^{2}_{SEM}	E^{2}_{GEM}	E^{2}_{ZEM}
		产品能耗	产品生产过程中发生的能耗	E_{SEM}	E_{GEM}	E_{ZEM}
木纹型材 二次喷涂木纹型材	GM	工序能耗	二次喷涂(工序代号 1)	E^{1}_{SGM}	E^{1}_{GGM}	E^{1}_{ZGM}
			二次固化(工序代号 2)	E^{2}_{SGM}	E^{2}_{GGM}	E^{2}_{ZGM}
			包装工序(工序代号 3)	E^{3}_{SGM}	E^{3}_{GGM}	E^{3}_{ZGM}
		产品能耗	产品生产过程中发生的能耗	E_{SGM}	E_{GGM}	E_{ZGM}
隔热型材 穿条式隔热型材	HC	工序能耗	开齿工序(工序代号:1)	E^{1}_{SHC}	E^{1}_{GHC}	E^{1}_{ZHC}
			穿条工序(工序代号:2)	E^{2}_{SHC}	E^{2}_{GHC}	E^{2}_{ZHC}
			滚压工序(工序代号:3)	E^{3}_{SHC}	E^{3}_{GHC}	E^{3}_{ZHC}
			包装工序(工序代号:4)	E^{4}_{SHC}	E^{4}_{GHC}	E^{4}_{ZHC}
		产品能耗	产品生产过程中发生的能耗	E_{SHC}	E_{GHC}	E_{ZHC}
隔热型材 浇注式隔热型材	HJ	工序能耗	打齿工序(工序代号:1)	E^{1}_{SHJ}	E^{1}_{GHJ}	E^{1}_{ZHJ}
			浇注工序(工序代号:2)	E^{2}_{SHJ}	E^{2}_{GHJ}	E^{2}_{ZHJ}
			切桥工序(工序代号:3)	E^{3}_{SHJ}	E^{3}_{GHJ}	E^{3}_{ZHJ}
			包装工序(工序代号:4)	E^{4}_{SHJ}	E^{4}_{GHJ}	E^{4}_{ZHJ}
		产品能耗	产品生产过程中发生的能耗	E_{SHJ}	E_{GHJ}	E_{ZHJ}

5.3 计算方法

5.3.1 工序能耗

5.3.1.1 实物单耗

实物单耗按式(1)计算：

$$E_{SI}^{i}=\frac{M_{SI}^{i}}{P_{ZI}^{i}} \qquad \cdots\cdots(1)$$

式中：

i ——工序代号(1、2、3、4、5、6、7、8)；

I ——产品代号(J、A、E、G、LF、LF4、LB、EM、GM、HC、HJ)；

E_{SI}^{i} ——I 产品生产过程中，i 工序报告期内的实物单耗；

M_{SI}^{i} ——I 产品生产过程中，i 工序报告期内直接消耗的某种能源实物总量；

P_{ZI}^{i} ——I 产品生产过程中，i 工序报告期内产出的合格产品总量。

5.3.1.2 工艺能源单耗

工艺能源单耗按式(2)计算：

$$E_{GI}^{i}=\frac{E_{HI}^{i}}{P_{ZI}^{i}} \qquad \cdots\cdots(2)$$

式中：

i ——工序代号(1、2、3、4、5、6、7、8)；

I ——产品代号(J、A、E、G、LF、LF4、LB、EM、GM、HC、HJ)；

E_{GI}^{i} ——I 产品生产过程中，i 工序报告期内的工艺能源单耗；

E_{HI}^{i} ——I 产品生产过程中，i 工序报告期内直接消耗的各种能源实物量折标煤之和，当含回收余热时，按 YS/T 694.1—2009 中 5.1.7 的规定；

P_{ZI}^{i} ——I 产品生产过程中，i 工序报告期内产出的合格产品总量。

5.3.1.3 综合能源单耗

综合能源单耗按式(3)计算：

$$E_{ZI}^{i}=E_{GI}^{i}+E_{FI}^{i} \qquad \cdots\cdots(3)$$

式中：

i ——工序代号(1、2、3、4、5、6、7、8)；

I ——产品代号(J、A、E、G、LF、LF4、LB、EM、GM、HC、HJ)；

E_{ZI}^{i} ——I 产品生产过程中，i 工序报告期内的综合能源单耗；

E_{GI}^{i} ——I 产品生产过程中，i 工序报告期内的工艺能源单耗；

E_{FI}^{i} ——I 产品生产过程中，i 工序报告期内产出的合格产品辅助能源单耗及损耗分摊量之和。

5.3.2 产品生产能耗

5.3.2.1 实物单耗

实物单耗按式(4)计算：

$$E_{SI}=\frac{M_{SI}}{P_{ZI}} \qquad \cdots\cdots(4)$$

式中：

I ——产品代号(J、A、E、G、LF、LF4、LB、EM、GM、HC、HJ)；

E_{SI} ——报告期内，I 产品生产过程中发生的实物单耗；

M_{SI} ——报告期内，I 产品生产过程中直接消耗的某种能源实物总量；

P_{ZI} ——报告期内，I 产品生产过程中产出的合格品的总量。

5.3.2.2 工艺能源单耗

工艺能源单耗按式(5)计算：

$$E_{GI}=\frac{E_{HI}}{P_{ZI}} \qquad \cdots\cdots (5)$$

式中：

I ——产品代号(J、A、E、G、LF、LF4、LB、EM、GM、HC、HJ)；

E_{GI} ——报告期内，I 产品生产过程中发生的工艺能源单耗；

E_{HI} ——报告期内，I 产品生产过程中直接消耗的各种能源实物量折标煤之和，当含回收余热时，按 YS/T 694.1—2009 中 5.1.7 的规定；

P_{ZI} ——报告期内，I 产品生产过程中产出的合格品的总量。

5.3.2.3 综合能源单耗

综合能源单耗按式(6)计算：

$$E_{ZI}=E_{GI}+E_{FI} \qquad \cdots\cdots (6)$$

式中：

I ——产品代号(J、A、E、G、LF、LF4、LB、EM、GM、HC、HJ)；

E_{ZI} ——报告期内，I 产品生产过程中发生的综合能源单耗；

E_{GI} ——报告期内，I 产品生产过程中发生的工艺能源单耗；

E_{FI} ——报告期内，I 产品生产过程中发生的辅助能源单耗及损耗分摊量之和。

6 节能管理与措施

6.1 节能基础管理

6.1.1 企业应建立节能考核制度，定期对各生产工序能耗情况进行考核，并把考核指标分解落实到各岗位。

6.1.2 企业应根据 GB 17167 的要求配备相应的能源计量器具并建立能源计量管理制度。

6.1.3 提倡企业建立能源管理中心，实现数据在线采集及分析，实时监控重点耗能设备。

6.2 节能技术管理

6.2.1 大力推行节能燃烧技术和余热回收技术，最大限度地提高热效率。

6.2.2 提高工业窑炉热能利用率，加强窑炉保温、密封，减少热能损失。

6.2.3 通过技术创新，使用节能电机，鼓励企业使用变频节能装置，使用绿色环保节能照明，搞好无功功率补偿。

6.2.4 挤压工序提倡企业使用节能电机，选用合理机型，选择合理挤压比，提高主缸工进速度，实行等温快速挤压，降低辅助时间，提高挤压效率；采用一模多孔技术，提高产量。

6.2.5 氧化电泳工序提倡企业采用设计产能高、技术先进的立式氧化电泳生产线；采用功率因素高、额定电压合适的电源；采用合理的工艺技术，确保氧化膜成膜系数大于 0.3，降低单位面积电耗。

6.2.6 喷涂工序提倡企业采用设计产能高、技术先进的立式喷涂生产线。

附 录 A
（资料性附录）
常用能源品种现行折标煤系数和耗能工质能源等价值

A.1 常用能源品种的现行折标煤系数见表 A.1，折标煤系数如遇国家统计部门规定发生变化，能耗等级指标则按国家统计部门规定执行。

表 A.1 常用能源品种现行参考折标煤系数

能源		折标煤系数及单位	
品种	单位	系数	单位
原煤	t	0.714 3	tce/t
无烟煤	t	0.900	tce/t
洗精煤	t	0.900	tce/t
重油	t	1.428 6	tce/t
柴油	t	1.457 1	tce/t
汽油	t	1.471 4	tce/t
焦炭	t	0.971 4	tce/t
液化石油气	t	1.714 3	tce/t
电力(当量值)	10^4 kW·h	1.229	tce/(10^4 kW·h)
热力[a]	GJ	0.034 1	tce/GJ
煤气(热值为 1 250×4.186 8 kJ/m^3)	10^4 m^3	1.786	tce/10^4 m^3
天然气	10^3 m^3	1.330 0	tce/10^3 m^3

[a] 蒸汽折标煤系数按热值计。

A.2 常用耗能工质能源等价值参考值见表 A.2，能源等价值如有变动，以国家统计部门最新公布的数据为准。

表 A.2 耗能工质能源等价值

耗能工质			能源等价值		备注
名称		单位	热值/MJ	折标煤/kgce	
液体	新鲜水	t	7.535 0	0.257 1	指尚未使用过的自来水
	软化水	t	14.234 7	0.485 7	
气体	压缩空气	m^3	1.172 3	0.040 0	
	二氧化碳	m^3	6.280 6	0.214 3	
	氧气	m^3	11.723 0	0.400 0	
	氮气	m^3	11.723 0	0.400 0	当副产品时
			19.677 1	0.671 4	当主产品时
	乙炔	m^3	243.672 2	8.314 3	按耗电石计算
固体	电石	kg	60.918 8	2.078 6	按平均焦炭、电等计算

ICS 75.180.10
E 92

中华人民共和国国家标准

GB/T 21411.1—2014
代替 GB/T 21411.1—2008

石油天然气工业
人工举升用螺杆泵系统　第1部分:泵

Petroleum and natural gas industries—Progressing cavity pump systems for artificial lift—Part 1:Pumps

(ISO 15136-1:2009,Petroleum and natural gas industries—Progressing cavity pump systems for artificial lift—Part 1:Pumps,MOD)

2014-12-22 发布　　　　2015-10-01 实施

中华人民共和国国家质量监督检验检疫总局
中国国家标准化管理委员会　发布

前　言

GB/T 21411《石油天然气工业　人工举升用螺杆泵系统》分为二个部分：

——第1部分：泵；

——第2部分：地面驱动装置。

本部分为GB/T 21411的第1部分。

本部分按照GB/T 1.1—2009给出的规则起草。

本部分代替GB/T 21411.1—2008《石油天然气工业井下设备　人工举升用螺杆泵系统　第1部分：泵》，与GB/T 21411.1—2008相比，除编辑性修改外主要技术变化如下：

——增加了规范性引用文件(见第2章)；

——增加了"中心偏差"等术语(见第3章)；

——增加了缩略语和部分符号(见第4章)；

——在性能规范中增加了"设计确认""产品性能评价""质量控制等级"的内容(见第5章)；

——在技术规范中删去了"设计有效性"的内容，增加了"额定性能"及"设计确认"的相关内容(见第6章，2008年版的第5章)；

——在对供应商与制造商的要求中，修改了"设计文件"与"随机文件"的相关内容(见第7章，2008年版的第6章)；

——在对供应商与制造商的要求中，增加了"质量""检测"的相关内容，修改了"产品标识"的标记内容(见第7章，2008年版的第6章)；

——增加了维修的内容(见第8章)；

——增加了运输、搬运和储存的内容(见第9章)；

——删除了上一版除附录"螺杆泵试验报告数据表"外的所有附录(见附录I，2008年版的附录B)；

——增加了"螺杆泵需求信息表"(见附录A)；

——增加了"安装指南"(见附录B)；

——增加了"操作指南"(见附录C)；

——增加了"设计确认"(见附录D)；

——增加了"性能评价"(见附录E)；

——增加了"螺杆泵合成橡胶技术要求"(见附录F)；

——增加了"螺杆泵橡胶的选择和测试"(见附录G)；

——增加了"螺杆泵性能特征补充信息"(见附录H)；

——增加了"修理和检查"(见附录J)；

——增加了"使用后分析"(见附录K)；

——增加了"辅助设备"(见附录L)；

——增加了"螺杆泵驱动杆柱的选取和使用"(见附录M)。

本部分使用重新起草法修改采用ISO 15136-1:2009《石油天然气工业　人工举升用螺杆泵系统　第1部分：泵》。本部分与ISO 15136-1:2009相比存在技术差异，附录N中给出了相应技术差异点及其原因的一览表。

为便于使用，本部分还做了以下编辑性修改：

——增加了附录I"螺杆泵试验报告数据表"；

——增加了附录N"本部分与ISO 15136.1:2009的技术差异及其原因"；

——以公制单位为主，考虑使用习惯，对部分单位进行了调整。

请注意本部分的某些内容可能涉及专利。本部分的发布机构不承担识别这些专利的责任。

本部分由全国石油钻采设备和工具标准化技术委员会(SAC/TC 96)提出并归口。

本部分由北京石油机械厂负责起草，大庆油田有限责任公司采油工程研究院、大庆油田力神泵业有限公司、中国石油勘探开发研究院采油采气装备研究所、渤海钻探工程技术研究院、中国石油集团渤海石油装备制造有限公司、石油工业机械产品质量监督检验站、胜利油田高原石油装备有限责任公司等参加起草。

本部分主要起草人：王兴燕、范育昭、陈晓军、曹刚、李斌、朴雪峰、王维、张立新、魏纪德、田晓艳、吴频、于庆东、吴苗法。

本部分所代替标准的历次版本发布情况为：

——GB/T 21411.1—2008。

石油天然气工业
人工举升用螺杆泵系统　第1部分:泵

1　范围

本部分规定了石油天然气工业人工举升用螺杆泵的设计、设计验证、设计确认、生产和数据控制、性能评价、维修、操作和贮存的相关要求。

本部分包括了规范性附录,对定子橡胶材料的测试、设计确认以及性能评价等方面提出了要求。此外,资料性附录包含以下信息:螺杆泵需求信息表、安装指南、操作指南、螺杆泵橡胶的选择和测试、修理和检查、使用后的螺杆泵的评价、螺杆泵驱动杆柱的选用以及辅助设备。

本部分适用于人工举升用螺杆泵的设计、制造、检验、试验、维护及贮存。

2　规范性引用文件

下列文件对于本文件的应用是必不可少的。凡是注日期的引用文件,仅注日期的版本适用于本文件。凡是不注日期的引用文件,其最新版本(包括所有的修改单)适用于本文件。

GB/T 230.1　金属材料　洛氏硬度试验　第1部分:试验方法(A、B、C、D、E、F、G、H、K、N、T标尺)(GB/T 230.1—2009,ISO 6508-1:2005,MOD)

GB/T 231.1　金属材料　布氏硬度试验　第1部分:试验方法(GB/T 231.1—2009,ISO 6506-1:2005,MOD)

GB/T 528—2009　硫化橡胶或热塑性橡胶　拉伸应力应变性能的测定(ISO 37:2005,IDT)

GB/T 531.1—2008　硫化橡胶或热塑性橡胶　压入硬度试验方法　第1部分:邵氏硬度计法[邵尔硬度](ISO 7619-1:2004,IDT)

GB/T 1172—1999　黑色金属硬度及强度换算值

GB/T 1690—2010　硫化橡胶或热塑性橡胶　耐液体试验方法(ISO 1817:2005,MOD)

GB/T 2828.1—2012　计数抽样检验程序　第1部分:按接收质量限(AQL)检索的逐批检验抽样计划(ISO 2859-1:1999, IDT)

GB/T 4340.1　金属材料　维氏硬度试验　第1部分:试验方法(GB/T 4340.1—2009,ISO 6507-1:2005,MOD)

GB/T 9445—2008　无损检测　人员资格鉴定与认证(ISO 9712:2005, IDT)

GB/T 19830—2011　石油天然气工业　油气井套管或油管用钢管(ISO 11960:2004, IDT)

GB/T 20972(所有部分)　石油天然气工业　油气开采中用于含硫化氢环境的材料[ISO 15156(所有部分)]

GB/T 21411.2—2009　石油天然气工业井下设备　人工举升用螺杆泵系统　第2部分:地面驱动装置(ISO 15136-2:2006,MOD)

GB/T 27025—2008　检测和校准实验室能力的通用要求(ISO/IEC 17025:2005,IDT)

ASME　锅炉压力容器规范　第Ⅴ卷　无损检测[ASME Boiler and Pressure Vessel Code (BPVC),Section Ⅴ, Nondestructive Examination]

ASME　锅炉压力容器规范　第Ⅷ卷　第1册　压力容器[ASME Boiler and Pressure Vessel Code(BPVC), Section Ⅷ, Division 1, Rules for Construction of Pressure Vessels]

ASME 锅炉压力容器规范 第Ⅸ卷 焊接和钎接评定:焊接和钎接工艺、焊工、钎焊工,焊接和钎接操作工评定标准[ASME Boiler and pressure vessel code(BPVC),Section Ⅸ, Welding,brazing,and fusing qualifications]

ASTM D412—2006(修订2) 硫化橡胶或热塑性弹性体拉伸试验方法(Standard Test Methods for Vulcanized Rubber and Thermoplastic Elastomers—Tension)

ASTM D429—2008 橡胶与刚性材料的粘合强度的试验方法(Standard Test Methods for Rubber Property—Adhesion to Rigid Substrates)

3 术语和定义

下列术语和定义适用于本文件。

3.1

实际转排量 actual capacity per rpm

针对一个特定产品通过性能测试确定的每转体积排量。

3.2

施加扭矩 applied torque

由地面驱动系统施加到驱动杆柱顶部的扭矩。

3.3

人工举升系统 artificial lift system

将流体从地层输送到地面的组装设备,可能包括泵、驱动杆柱、原动机和生产管柱。

3.4

辅助设备 auxiliary equipment

由用户或厂家选择或者安装的、超出规定范围的典型的设备或元件。

3.5

井下驱动系统 bottom-drive system

利用井下原动机的螺杆泵驱动系统。

3.6

套管尺寸 casing size

在GB/T 19830—2011中被定义的公称套管外径。

3.7

中心偏差 core deflection

定子腔中心线与定子管中心线间的径向偏移。

3.8

腐蚀环境 corrosive environment

在温度和化学剂共同作用下,使设备失效的工作环境。

3.9

设计确认 design validation

通过试验确认产品满足设计要求的校核过程。

3.10

设计验证 design verification

通过计算、比较或调查等方式,检查核实给定设计条件与规范要求是否一致的过程。

3.11

压差 differential pressure

泵的排出压力与吸入压力之差。

3.12

狗腿严重度 dogleg severity

单位长度的井段内狗腿角的大小。

3.13

井下转排量 down hole capacity per rpm

通过计算和井况预测的体积排量。

3.14

驱动杆柱 drive string

在地面驱动系统和螺杆泵之间用来传递动力的装置(通常是指抽油杆)。

3.15

动液面 dynamic level

在标准状况下,螺杆泵运转过程中的液面深度。

3.16

啮合空腔 engaged cavities

在泵的定子与转子配合时,二者间形成的连续的螺旋形密闭腔室。

3.17

失效项 failed item

已失效的项目。

3.18

失效 failure

结构丧失其规定的功能。

3.19

失效原因 failure cause

设计生产或应用等过程中导致的失效。

3.20

流量 flow rate

泵在单位时间内所排出的液体体积。

3.21

摩擦扭矩 friction torque

驱动杆柱与油管,以及转子与定子之间在相对旋转过程中产生的摩擦阻力所引起的扭矩,主要和以下因素有关:井深和井眼轨迹、杆柱和油管尺寸、泵的几何尺寸和定转子间的过盈配合,以及盘根盒特性。

3.22

性能规范 functional specification

定义设备的性能和使用要求的特点、工艺条件、操作范围和禁令。

3.23

性能测试 functional test

通过试验确认设备运行正常。

3.24

等级　grade

根据对质量或设计确认的不同要求确定的类别或等级。

3.25

额定扬程　head rating

根据等效水柱高度表示的额定压力。

3.26

液压扭矩　hydraulic torque

通过泵的介质压差产生的扭矩。

3.27

项　item

任何可独立考虑的零件、组件、设备、子系统、功能模块、设备或系统。

3.28

插入式泵　insertable pump

用抽油杆柱将定子插入油管的泵。

3.29

制造　manufacturing

为满足用户的要求，达到供应商或制造商的标准，设备供应商或制造商为完成零件、装配和相关文档工作所执行的一系列工艺和工作。

3.30

最高工作温度　Max. working temperature

由供应商或制造商指定的泵的最高工作温度。

3.31

型号　model

装置区别于其他同类型设备的独特组件和工作特性。

3.32

防脱工具　no-turn tool

防止定子或油管因转定子过盈配合产生的转动力矩而旋松连接螺纹的装置。

3.33

公称转排量　nominal capacity per rpm

基于理论计算或根据商业目的调整给出的公称每转体积排量。

3.34

不合格　non-conformance

不满足规定要求，如设备、元件、实验或程序与已有的标准不一致。

3.35

操作手册　operator's manual

由供应商或制造商提供，其中包含关于设计、安装、操作和设备维护的详细数据以及说明。

3.36

工作环境　operational environment

在全寿命周期内，产品工作的环境。

3.37

过渡油管短节　orbit tube

连接在定子上面的一段大尺寸的生产油管。

3.38

螺杆泵几何形状　PCP geometry

由螺距、偏心距和直径组合而成。

3.39

额定性能　performance ratings

泵的水力性能额定值。

3.40

额定压力　pressure rating

额定的举升压差能力。

3.41

主要失效项　primary failed item

会引发螺杆泵失效的失效项。

3.42

原动机　prime mover

提供扭矩使螺杆泵转子旋转的马达(通常为液压驱动、电动或内燃机)。

3.43

螺杆泵　progressing cavity pump

螺杆泵由定子和转子组成，二者配合形成了两个或多个双凸透镜状、螺旋分布的相互隔离的空腔。

3.44

合格零件　qualified part

在获得认证的质量保证体系下制造的零件，需要更换时，该零件可达到或超过原来零件的性能。

3.45

有资质人员　qualified person

通过培训或经验达到了与既定要求(如标准或测试)相符的特点和能力，且可以完成特定工作的个人。

3.46

检泵原因　reason for pull

将泵从井下起出的原因。

3.47

补救　redress

仅限于更换合格零件的行为。

3.48

检修　repair

除补救行为外，将设备恢复到原有性能的所有活动，包括：拆卸、组装和对更换或未更换合格零件的系统测试，还可能包括机加工、焊接、热处理或者其他制造工艺。

3.49

转子　rotor

螺旋的、波形轮廓的轴。

3.50

转子相位对准工装　rotor phasing alignment

与转子型线相吻合的模具。

3.51

尺寸 size

由供应商或制造商确定的用特定长度或角度表示的设备特性。

3.52

段塞流 slugging

非均匀流动状态的油井生产。

3.53

定子 stator

内部具有螺旋轮廓表面，在油管轴向方向上与转子啮合形成一系列双凸透镜状空腔的管子。

3.54

静液面 static level

在标准状况下，螺杆泵在停机时稳定的液面深度。

3.55

定子相位对准工装 stator phasing alignment jig

与定子内腔型线相吻合的模具。

3.56

沉没度 submergence

泵挂深度与动液面之差。

3.57

重大设计更改 substantial design change

由供应商或制造商确定的设计更改，其可能影响产品在预定工作条件下的性能。

3.58

溶胀过程 swelling process

由于流体和弹性体之间的相互作用，当流体渗入材料体内，引起弹性体体积增大的过程。

3.59

限位器 tag bar

安装在定子底部，限制转子伸出定子端部的组件。

3.60

技术规范 technical specification

设备为符合性能规范而需满足的技术要求。

3.61

试验压力 test pressure

基于所有相关设计标准的设备测试压力。

3.62

试验温度 test temperature

基于所有相关设计标准的设备测试温度。

3.63

扭矩锚 torque anchor

防止定子或油管因工作时产生的转动力矩而旋松连接螺纹的装置，同时它还可以防止泵与套管发生轴向相对运动。

3.64

油管布置 tubing deployed

通过油管将定子送至油管柱底部的螺杆泵采油系统。

3.65

类型 type

设备区别于其他功能类似设备的特征。

3.66

唯一标识符 unique identifier

用于识别某一特定组件的唯一字母数字字符组合。

3.67

有效转排量 validated capacity per rpm

通过设计确认试验确定的每转体积排量。

3.68

井口 wellhead

在地面实现井口控制的设备组合。

4 缩略语和符号

4.1 缩略语

下列缩略语适用于本文件。

C30＋ 分子中碳数超过 30 的烃组分

CP 粘接剂底胶与面胶间失效(界面失效)

d 天(时间单位)

M 粘接剂与金属界面间失效(界面失效)

MD 测深

PCP 螺杆泵

PIP 泵吸入压力

R 橡胶失效(基底失效)

RC 橡胶与粘接剂间失效

r/min 每分钟转数

TVD 真垂深

4.2 符号

下列符号适用于本文件。

d_r 驱动杆柱直径

D 转子小径

e 偏心距

F_r 驱动杆柱轴向载荷

F_t 螺纹上的轴向力

F_s 扭矩台肩上的轴向力

N 轴转速

P 定子导程,见图 H.1

P_h 泵的输出功率

P_{req} 泵的输入功率

q_c 某一设定转速下压差小于 0.35 MPa 时的体积流量

q_v 在某一设定转速下某一特定压差时的体积流量

q_{TC} 每分钟的公称转排量，表示为 100 r/min 情况下每天产多少立方米，见式(H.1)

T 轴扭矩

T_r 驱动杆扭矩

T_s 扭矩台肩上的扭矩

T_t 螺纹上的扭矩

δ 相位或者损耗角

Δp 压差

η 泵的总效率

η_v 容积效率

σ_e 有效应力

5 性能规范

5.1 概述

订购符合本部分的产品时，用户可以根据使用要求自行指定螺杆泵，也可以提供相关信息由供应商推荐选型。这些信息可通过螺杆泵需求信息表(附录 A)、安装指南(附录 B)和操作指南(附录 C)提供给供应商。用户或采购商应为所提供数据指定计量单位。

用户在使用为特殊工况设计的螺杆泵前需要详细评估，以确保该系统能正常工作。附录 B 和附录 C 包含安装指南和操作指南。用于新工况的评估程序应与初始应用工况的评估程序同样严格。

5.2 螺杆泵的选型

用户应根据以下条件来选择螺杆泵：

a) 生产要求；

b) 流体特性；

c) 地面设备配置；

d) 定子下入方式，如驱动管柱、油管、电缆、连续油管。

5.3 技术要求

5.3.1 应用参数

5.3.1.1 概述

螺杆泵的安装应符合其技术要求，而技术要求是根据应用参数确定的。这些参数包括但不仅限于 5.3.1.2～5.3.3.4 中所列内容。

5.3.1.2 井况信息

对下列适用的井况信息要详细说明：

a) 工作环境，如热力采油、磨蚀场合、腐蚀环境、重油和常规石油开采以及煤层气等应用；

b) 井型，如垂直井、斜井或水平井；

c) 井的定向测量；

d) 井口位置，如陆上、平台或海底；

e) 油藏类型，如碳酸盐、固结砂岩、疏松砂岩、煤或页岩；

f) 油藏开采机理及工艺，如浸水驱动、溶解气驱、水驱、热力驱、煤脱水；提高采收率的方法，如

CO_2 驱、水气交替驱或聚合物驱；

g) 完井类型，如射孔井、裸眼井、割缝衬管、砾石填充或者防砂筛管；

h) 螺杆泵的应用史及其他生产方式，如其他人工举升方法和自喷井；

i) 预期工作寿命，如总产量、转数、天数、年数。

5.3.1.3 完井信息

如适用，应指定以下完井信息：

a) 以泵吸入口的 MD 和 TVD 表示的泵挂深度；

b) 以 MD 和 TVD 表示的生产井段深度；

c) 当前总井深，如以 MD 和 TVD 表示的填砂深度；

d) 无详细井斜检测数据的情况下需提供：

   1) 泵挂处的井斜(井斜角)和井眼曲率(如适用)；

   2) 井口和泵挂深度之间的最大井眼曲率(最大狗腿严重度)，在安装过程中，泵需要通过此处。

e) 套管尺寸(包括外径和重量)、生产套管的连接类型和等级；

f) 井口和挂泵深度之间的最小通径；

g) 在泵挂深度处的最小通径；

h) 生产油管尺寸(包括外径和重量)、连接类型和等级；

i) 生产油管的内涂层类型和厚度；

j) 泵吸入口类型选择，如开槽式、筛管式、油气分离器、尾管式；

k) 扭矩锚类型；

l) 扭矩锚顶部的测量深度；

m) 限制泵安装或工作的其他油井尺寸。

5.3.1.4 操作与生产信息

对下列适用的操作与生产信息要详细说明：

a) 标准状况下的总产量；

b) 含水率，产液中水的体积分数；

c) 含砂量，体积分数；

d) 最高和最低的运转速度，以每分钟转数表示；

e) 井口压力；

f) 井口流体温度；

g) 套管头压力；

h) 泵吸入口的静压或关井压力；

i) 参考深度的储层静压或关井压力；

j) 泵吸入口的静态温度或关井温度；

k) 参考深度的储层静态温度或关井温度；

l) 在标准状况下采出气油比或实测产气量；

m) 在标准状况下，套管气体比率到油管气体比率，或井下自由气体分离效率；

n) PIP 由以下之一表示：

   1) 泵吸入口的生产压力；

   2) 动液面，环空梯度或密度和套管头压力；

   3) 油藏静压和采油指数；

4） 静液面和采油指数。

o） 段塞流的趋势，如气体、水、固体、蒸汽。

5.3.2 环境适应性

用户或采购商要对下列适用的环境适用要求作详细说明：

a） 油：
    1） 在标准状况下的密度；
    2） 成分分析，包括但不限于以下两点：
        • 芳烃的种类和含量；
        • 苯胺点。
    3） 在测试条件或工作条件下的黏度；
    4） 在油藏温度下的泡点压力。

b） 水：
    1） pH 值；
    2） 密度；
    3） 氯离子含量。

c） 气体：
    1） 成分构成，如：
        • 二氧化碳含量，以摩尔分数表示；
        • 硫化氢含量，以摩尔分数表示；
        • 蒸汽温度、压力和质量。
    2） 气体相对密度。

d） 固体：
    1） 与固体相关问题的记录，如腐蚀、堵塞、磨损；
    2） 形态，如大小、结构、棱角、成分构成；
    3） 积垢趋势；
    4） 沥青质或石蜡沉积的趋势。

e） 其他：
    1） 乳化性能，如
        • 转化点（含水率）；
        • 井下工作条件超过标准的工作条件的油水乳液黏度；
        • 乳化液的形成趋势。
    2） 泡沫状油的性质；
    3） 其他流体类型和含量，如稀释剂、腐蚀或阻垢剂、完井液、分散剂和井眼注入点。

5.3.3 对相应油井设备和服务的适应性

5.3.3.1 概述

用户或采购商应指定或确定接口连接的设计、材料要求以及外部尺寸的限制等，以保证该产品能够符合预定的要求。

5.3.3.2 驱动系统

应用时应考虑以下内容：

a) 类型:地面或井下驱动;
b) 扭矩、速度和轴向载荷的限制;
c) 井下驱动系统:
   1) 驱动类型,如电动、液压驱动;
   2) 运转的限制因素,如生热、吸入口和出口的节流作用;
   3) 最大外径、长度、位置,包括螺杆泵的上部和下部;
   4) 齿轮箱减速比。

5.3.3.3 驱动杆柱

应用时应考虑以下内容:
a) 类型,如标准抽油杆、连续抽油杆、空心抽油杆;
b) 材料等级;
c) 杆体直径;
d) 连接类型和说明;
e) 额定扭矩和额定轴向载荷;
f) 旋转扶正器的类型说明及安装数量;
g) 导向器的类型说明及安装数量。

5.3.3.4 附属设备和油井作业

可考虑以下内容:
a) 注入油管柱的外径和注入点,例如,在泵的上部、在泵的下部、环空、油管柱;
b) 井下仪器的外径、长度和位置,如应用时在泵的上部或下部;
c) 井下设备的外径、内径、长度,与泵的位置和泵的连接装置,如限位器与泵的连接、防脱工具、气体分离器、尾管、泄油阀;
d) 油井维修的制约因素,如最小光杆长度、泵长度、最大连续油管直径。

5.4 设计确认

用户或采购商宜指定以下三个设计确认等级中的一个:
——V1 最高级;
——V2 基本级;
——V3 传统级。
每个设计确认等级的基本要求见附录 D。

5.5 产品性能评价

用户或采购商宜指定以下两个产品性能评价等级中的一种:
——F1 水力性能试验:
在性能测试中用户或采购商为了应用可指定容积效率范围、测试流体、泵速,以及流体温度和压力。
——F2 不进行台架试验的性能评价:
在性能评价中用户或采购商为了应用可指定容积效率范围、流体、泵速,以及流体温度和压力。
产品性能评价等级的基本要求见附录 E。

5.6 质量控制等级

用户或采购商宜指定由第 7 章中定义的三种质量控制等级之一:

——Q1 最高质量控制等级；
——Q2 中等质量控制等级；
——Q3 基本质量控制等级。

5.7 随机文件

随机文件，如操作手册、合格证和产品数据表，这些都可由用户或采购商针对具体质量等级提出要求。

5.8 附加要求

针对具体应用中必需的内容，用户可以指定额外的设计验证、设计确认测试及产品性能评价，这些要求应作为附录D和附录E的补充。

如有要求，作为附录F的补充，应根据附录G进行相应的橡胶适应性试验和粘接试验。

6 技术规范

6.1 概述

供应商（或制造商）应制定与性能规范相对应的技术规范。供应商（或制造商）还应向用户（或采购商）提供第7章中规定的产品资料。

6.2 技术特点

应满足下列要求：

——螺杆泵应能承受一定压差，将流体从井底输送到地面，并持续工作至人为终止。设备正常磨损老化或达到工作寿命的除外；
——螺杆泵的安装应符合其性能规范；
——螺杆泵应与相关设备和服务相匹配。

6.3 设计

6.3.1 材料

金属和非金属材料应由供应商或制造商指定，并符合性能规范。供应商或制造商对关键材料应有书面规定，且应符合这些规定。

如果供应商或制造商的材料选择准则有书面文件，且由有资质的人士批准并符合本部分所有其他要求，那么产品设计确认的材料替换可不经过确认试验。

6.3.2 金属

6.3.2.1 概要

在螺杆泵中，主要金属部件有定子壳体、相关的连接组件和转子，转子通常会电镀或喷涂。

供应商或制造商的技术规范应规定与应用情况相适应的定子管体和转子材料，应考虑以下几点：

a） 化学成分；
b） 机械特性：
    1） 拉伸强度；
    2） 屈服强度；
    3） 延伸率；

4） 硬度。

转子材料应具有足够的强度，其截面及螺纹可以承受在泵规定操作范围内的扭转和轴向复合载荷。当弯曲载荷和交变复合载荷同时存在时，转子强度的评价应考虑疲劳的影响。高温条件下使用时，也应重新考虑材料强度是否适合。设计确认结果应经有资质人员的批准。

材料供应商或制造商提供的材料测试报告可以用来证实材料与规范的一致性。

6.3.2.2 焊接

转子和定子部件的焊接应符合7.6.3中供应商或制造商规范。应根据特定的质量等级对焊缝进行鉴定和检查。

6.3.3 转子镀层或表面处理

转子镀层或表面处理的形式和厚度应考虑工作环境（在性能规范中指定的环境）中的流体特性，特别是一些磨蚀井和一些预先经过化学处理的油井。供应商或制造商技术规范应确定转子镀层或表面处理的性质和验收标准，包括：

a） 镀层或表面处理的基础成分；
b） 有效的表面硬度；
c） 转子波峰和波谷处的适用的最大和最小镀层厚度；
d） 表面粗糙度。

6.3.4 定子橡胶和粘接剂

定子橡胶和粘接剂应符合附录F要求，其中含有关于橡胶分类、特性、测试程序等详细信息。

供应商或制造商应有书面的程序和评价过程，其结果可以检验所用定子橡胶材料和粘接剂是否与性能指标中定义的特定的螺杆泵结构、工作环境和应用程序相匹配。评价和结果认证应由有资质的人员执行，并应考虑测试数据，以及在压力、温度和流体共同作用下随时间变化的橡胶和粘接系统的历史数据。

6.4 尺寸信息

6.4.1 定转子配合

供应商或制造商应具有书面程序，该程序由有资质的人员负责实施，以选择合适的转子定子配合，从而满足性能规范的要求。附录H提供了选择定转子配合的相关资料。

6.4.2 尺寸限制

应限定螺杆泵的尺寸以便于下泵，这样当需要时才可保证在指定的井筒曲率下作业。对于通过油管下入的结构，定子周围应提供足够的环形空间用以分离气体；若螺杆泵下到射孔段以下，留出较大的环空可避免过大的压降。当性能规范包括下述设备如：用于注入或洗井的油管柱或仪器电缆，定子总成应留出足够的环空。

供应商或制造商应指定以下内容：

a） 定子外径和定子总成的最大外径；对于油管送入式泵，定子总成应可通过套管下入；对于插入式泵，定子总成应可通过油管和作为管柱组成部分的其他工具下入；
b） 转子截面的大径以及转子总成的最大直径；转子总成应通过生产油管和油管柱上的其他工具下入；
c） 转子截面和转子接头的公转直径；转子和转子接头的偏心运动不能超出生产油管的内径，如油管内径不够大，应在定子上端连接一个内径合适的过渡油管短节；

d) 转子和定子总成的长度和重量。

6.5 额定性能

6.5.1 转排量

对于每个泵型供应商或制造商应提供公称转排量和实际转排量。这些参数宜表示为在给定速度（100 r/min）下的流量（m^3/d）。

实际转排量应该通过确认测试来确定，如概述 6.7 和附录 D 中所述。关于排量的附加论述参见附录 H。

6.5.2 额定压力和扬程

供应商或制造商应给出螺杆泵的额定压力、额定扬程、单级空腔承压和啮合空腔数量。

额定压力应通过试验确认，见 6.7 概述和附录 D。

关于额定压力的附加论述参见 H.5。

6.5.3 设计性能曲线

供应商或制造商应给出每个泵型的设计性能曲线，该曲线显示出流量与压差和泵速的函数关系。

至少该曲线能显示正常定转子过盈时在不同转速下从零压力到泵额定压力的计算数据。

6.5.4 容积效率

供应商或制造商应给出设计性能曲线，用以描述在性能规范指定条件下的预期性能。

注：实际容积效率会由于未知的井下条件和宽泛的工作范围而产生显著的变化。容积效率综合描述了泵的容积效率和泵吸入多相流速与地表流速之差所产生的无用效率。更多信息参见附录 H。

6.5.5 设计泵速、扭矩和功率

供应商或制造商应提供螺杆泵的设计水力性能、总扭矩和功率数值，这些数值可表示为压差和泵速的函数。如需要，供应商或制造商应给出最大扭矩，最大与最小的转速值。

注：关于泵速、扭矩和速度的附加讨论参见附录 H。应谨慎使用泵的设计水力性能、总扭矩及功率值，因为它们并不能代表井下条件。需要利用经验分析这些值是否能达到预期的井下性能。

6.5.6 泵最大吸入气体体积分数

如用户或购买者要求，供应商或制造商应提供泵所能处理的最大吸入气体体积分数，并应给出书面报告予以证实。

6.6 设计验证

供应商或制造商应给出设计验证，以证实产品设计符合技术规范。设计验证工作包括以文档形式给出的设计计算、产品测试、与定义工作条件下的类似设计和历史记录的比较。设计验证中使用的经验方法或物理测试应以图纸和材料要求的形式进行完整记录。

设计验证结果应予以记录，包括基本几何参数审查，是否满足排量和压力要求、尺寸限制、强度性质和公差，以确保其符合技术规范。所有设计验证文件都应包含在产品设计文件中，应由有资质的人员（而非初始设计人员）批准。

6.7 设计确认

应对每台螺杆泵的转子和定子及橡胶的设计进行设计确认测试，以确保其设计符合供应商或制造

商的技术规范。设计确认等级规定了该等级所需的设计确认过程、程序和测试。附录D给出了3个确认等级(V1、V2和V3)的详细规定。用户或采购商可能需要额外的设计确认。

注：某些使用情况需要附加的设计确认测试。例如，用替代介质和多相流进行的泵的性能和耐用性测试；泵的最小吸入压力测试；最大含气率测试；或更先进的橡胶评价测试，如抗瞬间减压性能、压缩永久变形、耐热性、动态特性或抗 H_2S 性能。

6.8 性能评价要求

性能评价应根据附录E执行，并由有资质的人员批准，以检验制造的每台螺杆泵是否符合供应商或制造商的书面要求、技术规范和性能规范。评价结果应予以记录，并作为该产品质量文件的组成部分。

6.9 设计更改

供应或制造商应记录所有设计更改，并根据设计验证和设计确认文档进行审核，以确定是否为重大更改。重大设计更改是由供应商或制造商认定的，在预定工作条件下影响产品性能的设计更改。设计经过重大更改后成为一个新设计，需要根据6.6进行设计验证和6.7进行设计确认。

所有设计更改和修改在实施前应被确认、记录、审查和批准，并满足该部分适用的确认测试要求。对设计的非实质性调整也应予以记录。供应商或制造商应至少考虑以下设计更改：

a) 修改或更换零部件的应力等级；
b) 材料变化；
c) 功能变化。

6.10 设计确认调整

以前的确认设计可调整并用于确认新设计和设计更改，但有以下限制：

a) 调整只适用于V1或V2确认的设计。
b) 根据附录F，橡胶和粘接性能确认只适用于经测试的特定橡胶化合物。设计确认的调整不适用其他橡胶化合物。确认的调整可用于使用经过测试橡胶化合物的所有设计。
c) 根据附录D，耐用性的确认可根据设计更改进行调整，包括与经过测试产品使用相同的定子结构的橡胶化合物，设计更改所用橡胶化合物需有以前的定子结构耐久性测试的确认。
d) 根据附录D，水力性能确认只适用于特定的橡胶化合物和定子结构组合的测试。水力性能确认可以根据设计更改进行调整，设计更改需使用与已测试产品相同的橡胶化合物和定子结构。

7 对供应商或制造商的要求

7.1 概述

为验证产品是否符合特定性能和技术规范的要求，第7章给出了详细要求。

7.2 文件和资料

7.2.1 概述

供应商或制造商应建立并维护书面程序，以控制与本部分要求相关的所有文件和数据。应对这些文件和资料进行维护，以证明产品符合规定的要求。所有文件和资料应清晰，应进行分类和保存，便于工厂的检索，工厂应提供适宜的环境以防止文件和资料损坏或丢失。

文件和资料可以采用任意的媒体形式，如硬拷贝或电子媒体。用户或采购商可以获得并审核所有文件和资料。设计文件和资料应在产品停产后保存至少5年。

7.2.2 设计文件

对每种型号、尺寸和规格的泵，其设计过程的文件应至少包括以下内容：

a) 设计标准；

b) 性能规范和技术规范；

c) 工程图纸和材料清单；

d) 确认测试程序、验收标准和检测结果；

e) 性能评价程序和验收标准；

f) 设计更改及原因。

7.2.3 随机文件

产品交给用户或采购商时，提供的文件应至少包括：

a) 供应商或生产商名称和地址；

b) 供应商或生产商的产品标识；

c) 与规定性能等级相应的性能评价文件；

d) 与规定质量等级相应的质量文件。

7.2.4 操作手册

当质量控制等级或用户、采购商有要求时，应提供操作手册，并至少包含以下信息：

a) 供应商或生产商的名称和地址；

b) 供应商或生产商的产品标识；

c) 示意图，标示出主要部件、关键尺寸和结构，以及接口接头的详细信息；

d) 搬运和存放指南；

e) 安装前的检查和使用前的规程；

f) 安装指南，包括所有泵部件和转子防冲距的装配程序(参见附录B)；

g) 操作和故障排除指南，包括安全和环保作业的预案。

7.2.5 合格证书

当质量控制等级或用户、采购商有要求时，应提供合格证书，证明该产品至少符合下列要求：

a) 质量等级；

b) 性能等级；

c) 确认等级。

合格证书应包含产品名称，并应由供应商或制造商指定有资质的人员批准。

7.2.6 产品数据表

根据质量等级或用户、购买者要求，应提供产品数据表，并至少包括以下内容：

a) 产品名称；

b) 供应商或生产商的名称和地址；

c) 运输方式；

d) 公称转排量；

e) 有效转排量；

f) 额定压力；

g) 级数；

h) 设计性能曲线；

i) 测试性能曲线；

j) 转速范围；

k) 转子长度和质量(重量)；

l) 定子总成的长度和质量(重量)；

m) 转子大径，小径及回转直径；

n) 定子外径和定子总成的最大外径；

o) 转子和定子螺纹规格；

p) 转子镀层类型和厚度；

q) 操作手册版本。

以上部分内容会包含在螺杆泵试验数据表中，典型的螺杆泵试验数据表见附录I。

7.2.7 橡胶数据表

根据质量控制等级检验或用户、采购商有要求时，应提供橡胶数据表，并至少包括附录F中规定的下列内容：

a) 定子橡胶的分类；

b) 耐介质性能；

c) 机械性能；

d) 最高工作温度；

e) 未老化的粘接性能。

7.3 产品标识

7.3.1 一般标识法

一般标识法中应至少标记如下信息：

a) 供应商或制造商名称或商标，宜喷涂或粘贴于定子外壳上；

b) 产品型号，以“GLBvvv-hh e”表示：
   1) vvv是公称转排量，以mL/r为单位；
   2) hh是公称级数；
   3) e为改进标记代号，一般用英文字母标记。

c) 定子应在距上端不超过1 m处设标志槽，用钢印字符标记以下内容：产品型号、定子编号、橡胶代号及生产日期(如该信息已在定子编号中体现可不单独标记)；

d) 转子应在端部设标记槽，用钢印字符标记以下内容：产品型号、转子编号和材料炉号；

e) 泵下短节上应有标记槽，用钢印字符标记以下内容：产品型号、整机出厂编号；

f) 每次大修时，应在修理的设备上根据供应商或制造商的唯一标识符做标记：
   1) T表示重新攻丝；
   2) R表示表面喷涂；
   3) S表示校直。

7.3.2 ISO标识法

ISO标识法中应至少标记如下信息：

a) 供应商或制造商名称或商标，宜喷涂或粘贴于定子外壳上；

b) 唯一标识符(整机出厂编号),可用钢印字符标记在泵下短节上;

c) 定子应用钢印字符标记制造年、月,以“mm-yyyy”表示;

d) 定子应在距上端不超过 1 m 处用钢印字符标记“ISO-vvv-hhhh-eee”:

1) vvv 是公称转排量,以转速 100 r/min 时的日产量 m^3/d 为单位;

2) hhhh 是额定扬程,以 m 为单位;

3) eee 是橡胶代号。

e) 转子应在转子端部用钢印字符标记“ISO-vvv-hhhh-rrr”:

1) vvv 是公称转排量,以转速 100 r/min 时的日产量 m^3/d 为单位;

2) hhhh 是额定扬程,以 m 为单位;

3) rrr 是转子编号。

f) 每次大修时,应在修理的设备上根据供应商或制造商的唯一标识符做标记:

1) T 表示重新攻丝;

2) R 表示表面喷涂;

3) S 表示校直。

产品标识可按以上两种方法选择执行,装配好的定子、转子应根据供应商或制造商的规范做永久标识。

7.4 质量

7.4.1 概述

供应商或制造商应书面记录质量控制程序,该程序由有资质的人员执行,以确保产品符合适用规范和图纸要求。

质量控制等级检验适用于最终产品,除非另有规定。

表 1 列出了最少一件的产品订单的抽检百分比。产品抽检百分比小于 100%时,供应商或制造商和用户或采购商应就抽样的选择达成一致。

表 1 列出了满足质量等级最低要求的检测方法。符合较高质量等级要求的产品,自动满足较低等级要求。这些程序包含了适用该标准所有产品的验收标准。

表 1 中规定的技术要求应按相关条款执行。

表 1 质量等级检验

检查	相关条款	质量等级检验要求		
		Q3	Q2	Q1
原材料认证 (金属和非金属)	7.5	按供应商或制造商规范	100%转子; 100%定子	100%转子; 100%定子
定子橡胶硬度测试	7.9.2	按供应商或制造商规范	20%	100%
定子橡胶粘接测试	7.9.3	按供应商或制造商规范	20%	100%
定子相位对准	7.9.4	按供应商或制造商规范	依照供应商或制造商规范	100%
转子镀层测试	7.9.5 和 7.9.6	按供应商或制造商规范	厚度,20%	厚度,100%; 表面粗糙度,100%; 试样硬度,100%

表 1（续）

检查	相关条款	质量等级检验要求		
		Q3	Q2	Q1
转子相位对准	7.9.7	按供应商或制造商规范	依照供应商或制造商规范	100%
定子可见表面缺陷检测	7.9.8	按供应商或制造商规范	基本，100%	详细，100%
转子可见表面缺陷检测	7.9.8	按供应商或制造商规范	100%	100%
中心偏差检测	7.9.10	按供应商或制造商规范	通过或不通过，100%	定量的，100%
定子焊缝无损检测	Q3：7.9.9.2 Q2：7.9.9.5 或 7.9.9.6 Q1：7.9.9.3 或 7.9.9.4	目测	磁粉检测或液体渗透检测，100%	射线或超声检测，100%
转子焊缝无损检测	Q3：7.9.9.2 Q2：7.9.9.5 或 7.9.9.6 Q1：7.9.9.3 或 7.9.9.4	目测	磁粉检测或液体渗透检测，100%	射线或超声检测，100%
零件尺寸检测	7.9.11	按供应商或制造商规范	转子和定子总体尺寸，100%； 转子轮廓尺寸，50%	转子和定子总体尺寸，100%； 转子轮廓尺寸，100%； 定子轮廓尺寸，100%
文件	7.2.4～7.2.7	按供应商或制造商规范	合格证 产品数据表 橡胶数据表	合格证 操作手册 产品数据表 橡胶数据表

7.5 原材料认证

如质量控制等级检验有要求或用户或采购商有要求时，零件所用材料应有材料测试报告，以证实其符合供应商或制造商书面材料规范的规定。

7.6 零部件的其他处理工艺

7.6.1 文件

7.6.2、7.6.3 和 7.6.4 中所述的工艺文件应有资质的人员批准，至少应符合以下要求中的一条：

a） 合格证说明所用材料和工艺符合供应商或制造商的书面规范和验收标准；或

b） 材料测试报告证实材料和工艺符合供应商或制造商的书面规范和验收标准。

7.6.2 镀层

镀层和涂层的应用应根据书面程序执行，以确保产品符合供应商或制造商的验收标准。

当质量等级控制检验有要求时，应按供应商或制造商的抽样程序或 GB/T 2828.1—2012 的规定，对转子表面硬度取样测量。硬度测试和硬度的单位制转换应符合 GB/T 230.1，GB/T 231.1，

GB/T 4340.1及 GB/T 1172—1999 的相关规定,GB/T 20972 给出了特殊材料,这些材料适用于含腐蚀化学剂(其会导致应力腐蚀开裂)的油井。

7.6.3 焊接

焊接和钎焊程序以及人员资质应符合相关标准,如 ASME 锅炉压力容器规范 第Ⅸ卷的规定。未在该规范中提及的材料参照该规范的要求执行。

供应商或制造商应确保焊接和钎焊程序适合特殊井下使用条件,应考虑诸如腐蚀敏感性和氢脆等问题的影响。

供应商或制造商应有书面验收标准。

7.6.4 热处理

热处理应根据书面程序执行,以确保产品符合供应商或制造商的验收标准。

7.7 可追溯性

可追溯性应按照供应商或制造商的书面程序执行。使用唯一标识符,所有组件都可以追溯到原材料热处理或批量处理和材料测试报告。设备出厂时,如果其符合该部分内容要求,则认为已充分考虑了产品的可追溯性。

7.8 校准系统

用于验收的检验、测量和测试设备应当根据书面规范(如 GB/T 27025—2008 和本部分)按时进行确认、检查、校准和调整,并用便于使用的国家标准机构或国际标准(比此处的要求更严格)进行追溯。检验、测量和测试设备应在标定量程内使用。

检验、测量和测试技术应选用恰当的文件并经有资质人员批准,其测试的准确度应与该标准的测试相当或更高。

校准间隔应根据使用频率和使用程度确定。校准间隔最长 3 个月,同时应建立校准历史记录。根据文件记录的使用频率、使用程度和校准历史,间隔可延长或缩短。校准间隔不能长于先前间隔(不超过 1 年)的两倍,且不超过 1 年。

校准测量设备使用的标准应通过符合适用国家或国际标准的独立外部机构的检查和批准。

7.9 检测

7.9.1 概述

当采用供应商或制造商及用户或采购商的技术规范时,应根据其供应商或制造商的书面规范(包括 7.9 规定的要求和验收标准)执行并接受无损检测的检验。

在供应商或制造商的程序文件中应对无损检测程序做详细说明,并符合该部分要求。所有的无损检测程序应由经具备 GB/T 9445—2008 中Ⅲ级检测资质的人员批准,并由有资格人员执行。无损检测的执行和验收人员应满足供应商或制造商最低资质要求,能够执行评估和解释程序。根据 GB/T 9445—2008 对适用的专业,应每年对外观检查人员进行目测考试。作为替代方案,以预先规定标准为基础,质量管理人员可对质检员的读或观察能力进行资质审核。

7.9.2 定子橡胶硬度

定子橡胶的硬度应至少从定子上取一个有代表性的胶样根据附录 F 测量,并且应保证橡胶硬度在橡胶材料性能所规定的范围内。

7.9.3 定子橡胶粘接

定子橡胶粘接剂的测试应至少从定子上取一个有代表性的胶样按 F.4.5.1 测试，并由具备资质的人员目测检查证实橡胶粘接 100%失效。

7.9.4 定子相位对准

作为最低要求，通过将定子相位对准工装插入组装定子的对接区进行验证。如工装不能无阻碍地通过对接区，则定子不合格。

7.9.5 转子镀层厚度

转子镀层厚度应该直接测量，或者通过镀层前后的测量值进行计算。测量位置应至少包括距转子两端大约 1 m 的位置和转子的中部。每个测量位置应至少测量两次(分别在转子的波峰波谷处)，如图 1 所示。

所有测量值应在产品技术规范规定的波峰和波谷的镀层厚度范围之内。

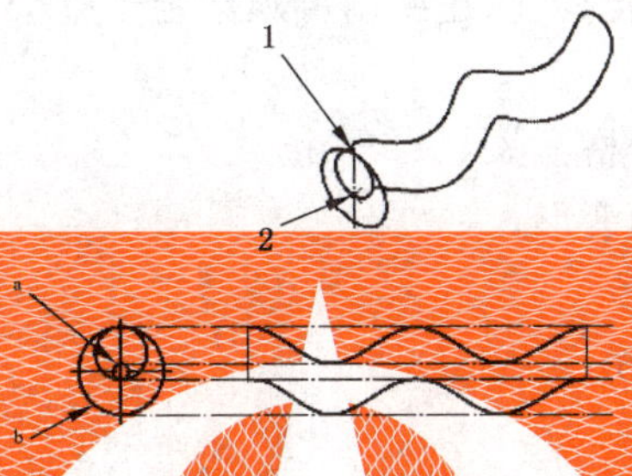

a) 单头(结构 1∶2)

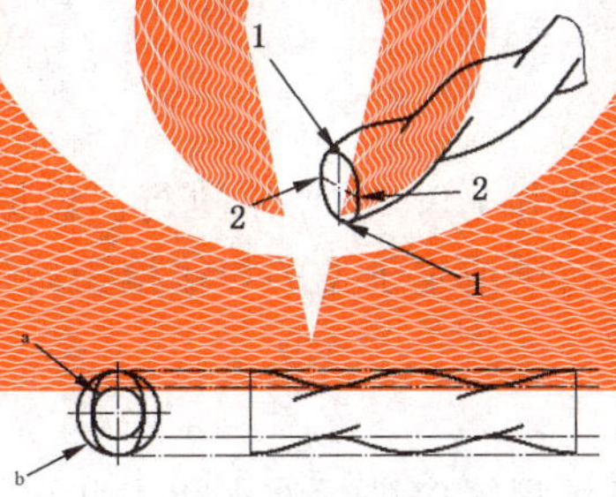

b) 多头(结构 2∶3)

说明：

1——波峰；

2——波谷。

[a] 波谷在转子中心线法向平面上的投影；

[b] 波峰在转子中心线法向平面上的投影。

图 1 波峰和波谷的定义及转子镀层测量规范

7.9.6 转子表面粗糙度

转子表面粗糙度应用比较样块对比或已证明的其他准确方法进行目测。

7.9.7 转子相位对准

作为最低要求，通过将转子总成放入转子相位对准工装对转子部件相位进行验证。焊接转子部位通过相位对准工装所需的力应不大于通过未焊接转子部位所需的力。

7.9.8 外观检查

7.9.8.1 转子

根据供应商或制造商的书面规范，转子的外观检查应对照下列现象：

a) 镀层中的裂纹(除焊缝区附近热裂纹检查)和气泡；
b) 转子镀层中的气泡(或针眼)；
c) 表面粗糙度的机械损伤；
d) 弯曲。

7.9.8.2 定子

按产品质量控制等级检验，应规定两项定子外观检查：

a) 定子的基本外观检查仅限于定子外部以及定子端部的内表面。
b) 详细外观检查除基本外观检查外，还要用可观察定子整个内表面的内孔表面检查仪或者其他技术。

在定子外观检查中，以下为不合格：

——橡胶裂缝、气泡和其他表面变形；
——橡胶与定子管分离；
——定子外壳或螺纹的机械损伤；
——弯曲。

7.9.9 焊缝

7.9.9.1 概述

焊缝检测应按照质量控制等级检验和7.9.9的要求执行。该标准的焊缝检测部分不包含金属基材的焊接检测(如转子库存材料)。其他转子或定子上的焊接检测均包含在内。

7.9.9.2 外观检查

根据质量控制等级检验对所有可见焊缝应进行外观检查并记录。在焊缝外观检查中，以下现象为不合格：

——基材或填充金属有裂纹；
——焊缝中有夹杂物；
——表面缺陷。

7.9.9.3 射线检测

射线检测应符合ASME锅炉压力容器规范 第Ⅴ卷的要求，验收准则依据ASME锅炉压力容器规范 第Ⅷ卷 第1册 UW-51进行。

7.9.9.4 超声波检测

超声波检测应符合ASME锅炉压力容器规范 第Ⅴ卷的要求，验收准则依据ASME锅炉压力容器规范 第Ⅷ卷 第1册 附录12进行。

7.9.9.5 磁粉检测

磁粉检测应符合ASME锅炉压力容器规范 第Ⅴ卷的要求。

7.9.9.6 液体渗透检测

液体渗透检测应符合 ASME 锅炉压力容器规范　第Ⅴ卷的要求。

7.9.10 中心偏差

根据质量控制等级检验要求，供应商或制造商应检查每个定子的中心偏差。中心偏差表示定子腔中心线与定子管中心线间的最大径向偏移。

7.9.11 零件尺寸检测

根据质量控制等级检验要求对零件尺寸进行检测，确保符合供应商或制造商的设计标准和规范。如果不要求对装配体进行测量，零件尺寸检测应在生产期间或生产后进行，并在组装前完成。根据供应商或制造商的书面程序，同一批定子-橡胶检测都应在相同温度下进行并记录。检测结果应存档。

零件尺寸检测应包括以下内容：

a) 基本尺寸：
   1) 转子：
      - 总长；
      - 螺旋长度(见图 2)；
      - 上部螺纹连接类型和尺寸。
   2) 定子：
      - 总长；
      - 橡胶螺旋长度(见图 3)；
      - 定子管外径和内径；
      - 上部螺纹连接类型和尺寸；
      - 下部螺纹连接类型和尺寸。
b) 轮廓尺寸，应根据测量要求的精度作记录：
   1) 转子：
      - 沿转子轴线上至少均匀分配 5 个大径和小径的测点，测点间距不超过 1 m；
      - 所记录尺寸的最高精度应读至 0.02 mm。
   2) 定子：
      - 沿定子轴线上至少均匀分配 5 个大径和小径的测点，测量点间距不超过 1 m；
      - 所记录尺寸的最高精度应读至 0.02 mm；
      - 环境温度。

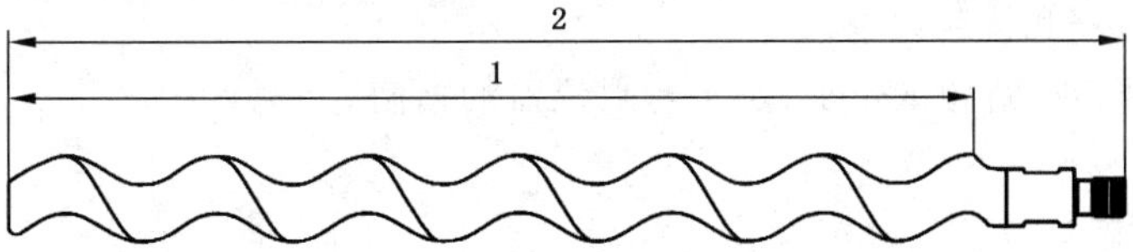

说明：

1——螺旋轮廓长；

2——总长。

图 2　转子示意图

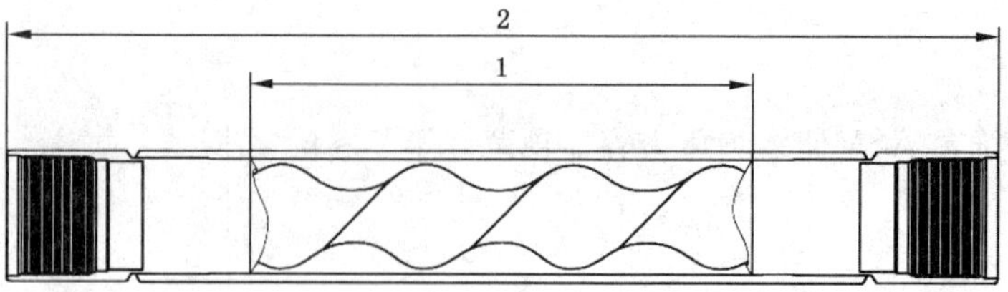

说明：

1——橡胶长度；

2——总长。

图3 定子示意图

7.10 不合格品

供应商或制造商应建立并实施书面控制程序，防止不合规定的组件或零件的交货和安装。该控制程序可实现不合格产品的鉴定、分拣、评价、记录和处理。不合格组件或零件返修时应按原始零件或组件的要求重新检测。不合格产品的评价责任和处置权利应由供应商或制造商确定。

7.11 用户或购买者投诉反馈

如果产品不符合性能规范，供应商或制造商有责任向用户提供投诉电话，以便跟踪和记录投诉原因。用户或采购商应提供相关的油井和作业数据，为故障检查提供便利，以便解决投诉。

7.12 产品性能测试

产品性能测试应由供应商或制造商按照本标准执行。产品性能测试结果应予以记录，由执行测试的有资格人员注明日期并签名。详细的测试和验收标准应通过供应商或制造商的书面程序确定。产品性能测试应至少包括附录E所列的项目。

8 维修

维修螺杆泵应具备一定条件，该条件要满足或超过本部分（或原生产时间对应的有效版本）中规定的要求。维修产品应达到或超过由用户或采购商指定的产品性能评价等级的要求。

大修可能会影响产品的性能，包括重新喷涂、螺纹修复和矫直。大修时，产品的每次维修应作永久标记以便识别（见7.3），这样就可以跟踪产品的完整维修历史。

供应商或制造商应在维修时进行记录并出具维修单进行跟踪。维修单中应至少包括维修中心标志、日期和维修类型、检查和检测记录。

附录J给出了维修和重新调试转子、定子与限位器的指南。

9 运输、搬运和储存

9.1 概述

应根据供应商或制造商的书面规范运输、搬运和储存螺杆泵，防止设备的污染以及可预测载荷引起的设备损坏。

9.2 运输准备

运输或存放螺杆泵时应排出泵内的所有流体。

运输螺杆泵定子和转子时，支点的最大间距为 3 m。

螺纹接头的保护应包括但不仅限于外螺纹接头或内螺纹接头的护丝。保护装置应与螺纹接头牢固连接，避免螺纹损坏或运输过程中意外松脱。

转子镀层完整性的保护应包括，但不仅限于，覆盖整个转子轮廓的保护层，如尼龙网。保护层应与转子牢靠固定，防止运输过程中的意外松脱。

9.3 搬运

9.3.1 转子

搬运转子前应先安装螺纹保护装置。

搬运转子时，应采用无破坏性的吊带和支架。直接在转子上使用钢链，吊钳和齿条会损坏转子表面。

转子在水平移动时，其支点间距不超过 3 m。

转换到垂直起吊作业时应注意，防止转子产生永久弯曲变形。从水平向垂直方向转换时，通常需要对转子进行支撑。

转子在搬运期间不应碰撞。

注：螺纹和转子端部最易损坏。

9.3.2 定子

搬运定子前先安装螺纹保护装置。

将定子水平移动时，其支点间距最大不超过 3 m。

转换到垂直起吊作业时应审慎，防止定子产生永久弯曲变形。

定子在搬运期间不应碰撞。

不应敲击、跌落，以及在接近和达到橡胶脆点温度以下时碰撞定子。这些行为可能引起定子橡胶破裂并导致泵迅速失效。

注：由于橡胶的化合物复合特性，它可在低至 −50 ℃高至 −4 ℃的范围内达到脆点。

9.4 储存

应根据该产品操作手册中提供的指南对螺杆泵进行存放，避免产品损坏。

未喷涂的含铁零部件在签收前应由供应商或制造商喷涂许用防锈剂。暴露的转子螺纹接头应在安装螺纹保护器前涂上防锈剂。保护器应与螺纹接头牢固连接，以防止螺纹损坏或保护器在搬运期间意外松脱。

为尽量减少橡胶在环境中的暴露(如阳光、高湿度、盐水、温度的变化)应采取预防措施，并避免定子腔室被污染。定子螺纹接头应安装螺纹保护器。

螺杆泵的转子和定子，应放置在一个平面或机架上，其支点最大间距是 3 m。转子不得存放在定子内。

如有要求，供应商或制造商应给出特定环境下的存放方法，使其有利于提高存放寿命。

如定子在低温下存放，在将转子插入定子之前，转子和定子应加热到 0 ℃以上。应特别注意，在做泵的水力测试前应确保定子充分预热。

对于长期储存的产品，或在储存期间可能已损坏的产品，用户或采购商应与供应商或制造商协商，确定产品安装前应进行的检查。

附 录 A
(资料性附录)
螺杆泵需求信息表

表 A.1 提供给使用者或采购商,以帮助他们按照第 5 章的内容确定对螺杆泵系统的性能规范。本表可能未包括所有要求。

表 A.1 使用者或购买者填写螺杆泵需求信息表

客户名称：	
联系人：	日期：
电话：	电子邮件：
完井数据	(单位任选其一)
泵挂深度(MD)	m 或 ft
泵挂深度(TVD)	m 或 ft
最大井斜或狗腿严重度	(°)/30 m 或 (°)/100 ft
泵挂深度的倾角	(°)/30 m 或 (°)/100 ft
总井深(TVD)	m 或 ft
基准或参考深度	m 或 ft
生产井段深度(MD 或 TVD)	m 或 ft
套管外径	mm 或 in
井口和泵挂深度间最小套管通径	mm 或 in
套管重量	kg/m 或 lb/ft
套管等级	
套管连接类型	
油管外径	mm 或 in
油管重量	kg/m 或 lb/ft
油管等级	
油管螺纹类型	
油管内镀层类型和厚度	
封隔器深度(MD)	m 或 ft
扭矩锚深度(MD)	m 或 ft
扭矩锚类型	
泵吸入口类型：开槽 □ 气体分离器 □ 尾部短节 □ 其他 □	
流体数据	
API 重度	
流体总黏度	cP ℃ 或 ℉
黏度表	cP ℃ 或 ℉
	cP ℃ 或 ℉

油井资料	
油田：	
井号：	
油井位置：陆地 □ 海上 □	
工作环境：煤层气 □ 重油 □ 常规石油 □ 其他 □	
油藏类型：碳酸盐 □ 固结砂岩 □ 页岩 □ 疏松砂岩 □ 煤层 □	
采收工艺：含水层驱动 □ 溶解气驱 □ 注水 □ 煤脱水 □ 提高采收率法 □	
井的类型：直井 □ 斜井 □ 水平井 □ 其他：	
完井类型：套管射孔 □ 裸眼 □ 衬管 □ 砾石填充 □ 筛管 □	
目标产量： m^3/d 或 bfpd	
螺杆泵预期寿命：	
配置方式：抽油杆 □ 油管 □ 电缆 □	
生产数据	(单位任选其一)
当前产量	m^3/d 或 bfpd
含水率	%
固体体积含量	%
泵最低工作转速	r/min
泵最高工作转速	r/min
生产气油比	M^3/m^3 或 scf/stb
井口压力	kPa 或 psi
套管压力	kPa 或 psi
泵进口温度	℃ 或 ℉
井口温度	℃ 或 ℉
静液面	m 或 ft
基准深度的油藏温度	℃ 或 ℉
油藏静压	kPa 或 psi
泵入口的生产压力 或动液面	kPa 或 psi m 或 ft
采油指数	$(m^3/d)/kPa$ 或 bbl/psi
套管或油管气油比或井底自由气分离效率	M^3/m^3 或 scf/stb
气体、液体或固体入泵的堵塞趋势	有 □ 无 □
结垢史	有 □ 无 □
结蜡史	有 □ 无 □
沥青质沉积史	有 □ 无 □

表 A.1（续）

黏度表	cP ℃ 或 ℉
水：pH 值 相对密度 含盐浓度 ppm	H_2S： % 或 ppm CO_2： % 或 ppm
泡点压力（油藏温度下）	kPa 或 psi
芳香烃化合物 （苯，甲苯，二甲苯）	%

泡沫状原油史	有 □ 无 □
固体颗粒引起的井下部件磨损、腐蚀或堵塞	有 □ 无 □
乳状液 若是，请提供转化点和乳状液黏度数据：	是 □ 否 □
处理剂注入油井 若是，请说明：	是 □ 否 □
现场能否提供： 井斜测量 流体成分分析	是 □ 否 □ 是 □ 否 □

地面驱动：			
抽油杆柱类型	标准 □ 连续 □ 空心 □		
抽油杆体外径	mm 或 in		
接箍外径	mm 或 in		
抽油杆柱材料等级			
连接类型			
□ 旋转扶正器	类型：	数量：	
□ 抽油杆导向器	类型：	数量：	
□ 电动机	r/min	kW 或 Hp	
□ 燃气原动机	品牌：	型号：	
地面驱动	直接 □ 液压 □		
皮带与皮带轮传动比		齿轮减速比	
工作频率		线电压	
液压泵和马达			

井下驱动：	
井下驱动方式	电 □ 液压 □
齿轮传动比	
电动机转速（额定频率下）	r/min
电动机功率（额定频率下）	kW 或 Hp
电动机极数	2 极 □ 4 极□ 6 极□ 其他□
井下驱动外径	mm 或 in
井下驱动机组长度	m 或 ft
井下驱动机组连接类型	
是否有作业和修井限制	
井下设备细节：尺寸、类型、相对于泵吸入口的位置	
井下化学剂注入：注入油管串外径和相对于泵吸入口的位置	

设计确认等级要求（选择一项）		
□ V3：传统级	□ V2：基本级	□ V1：最高级

产品性能评价等级要求（选择一项）					
□ F1：水力性能试验			□ F2：不进行台架试验的性能评价		
F1 预期的或 F2 性能试验的要求：			泵速： r/min	试验流体温度： ℃ 或 ℉	
容积效率	%	试验流体：	试验入口压力	kPa 或	psi
流体流量	m^3/d 或 bfpd		试验出口压力	kPa 或	psi

质量控制等级要求（选择一项）		
□ Q3：基本	□ Q2：中等	□ Q1：最高

表 A.1（续）

其他要求（选择适用项）
□ 橡胶兼容性测试 □ 粘接强度测试 □ 撕裂强度测试 □ 耐磨性测试 □ 压缩模量测试 □ 瞬间减压测试 □ 抗 H_2S 测试 □ 动态特性测试 □ 文件，如：操作手册，合格证，产品数据表 请详述：

附 录 B
（资料性附录）
安装指南

B.1 概述

该附录概述了地面驱动螺杆泵系统的安装技术和步骤。其他系统的安装步骤，比如插入式、钢绳投捞和金属定子螺杆泵，需要由供应商或制造商指定。供应商或制造商也可以为辅助设备提供专门的安装步骤，比如地面和井下仪器、稀释液注入管线等。安装步骤应与特定螺杆泵系统操作手册的要求一致。用户或采购商也可以在GB/T 21411.2—2009里找到地面驱动装置要求的数值。

螺杆泵泵挂深度之上的局部井眼曲率或狗腿度过大可能限制所安装螺杆泵系统的外径及长度。如果使螺杆泵强行通过狗腿段，有可能会造成螺杆泵定子的塑性变形，使螺杆泵因为疲劳或者磨损导致运行寿命显著降低。应当根据局部井眼曲度选择适合的螺杆泵，狗腿段较长时使用较细的泵更合理。

选择泵的泵挂深度时，即使在井眼曲率不大的井段也要注意，确保定子没有弯曲或者在全长范围内仅支撑在不连续的点。将泵安装在大井眼曲率井段可能会导致振动和疲劳失效。

减少转子从定子中的伸出量可以减少井下的振动，但应确保充足的驱动杆柱间距，以保证泵运转时转子与驱动杆柱接箍不会接触定子上部的橡胶。与转子上部连接的第一根抽油杆应至少3 m长，以减少定子上部第一根油管短节内的磨损和压降。如果使用抽油杆扶正器，应将第一个扶正器安装在第一根抽油杆之上。

一般情况下泵的吸入口应置于套管射孔段以下，这有助于井内环空中气体的分离，减少固体碎屑积聚堵塞射孔段的风险。尾部短节可安装在泵的底端，以防止扭矩锚通过射孔段。

泵（包含其辅助设施）与其所挂套管或衬管内壁之间的环形空间应允许流体流动而没有过多压降，且应允许含有固体物质的自由流体流至泵的吸入口。

B.2 安装前准备

典型的螺杆泵系统标准设备及辅助设备配置参见附录L，在安装螺杆泵系统之前推荐考虑以下步骤。

a) 在运行螺杆泵之前，清除井底固体物质例如沉砂或煤粉，使泵可以安装在目标深度，并且应防止固体物质在泵安装和启动前不断的流入井筒。
b) 确保以前作业残留的井下施工介质不会影响定子橡胶和转子镀层。如果介质有损坏泵的可能，在泵安装前，应对其进行清除或稀释。
c) 确保现场的螺杆泵及相关硬件与供应商或制造商提供文件的内容是否一致。检查所有零部件，确保取掉所有包装和保护性装置，并且设备没有损坏。
d) 确保所有辅助设备与螺杆泵系统和油井的正确连接，并执行了辅助设备的专门安装程序。
e) 确保所有油井作业、人员和硬件符合井口操作的HSE标准、当地法规和政策等文件要求。
f) 确保现场作业设备有足够的能力完成定子组件、生产油管、转子和驱动杆柱的装配。
g) 确保现场所有提升和处理设备具有足够能力处理泵组件的长度和重量，而不会导致破坏。

B.3 定子安装

安装螺杆泵定子时，推荐考虑以下步骤：

a) 确保定子组件与供应商或制造商提供的文件一致。

b) 确保旋紧所有定子组件的连接，上扣扭矩应为产品操作手册给出的最优扭矩和最大扭矩之间。记录所有上扣扭矩。

c) 确保定子上方油管的内径可为转子及其接头的偏心运动提供充足的旋转空间。

d) 根据需要，将定子与需要的辅助设备，如限位器、扭矩锚、尾部短节、气体分离器和井下压力计等连接好后，接在生产油管柱末端。

e) 将定子组件和生产油管下入井内，以最优与最大扭矩之间的扭矩值旋紧所有油管螺纹。

f) 记录所有序列号、供应商或制造商的型号信息、橡胶代号、组件长度和外径。记录下入的生产油管的数量。

g) 根据需要，把定子组件下放到指定深度，固定油管锚或防转工具。记录所有设备的下入深度。

B.4 转子安装——下放步骤

安装螺杆泵转子时推荐考虑以下步骤：

a) 清洗驱动杆柱的所有外螺纹和内螺纹。

b) 检查已使用的驱动杆柱部件有无严重磨损或其他缺陷。根据油井作业和供应商或制造商的规范，替换损坏的设备。

c) 记录转子产品标识(编号等)。在地面处理转子时，应注意避免损坏转子螺纹及其表面。为防止弯曲损坏，应以正确形式支撑转子。将转子与驱动杆柱连接，下入油井。

d) 按照推荐的步骤旋紧所有的驱动杆柱接箍。记录下入驱动杆柱的数量。针对螺杆泵使用中特定驱动杆柱旋紧步骤的信息，参见附录 M。

e) 在转子下入定子之前，记录驱动杆柱和转子的悬重。

f) 缓慢将转子下入定子以防止破坏定子橡胶。转子下入定子时，驱动杆柱通常右旋(顺时针)。

g) 下放驱动杆柱直至转子坐在限位器上，此时指重计上读数为零。水平井中，由于杆柱和生产油管的摩擦阻力，指重在转子接触到限位器之前可能会出现零读数。如果转子不能插入定子，应与供应商或制造商协商替代程序。

h) 确认驱动杆柱长度与油管柱相当。

i) 标记出零悬重时驱动杆柱的位置。

j) 缓慢上提驱动杆柱直至杆柱悬重完全恢复，并记录驱动杆柱位置。

k) 重复 g)～j)的步骤直至三次标记的位置一致。

l) 按照产品操作手册中规定，上提防冲距，该防冲距包括对驱动杆柱拉伸、热膨胀和其他因素的补偿。此时，转子在定子里应处于运行位置。

m) 测量从地面驱动装置底部井口连接处到光杆卡瓦顶部的的高度。

n) 确定驱动杆柱上部抽油杆短节和光杆的组合，保证光杆的顶端伸出光杆卡瓦顶部 0.1 m～0.3 m。扳手钳口不要直接作用在光杆上。

o) 按照 GB/T 21411.2—2009 的要求安装地面驱动装置。

p) 通过光杆卡瓦将光杆连接在地面驱动装置上。

附 录 C
（资料性附录）
操作指南

C.1 概述

该附录为用户或采购商提供了安全操作螺杆泵系统的一般信息。

C.2 启动程序

推荐的螺杆泵系统启动程序包括根据启动规程制定的启动前检查。

注：对于某些特定井型，需要采取特定启动程序以防止大量产气。如有必要应咨询螺杆泵的生产商或制造商。

C.3 启动前检查

启动时检查转子的转动方向是非常重要的。由于螺杆泵是一种容积式泵，它具备双向泵送介质的能力，因此一旦转子反向旋转，就会导致螺杆泵干运转。如果泵干运转，定子就会因为缺少润滑而导致损坏。泵的反转，也会导致驱动杆柱螺纹被旋松。

开泵前应采取以下步骤进行检查：

a） 短时启动原动机检查地面驱动装置的旋转方向。

b） 确保满足以下条件：

 1） 光杆卡瓦已充分紧固。

 2） 光杆伸出驱动装置最上端不大于供应商或制造商的推荐值（通常小于 0.3 m）。

 3） 驱动装置的所有转动部件都已安装防护装置。

 4） 轴承和盘根盒已正确润滑和密封。

 5） 密封盘根没有过紧。

 6） 井口至储油罐或集输管线上的阀门已全部处于打开状态。

 7） 检查刹车系统功能，具体步骤见 GB/T 21411.2—2009。

 8） 根据制造商规范安装地面驱动装置，并且润滑油液充足，皮带张紧力适当；具体步骤见 GB/T 21411.2—2009。

 9） 螺杆泵控制系统中停车参数设置正确，比如感应集液设备状态的压力开关。如果一个设备关闭，停车信号能直接传递至井口以防止泵继续向设备泵送。

c） 启动前，测液面或记录井底传感器读数，获取初始井底基准压力数据。

C.4 启动程序

宜按照以下步骤启动螺杆泵系统：

a） 执行 HSE 相关规定，如确保设备启动前已通知了所有相关人员，所有现场人员已了解可能存在的风险。

b） 将原动机开关扳至关的位置。

c） 开启电源开关面板上主开关（如适用）并装有电流表测量启动电流和运转电流。

d) 将调速器调至最低转速(如适用)。

e) 开启原动机电源,记录马达启动电流(如适用)。

f) 开机后仔细观察螺杆泵系统 1 min,查找任何不正常的声音或震动。

g) 关闭原动机确认刹车能正常工作。如果在关机过程中没有发现任何问题,则重启原动机。

注:反复重启动会造成刹车系统过热,可能导致危险。

h) 关闭管线上的阀门确认高压停机开关能正常工作。如果没有发现任何问题,打开管线阀门后重启原动机。

i) 检查井口、地面驱动装置和管线确保无泄漏。

j) 确定扭矩和转速在供应商或制造商规定的范围内。

k) 遵守提高转速的操作程序以保护系统(如适用),如减少砂的吸入量。

l) 调整泵的转速使泵适应油井的产液能力。通常来说,在开始生产阶段应经常调整泵的转速以达到理想的动液面或者泵的沉没度。

m) 做一小型试油检验(如使用井口油罐或测试分离器)确认泵的效率在供应商或制造商的规定范围内。

n) 密切观察该井 24 h 确认液面和产量平稳。

o) 每天测量液面变化,通过井下仪器记录井下压力,记录试油直至油井生产平稳,以确认输入和设计数据可靠,并确定螺杆泵是否在规定条件下运行。

p) 如可能,应尽量避免频繁的停车和重启。

C.5 停车程序

螺杆泵系统停车时,宜按以下步骤:

a) 熟悉井史,包括:转速、产量、扭矩、作业限制等。

b) 执行 HSE 相关规定,如确保停机前已通知了相关人员,且通知所有人员可能存在的危险。

c) 逐渐降低系统转速至最小转速并使系统维持稳定。

d) 系统稳定后关闭原动机。

e) 在有保护的情况下检查螺杆泵系统是否有不正常的反转。观察刹车是否起作用和反转的速度。

f) 如果刹车失灵,保护好自己和在场的其他人直到系统完全停止运转。

警告——直到反转完全停止才能靠近地面驱动装置。

g) 锁定系统并悬挂相关标识。

警告——当地面驱动装置停车和反转停止后,仍有可能发生反转。这类反转是由于油管液面为了达到与套管液面的平衡,原油从泵回流到套管中造成的。拆卸地面驱动装置和光杆卡瓦时务必仔细观察,小心操作。

C.6 系统监测

C.6.1 概述

系统监测是指对螺杆泵运行状况和生产参数进行周期或连续的测量与评估。监测的原因包括生产能力优化、故障检测和生产统计。除此之外还包括其他的生产性能参数,如泵效,其可以参照生产和操作参数的测量值计算。表 C.1 列举了可以测量或计算得到的参数。

C.6.2 测量生产参数

C.6.2.1 总流体产量

总流体产量是通过测量计量分离器内一段时间(几小时)的液体量确定的。产量是根据储油罐质量或者流体体积(不含气流体)变化确定的。当油液中含有气体时,由于气体释放和膨胀,地面测量的流体体积并不能直接表示井下泵的产液量。

表 C.1 推荐测量及计算参数

生产参数(测量)	操作工作参数(测量)	计算参数
总流体产量	泵的转速	净流体产量
携砂液	液体压力	随泵排出的气体量
含砂量	电机电流	砂子体积
含水量	光杆扭矩	泵的容积效率
总气产量	油管头压力	泵的入口压力
环空气产量	套管头压力	泵的出口压力
液面位置	泵的吸入压力	泵的压差
油液黏度	泵的排出压力	光杆扭矩
		光杆轴向载荷

C.6.2.2 携砂液

携砂液既可直接注入井下环形空间或者通过独立注入管柱注入井下。携砂液可以是化学制品、水、油或有增产、降黏和控砂目的的稀释剂。通过监测地面产液量,可估算携砂液的注入量。

C.6.2.3 含砂量和含水量

含砂量和含水量一般是通过产液样品的分离试验得出的。通常在井口采集油液样品。为了使样品测试结果准确可信,不能在生产不正常或出现水或砂的段塞流的情况下取样,因为这样不能反应产液的真实情况。

C.6.2.4 液面位置

液面位置、井眼几何尺寸和估计的环空液柱密度,可以用来估算螺杆泵入口压力。液面位置的解释具有很强的主观性,由于原油里含有泡沫油,很难做到对实际油气分界面的准确区分。

C.6.2.5 总气产量

总气产量是与流体产量的测试紧密相关的。总的气产量包括环空中的气体和通过泵而产生的气体。准确测量气体体积是非常重要的,因为气体对油套管环空中的液体平均密度有非常大的影响。油管中举升的气体对原油物性同样有影响,例如原油的可压缩性和黏度。

C.6.2.6 环空中的气产量

环空中气体产量是不通过泵流出的那部分生产气体。从总气产量中减去环空中气体产量就是通过泵产出的气体量。校正井下条件泵的产气量能够更准确的估计实际泵效,更多信息参见附录 G。

C.6.2.7 流体黏度

对从井口采集的流体样本进行流体黏度测量。这有可能包括油水乳状液。流体黏度可以用来估计生产油管中的压力损失，更好的估计泵的工作性能，如出口压力、压差和扭矩。

C.6.3 测量工作参数

C.6.3.1 泵的转速

泵的转速主要用于计算泵的效率，通常直接通过变速驱动装置进行监测。泵的转速可能受到液压系统环境温度、地面驱动设备的磨损情况以及泵载荷变化的影响。

C.6.3.2 液体压力或电机电流

这些值可间接的测量光杆所受扭矩。每天检测一次虽不能发现扭矩短时间内的变化，但足以估计井的大体运行状况。光杆扭矩可直接通过变速驱动装置监测得到。

C.6.3.3 油管头压力

油管头压力用于计算泵的出口压力。

C.6.3.4 套管头压力

套管头压力用于计算泵的入口压力。

C.6.4 计算生产参数

各类生产统计参数包括净产液量、净产油量、净产水量和含砂量，通常是计算得出的。这些参数是通过油井的总产量、携砂液产量、含砂量以及含水量计算得出的。

C.6.5 计算工作参数

C.6.5.1 泵的容积效率

泵的容积效率是根据泵的井下转排量、泵的转速以及泵的总流体产量计算得出的。泵的效率受到流体性质、生产实践和工况的影响。在一段时间内跟踪泵的效率可以用来检定泵的故障、磨损状况、流入物限制以及油管的泄漏情况。更多信息参见附录 H。

C.6.5.2 泵的排出压力

泵的排出压力可根据油管头压力和已知的流体性质、井眼几何尺寸以及生产油管的流动损失估算出的。此计算是在许多假设的情况下得到的，所以结果也只能视作近似值。泵的出口压力也可以通过井下压力表直接测量。出口压力可为泵的载荷计算和转速选择提供参考。

C.6.5.3 泵的入口压力

泵的入口压力可根据环空液面和气体流量，并考虑井眼几何尺寸估算出来的，或者可用井下压力表直接测量入口压力。密切监控泵的入口压力对控制泵的转速以最大化产能、同时防止泵失效至关重要，尤其是对井下低流压的井。

为充分利用螺杆泵系统的性能，泵的入口压力应降至最低以增加井内入流。但低入口压力势必影响泵的性能，造成泵的效率和流量降低。

C.6.6 光杆扭矩

光杆扭矩是评价光杆载荷、地面设备载荷、分析泵的故障及性能的一项重要数据。光杆扭矩通常根据测量的电机电流和泵的转速计算得出。

C.6.7 光杆轴向载荷

光杆轴向载荷通常是根据驱动管柱的悬重、泵的压差和泵的尺寸计算得出的。很少直接测量光杆的轴向载荷。

C.7 系统诊断

绝大多数泵不是自动化控制的。在很多情况下，需采集表C.1列出的关键数据。通常需要一个周期来评估转速是否过快造成泵的抽空(这将加剧泵的损坏趋势)，或转速过慢导致系统不能按照最大生产能力产出油液。因此，从设备保护和生产优化两个方面看，自动化测量关键生产和工作参数，并使用测量数据来控制泵系统运转以优化生产工艺有着巨大发展前景。

C.8 系统故障

泵投产后一段时间后，整套系统运转时会不时出现一些故障。不过，如果对异常状态及时发现，绝大多数螺杆泵系统运行的问题可以避免或者降低到最小程度。表C.2给出了泵安装运行过程中常见问题的分析和解决办法。

C.9 系统维护

C.9.1 概述

地面驱动螺杆泵系统简单可靠，运行的维护量非常少。但是，如果能够定期维护，一些简单工作即可大大提高螺杆泵系统的可靠性。

C.9.2 地面驱动装置

关于日常维护及螺杆泵系统的监测，用户或采购商应仔细查阅螺杆泵制造商提供的产品操作手册。

对地面驱动装置的日常维护应包括以下内容：

a) 检查井口、地面驱动装置和液压系统是否有泄漏。

b) 检查安全护罩是否安装到位且有效。

c) 检查驱动装置的润滑油液面、齿轮箱、刹车和液压系统。

d) 检查盘根盒是否润滑良好并密封有效。根据需要润滑并盘紧盘根盒。

e) 检查驱动装置皮带是否损坏、振动，并适当张紧。

f) 监测液压系统压力和电机电流以估测系统载荷。

对驱动装置的定期维护还应包括以下内容：

——更换驱动装置、齿轮箱、刹车和液压系统的润滑油和滤油器。

——替换皮带和皮带轮。

C.9.3 螺杆泵井下部分

螺杆泵安装在井下时不需要维护。泵效率很低时，就应该更换。通过检查和测试可以决定泵的零部件定子、转子或两者是否可以继续使用。具体参见附录K。

在重新下泵前,应在试验台上测定定子、转子对的性能,确定其是否满足性能规范(见附录E)。

表C.2 故障查找指南

可能的原因	观测到的问题												建议的解决方法
	没有产量	产量下降	间歇性生产	泵无法启动	泵启动时马达停转	马达过热	功率超载	噪音震动异常	泵组件磨损	盘根盒严重磨损	盘根盒泄漏	泵被锁死	
磨损过快									×	×			选择合适的转子与定子配合,降低泵的转速
抽油杆脱开	×							×					打捞抽油杆并换新抽油杆
油管脱开	×	×						×					充分旋紧新油管
井液不足(与油藏或完井有关)	×	×	×					×					降低泵的转速或打开间抽开关
油管或接箍刺漏	×	×	×										更换油管或接箍
马达电源或接线				×		×		×					检查电源及电缆
泵入口堵塞	×	×	×	×									拉出转子,对井进行循环
油液黏度高于预估值		×	×	×	×	×	×	×					降低泵转速
油液温度大于或小于预估值		×						×				×	选择适当的转子过盈量
油液黏度小于预估值		×											增加泵转速
排出压力大于预估值		×			×	×	×	×	×			×	检查管线是否堵塞或者关闭了截止阀
盘根盒太紧				×	×	×	×			×		×	调整盘根盒
盘根盒不够紧											×		调整盘根盒
泵入口出游离气体过多		×	×					×					安装气锚,降低泵的转速或加深泵挂
泵转速大于设计值			×			×	×	×	×	×			降低泵的转速
泵转速太低	×	×											增加泵的转速
驱动装置皮带打滑		×	×	×				×					检查电机皮带松紧度
转子安置位置不当	×					×	×	×	×				检查并调整转子的防冲距
驱动装置安装不安全								×					检查或紧固所有安装件
驱动装置轴承磨损或失效				×	×	×	×	×				×	更换或检修地面驱动装置
泵磨损(转子或定子)		×											更换磨损的部件
电机低电压				×	×	×							检查电压或电缆尺寸
盘根盒的磨损					×					×	×		检查盘根类型和状况
驱动设备失效	×			×		×		×				×	检查更换失效的零部件
不兼容的处理剂		×	×						×	×	×	×	重新检查对化学物质的兼容性
泵排出口堵塞或阀关闭	×	×	×		×	×	×	×	×			×	泄压,清除堵塞物
定子磨损或破坏	×	×	×	×	×							×	更换磨损部件
盘根压盖损坏盘根			×							×	×		检查光杆是否有磨损

表 C.2（续）

可能的原因	观测到的问题												建议的解决方法
	没有产量	产量下降	间歇性生产	泵无法启动	泵启动时马达停转	马达过热	功率超载	噪音震动异常	泵组件磨损	盘根盒严重磨损	盘根盒泄漏	泵被锁死	
马达功率太小				×	×	×							检查并重新计算马达功率
转子防冲距不正确				×	×		×	×				×	重提转子防冲距
定子橡胶膨胀				×	×		×		×			×	重新评测橡胶属性
砂子进泵	×			×	×							×	冲洗或上提泵
注：对应观测到的问题，“×”处表示可能的原因。													

附 录 D
(规范性附录)
设计确认

D.1 概述

每个确认等级要求通过一系列独立的确认程序、工艺和试验。供应商或制造商应在设计确认文件中记录确认测试的程序和结果，确认文件应清晰、易检索。确认文件应包含确认设计的测试结果，并应由有资质的人员(而非发起人)进行审核批准。该审核应至少满足该部分内容包含的所有设计确认要求。试验设备应符合7.8的要求和供应商或制造商的书面程序。

D.2 设计确认等级

D.2.1 概述

该部分给出了产品设计确认的三个等级，概述如下。适用现有产品的以前文档或测试应被认为满足相应等级。满足设计确认更高等级的产品自动满足较低的设计确认等级。

V3 传统级：除确认测试外，适用于满足该部分所有性能、技术和制造要求的产品，并包含在先前标准或程序下测试的系统或产品；

V2 基本级：除耐久性确认试验外，适用于满足该部分所有性能、技术和制造要求的产品；

V1 最高级：适用于满足该部分所有性能、技术和制造要求的产品。

每个设计确认等级的具体要求见表D.1。

表 D.1 设计确认等级

项目	设计确认等级要求和参考规范		
	V3	V2	V1
文档编制	历史记录 (D.2.2.2)	要求 (D.2.3.1)	要求 (D.2.3.1)
水力性能确认	不要求	要求 (D.2.3.2)	要求 (D.2.3.2)
橡胶和粘接确认	不要求	要求 (D.2.3.3)	要求 (D.2.3.3)
耐久性确认	不要求	不要求	要求 (D.2.4.2)

D.2.2 V3——传统级

D.2.2.1 概述

确认等级V3，是通过历史性能记录由现有螺杆泵安装获得的经验来确认产品能满足该部分内容要求，见表D.1。等级V3仅适用于已库存的定子、橡胶和粘接剂，其产出在本部分出版之前。

D.2.2.2 文档编制

通过历史记录，供应商或制造商证明螺杆泵产品能够满足设计工作条件。该文档应表明，至少已有20台泵满足以下性能要求：

——排量；

——承压能力；

——流体适应性；

——扭矩和功率；

——预期工作寿命。

D.2.2.3 其他确认项目

水力性能、橡胶和粘接性能以及耐久性确认在V3等级中不作要求。

D.2.3 V2——基本级

D.2.3.1 文档编制

设计确认文档应包括所有设计确认所用假设、计算、评价、测试结果以及所有其他用来确认设计的支持文档。

D.2.3.2 水力性能确认

进行水力性能确认测试可以确定螺杆泵的有效转排量，压力和性能特性(如扭矩和消耗功率)。此测试的目的是为了确认特定的螺杆泵几何形状。该部分内容的测试要求并不能代表井下条件。

特定泵的几何尺寸通过水力性能确认，但确认仅对测试的特定橡胶和粘接剂有效。

水力性能确认测试应根据附录E中等级F1进行，但有下列例外情况：

a) 转速应覆盖该泵型的指定操作范围。至少应包括3种转速，相邻转速的差应不超过200 r/min。

b) 压差在零到额定压力的范围内应至少有10个测试点。

注：当测试温度在100 ℃以上时，测试最低泵压可以是防止水闪蒸的压力。

c) 测试流体应为水或液压油。

d) 试验温度范围从室温到泵的最高工作温度，温度增量的最大步长为30 ℃。只有当流体与定子外表之间的最大温差小于10 ℃时，才可以采集试验数据。

注：为满足中到高温下测试的标准，定子外应循环测试流体。

e) 利用测试转子对泵进行测试，该转子的尺寸应基于供应商或制造商的内部设计标准。当转速和测试温度范围很大时，可利用多个转子尺寸以达到所要求的性能。但是，对转速和试验温度的特定组合，应利用相同转子来确定转排量、压力和扭矩性能。

f) 在水力性能确认测试中，测量的水力性能应与由技术规范给出的理论性能进行比较：

1) 在指定测试温度下，以300 r/min转速进行水力性能确认测试时，配合转子的容积效率应能达到70%～90%，或跟用户协商确定的值。

2) 在室温下，最大测量压力应达到或超过规定的额定压力。

3) 在室温下，测量的转排量应在有效转排量±5%范围内。

4) 在试验转速下，在整个压力范围内测量的扭矩应在总设计扭矩±10%的范围内。

g) 在水力性能测试后，转子和定子应根据7.9.8进行外观检查，并根据7.9.11测量，不应有任何磨损或损坏。

D.2.3.3 橡胶和粘接确认

应按照附录 F 的规定对橡胶和粘接性能进行确认，应至少包括如下内容：

a) 根据 F.4.3 确认耐流体性能；

b) 根据 F.4.4 确认机械性能；

c) 根据 F.4.5 确认橡胶的粘接性能。

D.2.3.4 耐久性确认

耐久性确认在等级 V2 中不做要求。

D.2.4 V1——最高级

D.2.4.1 概述

等级 V1 是设计确认的最高等级。根据等级 V1 选择的螺杆泵应符合表 D.1 的指定要求。

文档编制、设计确认、水力性能确认和橡胶粘接确认应符合确认等级 V2 的要求。

D.2.4.2 耐久性确认

耐久性确认测试的目的是证明采取具体措施可以避免螺杆泵在使用中的过早失效。它包括延长周期的、全尺寸的测试，以确认螺杆泵在超过规定时间的情况下保持性能的能力。这个测试能同时验证泵的多方面性能，包括泵几何结构、转子配合、合成橡胶和粘接剂。试验条件并不一定代表井下条件，而只是为了使泵承受工作状态下的循环机械负荷。通过耐久性确认，可令新结构、橡胶和粘接剂的使用，或现有产品超过之前使用范围使用时更令人放心。

测试用泵的选择取决于以下确认目的：

——特定的泵结构应用来确认其几何尺寸或选定的转子配合。

——任何几何结构(其包含可代表最终产品的材料)可用于评估橡胶或粘接剂。

作为最低限度，测试应在以下组合条件下进行：

a) 泵应在以下组合条件下进行测试：

  1) 100％额定转速；

  2) 125％额定压力；

  3) 额定温度。

b) 该泵应至少包含三个定子导程。

c) 泵初始容积效率应至少为 70％。

d) 在试验台上应将以下参数保持在要求的±5％范围以内：

  1) 转速；

  2) 出口压力；

  3) 试验周期内的流体温度。

e) 应至少以天为单位记录泵流量、转矩和定子外部的温度。

f) 应以水或液压油作为测试流体。除了标准的耐久性试验之外，其他试验流体，如高温流体与磨蚀性泥浆，可以用来确认特定的工作条件。

g) 测试应运行至少 25×10^{6} 转或直到泵失效。在耐久性测试中，失效定义为泵容积效率低于 50％。在特殊情况下，用户或采购商可以指定替代验收标准。

h) 在耐久性测试后，转子和定子应根据 7.9.8 进行外观检查，并根据 7.9.11 测量。应根据附录 F 评价橡胶和粘接系统。

i) 文档应详细总结测试产品、测试条件、测试周期内的性能和最后检查等内容。此文档应包含在产品设计文件中。

附 录 E
（规范性附录）
性能评价

E.1 概述

本附录包含对性能评价程序的要求，在用户或采购商指定使用条件下，通过评价程序可证明螺杆泵或其组件是否满足特定性能标准。对每种使用情况，用户或采购商需要以下性能信息：

a） 证实供应商或制造商所提供的泵的性能；

b） 对特定的使用情况，确定泵的适用性。

注：几个因素的存在使得建立一个单一且满足上述第二个要求的评价程序很困难。这些因素包括：转子定子配合上的流体与橡胶的相互作用；生产流体性质（黏度，气体等）对泵性能的影响。当螺杆泵处于井下环境时，由于橡胶的化学溶胀和热膨胀，实际容积效率和实际转排量可能会不同于性能测试的结果。更多信息参见附录 H。

性能评价程序分两个等级：

——F1：水力性能试验；

——F2：不进行台架试验的性能评价。

所有测试应按照供应商或制造商的书面程序执行，该程序应满足或高于该部分内容的要求。

供应商或制造商应将性能评价程序和结果记录在性能评价文件中，该文件清晰且易检索。该文件应由有资质的人员审核批准。

E.2 等级 F2——不进行台架试验的性能评价

E.2.1 概述

性能评价等级 F2 应包含按照书面程序测量转子和定子尺寸，并由有资质的人员批准。至少应包括以下内容：

a） 按照 7.9.11 测量定子外形尺寸；

b） 按照 7.9.11 测量转子外形尺寸。

供应商或制造商应有书面的评价方法，通过该方法用转子和定子的测量结果就能估计泵的工作特性。

E.2.2 文档要求

螺杆泵性能评价报告至少应记录以下内容：

a） 评价地点；

b） 评价日期；

c） 由符合资质的人员实施评价；

d） 用户或购买者；

e） 螺杆泵描述：

 1） 泵型、定子编号、转子编号和橡胶牌号；

 2） 定子长度、定子和转子平均小径和大径（来自于符合 E.2 的数据点）。

f） 环境温度；

g） 根据 6.5 评估的泵工作特性。

E.3 等级 F1——水力性能试验

E.3.1 概述

以下程序适用于完整的泵(实际定子和转子的组合体)和单个定子,对单个定子,应使用由用户或购买者和供应商或制造商商定参考尺寸的转子。

水力测试的目的是在特定转速、温度、压差条件下,用性质已知的流体测量泵的流量和扭矩。

在确定水力测试的最佳方式时,应考虑应用的类型和参数。因此,该部分内容只是给出对测试程序的要求。

测试应在可控环境下进行,泵速、泵压差、流体性质和温度等关键输入参数是可控的,流量、扭矩和消耗功率等输出参数能达到一定的测量精度。

在给定流体温度和转速下,测试设备和程序应能够给出书面的、可重复的结果,其与要求的流量和扭矩的误差在±10 %范围内。

E.3.2 试验台要求

图 E.1 为包含最基本部件的试验台的示意图。

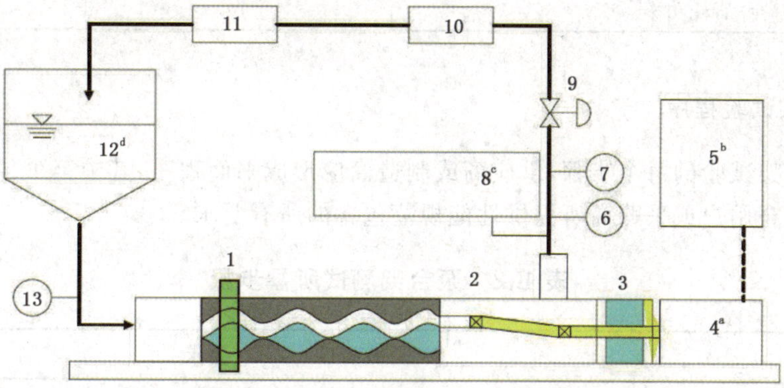

说明:

1 ——定子装夹装置,以防止剧烈振动;

2 ——万向节或挠性轴,吸收转子的偏心运动;

3 ——密封部分,用于减少驱动轴周围的泄漏;

4 ——驱动系统,给驱动轴提供机械能;

5 ——扭矩测量装置;

6 ——压力测量装置,测量出口压力;

7 ——温度测量装置,测量出口温度;

8 ——安全阀和压力开关(设为低于台架最大设计压力);

9 ——控制阀或节流器,用于调节出口压力,从而在螺杆泵两端产生压差;

10——流量测量装置,采用直接(如管线内)或间接(如量油箱)方法测量;

11——温度控制装置,以限制测试过程中流体的温度变化;

12——供液罐;

13——压力测量装置,测量泵的入口压力。

[a] 该系统可以是电动马达和传动装置,液压马达和液压动力装置,或根据程序要求能控制转速和测量消耗功率的其他驱动系统。

[b] 驱动轴密封(如盘根盒)产生的摩擦扭矩是不可忽视的,供应商或制造商应确定此扭矩的经验值,并在最终报告中将扭矩和功率消耗数值减去该值。

[c] 安全装置设计为"失效保护",即失效时自动打开阀门和失效时自动切断开关。至少有一个安全触发装置由管线压力直接控制。

[d] 供液罐提供足够的泵净吸入压力,防止在试验条件下发生气穴现象。

图 E.1 试验台示意图

E.3.3 仪表精度

检测仪表应由有资质人员放置、安装和操作。试验设备应满足7.8和供应商或制造商的书面程序要求。

对所测试的泵，供应商或制造商应确保仪表精度等级满足表E.1要求。

注：为确保测试参数获得足够精度和控制，应尽量避免小型泵在大试验台上进行测试。

表E.1 试验参数所需的测量精度

测量参数	测量精度 最大预期值的百分数/%
压力	±5
温度	±5
转速	±3
流量	±5
泵扭矩	±5
泵消耗功率	±5

E.3.4 螺杆泵台架试验程序

针对螺杆泵台架试验的每个步骤，供应商或制造商应形成书面程序，其中至少包括表E.2所列的要求。测试顺序应符合用户或采购商所提供性能规范包含的所有要求。

表E.2 泵台架测试所需步骤

步骤		要求
1	检查试验台和测试流体	至少每月检查并核实流体可见的污染程度。 准备试验台的运行检查程序
2	检查及测量	检验型号、转子、定子标识。 根据7.9.8对转子和定子进行基本外观检查。 测量转子：小径、大径、以及总长
3	安装	根据供应商或制造商的书面程序安装螺杆泵
4	启动和预热	以试验温度的流体对泵进行预热，直到定子管外部温度5 min内变化值不高于5 ℃
5	数据采集	在最低压差下开始每次试验。 增加压差并保持恒定转速。 根据表C.3，在每个压力点上使所有变量稳定。 每条速度曲线至少记录5个压力测试点上的流量。 根据要求，在其他转速下重复测试
6	试验数据核准或否决	将采集到的数据与表E.2和表E.3中的标准对比，并经有资质人员批准
7	基于性能核准或否决螺杆泵	将试验结果与技术规范比较，并经有资质的人员批准，最低要求如下： ——在最低压力和测试温度下，实际转排量和转矩值的测试结果应在规定值的±10%范围内。 ——给定的泵压差和泵吸入压力下，要求的泵容积效率允许偏差应由用户或采购商和供应商或制造商共同商定，见5.8
8	测试后泵的检查	根据7.9.8对转子和定子进行基本外观检查

测试参数要求和推荐值见表 E.3。

表 E.3 螺杆泵台架测试参数要求

参数	要求	推荐值
泵转速/(r/min)	最大允许偏差为 ±2%[a]	100，150，200，250，300，500
流体类型	测试流体满足性能规范。 在测试和贮存期间，流体对定子和转子无危害	水 油，SAE 140 车用齿轮油 油水混合液
流体污染	由供应商或制造商提供的污染判定的书面标准	
流体温度/℃	在流动路径上测量的试验温度，且最大允许偏差应在±5 ℃范围内	30，40，50，60，90
定子管外温度	在试验开始和结束时测量并记录定子中部的温度	
泵吸入压力	试验期间最大允许偏差±0.07 MPa	
泵压差	每个测量点最短运行时间为 2 min	最小压力、泵额定压力和三个中间值

[a] 以实际仪表读数为基础。此要求与过程的可控性相关，与仪表精度无关。

E.3.5 测试数据

实际转排量应在给定转速下且流体压力低于 0.35 MPa 时测得，并由单位时间的实测流量导出。

泵出口压力与泵入口压力之差为压差。

容积效率 η_v，以百分比表示，应根据式(E.1)进行计算：

$$\eta_v = \left(\frac{q_v}{q_c}\right) \times 100\% \qquad \cdots\cdots(E.1)$$

式中：

q_v——在某一设定转速下某一特定压差时的体积流量，单位为升每分(L/min)；

q_c——在某一设定转速下压差小于 0.35 MPa 时的体积流量，单位为升每分(L/min)。

泵轴输入功率 P_{req}，应根据式(E.2)进行计算：

$$P_{req} = \frac{\pi}{30\,000} T \cdot N \qquad \cdots\cdots(E.2)$$

式中：

T——轴扭矩，单位为牛米(N·m)；

N——轴转速，单位为转每分(r/min)。

输出功率 P_h，应根据式(E.3)进行计算：

$$P_h = \frac{q_v \cdot \Delta p}{60} \qquad \cdots\cdots(E.3)$$

式中：

q_v——给定 Δp 下的流量，单位为升每分(L/min)；

Δp——压差，单位为兆帕(MPa)。

指定压差和流量下的泵的总效率 η，以百分比表示，应根据式(E.4)进行计算：

$$\eta = \frac{P_h}{P_{req}} \times 100\% \qquad \cdots\cdots(E.4)$$

E.3.6 试验记录

螺杆泵台架试验报告应包括以下内容：

a） 测试地点；

b） 试验日期；

c） 符合资质的测试人员；

d） 标准状况下的测试流体和黏度(流体为水时不填写)。

e） 用户或采购商名称，如适用；

f） 螺杆泵说明：

  1） 螺杆泵型号、定子编号、转子编号以及橡胶代号；

  2） 按照表 E.2 给出的转子测量值。

g） 测试流体温度(初值和终值)；

h） 定子外部温度(初值和终值)；

i） 测试环境温度；

j） 入口压力；

k） 验收标准和测试及检查结果；

l） 实际转排量；

m） 数据点和曲线表示出：流量、容积效率、扭矩以及泵效与压差和转速的函数关系。

附 录 F
（规范性附录）
螺杆泵合成橡胶技术要求

F.1 概述

本附录为用户或采购商和供应商或制造商给出了螺杆泵橡胶的分类和试验要求。橡胶材料应符合本附录的要求。这些要求对每种橡胶材料、粘接剂和管材的组合都有定义。所有试验按照由有资质的人员审批的书面程序（包括验收标准）进行，使用设备应满足7.8要求。

本附录内容并未禁止供应商或制造商使用替代材料（即附录内未指定的材料），也未阻止用户接受替代材料。使用替代材料时，供应商或制造商应指出其相对本附录内容的变动，并提供详细的橡胶数据表。

F.2 橡胶分类

F.2.1 概述

螺杆泵橡胶的分类应符合国家标准，或相关的国际标准，如美国ASTM D1418。分类主要根据橡胶的基础聚合物，而不是根据其特性，因为特性主要依赖于专有配方和工艺。供应商或制造商使用橡胶的主要分类在F.2.2～F.2.4中列出。替代材料类型和其他分类分别见F.2.5和F.2.6。

F.2.2 丁腈橡胶

丁腈橡胶（NBR）是丁二烯和丙烯腈（ACN）的共聚物。丙烯腈混合在聚合物结构中具有抗烃和耐油特性。丁二烯分别具有弹性和类似橡胶的性能，见F.2.6。

F.2.3 氢化丁腈橡胶

氢化丁腈橡胶（HNBR）是丁腈橡胶经过加氢工艺，即在橡胶结构中增加氢饱和度。此工艺减少了双键碳（双键碳容易老化）的数量，使聚合物更耐某些环境（如硫化氢）和高温；见F.2.6。

F.2.4 氟橡胶

氟橡胶（FKM）是含氟的橡胶，与丁腈橡胶相比，氟橡胶更耐受油、某些化学品和热老化。

F.2.5 替代材料类型

除了F.2.2～F.2.4规定的三类橡胶外，供应商或制造商可指定其他橡胶类型。F.3和F.4的要求适用于替代材料类型。

F.2.6 其他分类

丁腈橡胶和氢化丁腈橡胶的丙烯腈成分有助于橡胶耐受烃化合物。在丁腈橡胶中，丙烯腈和其他化合物的性质共同决定了橡胶的性能。供应商或制造商在与用户或采购商协商时应给出丙烯腈的近似含量。

F.3 橡胶特性

根据质量等级或用户或采购商的要求,供应商或制造商提供的橡胶数据表中应包含以下橡胶特性:

a) 耐流体性能:
   1) 橡胶浸泡测试,应按表 F.1 所示条件,根据 F.4.3 执行并记录;
   2) 橡胶粘接保持性测试,应按表 F.1 所示的条件,根据 F.4.5.2 执行并记录;
b) 机械性能:
   1) 硬度,按照 F.4.4.1 执行并记录;
   2) 拉伸性能,按照 F.4.4.2 执行并记录;
c) 最高工作温度,应按照 F.4.6 作记录;
d) 粘接性能试验,按照 F.4.5.1 或 F.4.5.2 对未老化的试样进行试验并记录。

表 F.1 浸泡试验参数

试验液体	标准	名义测试温度[a]/℃				
		30	60	100	150	175
蒸馏水	—	丁腈橡胶, 氢化丁腈橡胶, 氟橡胶	丁腈橡胶, 氢化丁腈橡胶, 氟橡胶	丁腈橡胶, 氢化丁腈橡胶, 氟橡胶	—	—
IRM 903 标准油	ASTM D471	丁腈橡胶, 氢化丁腈橡胶, 氟橡胶	丁腈橡胶, 氢化丁腈橡胶, 氟橡胶	丁腈橡胶, 氢化丁腈橡胶, 氟橡胶	氢化丁腈橡胶, 氟橡胶	氟橡胶
Fuel B 标准油 (ASTM)	ASTM D471	丁腈橡胶, 氢化丁腈橡胶, 氟橡胶	—	—	—	—

[a] 在标准大气压下曝光 168 h。

F.4 试验要求和程序

F.4.1 概述

供应商或制造商应按 F.4.2~F.4.6 中所列的要求进行试验,并记录所有试验结果。

F.4.2 橡胶试样制备

橡胶试样应与螺杆泵定子同时硫化,并在平板模具中制备。

F.4.3 耐流体性能

橡胶材料耐流体性能的试验应根据标准(如 GB/T 1690—2010)按以下要求进行:

a) 试样:2 mm 厚哑铃形状试样[ASTM D412—2006(修订 2)—拉伸模具 C 型];
b) 试验条件符合表 A.1;
c) 浸泡试验条件报告:
   1) 试验流体;
   2) 温度;
   3) 压力;

4） 曝光时间；

d） 橡胶以下特性的初值、终值和变化的记录：

1） 体积；

2） 质量(重量)；

3） 硬度，按照 F.4.4.1 执行并记录；

4） 扯断强度，按照 F.4.4.2 执行并记录；

5） 扯断伸长率，按照 F.4.4.2 执行并记录。

F.4.4 机械性能

F.4.4.1 硬度

应按 GB/T 531.1—2008 进行硬度试验。对于所有的试验，试验力保持时间为 3 s，并记录硬度值。

F.4.4.2 拉伸性能

应根据 GB/T 528—2009，试验拉伸性能(扯断强度和扯断伸长率)并作记录。

F.4.5 橡胶粘接性能

F.4.5.1 粘接力活塞试验

本项试验应根据下列条件进行：

a） 试样应为 9.5 mm(3/8 in)或 15.9 mm(5/8 in)厚的定子环切片。

b） 测试系统应包括一个机械或液压装置，其推动活塞穿过定子环，速度在 5 cm/min 和 10 cm/min 之间。活塞应具有以下几个特点：

1） 活塞外径应比定子筒的公称内径小 4 mm。

2） 活塞长度应超过 20 mm。

3） 活塞的导向前缘应有圆角，圆角半径至少为 5 mm，以避免切坏橡胶。

c） 试样测试后，应按照 F.4.5.3 规定对橡胶和定子筒壁的接触面进行外观检查。

F.4.5.2 粘接力剥离试验

应按 ASTM D429—2008 中的相关方法进行粘接剥离试验，确定橡胶和筒壁间的附着力，其中方法 B 是橡胶粘接在金属板上的 90°剥离测试；改进的方法 B 是橡胶粘接在金属板上的 180°剥离测试。在任何情况下，试样应尽可能的模拟螺杆泵定子特点和粘接性能。

试验结果应包括：

——粘接剂剥离力；

——按照 F.4.5.3 中定义的失效形式。

F.4.5.3 粘接力剥离试验检查

试验后，粘接保持率测试试样应由有资质的人员按照 ASTM D429—2008 的要求进行检查。粘接保持率应按照橡胶失效面积占总接触面的比率记录。试验结果应表示为下面的一个、多个字母或字母组合：

——R，表示该橡胶失效(衬底失效)；

——RC，表示橡胶与粘接剂间失效(界面失效)；

——CP，表示粘接剂面胶与底胶间失效(界面失效)；

——M，表示粘接剂与金属间失效(界面失效)。

例如 R-60、RC-40 表示粘接面积的 60％为橡胶失效，另 40％为橡胶-面胶失效。

F.4.6 最高工作温度

供应商或制造商应有书面程序，用于定义和确定橡胶和粘接系统的最高工作温度。

附 录 G
（资料性附录）
螺杆泵橡胶的选择和测试

G.1 概述

本附录为用户或采购商和供应商或制造商提供了关于螺杆泵橡胶选择和测试的信息。这些信息是对附录F要求的补充，并针对具体应用给出了可选测试项目和选择指南。所有测试应在满足7.8要求的设备上进行，记录测试过程并由符合资质的人员对结果进行批准。当性能规范有要求时，对应条款就成为规范性的要求。

G.2 附加要求

供应商或制造商和用户或采购商应针对特殊用途橡胶的附加特性达成一致。其包括但不局限于以下附加性质：

a) 典型的橡胶兼容性；
b) 在特定老化条件下的粘接保持率；
c) 机械特性：
  1) 撕裂强度；
  2) 耐磨性；
  3) 压缩模量。
d) 压缩形变；
e) 抗瞬间减压性能；
f) 抗 H_2S 性能；
g) 动态特性：
  1) 动态形变分析；
  2) 生热；
  3) 回弹性。

G.3 可选测试程序

G.3.1 概述

若无其他规定，橡胶试样应在实验室中用平板模具制备，并确保橡胶试样的特征、性质和硫化状态尽可能接近螺杆泵定子的设计值。

可选试验的特殊要求包括以下方面：

a) 用户或购买者应指明试验流体成分，其可能是包含改良的标准试验流体，或是用户提供的井液样品。针对试验程序，供应商或制造商应确定试验所需样品的体积。通常井液样品的最少体积为2 L。
b) 对于多相组分的试验流体(例如，油和水)，试验设备应提供充分地搅拌，保证橡胶试样与试验流体的接触有代表性。

c) 老化试验中使用的压力容器应满足当地压力容器设备的法定要求，并能在试验开始前清除设备内的氧气。

d) 用户或采购商和供应商或制造商应对测试温度、压力、持续时间和其他相关条件达成一致，所选条件应该能够代表井下工况。

所有试验应编制书面程序和验收标准，并由符合资质的人员执行试验并记录。试验程序应符合D.3.2～D.3.9 规定。是否接受可选试验的结果应由用户或采购商自行决定。

G.3.2 井液取样和运输

样品的采集和运输应符合国家或国际法规，并由用户或采购商和供应商或制造商取得一致。这包括保证样品容器与井液样品不发生化学反应，并在运输中对容器妥当密封以保证安全。

G.3.3 特殊应用的橡胶兼容性试验

G.3.3.1 概述

此试验能确认在使用用户或购买者指定的试验流体和条件下的橡胶的适用性。试验结果是为了给橡胶性能评价提供指导，而非给出其与工作性能的直接相关性。

G.3.3.2 试验程序设计

G.3.3.2.1 数据要求

评估橡胶试样时应尽可能模拟其特殊的工作环境。

注：使用中橡胶材料的性能主要取决于工作环境的特殊物理性质和化学成分。水、碳氢化合物和气体成分的任何变化都可能严重影响测试结果。

用户或采购商应至少提供以下信息以便进行试验：

a) 符合 G.3.3.2.6 的流体类型；

b) 井底温度；

c) 目前生产气油比；

d) 气体成分；

e) 泵入口压力。

G.3.3.2.2 试样

对比橡胶性能时，应选择相似厚度的试样。推荐使用不同试样取决于各种特殊情况和试样的可用性。用户或采购商和供应商或制造商可就其他几何尺寸的试样达成一致，推荐选取下列几何尺寸：

——ASTM D412—2006(修订 2)：2 mm 厚，拉伸模具 C 型或裤型；

——ISO 815-1：2008，A 型：12.7 mm 厚压缩形变试样；

——ISO 815-1：2008，B 型：6.1 mm 厚压缩形变试样。

注：推荐 2 mm 厚度的试样是为了加速溶胀过程，以减少渗透率的影响。在螺杆泵应用时，厚的试样更能接近螺杆泵应用时的实际老化过程，但是达到平衡溶胀值需要更长曝光时间。

用户或采购商和供应商或制造商可通过协商采用厚的试样进行试验。

G.3.3.2.3 曝光时间

老化橡胶试样使用时推荐的曝光时间如下；其余时间可由用户或采购商和供应商或制造商协商：

a) 168 h(7 d)；

b) 336 h(14 d)。

注：溶胀动力学是流体类型和温度的函数，选择测试放置时间时应考虑这些因素。轻油和高温通常会加快溶胀过程。经历几天到几个月的曝光时间达到平衡溶胀，溶胀速度主要取决于测试条件。

G.3.3.2.4 温度

推荐的测试温度应等于地层温度。在整个测试过程中，温度偏差不超过 2 ℃。

注：通常，高温能增加流体-橡胶间的相互作用，从而导致更快更剧烈的溶胀和橡胶性质的改变。其他因素，诸如因高温引起增塑剂析出或附加交联作用，也会影响橡胶的预期性能。

G.3.3.2.5 压力

试验压力应符合现场应用情况或根据平均现场条件确定的标准。如果不能得到现场的压力，推荐标准为 77 ℃下压力为 6.9 MPa(1 000 psi)。在整个测试过程中，试验压力偏差不应超过 0.07 MPa。

为了进行测试，测试容器可用氮气(推荐)、水或者任何能代表井口气体成分的气体混合物增压，比如 CO_2 和烃类。

注：因为溶胀是一个热力学过程，压力也影响溶胀速率。通常，由于压力会驱动化学物质渗透入橡胶骨架，压力越高溶胀速度越快。

G.3.3.2.6 流体介质

下列介质可考虑用于橡胶兼容性测试：

a) 原油样品；

b) 油水混合物；

c) 化学添加剂；

d) 盐水；

e) 可能与泵接触的任何其他流体介质。

为了避免重复，兼容性测试时应使用性质相差较大的流体介质或条件，以使橡胶性能产生差别。

注：油井流体介质包括油罐内分离后收集的不流动介质，井口收集的流动介质，地面收集的含气高压流体或者井下收集的流动介质。当处理不流动介质时，样品可与气体在实验室重新混合以获得代表现场典型工况的气油比。在这种情况下，需要对流体介质进行特殊测试和处理程序。

警告：将高压流体样品转移到用于测试的压力容器需要专门考虑和步骤。

G.3.3.3 测试步骤

测试应按照以下步骤进行：

a) 至少测量三件未老化橡胶试样的以下值：

  1) 按 ASTM D471 规定测量的质量(重量)；

  2) 按 ASTM D2240—2005 规定测量的硬度；

  3) 按 ASTM D412—2006(修订 2)规定测量的拉伸性能。

b) 把每件试样放置在容器中，使其完全浸入测试介质中，且样品之间或样品和容器内壁无接触。

c) 用氮气清除测试容器内的空气。

d) 净化后，封闭测试容器。

e) 将足量的测试介质装入测试容器以完全覆盖试样。如果采用加压流体，则此试样应放置在带压容器中，以减少试样中流体成分的分离。

f) 可利用样品容器的压力，或者通过注入介质如不流动的油、化学药品、水、氮气或者混合气体，使容器升压至规定试验压力。

g) 加热测试容器至规定温度。

h) 在测试中控制压力和温度以维持特定的工况。

i) 曝光结束后，开始给测试容器减压。如果测试介质包括气体，有必要使容器压力缓慢释放以防止瞬间减压破坏测试样品。释放试验容器压力宜使用下面两种方法之一：
   1) 恒定速率式，不超过 0.138 MPa/min(20 psig/min)；
   2) 阶梯式，每步减少 0.69 MPa (100 psig)，每步至少持续 5 min。
j) 减压后，在 6 h 内冷却试验容器至最高温度 38°C。直到试验容器温度冷却到低于 38 ℃，才能将测试试样从容器中取出。
k) 从测试容器中取出试样，并擦干试样上的测试介质。不要使用任何溶剂清洗样品。
l) 从测试容器中取出样品的 2 h 内，在室温下按照 D.3.3.3 a)要求测量试样的老化情况。
m) 记录老化和未老化试样之间的性能差别，最少应包括以下项目：
   1) 按 ASTM D471 规定测量的质量(重量)和体积变化；
   2) 按 ASTM D2240—2005 规定测量的硬度变化；
   3) 按 ASTM D412—2006(修订 2)规定测量的拉伸性能变化。

G.3.3.4 测试报告

测试报告最少应包括以下内容：
a) 所测试的橡胶化合物；
b) 测试流体介质说明；
c) 兼容性测试条件：
   1) 测试日期；
   2) 测试温度；
   3) 试验压力和加压介质；
   4) 曝光时间；
   5) 减压率；
   6) 减压和测量之间的时间间隔。
d) 测试结果。

测试报告应包含所有相关的观察结果和记录数据。符合资质的人员应对每件橡胶试样进行外观检查，以确定有无微裂缝、气泡或水泡，每件试样的截面也应予以检查。根据供应商或制造商或第三方的书面程序，报告同时应包含对测试结果的解释。

G.3.4 在特定老化条件下的粘接强度测试

测试目的是把代表性试样置于模拟井下环境的老化条件下，证明定子粘接是否合格。

用户或采购商和供应商或制造商应就试验条件(包括介质，压力，温度和曝光时间)达成一致。

注意：老化条件可以与本附录中典型橡胶兼容性测试所考虑条件相似，但不限于此。

典型的粘接试样，选择定子环或剥离试样，放置在特定环境，并按照 F.4.5.1 或 F.4.5.2 规定的方法评定粘接牢固性。

G.3.5 机械性能

G.3.5.1 概述

如果用户或采购商要求，供应商或制造商应提供橡胶材料的下列机械性能，测试应按 G.3.5.2～G.3.5.4进行。

G.3.5.2 撕裂强度

撕裂强度应按 GB/T 529—2008 的规定进行测试。可使用两种不同类型的试样，C 型或裤型，试样类型应在测试结果中注明。

G.3.5.3 耐磨性

将测试试样和经同样研磨测试程序的已知参考样品比较，就能比较该试样的耐磨性。因为变量范围宽，可能在测试中不能再现实际工作条件。测试应根据认可的标准执行，比如 GB/T 9867—2008。

测试报告应包括磨蚀试验机类型、测试条件和合格标准。

G.3.5.4 压缩模量

应按 GB/T 7757—2009 的规定测试和记录压缩模量。

G.3.6 压缩形变

应按 ISO 815-1:2008 规定和以下修正选项进行压缩形变测试：

a) 试样尺寸应为 type I(推荐)或 type Ⅱ。
b) 环境是用户或采购商和供应商或制造商商定的温度和压力特定条件下的空气或流体。
c) 曝光时间和温度：丁腈橡胶在 100 ℃下放置 72 h，氢化丁腈橡胶在 100 ℃和 150 ℃下分别放置 72 h。其他的时间和温度可根据用户或购买者和供应商或制造商协商。
d) 如果试验环境不是空气，报告应包括对测试介质、温度和曝光时间的描述。

G.3.7 瞬间减压性能

应按 NACE TM0192 标准测试橡胶瞬间减压性能，条件如下：

a) 试件大约 6 mm 厚，由面积约 16 cm^2 的方形试件构成。
b) 测试温度应稳定在 20 ℃～30 ℃之间。
c) 曝光时间 3 d。
d) 气体宜选择 CO_2 或供需双方协商决定的其他气体。
e) 使用 CO_2 气体的试验压力为 5.17 MPa；对其他气体，由供需双方协商决定测试压力。
f) 减压率应不大于 2.07 MPa/min，并应稳定在±20％范围内。
g) 结果应包括以下内容：
    1) 减压 10 min、1 h 和 24 h 后，对表面和横断面的物理损伤(气泡、裂纹)进行外观检查。橡胶瞬间减压性能评估应根据标准 NACE TM0192 标准执行，或采用供需双方商定的标准执行；
    2) 根据书面程序，按照减压时间对试样进行拍照。

G.3.8 抗 H_2S 性能

抗 H_2S 性能测试应符合 F.4.3 的规定，要求如下：

a) 应记录初值，终值和下述橡胶性能的变化：
    1) 按照 F.4.4.1 规定测量和记录硬度；
    2) 按照 F.4.4.2 规定测量和记录极限拉伸强度；
    3) 按照 F.4.4.2 规定测量和记录极限伸长。
b) 为比较或为橡胶定级，推荐采用以下测试参数：
    1) 符合 ASTM D412—2006(修订 2)标准的 C 型拉伸试样，或符合 ISO 815-1:2008 的 A 型压缩试样；
    2) 至少 5d 的曝光时间；
    3) (10±1)％摩尔分数的气体含量；

4) 测试温度稳定在(50±5)℃;

5) 压力(5.17±0.1)MPa 的氮气。

c) 测试后,应在气体出口测量反应釜中 H_2S 的浓度,确保整个试验过程中 H_2S 浓度保持恒定;

d) 推荐将相似的橡胶试样置于同温同压下的 N_2 中进行重复测试。以比较同温同压下 H_2S 对橡胶性能的影响。

注:实验室测试不能代表实际工况。在实际使用中,H_2S 作为游离气或者溶解气导致的降解问题在此试验中不能确定。降解程度和动力学是温度和气体浓度的函数。更严格的测试可能很费时,而且可以包括更多变量。

G.3.9 动态性能

G.3.9.1 背景信息

在周期或动态振荡载荷下,橡胶黏弹性发挥重要作用。对理想弹性材料,当外力去掉时,材料变形所需能量完全恢复,但是由内部分子摩擦导致的黏滞损失延迟了弹性变形,并导致了能量损失。损失的能量以热的形式消散在橡胶中,由此引起的橡胶温升,称为热积聚。每个形变周期引起的能量损失的百分比被称为滞后损失。如果将外力对每一周期形变量作坐标图,可以得到滞回曲线。

回弹率是形变恢复后返回的能量与产生变形的能量的比值。因此,滞后损失就是1减去回弹率。

滞后损失和热积聚是螺杆泵定子的重要失效类型,特别是在高速或定转子过盈量较大的情况下。特定橡胶化合物的黏弹特性关系到动态运转下定子的性能。一般硬的橡胶表现出较高的滞后损失和较差的动态性能。

一件试样经过均匀正弦形变,橡胶的动态特性就能直观显示出来。弹性成分引起同相应力,黏性成分导致不同相应力。由于滞后损失,应变滞后于两种应力的合力,通常被称为相位差或损耗角 δ。材料黏性越好,损耗角越大,滞后损失越高。损耗角正切值 $\tan\delta$,最简单的意义是,黏性模量除以弹性模量。

G.3.9.2 测试

G.3.9.2.1 测试螺杆泵橡胶的动态性能的推荐方法是动力机械分析,采用标准的测试程序如 ASTM D5992。

注:橡胶动态测试的结果取决于试样尺寸、变形形式、应变幅度、应变历史、频率和温度。收集到的数据实际上是很复杂的,并难以解释。

为了使动态测试符合标准,推荐在下列工况测量橡胶模量:

——频率:20 Hz;

——温度:30 ℃;

——应变幅度:2%~5%。

G.3.9.2.2 可以采用其他测试程序直接或间接地表征螺杆泵橡胶的不同动态性能,比如:

——按 ISO 4666(所有部分)或 ASTM D623 进行热积聚试验并记录;

——按 GB/T 1681—2009 试验并记录回弹性。

G.4 应用原则

G.4.1 概述

本章给出了关于一般环境条件和针对典型螺杆泵应用选择橡胶的通用原则和背景信息。这些内容不是为了规定或限制产品的选择。确定特定产品的使用限制是供应商或制造商的责任。

G4.2~G4.4 给出了选择橡胶时应考虑的环境参数以及这些参数间的相互作用。

G.4.2 化学环境

G.4.2.1 原油相对密度和芳香烃含量

轻油通常比重油更具腐蚀性，主要是因为其包括低分子量芳香烃。这些芳香烃表现出对丁腈橡胶的化学亲和性，可导致溶胀。但是，API 重度本身不能作为绝对指标，因为一些重油中包含高浓度的芳香烃，与之相反，一些轻油中可能仅包括少量的芳香烃。

在原油中，芳香烃类型和浓度是橡胶选择的关键因素，因为芳香烃是造成丁腈橡胶溶胀的主要原因。

使用气相色谱仪和质谱仪方法，比如根据 ASTM D3239 确定芳香烃含量，并根据 ASTM D5790 确定挥发组分，有助于建立其与橡胶溶胀的相应关系，从而有助于针对具体工况选择正确的橡胶。

评定芳香烃含量的另一种方法是按照 GB/T 262—2010 确定苯胺点。虽然不如前面所述试验方法可靠，但是它更经济，能在更基础的实验室中进行。烃类流体的苯胺点越低，它的芳香烃含量就越高，其腐蚀性越大，也就更容易引起橡胶溶胀。

原油中碳氢组分的分布一般称为 C30＋分析，进行此分析时应参考相关标准如 ASTM D2887，使用气相色谱仪进行分析。

注 1：轻质芳香烃化合物一般是由包含 6～11 个碳原子的化合物组成，比如苯、甲苯、二甲苯、短链烷基芳烃和无替代双苯环(non-substituted diaromatics)(比如萘)。这些芳香烃具有高膨胀势，因为他们在丁腈橡胶基质中可溶性很强。原油中轻质芳香烃的绝对浓度一般在 0%～5%的范围内变化。

注 2：一般在重油中的芳香烃类是高分子量的、单、双和多个苯环，完全替代了长烷基链的混合物。这些芳香烃往往具有更低膨胀势，因为他们与丁腈橡胶不兼容，扩散到橡胶基质很缓慢。但是不能低估他们的影响，因为其浓度通常很高，甚至高达 50%。

G.4.2.2 原油含蜡量

低分子量蜡(C3～C30＋)从丁腈橡胶中获取增塑剂，并导致橡胶收缩，使模量和硬度的增加。获取量取决于橡胶中增塑剂的类型和浓度。增塑剂的获取导致反作用，即定、转子过盈配合减小和橡胶刚性增加，从而影响泵的性能。

G.4.2.3 含水率

水通常具有有限的溶胀势因为它比普通丁腈橡胶具有更强极性。水溶胀往往随着丁腈橡胶的丙烯腈(CAN)含量增加而增加。水可稀释油成分里最具腐蚀性的芳香烃类，限制水、油混合物的溶胀势。即使水可以拖延油相导致完全溶胀的时间，但随时间延长，油成分的影响仍会占主导地位。

应考虑水对橡胶粘接性能的影响，因为许多粘接系统易受水击影响，特别是高温时。

水中盐离子倾向于降低溶胀势。比如，对于相同的丁腈橡胶，盐水比蒸馏水产生的溶胀值低。当评估水引起的橡胶溶胀时，应考虑总的盐浓度。

G.4.2.4 H_2S 和 CO_2 含量

H_2S 能与橡胶化合物中的聚合物成分发生化学反应，导致腈橡胶硬化。这种气体使橡胶链产生递增交联作用，导致橡胶硬化、收缩，最终引起材料开裂。一般说来，氢化丁腈橡胶或氟橡胶往往能抵抗高浓度的 H_2S。

CO_2 扩散到橡胶骨架中，通过物理作用引起溶胀和软化。甲烷(CH_4)和其他碳氢化合物气体也能使橡胶发生相似变化。针对特定气体环境，选择特定橡胶配方可增加橡胶对气体的抵抗力。

生产井中的气体容易对橡胶产生附加影响。当泵在高含量游离气环境中工作时，橡胶吸收的气体达到饱和值。如果泄压过程发生，气体释放太快，由于气体突然膨胀，橡胶可能出现内部气泡、撕裂或裂纹。这种现象一般称为瞬间减压,频繁发生在高浓度 CO_2 环境中。橡胶渗透性、交联度和它的机械性质决定了材料的抗瞬间减压性能。采用缓慢降压和最小橡胶厚度值有助于预防这种现象。

对丁腈橡胶来说丙烯腈含量越高,其渗透性越低,因此对瞬间减压损坏越敏感。

G.4.2.5 工作温度

橡胶作为一种有机化合物有耐温限制。螺杆泵极限工作温度取决于供应商或制造商的橡胶配方。通常,氟橡胶耐温性能最好,其次是氢化丁腈橡胶(尤其是过氧化物交联化合物),然后是丁腈橡胶。提高橡胶对工作温度的耐受性能可能会导致橡胶性能发生变化,比如硬度和抗拉强度,这些性能变化可影响螺杆泵的整体性能。

G.4.3 含砂量

螺杆泵在含砂原油中使用时,要求橡胶具有弹性复原能力,砂粒经过橡胶密封线时不会撕裂橡胶。柔软的有弹性的橡胶一般具有高极限伸长率和抗磨性。定子橡胶的抗嵌砂能力对防止转子磨损同样重要。

砂含量以及砂粒的大小也会对橡胶磨损产生影响。转子定子配合尺寸和转速对优化泵在含砂原油中的性能同样重要。一般来说,短导程、紧配合和低转速能提高泵的抗磨损性能。

G.4.4 气体体积分数

螺杆泵定子能适应有高含量游离气体原油的开采,然而,通常来说,游离气体含量增加会降低泵的性能和运行寿命。螺杆泵的运转需要一定量的油液来提供润滑和冷却,以避免定子橡胶过度摩擦和烧损。控制泵的尺寸和定转子配合可以减小游离气体对泵的性能和运行寿命的影响。

附　录　H
（资料性附录）
螺杆泵性能特征补充信息

H.1　概述

本附录对螺杆泵关键性能指标、相应选择方法和应用范围进行了补充。

H.2　泵的排量

螺杆泵是容积式泵，因此，流体输送量是排量和转速的函数。排量，即每转泵出流体的体积，可根据泵的几何尺寸计算或通过分析性能测试结果确定。但是，在油井中使用时，螺杆泵排量的计量习惯是依据泵每分钟的转速下的流量，用单位表示如 100 r/min 的情况下每天输出多少立方米，或 500 r/min 情况下每天输出多少桶。这样，通过将每分钟转排量乘以预定转速，用户或采购商可方便的计算出最大流量。

对每种尺寸的泵，供应商或制造商应给出每分钟的公称转排量，q_{TC}，表示为 100 r/min 情况下每天产多少立方米。通常采用式(H.1)对单头泵进行理论计算：

$$q_{TC}=\frac{9\times e\times D\times P}{15\ 625} \qquad \cdots\cdots(\text{H.1})$$

式中：

e ——偏心距，单位为毫米(mm)；

D ——转子小径，单位为毫米(mm)；

P ——定子导程，单位为毫米(mm)，参考图 H.1。

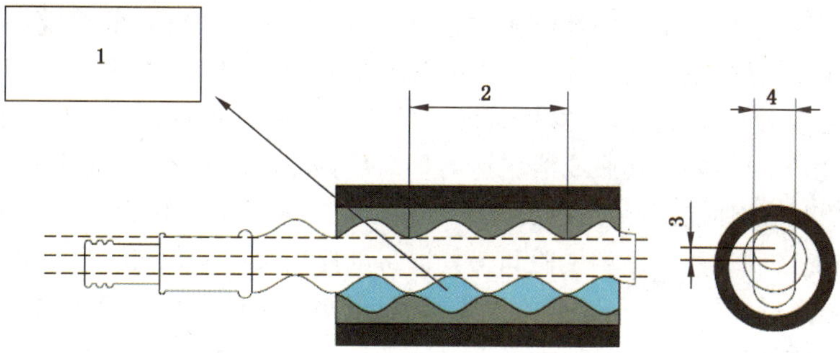

说明：

1——密封腔；

2——定子导程；

3——转子偏心距；

4——转子和定子小径。

图 H.1　定子导程的定义

虽然针对特定设计定子导程是一个常数，与横截面相关的尺寸，包括偏心距和直径，他们的变化受许多因素影响。转子与定子通常采用过盈配合；因此，装配后，各组件间的横截面尺寸都是不同的。另外，尺寸变化不仅受加工公差的影响，更重要的是基于使用情况所进行的设计改变；参见 H.4。最后，由于热和流体作用，定子橡胶材质的尺寸会发生变化。因此，一般是在环境温度下根据定子平均尺寸来计算理论排量。除此之外，在确定公称转排量时，这个理论值常常需要微调，以便经济的取得一个满意值。

理论或公称转排量代表的是理想情况下的排量，因为转子的过盈配合、高温或流体溶胀会减少内腔尺寸和相关的容积。为了更准确的表示排量，供应商或制造商应给出在一定转速下每个泵型的有效转排量。这个值通过水力性能试验(见附录E)确定，该试验是在额定扬程和300 r/min的泵速下，使试验转子达到70%～90%的容积效率，试验在环境温度下，以水为介质，以减少定子橡胶尺寸的改变。这个试验模拟了一个理想的工作状态，在一定转速下的有效转排量一般比计算的理论值低2%～5%。

井下螺杆泵的排量可能会与地面测量值不同，并且通常不是静态的。即使是在稳定的流体特性、井口和工作条件下，它也会随时间变化。这种变化是因为定子橡胶材料由于热膨胀和橡胶的溶胀造成尺寸变化。由热效应引起的尺寸变化仅需几个小时，而由于橡胶溶胀引起的变化会长达几天、几周甚至几个月。这些改变对泵的几何尺寸来说是非常敏感的，橡胶越厚的部分变化越大。导致排量比实际转排量减少近20%。对每种橡胶和几何尺寸组合，由温度引起的尺寸变化，其数值是可以估计的。但由溶胀引起的变化则瞬息万变，很难预测。

橡胶的弹性能允许定子尺寸明显减小，仍然可以满足转子旋转。然而，相应的提高转子、定子过盈会导致高摩擦扭矩、定子内部局部热积聚和最终缩短使用寿命。因此，通常的做法是调整转子与预期的井下定子尺寸的配合，以最大程度地提高性能，方法参见H.4。

H.3 泵的容积效率

为了评估螺杆泵输送能力，应考虑与转速相关的泵的转排量和容积效率。螺杆泵因漏失导致容积失效，这是泵几何尺寸、定子材料、流体特性和工作条件之间复杂的互相作用的结果。

漏失和相应的容积效率下降伴随着压差增加而增加，随着流体黏度增加和转速降低而下降。针对每个型号，供应商或制造商给出的设计性能曲线显示流量是压差和泵速的函数；见6.5.3。当这些曲线与泵的转排量一起考虑时，即可推算出容积效率。设计性能曲线中反映的值是在理想工况下的参考值，因井下工况和工作条件范围较宽，实际容积效率可能会发生显著变化。

通常泵或特定的转子、定子组合的性能曲线是以水作为流体介质确定的，是在一定压力和转速组合范围内进行的性能测试；见附录E。在这些曲线里的容积能力和相应的容积效率反映了具体转子的尺寸和试验条件。但是，在大多数情况下，这些试验条件不能反映预期的井下工况，因为不可能采用实际井内流体进行试验，也不可能等热膨胀或溶胀达到平衡后再测试。相反，测试的主要目的是为了确定与转子、定子配合策略相关的性能指标。根据经验，可将台架试验性能转化为井下工况下的预期性能。在此过程中，设备供应商或制造商应提供说明和工具以帮助使用者或采购商。

虽然流体漏失是降低螺杆泵容积效率的主要原因，但是传统的效率计算方法引出了更进一步重要的思考。具体来说，容积效率通常只单独计算地面的液体产量，而不考虑固体和气体的影响，以及由于地面和井下温度和压力的不同而产生的液体体积的变化。因此，用户或采购商应提供井下流体条件和操作参数，以便据此确定泵入口的多相流流量。供应商或制造商应使用这个流量来选择和配置设备，以达到要求的地面流量。

用户或采购商根据地面流量所确定的容积效率，该数值综合了泵容积效率和因入口多相流流量与地面液体流量差别导致的无效容积。因此，为了确定泵实际性能，应根据由井下和地面温度和压力的差值所引起的流体体积变化来进行调整。虽然泵能够生产相对高含量的气体、固体的多相流液体，但这些成分占据泵密封腔，就会减少液体容积。

H.4 转定子配合

通过调整转子和定子之间过盈配合，供应商或制造商可以针对特定井下工况优化泵的配置。因为配合不仅影响泵的效率而且影响使用寿命，应认真选取。如果配合太松，压力密封不足会增加流体漏失，导致容积和综合效率性能欠佳，内部热量增加，最终导致泵寿命缩短。如果配合太紧，导致转子引起的橡胶压缩量太大，产生高的材料应力、摩擦载荷、内热和磨损，这些因素也会缩短泵的寿命。

供应商或制造商应和使用者或采购商一起评估使用情况的要求，并选择恰当的转子-定子配合，以保证使用性能和寿命。供应商或制造商们通常都有各自专有的工艺，通过该工艺确定各自螺杆泵产品的转子尺寸。

配合可直接通过测量定子内部尺寸和配合转子的尺寸确定。或者，也可以间接通过泵性能测试确定。在这两种情况下，初始配合或测试性能通常不代表泵的井下性能，因为定子橡胶在井下有热膨胀和流体溶胀。针对特定使用情况，这些及其他条件，比如流体黏度、泵转速、含砂量和压力载荷，应在优化转子或定子配合时予以考虑。

H.5 泵的扬程

泵几何尺寸、定子橡胶材料、流体性质和工作条件之间复杂的相互作用，决定着螺杆泵的扬程。供应商或制造商应提供每个泵型的额定压力，并且在大多数情况下，也应提供额定扬程。这些额定值主要与泵结构的腔室数量有关，而且也受泵基本几何尺寸和橡胶的影响。

供应商或制造商给定额定压力的方法不同。为了帮助使用者或采购商比较非标准的额定值，供应商或制造商要给出每个泵型单个腔室压力和工作腔室数量。将两个参数相乘，可得出泵的额定压力。通过耐用性试验，供应商或制造商可证明指定的额定压力和相关的每个密封腔压力的合理性；见附录 E。

螺杆泵流量与压力的关系通常是通过台架试验确定的，但是这仅仅是在标准试验条件下，在较短时间按对泵的配合进行相对地测量。泵的扬程应结合实际井下工况，泵在预期的使用寿命内能可靠输送的介质共同考虑。为了评估泵的扬程是否满足性能规范中对压差的要求，额定压力应综合流体性质（黏度）、工作条件（转速）和最重要的——井下工况下，短期变化（温度）和长期变化（溶胀）对定子材料的影响等因素进行考虑。虽然台架试验在一定的转速和温度范围内能确定泵的扬程，但准确模拟井下工况通常是不实际的。因此，这些测试通常仅表征泵性能。运用经验可以将台架测试给出的泵性能解释为井下工况下的预期性能。供应商或制造商应对这一过程提供说明以帮助使用者或采购商。

H.6 泵的扭矩和功率

推动螺杆泵旋转的扭矩由水力扭矩和摩擦扭矩分量组成。根据结构，也可能有随驱动杆柱和地面设备旋转所产生的增量扭矩。

螺杆泵液压扭矩是泵转排量和工作压差的简单函数。虽然与想像的不同，但是泵的转速和容积效率确实不会影响液压扭矩。因此，虽然小排量转速快的泵与大排量转速慢的泵可能具有一样的流量，大排量泵比小排量泵具有更高的扭矩，且扭矩与他们的排量比成正比。

泵的摩擦扭矩由三个主要组成部分，受泵的设计和操作等多重因素影响，因此难以预测。螺杆泵的主要摩擦包括转子与定子间的滑动或滚动相互作用，与橡胶变形相关的滞后损失，流体通过泵的摩擦损失。滑动或滚动相互作用主要取决于泵的几何形状、转子定子配合和流体的润滑性能。滞后损失主要取决于泵的几何形状、转子定子间配合和橡胶特性。流体通过泵的摩擦损失取决于泵密封腔的几何形状、流量和流体黏度。在正常工作情况下,泵摩擦扭矩只占泵总扭矩的10%~25%。但是,在某些情况下摩擦扭矩可能会显著增加,比如因为溶胀或输送高黏度流体导致转子定子配合紧密。

螺杆泵运行所需的功率是施加的扭矩和转速的直接函数。因此,在相同的压差和产量下,虽然转速快的小排量泵比转速慢的大排量泵需要更少的扭矩,但所需功率通常相同。

针对每种泵结构,供应商或制造商给出的设计性能曲线显示出泵扭矩和功率为压差和转速的函数。从设计性能曲线中查到的值是理想条件下的参考值,实际扭矩和功率会因井下和工作条件很宽而有显著变化。按照附录E,对泵和特定的转子、定子组合,扭矩和功率值通常也表示在性能曲线上。因为性能测试条件通常不能反应预期的井下工况,相应扭矩和功率数值应谨慎使用。设备供应商或制造商提供指南和工具,以帮助使用者或采购商将设计和性能测试扭矩和功率与实际井下工况联系起来。

H.7 总效率

螺杆泵系统常常被认为是常规人工举升系统中总效率最高的。系统总效率一般从55%~70%,也可从低至20%~80%以上变化。系统总效率是地面设备、驱动杆柱和螺杆泵等相关设备各自效率的乘积。

螺杆泵的总效率,是有效水力功率与输入功率的比值。水力功率是泵出口流量和过泵压差的函数。输入功率是泵转子扭矩和转速的函数。计算方法见附录E.3.5。

由于螺杆泵的容积特性,任何无效容积直接影响总效率,因为他们不能提高水力功率,但却需要输入功率。泵性能曲线能证明该影响,曲线显示随着容积效率的大幅降低,实测的扭矩和功率值没有明显改变。因此,最高总系统效率总是低于容积效率。除了无效容积,泵摩擦也会导致总效率降低。依照H.6,螺杆泵的主要摩擦分量包括转子与定子的滑动或滚动相互作用,与橡胶变形相关的滞后损失,流体通过泵的摩擦损失。正常运转时,大多数泵的总摩擦只导致总效率降低10%~25%。

H.8 工况改变

螺杆泵系统通常根据特定的使用环境进行选择。使用环境的改变,比如流体性质或成分的改变,以及地面设备的改变,都可能使得螺杆泵系统不适合。此外,在许多情况下,一些螺杆泵系统从一个口井拆卸下来,并安装在其他井口。对使用者或采购商来说,应确定设备是否适合新的工况,因为多数使用情况的变化会影响螺杆泵系统的效率和运行寿命。

附 录 I
（规范性附录）
螺杆泵试验报告数据表

螺杆泵试验报告数据表见表 I.1。

表 I.1 螺杆泵试验报告

（填写供应商/生产商名称）	螺杆泵出厂试验记录	编号/顺序号		
		试验日期		
客户名称		试验地点		螺纹检测
泵 型 号		产品编号		□合格 □不合格
定子编号		定子尺寸		螺纹粘结剂牌号
转子编号		转子尺寸		
试验介质		橡胶代号		转子镀层或镀层材料
环境温度	（℃）	运转试验	min	

测试点序号	N/(r/min)	p_1/MPa	p_2/MPa	T/(N·m)	t_1/℃	t_2/℃	q_v/(L/min)	P_{req}/kW	P_h/kW	η_v/%	η/%
1											
2											
3											
4											
5											
6											
7											
8											
⋮											

责 任 者	装 配 员	检 验 员	试验结论		备注：
签字/日期					

说明：

N ——泵的转速； p_1——泵的进口压力； p_2 ——泵的出口压力；

T ——轴扭矩； t_1 ——试验介质温度； t_2 ——定子管中部温度；

q_v ——在某一设定转速下某一特定压差时的体积流量； P_{req} ——泵的输入功率；

P_h ——泵的输出功率； η_v ——容积效率； η ——泵的总效率。

在最低压差下开始每次试验，逐级增加压差直到额定压力并保持恒定转速。在每个压力点上待所有变量稳定时记录数值。每条速度曲线至少记录 5 个压力测试点上的流量。根据要求，在其他转速下重复测试。

如果试验温度与现场温度不同，或者是当橡胶浸入油中发生膨胀，制造商应解释并调整试验的结果。

附 录 J
（资料性附录）
修理和检查

J.1 总述

本附录为修理和检查使用过的定子、转子和限位器提供指南。转子、定子和辅助设备应按厂家或制造商的书面程序进行修理和检查，应考虑J.2～J.4给出的信息。

J.2 转子

转子重新使用前应清洗。堆积的污物可能导致定子橡胶和螺纹的损伤。可使用一定量的普通清洁剂和去油剂清洗钢铁、电镀或硬质镀层的转子表面。转子上的清洗剂应用水冲刷干净。在储存备用时，转子应先安装护丝。

注1：运输、装卸和违章操作可能损伤转子。

清洗过的转子应进行损伤或材料损耗检查。如果观测到明显的材料损耗，应将测量尺寸与原始测量尺寸相比较。微小损伤例如凹痕都可能降低泵的容积效率。如果发现明显的材料损耗或损伤，就需要对泵进行性能测试以确定转子是否合格。

注2：在使用中转子螺纹可轻微屈服。因此，已用过转子的螺纹可能通不过针对新螺纹的计量试验。

表J.1列举了普通转子损伤和修理选项。

表J.1 转子修理选项

观测到的损伤	典型原因	普通修理和调试操作
磨损	普通使用，磨蚀性流体	除去和重镀或重涂转子磨损表面
轻微螺纹损伤[a]	普通使用，污染物	在规范公差范围内去除毛刺或损伤的螺纹，一般依照SY/T 5029
严重螺纹损伤[b]	装卸，操作不当，污染物，超载	替换转子头。这项操作宜由厂家进行
轻微弯曲(没有镀层或涂层损伤)[a]	装卸，操作不当	采取机械方法矫直转子。这项操作宜由厂家进行
严重弯曲或挠曲(镀层或涂层损伤)[b]	装卸，操作不当	除去镀层或镀涂层并检测转子基材。确定转子是否报废或修理。矫直和电镀或喷涂转子磨损表面
严重的凹痕表面[b]	装卸，操作不当	除去和重镀或重涂转子磨损表面
破碎的或碎裂的镀层或涂层	装卸，操作不当	除去和重镀或重涂转子磨损表面。**注意**，一些裂缝源于制造工艺，这些情况下转子视为合格并可重新使用
破裂或断裂的转子	装卸，操作不当	报废转子。其他常见的细微裂缝往往很难通过外观检查发现。但这些微裂纹可能随后引发转子和定子的损伤
基材的损伤或磨损	在磨蚀性流体中使用，装卸，违章操作	报废转子

[a] 调试零件以满足相应的规定。

[b] 零件要求修理或无法修理。

应避免以下维修作业：

——打磨或消除损伤镀层或涂层的边缘以代替修理，在正常泵送作业时，会引起暴露基材的腐蚀或定子橡胶的损伤；

——由无资质人员进行的焊接、铜焊或其他热处理往往会损害转子的结构完整性，并常常导致正常作业中的失效；

——去除超出适用螺纹规范(如 SY/T 5643—2010)规定公差范围的损伤螺纹。

J.3 定子

不推荐修复定子橡胶。旧定子需要用无腐蚀性的液体清洗并检测。如果检验员发现重要损伤，需要进行性能测试以确定定子是否合格。性能测试的结果不应作为结论性的。应由用户决定定子是否可继续使用。表 J.2 列出了普通定子损伤和修理的选项。

表 J.2 定子修复选项

观测到的损伤	典型原因	普通修理和调试操作
轻微螺纹损伤[a]	普通使用，污染物	在规范公差范围内去除毛刺或损伤的螺纹，一般依照 GB/T 19830
严重螺纹损伤[b]	装卸，操作不当，污染物，超载	报废定子
管体开裂或明显弯曲	操作不当，材料缺陷	报废定子
明显的损伤或橡胶溶胀	普通使用，污染物，操作不当	报废定子

[a] 调试零件以满足相应的规定。
[b] 零件要求修理或无法修理。

J.4 限位器

重新使用前应清洗和检测限位器。旋紧螺纹时，堆积的污染物可导致螺纹损伤。可用一定量的普通清洁剂和去油污剂清洗限位器表面，但同时可能除去剩余的油漆。限位器上的清洗剂应使用合适的液体冲洗干净。在储存备用时，限位器应先安装护丝。

表 J.3 列举了普通限位器损伤和修理的选项。

表 J.3 限位器修理选项

观测到的损伤	典型原因	普通修理和调试操作
轻微螺纹损伤[a]	普通使用，污染物	在规范公差范围内去除毛刺或损伤的螺纹，一般依照 GB/T 19830
弯曲、破裂或限位器磨损	操作不当，错误的防冲距	废弃限位器，修复焊接坡口，焊接新限位器，或报废限位器
严重螺纹损伤[b]	装卸，操作不当，污染物，超负荷	报废限位器
管体开裂或明显弯曲	操作不当，材料缺陷	报废限位器

[a] 调试零件以满足相应的规定。
[b] 零件要求修理或无法修理。

附 录 K
（资料性附录）
使用后分析

K.1 概述

本附录包括：

——螺杆泵检测等级确定；

——每个检测等级包括的检测过程；

——报告要求，包括每项检测的术语。

K.2 检测等级

K.2.1 概述

根据检测原因，对泵的检测进行分级，保证使用者或采购商和供应商或制造商清楚检测目的和每个等级检测后是否可交付。三个检测等级规定如下：

——等级 1：拔出后检测，参见 K.2.2；

——等级 2：使用后的泵的评估，参见 K.2.3；

——等级 3：失效调查，参见 K.2.4。

对 K.2.2～K.2.4 描述的情况，在使用这些检测的地方，应由厂家提供每个检测等级的信息。图 K.1 显示每个检测等级的内容。

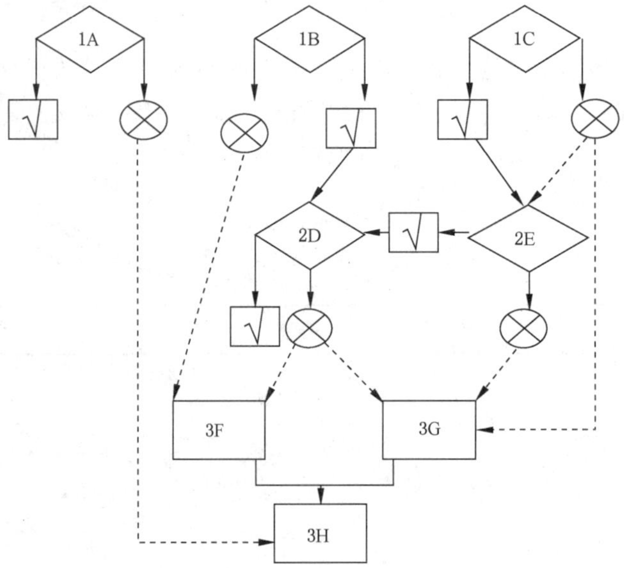

图 K.1 泵检测等级的描述和应用

关键名称	检测		描述
	等级	应用	
1A	1	拔出后检测	辅助设备检测
1B	1	拔出后检测	转子检测
1C	1	拔出后检测	定子外部检测
2D	2	使用后的泵的评估	泵台架试验
2E	2	使用后的泵的评估	内部定子检测
3F	2	失效调查	详细的转子检测
3G	3	失效调查	详细的定子检测
3H	3	失效调查	失效原因分析
☑	可再使用的		
⊗	不能再使用的		

图 K.1(续)

K.2.2 等级 1 检测——拔出后检测

K.2.2.1 目的和启动

等级 1 检测的目的是要判断从井口拔出的泵是否有严重损伤。在该项检测中,如果无明显损伤,泵可以重新使用。

通常由使用者或采购商进行这项检测。

K.2.2.2 检测地点

该项检测通常在井场或供应商或制造商的油田服务中心进行。负责该项检测的人员应熟悉任何特殊要求,包括来自使用情况的,或使用者或购买者提出的。

K.2.2.3 检测内容

等级 1 检测应包括以下内容:

——参照 7.9.9.2 进行转子外观检查;

——参照 K.3.4 进行定子外观检查;

——参照 K.3.6 进行辅助设备检查。

K.2.2.4 报告

报告包括检测过程和泵标识(见 7.3)上所收集的信息以及井况描述。也包括任何可能妨碍泵重新使用的损伤迹象。如果确认了主要失效项,应用典型螺杆泵失效术语进行记录。

K.2.3 等级 2 检测——使用后的泵评估

K.2.3.1 目的和启动

等级 2 检测的目的是要确定一台使用后的泵是否满足使用者或采购商的作业要求并完全实现其功能。等级 2 检测步骤也可用于帮助确定等级 3 的检测范围。等级 2 检测通常由使用者或采购商启动以判断泵是否能重新使用。

K.2.3.2 检测地点

这项检测通常在供应商或制造商的现场服务中心进行，并应由具有资质的人员执行。

K.2.3.3 检测内容

等级2检测包括以下内容：

——等级1检测的所有内容(拔出后检测)；

——参照K.3.5进行定子内部检查；

——参照K.3.7进行泵台架试验。

等级1检查或定子内部检查可发现泵损坏的严重程度，而泵台架试验往往不能提供更多信息，或者定子条件不允许泵台架试验。另外，一些定子的小径可能太小，不能够使用内孔表面检查仪进行内部定子检测。在检测报告中，供应商或制造商有责任指出试验不能进行的原因。

K.2.3.4 报告

检测报告应包括在检测和泵鉴定(见7.3)过程中收集到的信息和井况描述。基于检测结果，报告应指出在特定使用条件下泵能否重新使用。如果确认了主要的失效项，用典型螺杆泵失效术语进行记录。

K.2.4 等级3检测——失效调查

K.2.4.1 目的和启动

等级3检测的目的是收集额外的信息以帮助完成全面的失效调查。这些检测通常由供应商或制造商启动，对用户认为提前失效的泵做相应认证。但是用户也可以启动调查，以了解更多使用中的失效情况。

K.2.4.2 检测地点

这项检测通常在供应商或制造商的制造厂或服务中心进行。这项检测需要专业检测设备和专业技术人员，而这些条件当地服务中心往往不具备。

K.2.4.3 检测内容

等级3检测宜包括以下内容：

——等级1和等级2检测的所有内容；

——参照K.3.9进行详细的转子检测；

——参照K.3.8进行详细的定子检测；

——参照K.3.10进行失效原因分析。

K.2.4.4 报告

失效调查报告应包括检测中收集到的所有信息。失效调查报告应是一份书面的总结(包括解释关键损伤特征的图片)。除了评估检测中收集到的信息外，报告应综合评价导致失效原因。包括对泵历史和制造质量控制记录的检查。

报告应包括调查后的总结，含下列内容：

——主要失效项和描述；

——失效原因(和任何诱发因素)。

K.3 检测内容

K.3.1 概述

根据需要,在K.3.2～K.3.10中描述的相关信息应包括在检测报告中。

K.3.2 安装和工作条件

K.3.2中要求信息包括确定泵的安装地点,并且描述泵从井口拔出前大概的工作条件。这些信息可用于追踪泵的使用寿命和工况,以确保泵型适合其使用情况。可包括以下信息:

a) 油井作业商(公司、部门)和联系人;
b) 油田名称和油井编号;
c) 泵的供应商或制造商和型号;
d) 供应商或制造商接收泵的日期;
e) 供应商或制造商的检测日期;
f) 进行检测人员的姓名;
g) 安装和拔出的日期;
h) 检泵原因;
i) 设备进入性(定子留在井底、定子不能检测、转子被定子抱住、不能检测转子);
j) 泵采油开始和结束的日期;
k) 泵转速和平均总流量;
l) 泵入口温度;
m) 井口油管和套管头压力;
n) 生产液面和泵安装深度;
o) 油相对密度(API重度)、芳香烃化合物含量、含水量和生产流体的气油比;
p) 气体的CO_2和H_2S含量;
q) 含砂量。

K.3.3 转子外观检查

此项检测能够给出转子状况,确定转子是否能重新使用。记录以下信息:

a) 转子序列号;
b) 转子镀层类型(例如镀铬、硼等);
c) 使用表K.1中的描述项对转子部件的拔出状态进行描述,包括严重程度和观察地点;
d) 转子使用状况(例如可重新使用或不能再使用);
e) 拒收转子使用的标准(如果认为转子不能重新使用)。

按照附录K描述,可通过重镀、修复螺纹、校直等方式修复不能重新使用的转子,以使其恢复正常功能。按照7.3要求在修复的转子上做出永久标记。

表K.1给出的描述转子损伤的照片在K.4中列出。

表 K.1 转子状态检查结果

转子部分	可用	不可用	描述	顶部			中部			底部		
				轻度	中度	重度	轻度	中度	重度	轻度	中度	重度
主体			弯曲									
			断裂									
			基材磨损									
镀层			裂纹或热裂									
			点蚀									
			磨损									
			脱色									
			烧损或过热									
			腐蚀									
			划痕或沟槽									
接箍			损坏									
焊接			断裂									
			裂纹或热裂									
基材			磨损									

K.3.4 定子外部检查

此项检查收集信息以描述定子的状态。在某些情况下，只将转子拔出地面，定子则留在井底而不能检查。在这些情况下，检测报告应注明定子被留在了井底，而不是简单地将定子检查栏空着。

此项检查的结果应作为定子是否能重新使用的建议。可以记录以下信息：

a) 定子序列号；

b) 橡胶类型；

c) 使用表 K.2 中的描述项对定子部件的拔出状态进行描述，包括严重程度和观察地点；

d) 定子使用状况（例如，看上去可重新使用或不能再使用）；

e) 拒收定子使用的标准（如果认为定子不能重新使用）。

如果定子看上去可以重新使用，使用者或采购商可选择执行等级 2 的检测以证明泵可重新使用。

K.3.5 定子内部检查

该项检查收集信息以描述定子全长内的橡胶状态。该检测可使用内孔表面检查仪或类似工具以对定子橡胶内表面的外观进行检查。工具可以从定子的一端运行到另一端，以完成全部橡胶螺旋表面的检查。

在表 K.2 列出的描述项可用于报告定子的状态。可以将这些描述项添加到定子外部检查收集到的信息中。该项检查应作为建议，判断定子是否适合进行台架试验或不能重新使用（报废）。如果认为定子不能再重新使用，检查报告中也应指出拒收定子的判定标准。

表 K.2　定子状态检查结果

转子部分	可用	不可用	描述	顶部			中部			底部		
				轻度	中度	重度	轻度	中度	重度	轻度	中度	重度
壳体			弯曲									
			断裂									
			腐蚀									
橡胶			烧损									
			脆性									
			冲蚀或高压冲刷									
			划伤									
			磨损									
			溶胀									
			起泡									
			硬化									
			脱胶									
			撕裂或碎块									
			污染或杂质									
接箍			损坏									
限位器			磨损									
			断裂									
			弯曲									
			丢失									

内部检查可能也包括：

a）使用内径规或塞规来测量定子内部尺寸；

b）收集定子内所有异物(例如砂土、蜡)，并根据需要进行分析。

K.3.6　辅助设备检查

螺杆泵安装涉及多种辅助设备，比如限位器、防松工具、井下止回阀和气体分离器。这部分设备的检查结果应作为建议，判断辅助设备是否能重新使用。通过一些小维修(例如重修螺纹、替换配件、喷漆)，辅助设备的功能可能得到恢复并被重新使用。

在检查中可记录以下信息：

a）辅助设备类型，制造商和型号；

b）维护背景，例如检泵原因；

c）使用状况，例如可重新使用或不能再使用；

d）拒收辅助设备使用的标准(如果认为辅助设备不能重新使用)；

e）其他观察结果以帮助分析螺杆泵系统失效的深层原因。

K.3.7 泵台架试验

泵台架试验可用于评估一套定子-转子组件的性能,如果认为其可重新使用。在附录 E 中给出了台架试验的步骤。

K.3.8 详细的定子检查

应切开一根定子对其进行详细的检查并作为失效原因分析报告的一部分。一般不必对整根定子进行详细检查,可以从定子顶部、中部和底部切下大约 0.5 m 长作为检查段。如果有其他的证据,比如内孔表面检查仪检查显示在定子的其他段出现重要问题,可调整检查样品的选取位置。每个样品沿轴向切开并露出橡胶。可收集以下信息:

a) 使用表 K.2 提供的描述项对每段橡胶状态进行描述;
b) 描述定子特征及其位置的详细图片;
c) 在每个切开的截面处至少测量三次位于切割表面、密封线和椭圆大径上的橡胶硬度(邵氏 A);这些测量值可与特定橡胶的名义材料参数比较;
d) 在每个切开截面处至少三个位置,测量最大厚度和最小厚度,以确定橡胶的溶胀程度和定子壳内密封腔的同轴度;这些测量值应与制造公差比较。

与描述符对应的损坏定子橡胶的照片参见 K.5。

详细检查也可包括测量从定子橡胶上所取样品的密度、硬度、粘接强度、拉伸强度和延伸率。针对特定橡胶和粘接剂,可将这些特性与材料的名义参数进行对比。

K.3.9 详细的转子检查

详细的转子检查应收集和报告以下信息并作为失效原因分析的一部分:

a) 详细描述转子特征位置的图片;
b) 在转子的顶部、中部、底部和任何存在转子镀层损伤的部分中,至少对转子的大径和小径进行三次测量;
c) 镀层硬度测量(维氏或努氏硬度);
d) 如果腐蚀或转子断裂暴露出金属基材,测量金属基材的硬度(洛氏 C 硬度);
e) 如果转子断裂,应做金相学分析,应包括失效表面的显微照片,显微硬度测量值,腐蚀产品和特征的分析。

与描述项对应的损坏转子的照片 K.4。

K.3.10 失效原因分析

K.3.10.1 概述

失效原因分析用来识别导致失效的条件。应使用典型的描述项表述失效原因。从螺杆泵检查报告中可能不能确定其失效原因。为了确定失效原因,全面分析泵工作历史和制造过程的质量控制文件,可作为泵检查中所收集信息的补充。除检查报告外,应收集的信息还包括 K.3.10.2 和 K.3.10.3 要求的内容。

K.3.10.2 螺杆泵历史

报告应简述定子和转子的安装历史,包括失效发生前的所有安装。可包括以下内容:

a) 油井结构和完井结构的简单描述;
b) 与泵一起运行的其他全部辅助设备;

c) 泵在井下的工作条件。

K.3.10.3 螺杆泵质量控制文件

转子和定子的制造和质量控制记录可用于检查并认定产品缺陷。这些文件应包括认定出现问题的泵的原材料性质、几何尺寸和制造工艺相对标准制造工艺允许偏差的变动。

K.4 损坏转子示例

图 K.2～图 K.4 显示了不同类型的转子损坏。

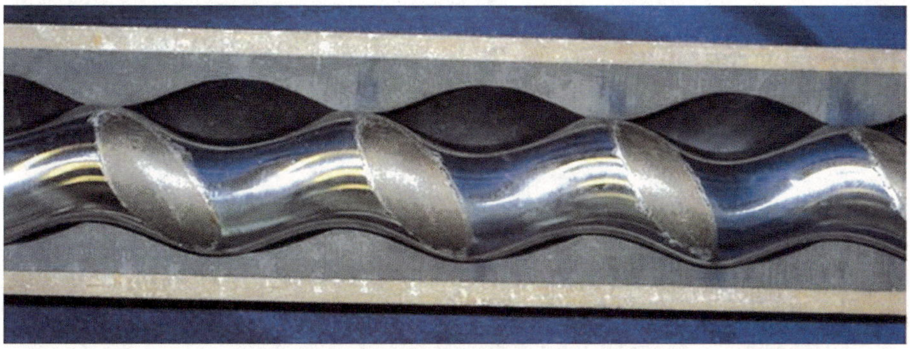

图 K.2 磨损的转子

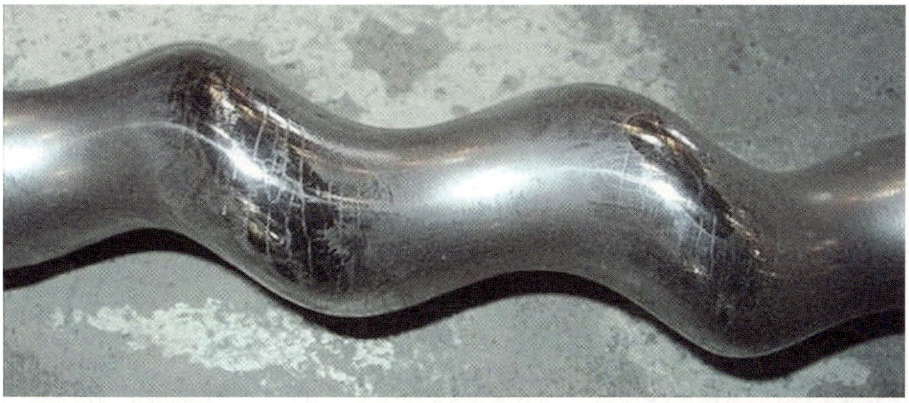

图 K.3 裂纹或热裂转子

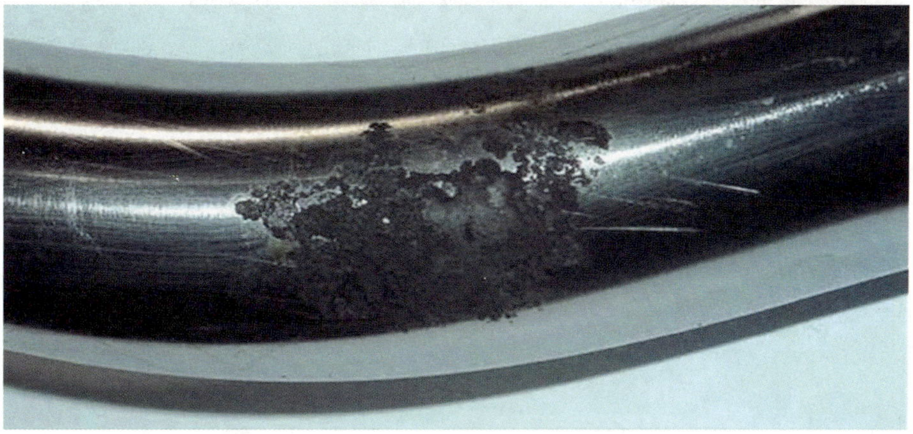

图 K.4 麻点腐蚀的转子

K.5 损坏定子示例

图 K.5～K.12 显示了不同类型的定子损坏。

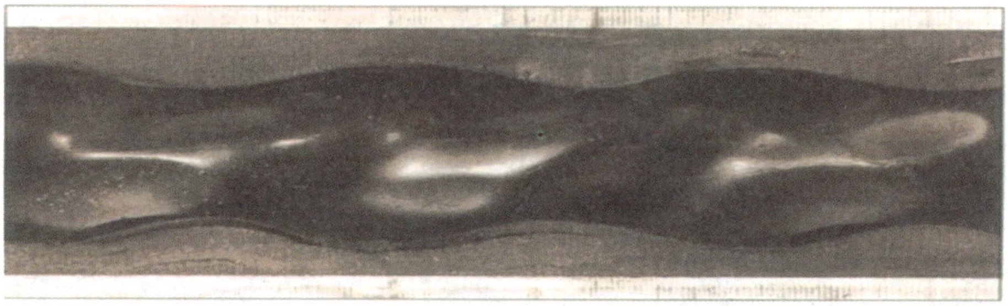

图 K.5 起泡的定子

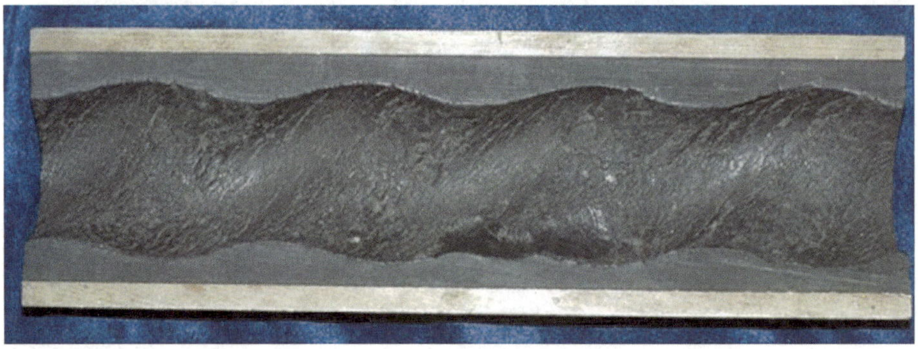

图 K.6 烧损或过热的定子

图 K.7 冲蚀或高压冲刷的定子

图 K.8　脱胶的定子

图 K.9　划伤的定子

图 K.10　撕裂或碎块的定子

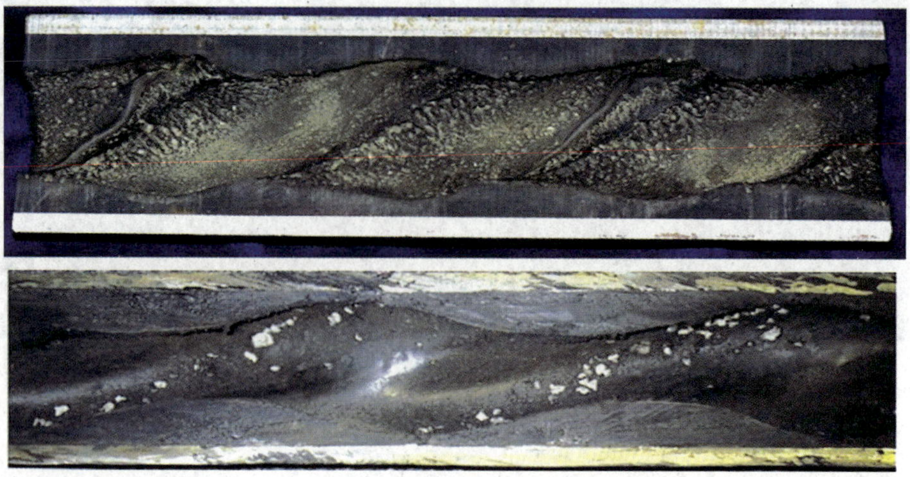

图 K.11　定子污染或杂质

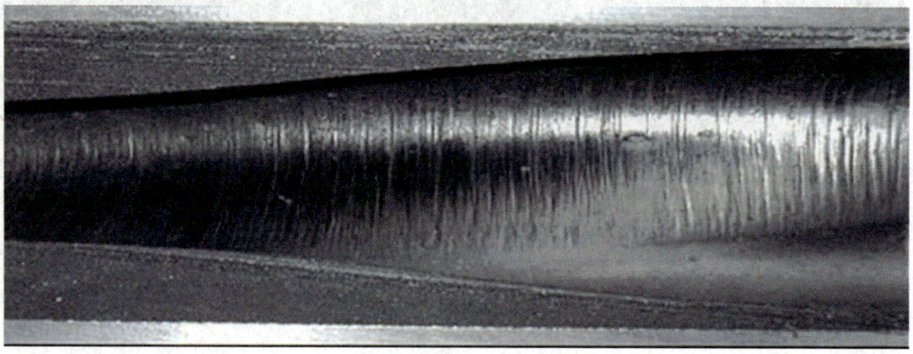

图 K.12　定子磨损

附 录 L
（资料性附录）
辅助设备

L.1 概述

本附录叙述了螺杆泵系统通常包括的辅助设备，参见图 L.1 和图 L.2 举例说明。本部分并不涉及这些辅助设备。

L.2 承扭环

这类垫环适合 API J 部分和其他无台肩油管接箍，使旋紧螺纹和作业时能承受更高扭矩。

L.3 驱动杆柱扶正器

当驱动杆柱和油管柱可能发生磨损时，就要考虑使用减磨装置，如扶正器。
在转子和最下部抽油杆柱接箍间，不推荐使用扶正器。
扶正器的使用将增加一些约束，在计算总扬程和系统所需功率时，应要考虑这些因素。

L.4 油管旋转器

人工的或自动的油管旋转器使生产油管四周磨损均匀分布，以延长油管运行寿命。

L.5 扭矩限制器

扭矩限制器用来防止任何系统元件的损坏。比较典型的，如它可以限定驱动杆柱上的应力低于最小屈服值。

L.6 防抽空控制器

防抽空控制器能监测泵抽空时的状态，并能控制原动机防止泵的损坏。

L.7 压力控制器

压力计或压力传感器监测管线压力，防止管线压力过高，从而保护系统。

L.8 井下单流阀

井下单流阀用来控制泵内液体的回流，安装在转子限位器下端。

L.9 变频控制器

变频控制器能方便的调节泵的转速,以使泵适应不同的井况。

L.10 油管泄油器

泄油器用于修井作业中排出油管内液体。当泵入口安装井下止回阀或发生堵塞时使用油管泄油器。

L.11 杆柱剪切销

杆柱剪切销靠近转子安装,当转子无法从定子中拔出时,其可使抽油杆柱与转子脱开。

L.12 气体分离器

气体分离器安装在泵的入口,用于分离游离气体。

L.13 光杆卡瓦

光杆卡瓦安装在驱动装置上,用于悬挂驱动杆柱,及将扭矩传递给驱动杆柱。

L.14 锁紧卡瓦

锁紧卡瓦是固定在驱动装置上的安全装置,可防止驱动装置的意外旋转。

L.15 实心轴地面驱动装置

实心轴地面驱动装置通过固定的连接机构将动力传递给驱动杆柱。

L.16 空心轴地面驱动装置

空心轴地面驱动装置是通过卡瓦将动力传递给驱动杆柱。它为光杆到地面驱动装置提供了一种连接形式,使驱动杆柱垂直运动时无须拆卸地面驱动装置。

L.17 地面驱动刹车

地面驱动刹车是驱动装置的一部分,是用于释放储存能量的装置,在紧急情况下,它用来限制或停止驱动杆柱的旋转。刹车有以下几种类型:

——摩擦式刹车;
——液压刹车;
——电动马达刹车;
——人力刹车。

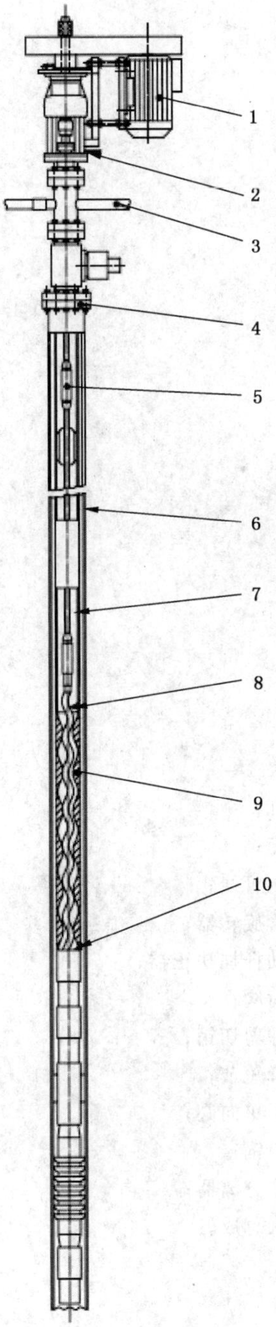

说明：
1 ——电机；
2 ——驱动装置；
3 ——出油管线；
4 ——井口；
5 ——接箍；
6 ——油管；
7 ——驱动杆柱；
8 ——转子；
9 ——定子；
10——转子限位器。

图 L.1 标准设备

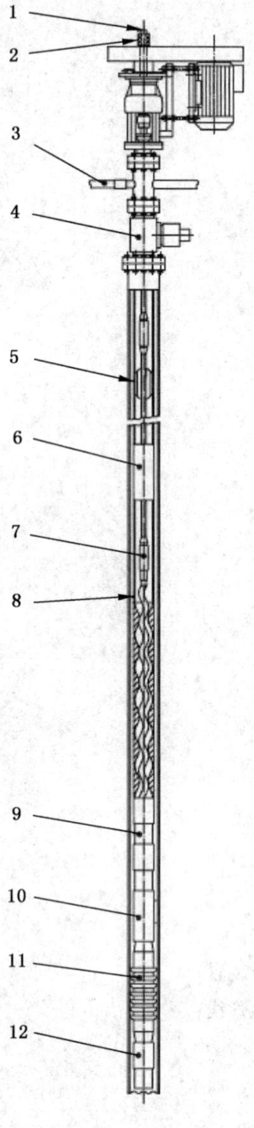

说明：

1 ——光杆；

2 ——卡瓦；

3 ——泄压管线；

4 ——油管旋转器；

5 ——驱动杆柱扶正器；

6 ——卸荷阀；

7 ——杆柱剪切销；

8 ——油管短节；

9 ——井下单向阀；

10——扭矩锚；

11——气体分离器；

12——吸入总成。

图 L.2 辅助设备

附 录 M
（资料性附录）
螺杆泵驱动杆柱的选取和使用

M.1 概述

本附录主要讨论了地面驱动螺杆泵系统中的驱动杆柱，给出了螺杆泵用抽油杆的技术要求。

M.2 背景

螺杆泵系统是一个典型的应用驱动杆柱将能量从地面驱动装置传递给井下螺杆泵的系统。虽然绝大多数的驱动杆柱都是抽油杆，但其他设备诸如空心抽油杆和连续杆也可能用到。

与螺杆泵配套使用的驱动杆柱承受着扭矩和轴向载荷，在这一点上它并不同于与往复泵的驱动杆，不同之处有：

a) 螺杆泵驱动杆柱载荷为扭转与轴向的复合载荷。
b) 井眼曲率导致弯曲载荷，而杆柱上的弯曲应力循环在几天内可以达到百万次，使疲劳成为一种可能的失效形式。
c) 旋紧驱动杆柱连接螺纹很关键。如果连接螺纹的旋紧扭矩小于其承受的扭转载荷，驱动杆柱会逐渐旋紧连接螺纹，从而损坏驱动杆柱接箍。
d) 当驱动杆柱最大外径处发生侧向载荷集中或流体中有磨蚀性固体介质时，由于接箍旋转摩擦总发生在相同位置，导致驱动杆柱和油管的磨损加速。
e) 倒转是由于地面驱动装置停车时油液排回油管导致的。这时会出现一个瞬时反扭矩，有可能导致驱动杆螺纹松脱。

M.3～M.9 中介绍了这些内容。

M.3 驱动杆柱载荷

M.3.1 概述

在螺杆泵系统中，驱动杆宜设计为既能承受轴向载荷又可向井下螺杆泵传递扭矩。驱动杆上任一位置的轴向载荷和扭矩由图 M.1 中所示的不同分量构成。几个主要的载荷分量施加在泵上面的驱动杆上（如泵的水力扭矩和泵的轴向载荷），其他载荷以分布力的形式沿着驱动杆柱分布（如反扭矩和驱动杆自重）。绝大多数情况下，驱动杆的轴向载荷和扭矩在地面光杆连接处最大。

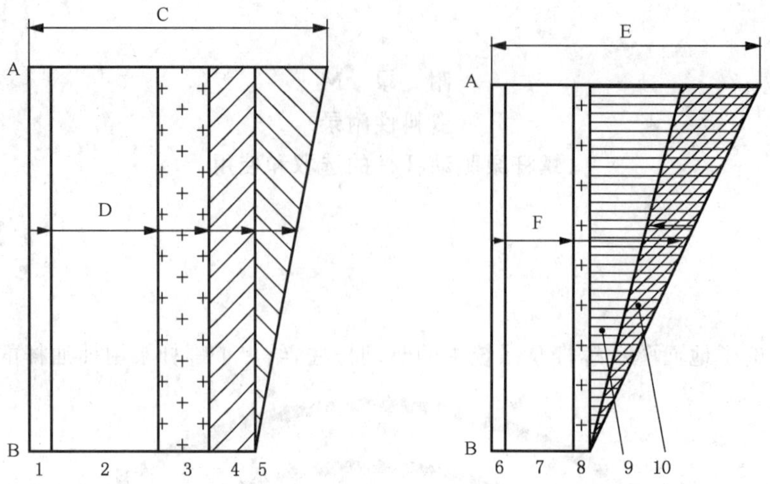

a） 扭矩分量　　　　b） 轴向载荷分量

说明：

A——地面；
B——泵；
C——光杆扭矩；
D——抽油杆扭矩；
E——光杆轴向载荷；
F——抽油杆轴向载荷。
1——泵的水力扭矩(油管头压力)；
2——泵的水力扭矩(静水压力)；
3 ——泵的水力扭矩(沿程损失)；
4 ——泵的摩擦扭矩；
5 ——反扭矩；
6 ——泵的轴向载荷(油管头压力)；
7 ——泵的轴向载荷(静水压力)；
8 ——泵的轴向压力(沿程损失)；
9 ——杆自重；
10——举升力。

图 M.1　驱动杆柱上的扭矩和轴向载荷分力图

在螺杆泵使用中，很多驱动杆柱会承受剧烈的载荷波动。因生产油管中的气体段塞流以及气体从流体中分离引所引起的泵出口压力的变化，或者由于砂粒、段塞流或者橡胶溶胀导致的螺杆泵摩擦力增大，这些情况都可导致泵扭矩和轴向载荷的剧烈波动。在斜井段，驱动杆柱承受着由于泵旋转运动导致的循环弯曲应力。在给定泵常规工作转速下，几天内这种载荷循环就可达到几百万次。

如果轴向载荷和扭矩共同作用形成的复合应力超出了该尺寸和钢级的驱动杆柱所能承受的范围，就会导致驱动杆柱失效。除此之外，积累的循环应力也会造成疲劳失效。正确的设计、安装和操作可防止失效，延长驱动杆柱的使用寿命。

M.3.2　泵摩擦扭矩

泵摩擦扭矩是泵截面尺寸、长度和定转子过盈量的函数。泵摩擦力矩一般通过台架试验测量确定。然而，螺杆泵在井下作业时，如果定子橡胶在温度和化学作用下发生溶胀，可能会导致泵摩擦扭矩增加。高速泵送高黏油液时，黏性力矩也会增加泵的扭转载荷。由于定转子间静摩擦力的影响，泵的摩擦力矩通常在泵启动时最大。

M.3.3　驱动杆柱阻力扭矩

当驱动杆柱旋转时，杆体和接箍会接触生产油管。驱动杆柱杆体和油管间的摩擦力会在驱动杆柱上产生一个反扭矩，它是杆管接触载荷、组件直径和组件间摩擦系数的函数。其中，接触载荷与作用在驱动杆柱上的轴向载荷和井眼曲率成正比。摩擦系数取决于零件的材料性质、流体和固体颗粒的性质。

此外，驱动杆柱在生产油管内的流体中旋转，由于黏度的影响在流体和驱动杆柱间形成的表面剪切力会阻止杆柱旋转。

M.3.4 泵的轴向载荷

泵的轴向载荷是泵的承载面(与定子的横截面有关)的函数,并与通过泵两端的压差成正比。

M.3.5 驱动杆柱自重

泵转子和驱动杆柱的重量,扣除浮力作用,是轴向载荷的一部分。

M.3.6 驱动杆柱所受举升力

流动损失会在驱动杆柱上产生一个顺着油液流动方向的作用力,该作用力会减小驱动杆柱的轴向负荷并以举升力的形式分别作用在接箍和驱动杆柱杆体上。

M.4 驱动杆柱应力的额定值

驱动杆柱杆体应力可以用冯·米塞斯(Von Mises)应力表示(有效应力,σ_e),它是轴向载荷和扭矩作用下的复合应力。在螺杆泵使用中,这个应力主要表现为扭矩的函数,受轴向载荷影响略小。因为扭矩作用,该应力一般发生在抽油杆的最薄弱位置(外表面),而抽油杆内部的应力则小得多。该应力以兆帕为单位,可由式(M.1)计算:

$$\sigma_e=\sqrt{\frac{16F_r^{\ 2}}{\pi^2 d_r^{\ 4}}+\frac{7.68\times 10^8 T_r^{\ 2}}{\pi^2 d_r^{\ 6}}} \qquad \cdots\cdots(M.1)$$

式中:

F_r——驱动杆轴向载荷,单位为牛(N);

T_r——驱动杆扭矩,单位为牛米(N·m);

d_r——驱动杆柱直径,单位为毫米(mm)。

与游梁抽油机的驱动杆柱循环应力相比,在螺杆泵使用中产生的驱动杆柱应力的数值相对恒定。因此,驱动杆柱等效应力值可能接近驱动杆柱材料的屈服应力而不会造成失效。而因为弯曲导致的疲劳失效是定向井和水平井作业应考虑的问题。

计算螺杆泵疲劳寿命时,应同时考虑高频(如弯曲载荷)和低频(如气体段塞流)影响。应充分考虑到零部件因受到交变载荷而导致的金属疲劳失效。在驱动杆柱使用中,以下因素可导致疲劳失效,包括扭转载荷下的旋转圈数的累积和拉伸载荷在最大最小区间内的变化。即使材料的峰值应力低于材料的屈服强度也可能会发生疲劳失效。大多数金属有一个疲劳极限,交变应力低于疲劳极限不会产生疲劳失效。设计驱动杆柱时应使交变应力低于金属的疲劳极限,或在设计中引入安全系数。

M.5 驱动杆柱的安全系数和设计系数

在确定驱动杆柱许用工作应力时,两个因子会施加到屈服强度上:设计系数和安全系数。制造商在驱动杆柱设计时使用设计系数以适应材料性质和制造公差的变化。举例来说,制造商会推荐他们的驱动杆柱在使用中所受的应力应不超过其材料许用应力的90%。安全系数一般由用户针对使用条件给定,安全系数的给出将降低驱动杆柱的承载能力,从而导致驱动杆柱公称额定承载能力的降低。安全系数包括以下几个方面:

——腐蚀性环境和磨损环境导致金属的快速磨损;

——酸性环境易导致金属的脆性;

——井的大斜度增加了泵的弯曲;

——载荷剧烈波动导致施加载荷的增量变化。

建议用户在为特定条件选择驱动杆柱前应对制造商的额定载荷确定方法进行讨论。

M.6 接箍连接

M.6.1 概述

接箍连接在螺杆泵使用中非常重要，当施加扭矩超过接箍抗扭能力时，泵送过程中的扭转载荷可导致接箍的持续旋紧。为了达到要求的连接扭矩以保证在运行时不损坏驱动杆，应将螺纹表面和台肩的镀层和污物清除干净，并严格按照制造商推荐的安装程序进行接箍的安装。这些程序包括在外螺纹上涂抹适量的合适的螺纹润滑脂。

接箍的抗扭强度是在连接过程中螺纹和台肩上的预紧力的函数，如图 M.2 所示。在连接过程中螺纹旋紧不足会导致低的预紧力，并因此降低抗扭强度。驱动杆柱上的拉伸载荷也会降低台肩上的预紧力，并由此造成接箍抗扭强度的降低。

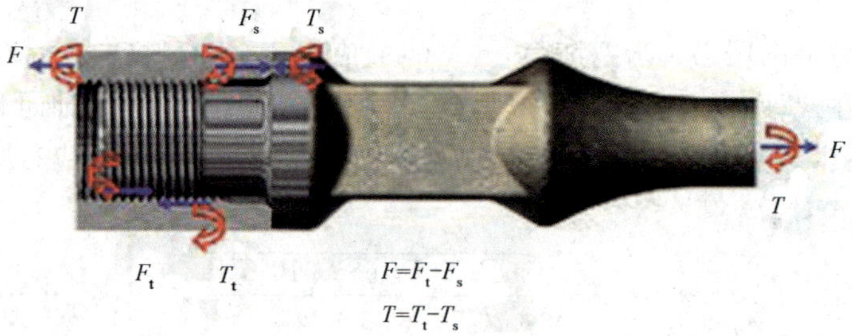

说明：

F_t ——螺纹上的轴向力；

T_t ——螺纹上的扭矩；

F_s ——扭矩台肩上的轴向力；

T_s ——扭矩台肩上的扭矩。

图 M.2 接箍上的载荷

接箍连接的抗扭强度是由螺纹牙和旋转台肩的静摩擦系数决定的。静摩擦系数，以及因之产生并传递给接箍的扭矩受到螺纹表面和驱动杆柱扭矩台肩粗糙度、润滑脂的涂抹、防腐镀层以及污染物等因素的影响。如果超出抗扭强度，摩擦特性由动摩擦系数决定，其明显低于静摩擦系数。此外，接触表面(例如扭矩台肩和螺纹表面)间的快速运动会导致动态润滑，进一步降低摩擦的影响。这样使得螺纹抗扭强度急剧降低，使连接处螺纹进一步旋紧。这可能对螺纹处施加破坏性载荷。

接箍螺纹过大时，会产生以下现象：

——螺纹滑牙；

——接箍锥面扩大，或接箍和抽油杆结合面屈服；

——拉伸变形或螺纹根切失效。

螺纹旋紧增量在油井内特别严重，因为驱动杆柱就像一个大扭簧，以驱动杆柱弹性扭转方式储存能量。当超出接箍抗扭强度时，储存能量维持外加的扭矩，导致螺纹旋紧增量量迅速发生。这被称为螺纹动态旋紧，并导致接箍损伤。确保按照厂家的规范对驱动杆柱螺纹旋紧，能使螺纹旋紧增量的可能降至最小。

M.6.2 螺纹旋紧位移

驱动杆柱接箍螺纹旋紧的传统方法是采用圆周位移法，在手紧后再将接箍旋到一个指定的位置。

位移卡片通常由厂家提供以测量螺纹旋紧的量。最初，在螺杆泵安装中使用互换的位移标准和相应的螺纹旋紧规，但是研究表明这种螺纹旋紧标准不能提供足够的螺纹旋紧扭矩。因此，驱动杆柱厂家为螺杆泵应用专门制定了螺纹旋紧位移标准和相应的规。距离，或位移，是以室内试验结果为基础的，意在使螺纹旋紧扭矩等于或略大于驱动杆柱的额定扭矩。实际的螺纹旋紧扭矩受加工差异、螺纹润滑或接触面的污染物影响。

M.6.3 螺纹旋紧扭矩

驱动杆柱的厂家也可推荐使用扭矩法来安装驱动杆柱。这种方法的前提是确保螺纹旋紧扭矩超过预期的启动和工作扭矩，这样工作中不会发生螺纹旋紧增量。一般说来，螺纹旋紧扭矩是基于使用动力钳的液压力来估计的。这就要用机械压力表测量液压力。液压力和应用扭矩之间有直接联系，它取决于动力钳产品及其型号。

一些动力钳厂家开发了直接测量施加扭矩的系统以减少不确定因素。建议在组装驱动杆柱接箍时使用低速、大扭矩的动力钳系统。在大扭矩应用场合，如驱动杆柱在额定载荷附近工作，或者驱动杆柱频繁失效的螺杆泵系统，特别推荐采用扭矩旋紧法。

扭矩旋紧法作为一些新驱动杆柱设计不可分割的部分，常常在一些非常规连接中应用，比如锥形螺纹或多个扭矩台肩的接箍。如前所述，接箍连接的抗扭强度取决于螺纹和扭矩台肩的静摩擦系数。

M.7 驱动杆柱和油管磨损

螺杆泵系统中，驱动杆柱和油管的磨损与游梁式泵系统不同，因为驱动杆柱接箍旋转所处的位置相对油管固定，导致局部出现磨损。另外，螺杆泵常用于含固体颗粒的油藏，从而大大加速了磨损率。

使用带有软的、消耗性材料(例如氨基甲酸乙脂、橡胶)镀层的接箍，或在驱动杆柱接箍间放置几个扶正器分散驱动杆柱的接触载荷，可以降低磨损率。但使用减摩装置时须谨慎，因为通常会增加生产油管的压力损失，导致更大的抽油杆张力并增加杆管间的接触载荷。因此，在某些情况下，安装减摩装置的最终结果是提高了驱动杆柱载荷并相应增加了磨损。

去掉驱动杆柱接头的镦粗部分可以将接触载荷均匀的分配到杆柱的全长上。这个方法可以通过连续抽油杆、连续油管和内平连接产品来实现。

人工或自动的油管旋转器可用于将磨损分散到生产油管四周，从而延长油管运行寿命。

螺杆泵使用中，由于油管磨损集中在邻近接箍的一个点，操作者可通过逐渐提升或下放驱动杆柱延长油管寿命，使接箍磨损生产油管的不同位置。在提升或降低驱动杆柱时注意保持驱动杆柱防冲距的要求是很重要的，应确保转子完整地进入定子并且不会碰到泵下的限位器。

M.8 连续驱动杆柱

连续驱动杆柱安装方法与连续油管安装方法相似。驱动杆柱卷放在地面并使用机械注入系统插入或从油井拉出。连续驱动杆柱可以分散侧向载荷以减少驱动杆柱和油管磨损，并减少转子入井的安装时间，或在插入式螺杆泵系统中用于运行整台泵。另外，因为消除了接头镦粗部分对流动的干扰，从而减少流体压力损失。

M.9 空心驱动杆柱

通常使用管钳或其他可控制扭矩的工具安装空心驱动杆柱。空心杆柱能够在泵入口注入化学处理剂，例如缓蚀剂、石蜡抑制剂和稀释剂。空心驱动杆柱还可采用外平型螺纹接头设计，具有与连续驱动杆柱相似的流动和减磨优势。

M.10 储存和搬运

驱动光杆的储存和搬运宜按照 SY/T 5643—2010 进行操作。另外，制造商应有书面的储存和装卸程序，其应适应现场及其环境条件。

附 录 N
（资料性附录）
本部分与 ISO 15136.1:2009 的技术差异及其原因

表 N.1 给出了本部分与 ISO 15136.1:2009 的技术差异及其原因。

表 N.1 本部分与 ISO 15136.1:2009 的技术差异及其原因

本部分的章条编号	技术性差异	原因
1	明确适用范围	符合 GB/T 1.1 的要求
2	规范性引用文件更改： a) 12 项国际标准由我国已采标的国标代替，具体调整如下： • 用修改采用国际标准的 GB/T 230.1 代替了 ISO 6508-1(见 7.6.2)； • 用修改采用国际标准的 GB/T 231.1 代替了 ISO 6506-1(见 7.6.2)； • 用等同采用国际标准的 GB/T 528 代替了 ISO 37(见 F.4.4.2)； • 用等同采用国际标准的 GB/T 531.1 代替了 ISO 7619-1(见 F.4.4.1)； • 用修改采用国际标准的 GB/T 1690 代替了 ISO 7619-1(见 F.4.4.1)； • 用等同采用国际标准的 GB/T 2828.1 代替了 ISO 2859-1(见 7.6.2)； • 用修改采用国际标准的 GB/T 4340.1 代替了 ISO 6507-1(见 7.6.2)； • 用等同采用国际标准的 GB/T 9445 代替了 ISO 9712(见 7.9.1)； • 用等同采用国际标准的 GB/T 19830 代替了 ISO 11960(见 3.6)； • 用 GB/T 20972(所有部分)代替了 ISO 15156(所有部分)(见 7.6.2)，两项标准各部分之间的一致性程度如下： ◆ GB/T 20972.1—2007 石油天然气工业 油气开采中用于含硫化氢环境的材料 第 1 部分：选择抗裂纹材料的一般原则(ISO 15156-1:2001,IDT)； ◆ GB/T 20972.2—2008 石油天然气工业 油气开采中用于含硫化氢环境的材料 第 2 部分：抗开裂碳钢、低合金钢和铸铁(ISO 15156-2:2003,MOD)； ◆ GB/T 20972.3—2008 石油天然气工业 油气开采中用于含硫化氢环境的材料 第 3 部分：抗开裂耐蚀合金和其他合金(ISO 15156-3:2003,MOD)； • 用修改采用国际标准的 GB/T 21411.2 代替了 ISO 15136-2(见附录 B.1)； • 用等同采用国际标准的 GB/T 27025 代替了 ISO/IEC 17025(见 7.8)； b) 用 GB/T 1172《黑色金属硬度及强度换算值》取代 ISO 18265	适应我国的技术条件，提高了标准的实用性
2	用 ASME BPVC 第Ⅴ卷《无损检测》代替 ASTM E94、ASTM E164、ASTM E165 及 ASTM E709	ASME BPVC 第Ⅴ卷无损检测中直接引用了 ASTM E94、ASTM E164、ASTM E165 及 ASTM E709 等标准，使用和查阅起来都更为方便
2	将原标准在资料性附录中提及的标准从第 2 章中删除，移入参考文献中	不是规范性引用

表 N.1(续)

本部分的章条编号	技术性差异	原因
3	在“术语和定义”中增加了“动液面”“静液面”等3个术语和定义。并对所有术语进行重新顺序	便于更好的理解标准内容并符合GB/T 1.1的要求
4	修改了部分符号的表示方法并重新顺序	为了方便使用,采用一些国内的常用符号并根据GB/T 1.1的要求进行顺序
5.1	概述中增加“用户可以根据应用信息自行指定螺杆泵”	为了更便于该标准的使用
5.3.1	原标准中关于提及的“井况信息”“完井信息”等均用的“shall be”,即为强制要求提供,在修订标准中部分信息改为“宜”	在实际应用中,用户有些信息并不能全部提供,此项修改提高标准的可行性
6.5.6	关于“泵最大吸入气体体积分数”增加“如用户/购买者要求,供应商或制造商应提供泵所能处理的进气最大体积分数”	根据使用条件,此条可不做为强制要求提供
7.2.2	应提供的设计文档中删去“c)适用的规范和标准”	该条要传递的信息比较模糊,实际使用时不便于操作
7.2.6	应提供的产品数据表中删去“g)单级压力”和“k)泵最大吸入自由气体体积分数”	实际泵的“单级压力”并不是一个准确值,可以通过“额定压力”和“级数”进行大致的估算
7.3	增加产品型号表示方法的描述,修改ISO的标记方法	充分考虑我国的习惯,使其更具操作性
7.6.2	用GB/T 2828.1—2012《计数抽样检验程序　第1部分:按接收质量限(AQL)检索的逐批检验抽样计划》代替ISO 2859-1 用GB/T 231.1《金属材料　布氏硬度试验　第1部分:试验方法》代替ISO 6506-1 用GB/T 4340.1《金属材料　维氏硬度试验　第1部分:试验方法》代替ISO 6507-1 用GB/T 230.1《金属材料　洛氏硬度试验　第1部分:试验方法(A、B、C、D、E、F、G、H、K、N、T标尺)》代替ISO 6508-1 用GB/T 1172—1999《黑色金属硬度及强度换算值》代替ISO 18265	采用国家标准,便于操作
7.9.1	用GB/T 9445《无损检测　人员资格鉴定与认证》代替ISO 9712	采用国家标准,便于操作
7.9.9.5	用ASME BPVC第Ⅴ卷《无损检测》代替ASTM E709	ASME BPVC第Ⅴ卷中包含ASTM E709的内容,便于使用和查阅
7.9.9.6	用ASME BPVC第Ⅴ卷《无损检测》代替ASTM E165	ASME BPVC第Ⅴ卷中包含ASTM E165的内容,便于使用和查阅
7.9.11	将“所有定子-橡胶检测应在15 ℃下进行并记录”修改为“同一批定子-橡胶检测应在相同温度下进行并记录”	保证相同的温度是为了使测量更为准确,修改为相同温度下而不是指定某一温度会更方便控制

表 N.1（续）

本部分的章条编号	技术性差异	原因
附录 A	原标准的附录 H	符合 GB/T 1.1 的要求，根据正文中提及的先后顺序对附录做了调整
附录 B	原标准的附录 E	符合 GB/T 1.1 的要求，根据正文中提及的先后顺序对附录做了调整
B.3	用 GB/T 21411.2—2009《石油天然气工业井下设备　人工举升用螺杆泵系统　第 2 部分：地面驱动装置》代替 ISO 15136.2	采用国家标准，便于操作
附录 D	原标准的附录 B	符合 GB/T 1.1 的要求，根据正文中提及的先后顺序对附录做了调整
附录 D.2.3.2	"测试流体应为水"修改为"测试流体应为水或液压油"	可以针对不同的工况进行选用，使标准更具操作性
附录 E	原标准的附录 C	符合 GB/T 1.1 的要求，根据正文中提及的先后顺序对附录做了调整
附录 E.3.4	"kPa"换算为"MPa"	符合我国的单位使用习惯
附录 E.3.5	修改式 E.2 和式 E.3 式 E.4 中"机械泵效"改为"总泵效"	为了方便使用明确计算方法，并修正原文中的错误，见化学工业出版社出版《机械设计手册》第四版　第 4 卷 P17-127 表 17-5-5 中关于容积效率、机械效率和总效率的定义及公式
附录 F	原标准的附录 A	符合 GB/T 1.1 的要求，根据正文中提及的先后顺序对附录做了调整
附录 F.4.3	用 GB/T 1690—2010《硫化橡胶或热塑性橡胶　耐液体试验方法》代替 ISO 1817	采用国家标准，便于操作
附录 F.4.4.1	用 GB/T 531.1—2008《硫化橡胶或热塑性橡胶　压入硬度试验方法　第 1 部分：邵氏硬度计法[邵尔硬度]》代替 ISO 7619-1	采用国家标准，便于操作
附录 F.4.4.2	用 GB/T 528—2009《硫化橡胶或热塑性橡胶　拉伸应力应变性能的测定》代替 ISO 37	采用国家标准，便于操作
附录 G	原标准的附录 D	符合 GB/T 1.1 的要求，根据正文中提及的先后顺序对附录做了调整
附录 G.3.5.2	用 GB/T 529—2008《硫化橡胶或热塑性橡胶撕裂强度的测定（裤形、直角形和新月形试样）》代替 ISO 34-1	采用国家标准，便于操作
附录 G.3.5.3	用 GB/T 9867—2008《硫化橡胶或热塑性橡胶耐磨性能的测定（旋转辊筒式磨耗机法）》代替 ISO 4649	采用国家标准，便于操作

表 N.1（续）

本部分的章条编号	技术性差异	原因
附录 G.3.5.4	用 GB/T 7757—2009《硫化橡胶或热塑性橡胶　压缩应力应变性能的测定》代替 ISO 7743	采用国家标准，便于操作
附录 G.3.9.2.2	用 GB/T 1681—2009《硫化橡胶回弹性的测定》代替 ISO 4662	采用国家标准，便于操作
附录 H	原标准的附录 G	符合 GB/T 1.1 的要求，根据正文中提及的先后顺序对附录做了调整
附录 H.7	删去了关于总泵效的计算公式	E.3.5 中已有公式，不再重复叙述
附录 I	新增附录“螺杆泵试验报告数据表”	可以提高标准的指导性和规范性
附录 J	原标准的附录 K	符合 GB/T 1.1 的要求，根据正文中提及的先后顺序对附录做了调整
附录 J 表 J.1	用 SY/T 5029—2013《抽油杆》代替 API Spec 11B	采用行业标准，便于操作
附录 J 表 J.2	用 GB/T 19830—2011《石油天然气工业　油气井套管或油管用钢管》代替 ISO 11960	采用国家标准，便于操作
附录 K	原标准的附录 I	符合 GB/T 1.1 的要求，根据正文中提及的先后顺序对附录做了调整
附录 M	原标准的附录 J	符合 GB/T 1.1 的要求，根据正文中提及的先后顺序对附录做了调整
附录 M.10	用 SY/T 5643—2010《抽油杆维护和使用推荐方法》代替 API RP 11BR	采用国家标准，便于操作
附录 N	增加了资料性附录 N“本部分与 ISO 15136-1:2009 的技术性差异及其原因”	便于标准使用

参 考 文 献

［1］ GB/T 262—2010 石油产品和烃类溶剂苯胺点和混合苯胺点测定法(ISO 2977:1997, MOD)

［2］ GB/T 529—2008 硫化橡胶或热塑性橡胶撕裂强度的测定(裤形、直角形和新月形试样)(ISO 34-1:1994,MOD)

［3］ GB/T 1681—2009 硫化橡胶回弹性的测定(ISO 4662:1986, IDT)

［4］ GB/T 7757—2009 硫化橡胶或热塑性橡胶 压缩应力应变性能的测定(ISO 7743:2007, IDT)

［5］ GB/T 9867—2008 硫化橡胶或热塑性橡胶耐磨性能的测定(旋转辊筒式磨耗机法)(ISO 4649:2002,IDT)

［6］ SY/T 5029—2013 抽油杆(API Spec 11B:2010, MOD)

［7］ SY/T 5643—2010 抽油杆维护和使用推荐方法(API RP 11BR:2008, MOD)

［8］ ANSI B46.1 Surface Texture, Surface Roughness, Waviness and Lay

［9］ API TR 5C3 Technical Report on Equations and Calculations for Casing, Tubing, and Line Pipe Used as Casing or Tubing; and Performance Properties Tables for Casing and Tubing

［10］ ANSI/API RP 11BR Recommended Practice for the Care and Handling of Sucker Rods

［11］ ASTM A370 Standard Test Methods and Definitions for Mechanical Testing of Steel Products

［12］ ASTM A388/A388M Standard Practice for Ultrasonic Examination of Steel Forgings

［13］ ASTM A450/A450M Standard Specification for General Requirements for Carbon and Low Alloy Steel Tubes

［14］ ASTM A609/A609M Standard Practice for Castings, Carbon, Low-Alloy, and Martensitic Stainless Steel, Ultrasonic Examination Thereof

［15］ ASTM A789/A789M Standard Specification for Seamless and Welded Ferritic/Austenitic Stainless Steel Tubing for General Service

［16］ ASTM D471 Standard Test Method for Rubber Property—Effect of Liquids

［17］ ASTM D623 Standard Test Methods for Rubber Property—Heat Generation and Flexing Fatigue in Compression

［18］ ASTM D638 Standard Test Method for Tensile Properties of Plastics

［19］ ASTM D1414 Standard Test Methods for Rubber O-Rings

［20］ ASTM D1415 Standard Test Method for Rubber Property—International Hardness

［21］ ASTM D1418 Standard Practice for Rubber and Rubber Latices—Nomenclature

［22］ ASTM D2240-05 Standard Test Method for Rubber Property—Durometer Hardness

［23］ ASTM D2887 Standard Test Method for Boiling Range Distribution of Petroleum Fractions by Gas Chromatography

［24］ ASTM D3239 Standard Test Method for Aromatic Types Analysis of Gas-Oil Aromatic Fractions by High Ionizing Voltage Mass Spectrometry

［25］ ASTM D5790 Standard Test Method For Measurement Of Purgeable Organic Compounds in Water by Capillary Column Gas Chromatography/Mass Spectrometry

［26］ ASTM D5963 Standard Test Method for Rubber Property—Abrasion Resistance (Rotary Drum Abrader)

[27] ASTM D5992 Standard Guide for Dynamic Testing of Vulcanized Rubber and Rubber-Like Materials Using Vibratory Methods

[28] ASTM E10 Standard Test Method for Brinell Hardness of Metallic Materials

[29] ASTM E18 Standard Test Methods for Rockwell Hardness of Metallic Materials

[30] ASTM E92 Standard Test Method for Vickers Hardness of Metallic Materials

[31] ASTM E94 Standard Guide For Radiographic Examination

[32] ASTM E140 Standard Hardness Conversion Tables for Metals Relationship Among Brinell Hardness, Vickers Hardness, Rockwell Hardness, Superficial Hardness, Knoop Hardness, and Scleroscope Hardness

[33] ASTM E165 Standard Test Method For Liquid Penetrant Examination

[34] ASTM E273 Standard Practice for Ultrasonic Examination of the Weld Zone of Welded Pipe and Tubing

[35] ASTM E309 Standard Practice for Eddy-Current Examination of Steel Tubular Products Using Magnetic Saturation

[36] ASTM E426 Standard Practice for Electromagnetic (Eddy-Current) Examination of Seamless and Welded Tubular Products, Austenitic Stainless Steel and Similar Alloys

[37] ASTM E446 Standard Reference Radiographs for Steel Castings Up to 2 in. (51 mm) in Thickness

[38] ASTM E570 Standard Practice for Flux Leakage Examination of Ferromagnetic Steel Tubular Products

[39] ASTM E709 Standard Guide for Magnetic Particle Examination

[40] ANSI/AWS D1.1/D1.1M Structural Welding Code—Steel

[41] ANSI/AWS B2.1/B2.1M Specification for Welding Procedure and Performance Qualification

[42] BS 2M 54 Specification for temperature control in the heat treatment of metals

[43] ISO/IEC 17050 (all parts) Conformity assessment—Supplier's declaration of conformity

[44] ISO 31-0: Quantities and units—Part 0: General principles

[45] ISO 80000-4 Quantities and units—Part 4: Mechanics

[46] ISO 815-1:2008 Rubber, vulcanized or thermoplastic—Determination of compression set—Part 1: At ambient or elevated temperatures

[47] ISO 1302 Geometrical Product Specifications (GPS)—Indication of surface texture in technical product documentation

[48] ISO 4649 Rubber, vulcanized or thermoplastic—Determination of abrasion resistance using a rotating cylindrical drum device

[49] ISO 4666 (all parts) Rubber, vulcanized—Determination of temperature rise and resistance to fatigue in flexometer testing

[50] ISO 6892-1 Metallic materials—Tensile testing—Part 1: Method of test at room temperature

[51] ISO 9606-1 Approval testing of welders—Fusion welding—Part 1: Steels

[52] ISO 10428 Petroleum and natural gas industries—Sucker rods (pony rods, polished rods, couplings and sub-couplings)—Specification

[53] ISO 12095 Seamless and welded steel tubes for pressure purposes—Liquid penetrant testing

[54] ISO 13665 Seamless and welded steel tubes for pressure purposes—Magnetic particle inspection of the tube body for the detection of surface imperfections

[55] ISO 15607 Specification and qualification of welding procedures for metallic materials—General rules

[56] ISO 15611 Specification and qualification of welding procedures for metallic materials—Qualification based on previous welding experience

[57] ISO 15612 Specification and qualification of welding procedures for metallic materials—Qualification by adoption of a standard welding procedure

[58] ISO 15613 Specification and qualification of welding procedures for metallic materials—Qualification based on pre-production welding test

[59] ISO 15614-1 Specification and qualification of welding procedures for metallic materials—Welding procedure test—Part 1: Arc and gas welding of steels and arc welding of nickel and nickel alloys

[60] ISO/IEC 17025 General requirements for the competence of testing and calibration laboratories

[61] ISO 18265 Metallic materials—Conversion of hardness values

[62] ISO/TS 29001 Petroleum, petrochemical and natural gas industries—Sector-specific quality management systems—Requirements for product and service supply organizations

[63] MIL-STD-792F Identification Marking Requirements for Special Purpose Components

[64] NACE TM0192 Standard Test Method—Evaluating Elastomeric Materials in Carbon Dioxide Decompression Environments

[65] NORSOK M-710 Qualification of non-metallic sealing materials and manufacturers

[66] SAE AMS-H-6875 Heat Treatment of Steel Raw Materials

[67] SAE AS4059 Aerospace Fluid Power—Cleanliness Classification for Hydraulic Fluids

[68] ISO 9000 Quality management systems—Fundamentals and vocabulary

[69] ASNT SNT-TC-1A Recommended Practice No. SNT-TC-1A—Non-Destructive Testing

ICS 29.080.10
K 48

中华人民共和国国家标准

GB/T 21421.2—2014
代替 GB/T 20876.2—2007

标称电压高于 1 000 V 的架空线路用复合绝缘子串元件 第 2 部分:尺寸与特性

Composite string insulator units for overhead lines with a nominal voltage greater than 1 000 V—Part 2: Dimensions and characteristics

(IEC 61466-2:2002 Composite string insulator units for overhead lines with a nominal voltage greater than 1 000 V—Part 2: Dimensional and electrical characteristics, MOD)

2014-07-24 发布 2015-01-22 实施

中华人民共和国国家质量监督检验检疫总局
中国国家标准化管理委员会 发布

前　言

GB/T 21421《标称电压高于 1 000 V 的架空线路用复合绝缘子串元件》分为 2 个部分：

——第 1 部分：标准强度等级和端部附件；

——第 2 部分：尺寸与特性。

本部分为 GB/T 21421 的第 2 部分。

本部分按照 GB/T 1.1—2009 给出的规则起草。

本部分代替 GB/T 20876.2—2007《标称电压大于 1 000 V 的架空线路用悬式复合绝缘子元件　第 2 部分：尺寸和电气特性》，与 GB/T 20876.2—2007 相比，除编辑性修改外主要技术变化及原因如下：

——GB/T 20876.2—2007 的第 3 章“机械和尺寸特性”、第 4 章“电气特性”和第 7 章“公差”同属于绝缘子串元件的特性部分，本部分将其合并为第 5 章；绝缘子串元件的标识不属于本部分的内容，因而删除了 GB/T 20876.2—2007 的第 6 章；

——为了和 GB/T 21421 的第 1 部分对应，并与 IEC 对应的文本一致，本部分编号改为 GB/T 21421.2；

——本部分的名称修改为《标称电压高于 1 000 V 的架空线路用复合绝缘子串元件　第 2 部分：尺寸与特性》；

——本部分的适用范围从规定机械负荷 40 kN～400 kN 修改为 40 kN～530(550)kN，标准雷电冲击耐受电压等级从 2 700 kV 及以下扩展到 3 100 kV 及以下；

——增加了“第 3 章　术语和定义”；

——按照 JB/T 9683—2012 的型号编制方法列出绝缘子的基本型号；

——为适应 GB/T 26218.1—2010 规定的 5 级统一爬电比距分级，特性表中删除了最小爬电距离，第 5 章中增加了“绝缘子的爬电距离等级按照 GB/T 26218.1—2010 表 I.1 规定的统一爬电比距确定”的表述，同时删除了 GB/T 20876.2—2007 附录 A：“有关爬电距离资料”；

——把无线电干扰特性作为绝缘子的电气特性之一，其值由供需双方协议；

——鉴于 GB/T 21421.1—2008 的表 1 的耳环形联接和表 D.1 已不能满足本部分的需求，增加或修改相关内容后以表 2 和表 3 纳入本部分的文本；

——为便于理解，增加耳环形联接结构图示；

——删除了附录 B；

——因同一标准雷电冲击耐受电压水平可能对应于几个系统最高运行电压，为避免由此所致的理解困难，删除了资料性附录 C。

本部分使用重新起草法修改采用 IEC 61466-2:2002《标称电压高于 1 000V 的架空线路用复合绝缘子串元件　第 2 部分：尺寸与特性》。

本部分和 IEC 61466-2:2002 相比，有如下主要技术性差异，并用垂直单线在它们所涉及条款的页边空白处标识。

——尺寸特性中，“绝缘件最大直径”改为“绝缘件最大公称直径”；

——尺寸特性中，增加了有关“允许偏差”的要求；

——考虑我国大量用 400 kN 和 530 kN 产品分别按 420 kN 和 550 kN 产品考核使用的实际情况，分别在规定机械负荷 400 kN 和 530 kN 等级后用括弧列出了 420 kN 和 550 kN 等级；

——标准雷电冲击电压等级参照 GB 311.1—2012 列入；

——表 1 中，因在文字叙述中已有表述，删除了机械强度等级和最小爬电距离列；增加了标准雷电冲击耐受电压 1 050 kV 以上行。

IEC 61466-2:2002 的第 3 章“机械和尺寸特性”、第 4 章“电气特性”和第 7 章“公差”同属于绝缘子串元件的特性部分，本部分将其合并为第 5 章；绝缘子串元件的标识不属于本标准的内容，因而删除了 IEC 61466-2:2002 的第 6 章；为便于对照，增加了附录 A，列出了本部分章条编号与 IEC 61466-2:2002 章条编号的对照一览表。

本部分由中国电器工业协会提出。

本部分由全国绝缘子标准化技术委员会(SAC/TC 80)归口。

本部分主要起草单位：西安高压电器研究院有限责任公司、中国电力科学研究院、国家绝缘子避雷器质量监督检验中心、广东电网公司、如皋市大生线路器材有限公司、广州市迈克林电力有限公司、新疆新能天宁电工绝缘材料有限公司、大连电瓷集团股份有限公司、重庆大学、中国电力工程顾问集团公司。

本部分参加起草单位：东莞市高能电气股份有限公司、襄阳国网合成绝缘子有限责任公司、南京电气(集团)有限责任公司、西安西电高压套管有限公司、温州益坤电气有限公司、中铁二院工程集团有限责任公司、保定电力修造厂、沧州华菱电器有限公司、郑州祥和集团电气设备有限公司、淄博泰光电力器材厂、正泰电气股份有限公司。

本部分主要起草人：党镇平、姚君瑞、李庆峰、张锐、周华敏、征大生、危鹏、王云鹏、欧阳旭丹、綦东葆、高德刚、张志劲、李永双。

本部分参加起草人：赵天任、吴兆峰、顾瑞云、侯建峰、金强、余明宣、唐伟、刘青花、白书杰、郭慧豪、滕国利、张书良。

本部分所代替标准的历次版本发布情况为：

——GB/T 20876.2—2007。

标称电压高于1 000 V的架空线路用复合绝缘子串元件 第2部分:尺寸与特性

1 范围

GB/T 21421的本部分规定了架空线路用悬垂和耐张复合绝缘子串元件(以下简称绝缘子)的尺寸、机械和电气特性。

本部分适用于标称电压高于1 000 V、频率不超过100 Hz的交流架空线路用绝缘子。

本部分也适用于变电站或电力牵引线路使用的类似结构的绝缘子。

本部分适用于联接结构符合GB/T 21421.1—2008的绝缘子。

在GB/T 19519—2014中给出了一般定义和试验方法。

2 规范性引用文件

下列文件对于本文件的应用是必不可少的。凡是注日期的引用文件,仅注日期的版本适用于本文件。凡是不注日期的引用文件,其最新版本(包括所有的修改单)适用于本文件。

GB 311.1—2012 绝缘配合 第1部分:定义、原则和规则(IEC 60071-1:2006,MOD)

GB/T 2900.8—2009 电工术语 绝缘子(IEC 60050-471:2007,IDT)

GB/T 4056—2008 绝缘子串元件的球窝连接尺寸(IEC 60120:1984,IDT)

GB/T 19519—2014 架空线路绝缘子 标称电压高于1 000 V交流系统用悬垂和耐张复合绝缘子 定义、试验方法及接收准则(IEC 61109:2008,MOD)

GB/T 21421.1—2008 标称电压高于1 000 V架空线路用复合绝缘子串元件 第1部分:标准强度等级和端部附件(IEC 61466-1:1997,IDT)

GB/T 22079—2008 标称电压高于1 000 V使用的户内和户外聚合物绝缘子 一般定义、试验方法和接收准则(IEC 62217:2005,MOD)

GB/T 25317—2010/IEC 60471:1977 绝缘子串元件的槽型连接尺寸

GB/T 26218.1—2010 污秽条件下使用的高压绝缘子的选择和尺寸确定 第1部分:定义、信息和一般原则(IEC/TS 60815-1:2008,MOD)

GB/T 26218.3—2011 污秽条件下使用的高压绝缘子的选择和尺寸确定 第3部分:交流系统用复合绝缘子(IEC/TS 60815-3:2008,MOD)

JB/T 9683—2012 绝缘子产品型号编制方法

3 术语和定义

GB/T 2900.8—2009、GB/T 22079—2008、GB/T 19519—2014、JB/T 9683—2012界定的术语和定义适用于本文件。

4 型号

(1)	(2)	(3)	(4)	/	(5)	-	(6)

(1) 型式代号:CS——交流系统用悬垂和耐张复合绝缘子。

(2) 规定机械负荷(SML)等级的千牛(kN)数。

(3) X——GB/T 21421.1—2008 规定的上附件联接型式及标记。

(4) Z ——GB/T 21421.1—2008 规定的下附件联接型式及标记。

(5) 标准雷电冲击耐受电压等级的千伏(kV)数。

(6) 爬电距离毫米(mm)数。

5 尺寸与特性

5.1 尺寸

绝缘子的尺寸特性包括:

——最小电弧距离;

——绝缘件最大公称直径;

——最小公称爬电距离;

——允许偏差。

绝缘子尺寸的允许偏差应在图样上规定。对没有标注公差的尺寸,GB/T 19519—2014 规定的公差适用。

绝缘子的爬电距离等级按照 GB/T 26218.1—2010 中表 I.1 规定的统一爬电比距确定。当要求增大爬电距离时,应由供需双方协商,以避免绝缘子外形不适用于所运行的污秽环境。如果规定了最小爬电距离,则负公差为零。绝缘子的外形设计应符合 GB/T 26218.3—2011。

注:绝缘子的结构高度选择受其电气特性要求或污耐压水平影响,不能仅根据干雷电冲击耐受电压确定。

5.2 机械特性

绝缘子的机械特性以其规定机械负荷等级表征:40 kN、70 kN、100 kN、120 kN、160 kN、210 kN、300 kN、400(420) kN、530(550) kN。

绝缘子处于扭转、压缩或弯曲等其他受力状态时的适宜机械负荷规定值应由供需双方协议。

5.3 电气特性

绝缘子的电气特性以规定标准雷电冲击电压等级表征,并应符合 GB 311.1—2012 规定。

系统最高电压 363 kV 及以上的绝缘子,其操作冲击耐受电压由供需双方协议确定。

绝缘子的无线电干扰特性由供需双方协议。

对于一只给定高度的绝缘子,其外形、尺寸、端部装配件的形状、均压环等都会影响其电气特性,特别是湿操作冲击耐受电压值。

6 绝缘子的特性值

绝缘子的特性值列于表 1。

表 1 绝缘子的特性值

型号[a]	标准雷电冲击耐受电压 kV	最小电弧距离 mm	绝缘件最大公称直径[b] mm	均压环	对应的系统最高运行电压 kV
CS(SML)XZ-60	60	100	200	无	12
CS(SML)XZ-75	75	125	200	无	12,18
CS(SML)XZ-95	95	160	200	无	12,18,24
CS(SML)XZ-125	125	210	200	无	24
CS(SML)XZ-145	145	240	200	无	24,36
CS(SML)XZ-170	170	285	200	无	36
CS(SML)XZ-185	185	315	200	无	40.5
CS(SML)XZ-200	200	340	200	无	40.5
CS(SML)XZ-250	250	435	200	无	52
CS(SML)XZ-325	325	570	200	无	72.5
CS(SML)XZ-450	450	815	200	无	123,126,145
CS(SML)XZ-550	550	1 005	200	单	126,145,170
CS(SML)XZ-650	650	1 195	200	单	145,170,245
CS(SML)XZ-750	750	1 395	200	单	245,252
CS(SML)XZ-850	850	1 585	200	单	245,252
CS(SML)XZ-950	950	1 775	200	单	245,252
CS(SML)XZ-1050	1 050	1 970	200	单	245,252,363
CS(SML)XZ-1175	1 175	2 210	200	双	363
CS(SML)XZ-1300	1 300	2 460	200	双	363
CS(SML)XZ-1425	1 425	2 720	200	双	550
CS(SML)XZ-1550	1 550	2 990	200	双	550
CS(SML)XZ-1675	1 675	3 270	200	双	550
CS(SML)XZ-1800	1 800	3 560	200	双	550
CS(SML)XZ-1950	1 950	3 880	250	双	800
CS(SML)XZ-2100	2 100	4 210	250	双	800
CS(SML)XZ-2250	2 250	4 550	250	双	800,1 100
CS(SML)XZ-2400	2 400	4 920	250	双	800,1 100
CS(SML)XZ-2550	2 550	5 200	250	双	800,1 100
CS(SML)XZ-2700	2 700	5 590	250	双	800,1 100
CS(SML)XZ-2900	2 900	6 050	250	双	1 100
CS(SML)XZ-3100	3 100	6 510	250	双	1 100

[a] 考虑到绝缘子的最小公称统一爬电距离等级按照 GB/T 26218.1—2010 中表 I.1 规定的统一爬电比距确定，此处未列出反映爬电距离的因素。

[b] 用于防冰或防鸟型等特殊场合的最大伞径不受此限制。

7 绝缘子的联接标记

绝缘子的联接标记应符合表 2 的规定，其中耳环形联接的结构和尺寸分别见图 1 和表 3。

表 2 绝缘子的联接标记

规定机械负荷[a] kN	球头和帽窝[b]	U 形槽和扁脚[c]	Y 形[d]	耳环形[e]
40	11	—	—	—
70	16	13L	16(19)[f]	17(24)
100	16	16L	19	24
120	16(20)	16L	19	24
160	20	19L	22	26
210	20(24)	(19L)22L	22	26
300	24	25L	—	34(32)
400(420)	28	28L	—	40(36)
530(550)	32	32L	—	42

[a] 规定机械负荷等级由 GB/T 21421.1—2008 给出，更高机械强度等级正在考虑中。
[b] GB/T 4056—2008。
[c] GB/T 25317—2010。
[d] GB/T 21421.1—2008 附录 C。
[e] 见表 3。
[f] 括号内为非优先值。

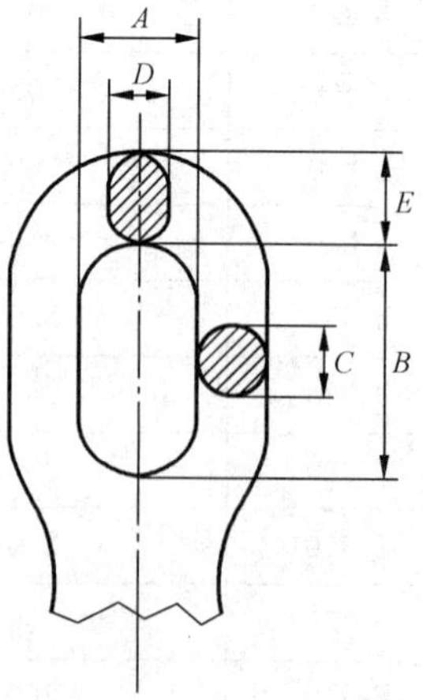

图 1 耳环形联接结构

表 3　耳环形联接的尺寸

单位为毫米

联接标记[a]	17	26(24)	34(32)	40(36)	42
A	17^{+2}_{0}	$26(24)^{+2}_{0}$	$34(32)^{+2}_{0}$	$40(36)^{+2}_{0}$	42^{+2}_{0}
B	30^{+3}_{0}	100^{+3}_{0}	110^{+3}_{0}	120^{+3}_{0}	130^{+3}_{0}
C	14±1	20±1	28±1	32±1	36±1
D	14±1	20±1	28±1	32±1	36±1
E	14^{+3}_{-1}	20^{+3}_{-1}	28^{+3}_{-1}	32^{+3}_{-1}	36^{+3}_{-1}

[a] 尺寸 *A* 为联接标记。

8　电场控制和保护装置

系统电压较高时，有必要设置电场控制装置。此时，表 1 中的电弧距离按考虑这些装置确定。然而，如果使用分离的电弧保护装置，最小电弧距离则不应考虑这些装置。

附　录　A
（资料性附录）
本部分与IEC 61466-2:2002章条编号对照

表A.1给出了本部分与IEC 61466-2:2002的章条编号对照一览表。

表A.1　本部分与IEC 61466-2:2002的章条编号对照

本部分章条编号	IEC 61462-2:2002章条编号
1	1
2	2
3	—
4	5
5.1	3,7
5.2	
5.3	4
6	—
7	—
8	8
附录A	—
—	6
—	附录A
表1	表1
表2	—
表3	—
图1	—

ICS 27.010
F 01

中华人民共和国国家标准

GB 21456—2014
代替 GB 21456—2008

家用电磁灶能效限定值及能效等级

Minimum allowable values of the energy efficiency and energy efficiency grades for household induction cookers

2014-04-28 发布　　2015-01-01 实施

中华人民共和国国家质量监督检验检疫总局
中国国家标准化管理委员会　发布

前言

本标准第4.3条为强制性的，其余为推荐性的。

本标准按照GB/T 1.1—2009给出的规则起草。

本标准代替GB 21456—2008《家用电磁灶能效限定值及能源效率等级》。与GB 21456—2008相比，主要变化如下：

——扩大了适用标准的电磁灶功率范围；

——增加了规范性引用文件；

——修改了对产品的能效限定值；

——细分了不同功率电磁灶产品的能效等级指标；

——修改了测试方法。

本标准由国家发展和改革委员会资源节约与环境保护司、工业和信息化部节能与综合利用司提出。

本标准由全国能源基础与管理标准化技术委员会(SAC/TC 20)归口。

本标准起草单位：中国标准化研究院、中标能效科技(北京)有限公司、浙江苏泊尔生活电器有限公司、广东美的生活电器制造有限公司、九阳股份有限公司、威凯检测技术有限公司、中国家用电器研究院、上海市质量监督检验技术研究院、博西华电器(江苏)有限公司、广东洛贝电子科技有限公司、佛山爱庭电器有限公司、珠海格力电器股份有限公司、东莞市前锋电子有限公司。

本标准主要起草人：王若虹、陈剑、张少君、贺婷婷、宋云娜、蔡才德、王开祥、润西安、韩润、凌宏浩、王晓晨、金丹梅、吴辛、李中林、谢仕荣、黄辉、袁灿荣。

本标准所代替标准的历次版本发布情况为：

——GB 21456—2008。

家用电磁灶能效限定值及能效等级

1 范围

本标准规定了家用和类似用途电磁灶(以下简称“电磁灶”)的能效等级、能效限定值、节能评价值、试验方法及检验规则。

本标准适用于一个或多个加热单元的电磁灶,每个加热单元的额定功率为 700 W～3 500 W。

本标准不适用于商用电磁灶、工频电磁灶和凹灶。

2 规范性引用文件

下列文件对于本文件的应用是必不可少的。凡是注日期的引用文件,仅注日期的版本适用于本文件。凡是不注日期的引用文件,其最新版本(包括所有的修改单)适用于本文件。

GB 4706.14 家用和类似用途电器的安全 烤架、面包片烘烤器及类似用途便携式烹饪器具的特殊要求

GB 4706.22 家用和类似用途电器的安全 驻立式电灶、灶台、烤箱及类似用途器具的特殊要求

GB 4706.29 家用和类似用途电器的安全 便携式电磁灶的特殊要求

3 术语和定义

下列术语和定义适用于本文件。

3.1

加热单元 heating unit

电磁灶台面上,可放置器皿的具有独立加热功能的部分。

3.2

标准锅 standard pan

用于测试的试验容器,具体材质和尺寸等见附录 A。

3.3

电磁灶待机状态 induction cooker standby mode

产品连接到电源上供电,但不产生加热磁场。使用者可以借助直接或间接的信号,将产品转换到“工作/加热”状态。

3.4

电磁灶能效限定值 minimum allowable values of energy efficiency for induction cookers

电磁灶在额定工况和规定条件下,热效率的最小允许值和最大待机状态功率。

3.5

电磁灶节能评价值 evaluating values of energy conservation for Induction cookers

在额定工况和规定条件下,节能电磁灶所允许的最小热效率和最大待机状态功率。

4 技术要求

4.1 基本要求

本标准中适用的电磁灶应符合 GB 4706.14、GB 4706.22 和 GB 4706.29 的要求。

4.2 电磁灶能效等级

电磁灶能效等级分为3级,其中1级能效最高。各等级的热效率值应不小于表1和表2的规定,待机状态功率应不大于表1和表2的规定。对于具有多个加热单元的电磁灶,其整机待机状态功率不大于2 W。

表1 额定功率大于1 200 W的加热单元能源效率等级指标

能源效率等级	热效率/%	待机状态功率/W
1	90	1
2	88	1
3	86	2

表2 额定功率小于或等于1 200 W的加热单元能源效率等级指标

能源效率等级	热效率/%	待机状态功率/W
1	88	1
2	86	1
3	84	2

4.3 能效限定值

电磁灶能效限定值为表1和表2中的3级。电磁灶所包含的所有加热单元均应满足相应要求。对于具有多个加热单元的电磁灶,其整机待机状态功率不大于2 W。

4.4 节能评价值

电磁灶的节能评价值为表1和表2中能效等级的2级。

5 试验方法

5.1 热效率测定

按附录B试验方法对电磁灶热效率进行测定。

5.2 待机状态功率测定

按附录C试验方法对电磁灶待机功率进行测定。

6 检验规则

6.1 出厂检验

6.1.1 能效值应作为电磁灶出厂检验项目。

6.1.2 经检验认定能效不满足4.3要求的产品不允许出厂。

6.2 型式检验

6.2.1 电磁灶产品出现下列情况之一时，应进行能效限定值型式检验：

a) 试制的新产品；

b) 当产品在设计、工艺或所用材料有重大改变时；

c) 连续生产中的产品，每年不少于一次；

d) 时隔一年以上再生产时；

e) 出厂检验结果与上次型式检验有较大差异时；

f) 国家质量监督部门提出进行型式检验的要求。

6.2.2 型式检验的抽样，每次抽3台，其中2台试验，1台备用。试验结果两台均符合本标准要求，则该批为合格；如果两台均不符合本标准要求，则该批为不合格。如果有1台能效限定值不符合本标准要求，应对备用电磁灶进行测试，如测试结果符合则判定为合格；如测试结果仍不符合要求，则判定为不合格。

附 录 A
（规范性附录）
标准锅及锅盖尺寸和要求

A.1 标准锅及锅盖尺寸见图 A.1～图 A.3。

A.2 技术要求：

a) 锅及锅盖材质为 Q235，碳的质量分数小于 0.08%；

b) 锅盖材料厚度为 1 mm，锅身厚度“*t*”见图 A.3；

c) 锅身底部不能向外凸，底部最大凹度为 0.6%倍有效直径；

d) 锅身及锅盖表面要光洁，并作砂光防锈表面处理；

e) 锅身侧面的外面应有底部有效直径的标志。

标准锅

单位：mm

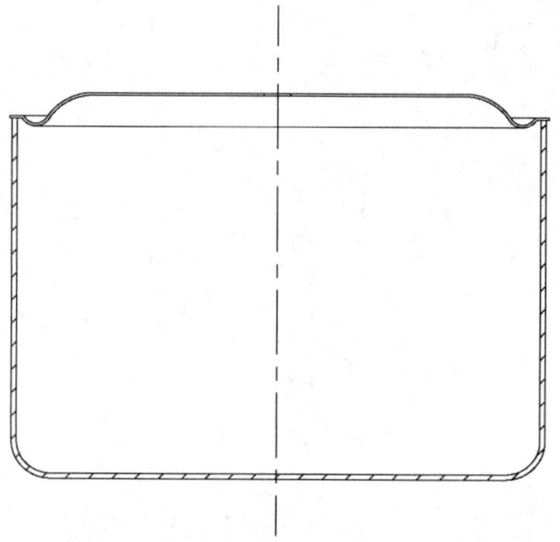

代号	口径	底部直径	锅身高度	厚度	容积
B1	ϕ140	ϕ120	75	1.5	1 L
B2	ϕ200	ϕ180	95	1.5	3 L
B3	ϕ220	ϕ200	110	1.5	4 L
B4	ϕ280	ϕ260	105	2.0	6 L

图 A.1 标准锅

锅　盖

单位：mm

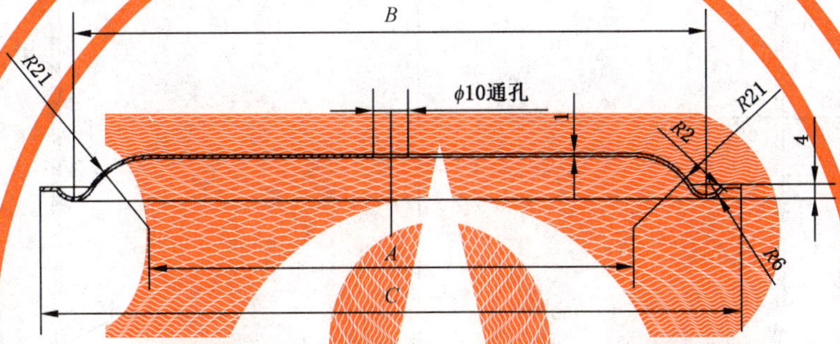

代号	*A*	*B*	*C*	*t*
B1	ϕ82	ϕ126	ϕ146	1.0
B2	ϕ142	ϕ186	ϕ206	1.0
B2	ϕ162	ϕ206	ϕ226	1.0
B3	ϕ222	ϕ266	ϕ286	1.0

图 A.2　锅盖

锅 身

单位：mm

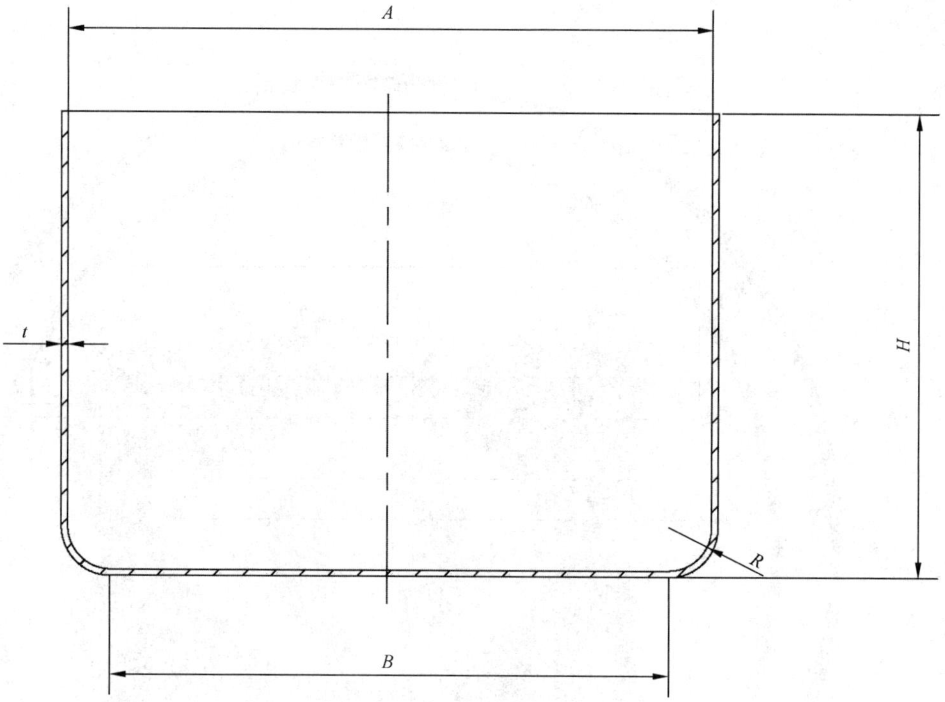

代号	A	B	H	t	容积
B1	ϕ140	ϕ120	75	1.5	1 L
B2	ϕ200	ϕ180	95	1.5	3 L
B3	ϕ220	ϕ200	110	1.5	4 L
B4	ϕ280	ϕ260	105	2.0	6 L

图 A.3 锅身

附 录 B
（规范性附录）
电磁灶热效率测试方法

B.1 试验条件

试验条件如下：

a) 环境温度：20 ℃±2 ℃；

b) 相对湿度：45%～85%；

c) 大气压力：86 kPa～106 kPa；

d) 电源电压为220(1±1%)V，频率为(50±1)Hz；

e) 试验区域无明显空气对流。

B.2 试验用仪器、仪表和设备的技术指标

试验用仪器、仪表和设备的技术指标如下：

a) 测试电源的电压总谐波失真不大于3%；

b) 电能表能够在最小20 mW·h的水平上测量能耗；

c) 测量温度用的温度计，分辨力不大于0.1 ℃；

d) 质量测量分辨力不大于5 g；

e) 计时器的准确度为±2 s/h。

B.3 热效率试验方法

在规定测试条件下，参照附录A选择可以覆盖加热区域的最小规格标准锅(标准锅底部直径大于线圈盘有效直径)，测量加盖标准锅的质量 m_2；将相应标准锅置于冷态被测电磁灶加热单元中心，将锅内装入表1规定质量的水 m_1，水温为15 ℃±1 ℃，加盖，温度计从锅盖孔中放入锅内中心位置，温度计感温部分浸入水中距离锅底10 mm，读出温度计读数 t_1，启动电磁灶并迅速调节到最大功率挡(制造商在说明书中指定)，当温度达到一定数值时，关闭电磁灶，同时记录消耗的电能量 E，并读取1 min后的最高温度读数 t_2，温升 Δt 在(75±1)K范围内为有效，并根据B.4要求的计算方法计算出电磁灶热效率。

以初次测试记录的电能量 E 为依据，再重复上述测试过程两次，计算测量三次热效率的平均值作为该产品的热效率值。器具有多个加热单元时，按照加热单元逐个进行试验。

电磁灶热效率试验可采用铂电阻温度计或水银温度计，当试验结果有争议时，应以铂电阻温度计测试数据为准。

表 B.1 标准锅添加水的质量

标准锅 代号	底部有效直径 B mm	内口径 A mm	高度 H mm	添加水质量 m_1 kg
B1	120	140	75	0.80
B2	180	200	95	2.00

表 B.1（续）

标准锅代号	底部有效直径 B mm	内口径 A mm	高度 H mm	添加水质量 m_1 kg
B3	200	220	110	2.80
B4	260	280	105	4.50

B.4 热效率计算方法

根据式(B.1)计算电磁灶热效率：

$$\eta = \frac{(c_1 m_1 + c_2 m_2) \times \Delta t}{3.6 \times 10^3 \times E} \times 100\% \quad \cdots\cdots (B.1)$$

式中：

η ——热效率，%；

c_1 ——水的比热容，取 4.18，单位为千焦每千克开尔文[kJ/(kg·K)]；

m_1——水的质量，单位为千克(kg)；

c_2 ——锅身和锅盖的比热容，取 0.46，单位为千焦每千克开尔文[kJ/(kg·K)]；

m_2——锅身和锅盖的总质量，单位为千克(kg)；

E ——消耗的电能量，单位为千瓦时(kW·h)；

Δt ——温升，单位为开尔文(K)，$\Delta t = t_2 - t_1$。

附 录 C
（规范性附录）
电磁灶待机功率测试方法——平均功率法

C.1 试验条件

试验条件如下：

a) 环境温度：20 ℃±2 ℃；

b) 相对湿度：45%～85%；

c) 大气压力：86 kPa～106 kPa；

d) 电源电压为：220(1±1%)V，频率为(50±1)Hz。

C.2 测量仪器

测量仪器如下：

a) 稳压电源总谐波失真不大于3%；

b) 电能表能够在最小20 mW·h功率的水平上测量能耗；

c) 计时器的准确度为±2 s/h。

C.3 试验方法

被测样品以额定电压供电，处于功耗最大的待机状态；且功率计读数稳定(大约90 min)时，开始测试；记录测量所用时间和耗电量。

C.4 平均功率计算

平均功率按式(C.1)计算：

$$P=\frac{E}{t} \qquad \text{(C.1)}$$

式中：

P ——平均功率，单位为瓦特(W)，精确到0.1 W；

E ——测量的耗电量，单位为瓦特小时(W·h)；

t ——测量的持续时间，单位为小时(h)。

ICS 27.010
F 01

中华人民共和国国家标准

GB 21521—2014
代替 GB 21521—2008,GB 25956—2010

复印机、打印机和传真机能效限定值及能效等级

Minimum allowable values of energy efficiency and energy efficiency grades for copy machines, printers and fax machines

2014-04-28 发布 2015-01-01 实施

中华人民共和国国家质量监督检验检疫总局
中国国家标准化管理委员会 发布

前 言

本标准的4.2为强制性的，其余为推荐性的。

本标准按照GB/T 1.1—2009给出的规则起草。

本标准代替GB 21521—2008《复印机能效限定值及能效等级》和GB 25956—2010《打印机、传真机能效限定值及能效等级》。本标准与GB 21521—2008、GB 25956—2010相比，主要变化如下：

——修改了标准适用范围；

——提高了产品各能效等级的指标要求；

——删除了原GB 21521—2008中3.4“目标能效限定值”；

——修改了原GB 25956—2010中表5的附加功能功率因子；

——将原GB 21521—2008中4.2的计算方法和GB 25956—2010中5.2的计算方法列入了附录C和附录D。

本标准由国家发展和改革委员会资源节约与环境保护司、工业和信息化部节能与综合利用司提出。

本标准由全国能源基础与管理标准化技术委员会(SAC/TC 20)归口。

本标准起草单位：中国标准化研究院、国家办公设备及耗材质量监督检验中心、国家电子计算机质量监督检验中心、中国赛宝实验室、夏普办公设备(常熟)有限公司、佳能(中国)有限公司、理光(中国)投资有限公司、江苏省计量科学研究院、中国惠普有限公司、威凯检测技术有限公司、三星电子(山东)数码打印机有限公司、柯尼卡美能达(中国)投资有限公司、兄弟(中国)商业有限公司、爱普生(中国)有限公司、国家电器能效与安全质量监督检验中心、利盟信息技术(中国)有限公司、富士施乐实业发展(中国)有限公司。

本标准主要起草人：李鹏程、陈海红、邝亚明、姜卫红、赵文婷、周兴华、宋丹玫、吴亮、鲁俊和、刘馨、赵晓坤、陈焱、陈永强、蒋炳煜、陈挺、麦洪琦、薛琳、谢磊雷。

本标准所代替标准的历次版本发布情况为：

——GB 21521—2008；

——GB 25956—2010。

复印机、打印机和传真机能效限定值及能效等级

1 范围

本标准规定了普通用途的复印机、打印机、传真机、多功能一体机(以下均简称为产品)的能效等级、能效限定值、节能评价值、试验与计算方法和检验规则。

本标准适用于在220 V、50 Hz电网供电下正常工作,标准幅面的产品。

本标准不适用于以下产品:

a) 仅由数据接口(如USB、IEEE 1394等接口)供电的产品;

b) 具有数字接收前端(DFE)的产品;

c) 输出速度大于或等于70页/min的产品;

d) 打印头针数大于48的针式打印机。

2 规范性引用文件

下列文件对于本文件的应用是必不可少的。凡是注日期的引用文件,仅注日期的版本适用于本文件。凡是不注日期的引用文件,其最新版本(包括所有的修改单)适用于本文件。

GB/T 16685—2008 信息技术 办公设备 打印设备 吞吐量的测量方法 1类和2类打印机

GB/T 22372—2008 单色黑白激光打印机测试板

ISO/IEC 28360:2012 信息技术 办公设备 电子设备中化学品排放率的测定(Information technology—Office equipment—Determination of chemical emission rates from electronic equipment)

JB/T 6872 静电复印机用显影剂(色调剂)消耗量版A4

3 术语和定义

下列术语和定义适用于本文件。

3.1

多功能一体机 multifunction device;MFD

具有打印、扫描、复印或传真等多功能中两个或两个以上功能的产品。

注:传真机的简易复印功能不属于多功能的一种。

3.2

关闭状态 off mode

产品连接到电网电源上,产品电源开关为"断"的状态。

3.3

工作状态 active mode

产品连接到电源上进行工作输出或执行其他主要功能的状态。

3.4

准备状态 ready mode

产品在接通电源或工作结束后,能耗低于工作状态能耗的状态。产品从准备状态进入工作状态不

具有可察觉的时间延迟。

3.5

睡眠状态　sleep mode

产品停止工作一段时间后，在不关闭的情况下自动进入的能耗较低的状态。

注：当产品睡眠状态具有多种功率水平时，则由生产者指定一种功率水平作为产品的睡眠状态功率。产品最终睡眠状态为其最后一个阶段的睡眠状态。

3.6

自动关闭状态　auto-off mode

产品从完成主要工作功能后自动进入的一种能耗最低的状态。

注：只有具备自动关机功能的产品才有自动关闭状态。

3.7

待机状态　standby mode

产品连接到电网电源上功率最低的状态。

注1：该状态可以延续无限长时间，且使用者无法改变此状态下产品的功率。

注2：待机状态一般为产品的关闭状态，但也有可能是产品的睡眠状态或准备状态。

3.8

睡眠状态预设延迟时间　default delay time

产品预设的完成基本功能后进入睡眠状态的时间。

注：当产品睡眠状态具有多种功率水平时，预设延迟时间对应的睡眠状态应与生产商指定的睡眠状态一致。

3.9

典型能耗　typical energy consumption；TEC

产品按照附录A所规定的测试方法和附录C规定的计算方法得出的每周能源消耗量。

3.10

操作模式功率　power of operation mode；OM

产品按照附录B所规定的测试方法和附录D规定的计算方法得出的睡眠功率。

3.11

标准幅面　standard size format

非连续供纸产品其最大媒体介质宽度在210.0 mm和297.0 mm之间（如A3、A4、B4、信纸等），连续供纸产品其最大媒体介质宽度在210.0 mm和406.0 mm之间。

3.12

输出速度　output speed

产品每分钟复印或打印A4幅面纸张的数量（单面黑白模式）。

注1：对于有打印功能的多功能一体机，以打印速度作为输出速度。

注2：对于连续供纸产品，输出速度按照"四舍五入"取[16×最大介质宽度（单位：m）×最大复印速度（单位：m/min）]的整数值，单位为页/min。

注3：对于只有彩色打印、复印或传真功能的产品，其输出速度为彩色单面模式下的速度。

3.13

数字接收前端　digital front-end

集成多种功能的伺服设备，该设备至少具有以下功能中的3种：a)适应多种网络环境；b)电子邮箱；c)任务队列管理；d)产品状态管理（如将产品从低功耗状态唤醒）；e)高级图形用户界面；f)启动与其他服务器或客户端计算机的交互（如扫描并发送邮件功能、轮询远程邮箱功能等）；g)页面后处理（如打印前重新设置幅面功能）。该设备可作为主机连接其他计算机或处理应用程序，并可作为产品的用户界面。

3.14

产品能效限定值 minimum allowable values of energy efficiency for products

在标准规定测试条件下,产品所允许的最大典型能耗,或最大操作模式功率、待机功率及进入睡眠状态的最长预设延迟时间。

3.15

产品节能评价值 evaluating values of energy conservation for products

在标准规定测试条件下,节能型产品所允许的最大典型能耗,或最大操作模式功率和待机功率。

4 技术要求

4.1 产品能效等级

4.1.1 产品能效等级分为3级,其中1级能效最高。

4.1.2 采用热敏、热升华、电子映像、固体喷蜡、热转印技术和高性能喷墨技术的产品按照典型能耗法对产品能效分级。最大输出纸路宽度小于275 mm的产品,其各等级典型能耗应不大于表1的规定。最大输出纸路宽度大于或等于275 mm的产品,其各等级典型能耗应不大于表1的规定值与0.3之和,单位为kW·h。

注1:高性能喷墨技术与常规喷墨技术的区别主要在于是否具有横跨页面宽度的喷嘴阵列(nozzle array)或增加介质加热技术来烘干介质上的墨水。

注2:表1的计算公式中,i 等于产品输出速度的数值。

表1 各能效等级产品的典型能耗

产品类型	输出速度(p) 页/min	典型能耗 kW·h		
		1级	2级	3级
单色复印机、单色打印机、单色传真机	$p\leqslant5$	≤0.20	≤0.30	≤1.00
	$5<p\leqslant20$	$\leqslant0.03\times i+0.03$	$\leqslant0.04\times i+0.10$	$\leqslant0.06\times i+0.65$
	$20<p\leqslant30$	$\leqslant0.03\times i+0.02$	$\leqslant0.06\times i-0.30$	$\leqslant0.10\times i-0.20$
	$30<p\leqslant40$	$\leqslant0.06\times i-0.90$	$\leqslant0.11\times i-1.80$	$\leqslant0.10\times i-0.20$
	$40<p\leqslant65$	$\leqslant0.09\times i-2.10$	$\leqslant0.16\times i-3.80$	$\leqslant0.35\times i-10.30$
	$p>65$	$\leqslant0.09\times i-2.10$	$\leqslant0.20\times i-6.40$	$\leqslant0.35\times i-10.30$
彩色复印机、彩色打印机、彩色传真机	$p\leqslant10$	≤0.70	≤1.30	$\leqslant0.10\times i+2.80$
	$10<p\leqslant15$	$\leqslant0.04\times i+0.30$	$\leqslant0.06\times i+0.70$	$\leqslant0.10\times i+2.80$
	$15<p\leqslant30$	$\leqslant0.04\times i+0.30$	$\leqslant0.15\times i-0.65$	$\leqslant0.10\times i+2.80$
	$p>30$	$\leqslant0.09\times i-1.20$	$\leqslant0.20\times i-2.15$	$\leqslant0.35\times i-5.00$
单色多功能一体机	$p\leqslant5$	≤0.30	≤0.40	≤1.50
	$5<p\leqslant30$	$\leqslant0.03\times i+0.15$	$\leqslant0.07\times i+0.05$	$\leqslant0.13\times i+0.85$
	$30<p\leqslant50$	$\leqslant0.08\times i-1.40$	$\leqslant0.11\times i-1.15$	$\leqslant0.35\times i-6.00$
	$p>50$	$\leqslant0.09\times i-1.90$	$\leqslant0.25\times i-8.15$	$\leqslant0.35\times i-6.00$

表 1（续）

产品类型	输出速度(p) 页/min	典型能耗 kW·h		
		1 级	2 级	3 级
彩色多功能一体机	$p \leqslant 10$	$\leqslant 1.00$	$\leqslant 1.50$	$\leqslant 0.10 \times i + 3.50$
	$10 < p \leqslant 15$	$\leqslant 0.02 \times i + 0.80$	$\leqslant 0.10 \times i + 0.50$	$\leqslant 0.10 \times i + 3.50$
	$15 < p \leqslant 30$	$\leqslant 0.06 \times i + 0.20$	$\leqslant 0.13 \times i + 0.05$	$\leqslant 0.19 \times i + 2.00$
	$p > 30$	$\leqslant 0.09 \times i - 0.70$	$\leqslant 0.20 \times i - 2.05$	$\leqslant 0.35 \times i - 3.00$

4.1.3 采用喷墨或针式击打技术的产品按照操作模式功率法对产品能效分级，产品各等级的操作模式功率和待机功率均应不大于表 2 的规定。

表 2 各能效等级产品的操作模式功率及待机功率

单位为瓦

产品类型	能效等级					
	1 级		2 级		3 级	
	操作模式功率 (P_{OM})	待机功率 (P_{stb})	操作模式功率 (P_{OM})	待机功率 (P_{stb})	操作模式功率 (P_{OM})	待机功率 (P_{stb})
喷墨产品	$0.6 + \sum P_{fa}$	0.5	$1.0 + \sum P_{fa}$	0.5	$1.4 + \sum P_{fa}$	1.0
针式产品	$0.6 + \sum P_{fa}$	0.5	$2.6 + \sum P_{fa}$	0.5	$4.6 + \sum P_{fa}$	1.0
注：$\sum P_{fa}$ 为产品附加功能功率因子之和。						

4.2 能效限定值

产品能效限定值为表 1 中能效等级 3 级或表 2 中能效等级 3 级规定的能效。采用喷墨或针式击打技术的产品其睡眠状态预设延迟时间还应不大于表 3 的规定。

表 3 喷墨、针式产品睡眠状态最长预设延迟时间

产品类型	打印速度(p) 页/min	预设延迟时间(t_d) min
喷墨打印机、针式打印机	$p \leqslant 10$	5
	$10 < p \leqslant 20$	15
	$20 < p \leqslant 30$	30
	$p > 30$	60
喷墨多功能一体机	$p \leqslant 10$	15
	$10 < p \leqslant 20$	30
	$p > 20$	60
喷墨传真机	—	5

4.3 节能评价值

产品节能评价值为能效等级2级规定的能效。

5 测试与计算方法

5.1 测试方法

5.1.1 按附录A的测试方法对产品的典型能耗进行测试。

5.1.2 按附录B的测试方法对产品的操作模式能耗、进入睡眠状态的预设延迟时间和待机能耗进行测试。

5.2 计算方法

5.2.1 按附录C的计算方法计算产品的典型能耗。

5.2.2 按附录D的计算方法计算产品的操作模式功率、附加功能功率因子之和及待机功率。

6 检验规则

6.1 出厂检验

6.1.1 能效限定值应作为产品出厂检验项目。

6.1.2 经检验认定能效限定值不符合4.2要求的产品不允许出厂。

6.2 型式检验

6.2.1 出现下列情况之一时，应对产品进行能效限定值型式检验：

a) 试制新产品；

b) 改变产品设计、工艺或所用材料明显影响其性能时；

c) 质量技术监督部门提出检验要求时。

6.2.2 型式检验的抽样，每批抽1台。

6.2.3 经型式检验发现产品能效不符合4.2要求时，则该批产品为不合格。

附　录　A
（规范性附录）
产品典型能耗测试方法

A.1　试验条件

A.1.1　环境条件

在下列范围内的温度、湿度和气压条件下进行测量：
——环境温度：(23±5)℃；
——相对湿度：10%～80%；
——大气压力：86 kPa～106 kPa。

A.1.2　电源

测试电源交流电压为220(1±1%)V，频率为50(1±1%)Hz。对于标称功率大于1.5 kW的待测设备，测试电源交流电压为220(1±4%)V。

测试电源的总谐波失真不大于3%，测试标称功率大于1.5 kW的待测设备时，测试电源的总谐波失真不大于5%。

A.2　测试仪器

功率计在不大于10 W的有功功率测量时，分辨率为0.01 W；在大于10 W小于100 W的有功功率测量时，分辨率为0.1 W；在大于或等于100 W的有功功率测量时，分辨率为1 W。

A.3　测试方法

A.3.1　试验设置

A.3.1.1　测试用纸张：A4幅面70 g/m^2普通复印纸(热敏产品采用生产商指定的印刷纸张)。

A.3.1.2　测试版根据产品类型确定：

a）激光、热敏、热升华、电子映像、固体喷蜡、热转印、高性能喷墨产品使用GB/T 22372—2008消耗量测试板；

b）喷墨产品使用GB/T 16685—2008图形样张或ISO/IEC 28360:2012的黑色样张，A4幅面；

c）只有黑白单色复印功能的产品采用JB/T 6872的复印机显影剂消耗量测试版(图像比率6%)；

d）只提供彩色印品的产品采用ISO/IEC 28360:2012的彩色样张。

A.3.1.3　待测产品设置如下：

a）产品主要参数应保持出厂设置；

b）具有打印功能的产品应在打印工作状态下进行测试，不具有打印功能的产品应在复印状态下进行测试，传真机应在简易复印工作状态下进行测试；当传真机不具有简易复印功能时，则工作任务应通过电话线路传送执行；

c）产品应在黑白、单面模式进行测试(除非产品只提供彩色印刷功能)；

d) 传真机及能够通过电话线路发送和接收传真的多功能一体机应连接活动的电话线路；

e) 出厂配置包括网络接口或数据接口(不包括传真所用的电话线路接口)的产品应连接其中一种接口；测试时，应按照表 A.1 的优先顺序选择接口类型；不管通过哪种接口连接，待测产品只需连接到 1 台计算机上；对于能够连接以太网并支持 IEEE 802.az 协议的待测产品，测试时还应将其连接到支持 IEEE 802.az 协议的网络交换机或网络路由器上；

表 A.1 测试时选取网络接口或数据接口的优先顺序

优先顺序 (1 表示最优先)	接口类型
1	以太网接口，速度为 1 Gb/s
2	以太网接口，速度为 100/10 Mb/s
3	USB 3.x 接口
4	USB 2.x 接口
5	USB 1.x 接口
6	RS232 接口(串行接口)
7	IEEE 1284 接口(并行接口)
8	Wi-Fi 接口
9	其他有线接口(优先选择传输速度最快的接口)
10	其他无线接口(优先选择传输速度最快的接口)
11	如果以上接口都不适用，则使用产品本身提供的接口类型。出厂配置不包括网络接口及数据接口的产品，测试时不需连接相关接口

f) 产品出厂配置含有的送纸器等附件(选件除外)应随同主机进行测试，可由用户关闭的除湿功能应关闭；

g) 测试前，待测产品和测试用纸张应在 A.1 规定的环境条件下放置 1 h 或更长时间；

h) 具有打印功能的产品或传真机如有自动关机功能，测试过程中应关闭自动关机功能；

i) 待测产品的服务(service)、维护(maintenance)和彩色校准模式均应在测试前关闭。

A.3.2 测试数量的确定

A.3.2.1 每日典型输出数量的确定

待测产品每日典型输出数量为：$0.50p^2$(其中 p 为输出速度的数值)，单位为页。

A.3.2.2 每次测试数量的确定

产品每次测试数量为每日典型输出数量除以每日典型工作次数，并将所得结果舍位取整，但应保证每次测试任务至少要完成一张纸。

传真机每次测试任务复印数量为 1 页。

注：由于受到进稿器等设备的限制，对于高速复印机可以通过增加复印份数的方法来完成复印任务。

A.3.3 典型能耗的测试

A.3.3.1 具有打印功能的产品、无打印功能且无自动关机功能的产品、传真机

具有打印功能的产品、无打印功能且无自动关机功能的产品、传真机，按以下顺序进行产品典型能耗的测试：

a) 待测产品初始安装完毕，并保证纸盒内有足够的测试用纸张；
b) 连接测试设备和待测产品，接通测试设备电源并处于标准所规定的试验条件，等待时间应大于5 min；
c) 启动待测产品并使其达到准备状态；
d) 使待测产品进行一项工作（至少输出一张样张，但不超过计算确定的每次输出的测试数量），记录输出首张纸的时间，待产品进入最终睡眠状态后进行下一步操作；
e) 将测试设备读数清零，使产品继续处于最终睡眠状态并记录 1 h 的能源消耗量；
f) 将测试设备读数清零，使产品完成一次工作任务，记录此次任务开始后 15 min 内的能源消耗量 E_{j1}；
g) 重复步骤 f）三次并分别记录下每次的能源消耗量 E_{j2}、E_{j3} 和 E_{j4}；
h) 将测试设备读数清零，等待产品进入最终睡眠状态并记录其完成最后一次工作任务到进入最终睡眠状态期间的能源消耗量 E_{f1} 和所用时间 t_{f1}。

A.3.3.2 具有自动关机功能但无打印功能的产品（不包括传真机）

具有自动关机功能但无打印功能的产品（不包括传真机），按以下顺序进行产品典型能耗的测试：

a) 按照 A.3.3.1 中 a）～d）的步骤测试；
b) 将测试设备读数清零，使产品继续处于最终睡眠状态并记录 1 h 的能源消耗量，如果产品在此期间进入自动关闭状态，则记录进入睡眠状态的时间和睡眠状态下的能源消耗量，但仍需待时间满足 1 h 要求后方可进行下一步操作；
c) 将测试设备读数清零，使产品完成一次工作任务，记录此次任务开始后 15 min 内的能源消耗量 E_{j1}；
d) 重复步骤 c）三次并分别记录下每次的能源消耗量 E_{j2}、E_{j3} 和 E_{j4}；
e) 将测试设备读数清零，等待产品进入自动关闭状态并记录产品完成最后一次工作任务到进入自动关闭状态期间的能源消耗量 E_{f2} 和所用时间 t_{f2}；
f) 将测试设备读数清零，测试并记录产品在自动关闭状态下的能源消耗量 E'_{ao} 和所用时间 t_{ao}，测试时间应不少于 5 min，计算并记录自动关闭状态下功率 $P_{ao}=E'_{ao}/t_{ao}$。

附 录 B
（规范性附录）
产品操作模式能耗、进入睡眠状态的预设延迟时间和待机能耗的测试方法

B.1 试验条件

B.1.1 环境条件

在下列范围内的温度、湿度和气压条件下进行测量：

——环境温度：(23±5)℃；

——相对湿度：10%～80%；

——大气压力：86 kPa～106 kPa。

B.1.2 电源

测试电源交流电压为220(1±1%)V，频率为50(1±1%)Hz。对于标称功率大于1.5 kW的待测设备，测试电源交流电压为220(1±4%)V。

测试电源的总谐波失真不大于3%，测试标称功率大于1.5 kW的待测设备时，测试电源的总谐波失真不大于5%。

B.2 测试仪器

功率计在不大于10 W的有功功率测量时，分辨率为0.01 W；在大于10 W小于100 W的有功功率测量时，分辨率为0.1 W；在大于或等于100 W的有功功率测量时，分辨率为1 W。

B.3 测试方法

B.3.1 试验设置

B.3.1.1 测试用纸张：A4幅面70 g/m^2 普通复印纸。

B.3.1.2 测试版根据产品类型确定：

a) 针式产品使用GB/T 16685—2008样张A，A4幅面；

b) 喷墨产品使用GB/T 16685—2008图形样张或ISO/IEC 28360:2012的黑色样张，A4幅面；

c) 只提供彩色印品的产品采用ISO/IEC 28360:2012的彩色样张。

B.3.1.3 待测产品设置如下：

a) 产品主要参数应保持出厂设置；

b) 具有打印功能的产品应在打印工作状态下进行测试，不具有打印功能的产品应在复印状态下进行测试，传真机应在简易复印工作状态下进行测试；当传真机不具有简易复印功能时，则工作任务应通过电话线路传送执行；

c) 如产品具有自动关机功能，测试过程中应关闭该功能；

d) 传真机及能够通过电话线路发送和接收传真的多功能一体机应连接活动的电话线路；

e) 出厂配置包括网络接口或数据接口(不包括传真所用的电话线路接口)的产品应连接其中一种接口；测试时，应按照表A.1的优先顺序选择接口类型；不管通过哪种接口连接，待测产品只需

连接到1台计算机上；对于能够连接以太网并支持IEEE 802.az协议的待测产品，测试时还应将其连接到支持IEEE802.az协议的网络交换机或网络路由器上；

f) 产品出厂配置含有的送纸器等附件（选件除外）应随同主机进行测试，可由用户关闭的除湿功能应关闭；

g) 测试前，待测产品和测试用纸张应在B.1规定的环境条件下放置1 h或更长时间；

h) 待测产品的服务（service）、维护（maintenance）和彩色校准模式均应在测试前关闭。

B.3.2 操作模式能耗和预设延迟时间的测试

按以下顺序进行产品操作模式能耗和预设延迟时间的测试：

a) 待测产品初始安装完毕，并保证纸盒内有足够的测试用纸张；

b) 连接测试设备和待测产品，接通测试设备电源并处于标准所规定的试验条件，并至少等待5 min；

c) 启动待测产品并使其达到准备状态，测试输出一张纸；

d) 等待待测产品进入睡眠状态，记录进入睡眠状态的预设延迟时间（t_d）；

e) 记录待测产品在睡眠状态下的能耗 E_s 和测试持续的时间 t_s，测试时间不小于5 min；

f) 检查并记录待测产品的附加功能功率因子数量和参数值。

B.3.3 待机能耗的测试

按以下顺序进行产品待机能耗的测试：

a) 连接测试设备和待测产品，接通测试设备电源并适当调整电源电压和频率至规定的条件值；

b) 将待测产品保持在待机状态下直到被测量的功率值读数稳定；

c) 测试待测产品的能耗，测试时间应不小于5 min；

d) 记录待测产品在待机状态下的能耗 E_{stb} 和测试持续的时间 t_{stb}。

附 录 C
（规范性附录）
产品典型能耗计算方法

C.1 具有打印功能的产品、无打印功能且无自动关机功能的产品、传真机典型能耗的计算方法

C.1.1 产品典型能耗按照式(C.1)计算：

$$TEC=[(E_d\times 5)+(P_s\times 48)]/1\ 000 \quad\cdots\cdots(C.1)$$

式中：

TEC——产品典型能耗，单位为千瓦时(kW·h)；

E_d ——产品每日能源消耗量，单位为瓦时(W·h)；

P_s ——实测产品进入最终睡眠状态后 1 h 内的平均睡眠功率，单位为瓦(W)。

C.1.2 产品每日能源消耗量[E_d，单位为瓦时(W·h)]按照式(C.2)计算：

$$E_d=E_{dj}+2E_{f1}+E_s \quad\cdots\cdots(C.2)$$

式中：

E_{dj}——产品每日工作任务能源消耗量，单位为瓦时(W·h)；

E_{f1}——实测产品完成最后一次工作任务到进入最终睡眠状态期间的能源消耗量，单位为瓦时(W·h)；

E_s——产品每日处于最终睡眠状态的能源消耗量，单位为瓦时(W·h)。

C.1.3 产品每日工作任务能源消耗量[E_{dj}，单位为瓦时(W·h)]按照式(C.3)计算：

$$E_{dj}=E_{j1}\times 2+[(M_{jd}-2)\times E_j] \quad\cdots\cdots(C.3)$$

式中：

E_{j1}——产品完成测试方法规定的第一次工作任务时的能源消耗量，单位为瓦时(W·h)；

M_{jd}——产品每日应完成的典型工作次数；

E_j ——产品平均工作能耗，单位为瓦时(W·h)。

C.1.4 产品每日处于最终睡眠状态的能源消耗量[E_s，单位为瓦时(W·h)]按照式(C.4)计算：

$$E_s=\{24-[(M_{jd}/4)+(t_{f1}\times 2)]\}\times P_s \quad\cdots\cdots(C.4)$$

式中：

t_{f1}——产品完成测试方法规定的第四次工作任务后进入最终睡眠状态的时间，单位为时(h)。

C.1.5 产品平均工作能耗[E_j，单位为瓦时(W·h)]按照式(C.5)计算：

$$E_j=(E_{j2}+E_{j3}+E_{j4})/3 \quad\cdots\cdots(C.5)$$

式中：

E_{j2}——产品完成测试方法规定的第二次工作任务时的能源消耗量，单位为瓦时(W·h)；

E_{j3}——产品完成测试方法规定的第三次工作任务时的能源消耗量，单位为瓦时(W·h)；

E_{j4}——产品完成测试方法规定的第四次工作任务时的能源消耗量，单位为瓦时(W·h)。

C.1.6 产品每日应完成的典型工作次数(M_{jd})按照表 C.1 的要求确定。

表 C.1 产品每日应完成的典型工作次数

输出速度(p) 页/min	每日典型工作次数
$0<p\leqslant 8$	8
$8<p\leqslant 32$	p 的数值
$p>32$	32

C.2 无打印功能但有自动关机功能的产品(不包括传真机)典型能耗(TEC)的计算方法

C.2.1 产品典型能耗(TEC)按照式(C.6)计算：

$$TEC=[(E_d\times 5)+(P_{ao}\times 48)]/1\ 000 \qquad \cdots\cdots(C.6)$$

式中：

TEC——产品典型能耗,单位为千瓦时(kW·h)；

E_d ——产品每日能源消耗量,单位为瓦时(W·h)；

P_{ao} ——实际测量的产品在自动关闭状态的功率,单位为瓦(W)。

C.2.2 产品每日能源消耗量(E_d)按照式(C.7)计算：

$$E_d=E_{dj}+2E_{f2}+E_{ao} \qquad \cdots\cdots(C.7)$$

式中：

E_{dj}——产品每日工作任务能源消耗量,单位为瓦时(W·h)；

E_{f2}——产品每日从完成工作任务到进入自动关闭状态期间的能源消耗量,单位为瓦时(W·h)；

E_{ao}——产品每日处于自动关闭状态的能源消耗量,单位为瓦时(W·h)。

C.2.3 产品每日工作任务能源消耗量(E_{dj})按照式(C.8)计算：

$$E_{dj}=E_{j1}\times 2+[(M_{jd}-2)\times E_j] \qquad \cdots\cdots(C.8)$$

式中：

E_{j1}——产品完成测试方法规定的第一次工作任务时的能源消耗量,单位为瓦时(W·h)；

M_{jd}——产品每日应完成的典型工作次数；

E_j ——产品平均工作能耗,单位为瓦时(W·h)。

C.2.4 产品每日处于自动关闭状态的能源消耗量(E_{ao})按照式(C.9)计算：

$$E_{ao}=\{24\ h-[(M_{jd}/4)h+(t_{f2}\times 2)]\}\times P_{ao} \qquad \cdots\cdots(C.9)$$

式中：

t_{f2}——产品完成测试方法规定的第四次工作任务后进入自动关闭状态的时间,单位为时(h)。

C.2.5 产品平均工作能耗(E_j)按照式(C.10)计算：

$$E_j=(E_{j2}+E_{j3}+E_{j4})/3 \qquad \cdots\cdots(C.10)$$

式中：

E_{j2}——产品完成测试方法规定的第二次工作任务时的能源消耗量,单位为瓦时(W·h)；

E_{j3}——产品完成测试方法规定的第三次工作任务时的能源消耗量,单位为瓦时(W·h)；

E_{j4}——产品完成测试方法规定的第四次工作任务时的能源消耗量,单位为瓦时(W·h)。

C.2.6 产品每日应完成的典型工作次数(M_{jd})按照表 C.1 的要求确定。

附 录 D
（规范性附录）
产品操作模式功率、附加功能功率因子之和及待机功率的计算方法

D.1 产品操作模式功率的计算方法

产品操作模式功率[P_{OM},单位为瓦(W)]按照式(D.1)计算：

$$P_{OM}=E_s/t_s \quad \cdots\cdots (D.1)$$

式中：

E_s ——实测的产品睡眠状态的能耗,单位为瓦时(W·h);

t_s ——实测产品睡眠状态能耗的测试时间,单位为时(h)。

D.2 产品附加功能功率因子之和的计算方法

产品附加功能功率因子之和($\sum P_{fa}$)根据产品功能查表D.1计算确定,计算时只能选取小于或等于2个的数据接口类产品附加功能功率因子。提供多个附加功能的单一接口应根据其基本功能选择使用1种附加功能功率因子。

表 D.1 产品附加功能功率因子表

附加功能		附加功能功率因子(P_{fa}) W	附加功能说明
数据接口类	传输速率小于20 Mbps的有线接口	0.2	数据或网络接口,包括USB 1.x、IEEE 488、IEEE 1284/Parallel/Centronics、RS232等
	传输速率大于或等于20 Mbps且小于500 Mbps的有线接口	0.4	数据或网络接口,包括USB 2.x、IEEE 1394/FireWire/i.LINK、100 Mb以太网等
	传输速率大于或等于500 Mbps的有线接口	0.5	数据或网络接口,包括USB 3.x、1 Gb以太网等
	其他有线接口	0.2	包括连接闪存卡/智能卡读卡器、数码相机或实现直接打印(PictBridge)等的接口
	传真调制解调器	0.2	仅适用于传真机和多功能一体机产品
	无线射频数据接口	2.0	包括蓝牙接口、802.11接口等
	无线红外数据接口	0.1	包括红外数据协议(IrDA)
无线话筒		0.8	不考虑产品可连接无线话筒的数量,本因子只能使用一次。本因子不是对无线话筒功耗的限制
每1 GB内存		0.5	由产品具有的内存总容量决定。不适用于硬盘或固态硬盘

表 D.1（续）

附加功能	附加功能功率因子（P_{fa}） W	附加功能说明
扫描功能	0.5	仅适用于多功能一体机和复印机。适用于采用冷阴极荧光灯管（CCFL）及非冷阴极荧光灯管（如发光二极管、金属卤化物灯、热阴极荧光灯管、氙灯、管形荧光灯等）进行扫描的产品。不考虑灯管的功率和数量，本因子只能使用一次
电源直流输出功能	$0.02\times(P_{OUT}-10.0)$	仅适用于总额定输出功率 P_{OUT} 大于 10 W 的情况。P_{OUT} 单位为 W，是内部和外部电源的标称额定直流输出功率之和
触摸板显示屏	0.2	适用于彩色或单色的显示屏
内部磁盘驱动器	0.15	产品含有的磁盘驱动器和固态硬盘等大容量存储介质。不适用于连接外部存储介质的数据接口

D.3 产品待机功率的计算方法

产品待机功率[P_{stb}，单位为瓦（W）]按照式（D.2）计算：

$$P_{stb}=E_{stb}/t_{stb} \qquad \cdots\cdots\cdots\cdots(\text{D.2})$$

式中：

E_{stb}——实测的产品待机状态能源消耗量，单位为瓦时（W·h）；

t_{stb}——实测产品待机状态能源消耗量的持续时间，单位为时（h）。

参考文献

［1］ IEEE 802.3az—2010 IEEE standard for information technology—Telecommunications and information exchange between systems—Local and metropolitan area networks—Specific requirements—Part 3：Carrier sense multiple access with collision detection（CSMA/CD）access method and physical layer specifications

ICS 67.120.30
X 20

中华人民共和国国家标准

GB/T 21672—2014
代替 GB/T 21672—2008

冻裹面包屑虾

Frozen breaded shrimp or prawn

2014-09-30 发布　　2015-03-01 实施

中华人民共和国国家质量监督检验检疫总局
中国国家标准化管理委员会　发布

前言

本标准按照 GB/T 1.1—2009 给出的规则起草。

本标准代替 GB/T 21672—2008《冻裹面包屑虾》。

本标准与 GB/T 21672—2008 相比，主要修改内容如下：

——删除了裹衣与虾肉的比例、多聚磷酸盐、亚硫酸盐限量；

——增加了虾肉含量指标；

——删除了甲基汞、无机砷、土霉素、微生物指标的具体规定；

——增加了污染物限量应符合 GB 2762 的规定，兽药残留限量应符合农业部公告第 235 号的规定。

本标准由中华人民共和国农业部提出。

本标准由全国水产标准化技术委员会水产品加工分技术委员会(SAT/TC 156/SC 3)归口。

本标准起草单位：中国水产科学研究院黄海水产研究所、温岭市京辉食品有限公司、山东好当家海洋发展股份有限公司。

本标准主要起草人：王联珠、朱文嘉、孙永军、江艳华、郭莹莹、柯友辉、宋春丽。

GB/T 21672—2008 的历次版本发布情况为：

——GB/T 21672—2008。

冻裹面包屑虾

1 范围

本标准规定了冻裹面包屑虾的定义、要求、试验方法、检验规则、标签、包装、运输和贮存。

本标准适用于将新鲜或速冻的虾仁、凤尾虾、蝴蝶虾、虾球等裹面包屑或挂浆的速冻产品或预炸品。

2 规范性引用文件

下列文件对于本文件的应用是必不可少的。凡是注日期的引用文件，仅注日期的版本适用于本文件。凡是不注日期的引用文件，其最新版本(包括所有的修改单)适用于本文件。

GB 2716 食用植物油卫生标准

GB 2733 鲜、冻动物性水产品卫生标准

GB 2760 食品安全国家标准 食品添加剂使用标准

GB 2762 食品安全国家标准 食品中污染物限量

GB 5749 生活饮用水卫生标准

GB 7099 糕点、面包卫生标准

GB 7718 食品安全国家标准 预包装食品标签通则

GB/T 27304 食品安全管理体系 水产品加工企业要求

GB 28050 食品安全国家标准 预包装食品营养标签通则

GB/T 30891—2014 水产品抽样规范

GB/T 30889 冻虾

JJF 1070 定量包装商品净含量计量检验规则

SC/T 3110 冻虾仁

农业部公告第 235 号 动物性食品中兽药最高残留限量

3 术语和定义

下列术语和定义适用于本文件。

3.1

虾仁 round shrimp/prawn

将虾去头、全去壳，去肠腺或未去肠腺处理的产品。

3.2

凤尾虾 peeled & tail-on shrimp/prawn

将虾去头、去壳和挑去肠腺处理后，保留最后一节虾壳和尾扇的产品。

3.3

蝴蝶虾 butterfly shrimp or prawn

将虾去头、去壳、剖切和去除肠腺处理后，保留最后一节虾壳和尾扇的产品。

3.4

虾球 shrimp/prawn balls

经去头、去壳处理，仅保留 2 节以上虾体的不完整虾仁。

3.5

裹衣　coating

产品外裹的面包屑或挂浆。

4　要求

4.1　原辅材料

4.1.1　虾

用于加工冻裹面包屑虾的原料应为鲜虾或冻虾，品质应符合 SC/T 3110、GB/T 30889 的规定，安全指标应符合 GB 2733 的规定。

4.1.2　裹衣

裹衣及使用的其他配料均为食品级，面包屑应符合 GB 7099 的规定。在挂浆制备和使用过程中，温度应控制在 10 ℃以下。

4.1.3　加工用水

加工用水应符合 GB 5749 的规定。

4.1.4　油

能使产品达到预期的成品品质的食用油，并应符合 GB 2716 的规定。

4.2　食品添加剂

生产中所用的食品添加剂的品种及用量应符合 GB 2760 的规定。

4.3　加工要求

生产人员、环境、车间及设施、生产设备及卫生控制程序应符合 GB/T 27304 的规定。

4.4　感官要求

感官要求见表 1。

表 1　感官要求

项　　目	指　　标
色泽	呈淡黄色或面包屑的固有色泽，同批产品色泽基本一致
滋味与气味	具有该产品应有的气味，无异味，油炸后咸淡适宜，香鲜可口
形态	产品平整，形状基本完好，面包屑应蓬松，颗粒大小较一致，附着较均匀
组织	虾肉弹性较好、油炸后外酥里嫩，口感好
杂质	无外来杂质

4.5　理化指标

理化指标的规定见表 2。

表 2 理化指标

项目	指标
冻品中心温度/℃	≤−18
虾肉含量/%	≥50

4.6 安全指标

4.6.1 污染物

裹衣及虾肉中污染物限量应符合 GB 2762 的规定。

4.6.2 兽药残留

以养殖虾为原料的产品，其虾肉中兽药残留限量应符合农业部公告第 235 号的规定。

4.7 净含量

预包装产品的净含量应符合 JJF 1070 的规定。

5 试验方法

5.1 感官检验

在光线充足，无异味的环境中，将试样倒在白色搪瓷盘或不锈钢工作台上，按 4.4 的规定逐项进行感官检验：

a） 解冻并逐个检查样品的色泽、形态、组织、滋气味、杂质等；

b） 对解冻后无法判定品质的样品，应取约 100 g 样品，按 5.2 的规定进行油炸试验。

5.2 油炸试验

5.2.1 冷冻样品应根据包装上的烹饪说明进行。

5.2.2 若产品包装没有说明，则取约 100 g 冷冻试样：先将适量的油倒入锅中，加热至 180 ℃～200 ℃时，放入样品，将一面炸至金黄色时，翻炸另一面也呈金黄色，此时产品内部温度达到 65 ℃～70 ℃，即可。

5.3 冻品中心温度

将温度计插入最小包装的中心位置，至温度计指示的温度不再下降时，读数。

5.4 虾肉含量

按附录 A 的规定执行。

5.5 污染物指标

将样品解冻，分离裹粉及虾肉后，分别进行检测。检测方法按 GB 2762 的规定执行。

5.6 兽药残留指标

先将样品解冻，取虾肉部分进行兽药残留检测。检测方法选用我国已公布的适用于虾中兽药残留检测的国家及行业标准方法。

5.7 净含量

净含量的测定按 JJF 1070 的规定执行。

6 检验规则

6.1 组批规则与抽样方法

6.1.1 组批规则

在原料及生产条件基本相同下,同一天或同一班组生产的产品为一批。按批号抽样。

6.1.2 抽样方法

按 GB/T 30891—2014 的规定执行。

6.2 检验分类

6.2.1 产品检验

产品检验分为出厂检验和型式检验。

6.2.2 出厂检验

每批产品应进行出厂检验。出厂检验由生产单位质量检验部门执行,检验项目为感官、净含量偏差、冻品中心温度、虾肉含量,检验合格签发检验合格证,产品凭检验合格证入库或出厂。

6.2.3 型式检验

有下列情况之一时,应进行型式检验,检验项目为本标准中规定的全部项目:

a) 停产 6 个月以上,恢复生产时;

b) 原料变化或改变主要生产工艺,可能影响产品质量时;

c) 加工原料来源或生长环境发生变化时;

d) 国家质量监督机构提出进行型式检验要求时;

e) 出厂检验与上次型式检验有大差异时;

f) 正常生产时,每年至少两次的周期性检验。

6.3 判定规则

6.3.1 感官检验所检项目全部符合 4.4 的规定,合格样本数符合 GB/T 30891—2014 表 A.1 规定,则判本批合格。

6.3.2 净含量应符合 JJF 1070 的规定。

6.3.3 其他项目检验结果全部符合本标准规定时,判定为合格。

6.3.4 其他项目检验结果中有两项及两项以上指标不合格,则判为不合格。

6.3.5 其他项目检验结果中有一项指标不合格时,允许加倍抽样复检一次,按复验结果判定本批产品是否合格。

7 标签、包装、运输、贮存

7.1 标签

7.1.1 产品标签应符合 GB 7718 的规定，标签上应注明虾的品种、虾肉含量、贮藏条件。

7.1.2 营养标签应符合 GB 28050 的规定。

7.2 包装

7.2.1 包装材料

所用塑料袋、纸盒、瓦楞纸箱等包装材料应洁净、坚固、无毒、无异味，质量符合相关食品卫生标准规定。

7.2.2 包装要求

将一定数量小包装，装入纸箱中。箱中产品要排列整齐，应有产品合格证。包装应牢固、防潮、不易破损。

7.3 运输

7.3.1 应用冷藏或保温车船运输，保持产品温度低于－15 ℃。

7.3.2 运输工具应清洁卫生，无异味，运输中防止日晒、虫害、有害物质的污染，不得靠近或接触有腐蚀性物质，不得与气味浓郁物品混运。

7.4 贮存

7.4.1 冷藏库温度低于－18 ℃。

7.4.2 不同品种、规格、批次的产品应分别堆垛，并用木板垫起，与地面距离不少于 10 cm，与墙壁距离不少于 30 cm，堆放高度以纸箱受压不变形为宜。

7.4.3 产品贮藏于清洁、卫生、无异味、有防鼠防虫设备的冷藏库内。

附　录　A
（规范性附录）
虾肉含量的测定

A.1　原理

以加热的水溶解产品的外层裹衣（挂浆或面包屑），直至去除冷冻虾肉表面上的全部裹衣层。

A.2　仪器

A.2.1　水浴：控温 17 ℃～49 ℃。
A.2.2　温度计：2 支，浸没型，精确度±1 ℃。
A.2.3　天平：精确称量到 0.1 g。
A.2.4　秒表：读到秒。
A.2.5　纸巾。
A.2.6　刮铲。

A.3　测试样品的准备

待测样品应放入冰箱中保持样品的完整性。检验前从冰箱中取出，称重(m_1)。

A.4　测试

A.4.1　将水浴的初温调到 17 ℃～49 ℃；第二次的水浴温度调为 17 ℃～30 ℃。
A.4.2　将样品浸入 17 ℃～49 ℃的水浴中浸泡至裹衣层变软，易于从仍冻结的虾肉上刮除。
A.4.3　将样品从水浴中取出，迅速用纸巾吸掉多余的水分，从虾肉上刮下裹衣层。
A.4.4　若裹衣层很难去除，则再浸入水温为 17 ℃～30 ℃的水浴中，至裹衣层变软，易于刮除。
A.4.5　将样品从水浴中取出，迅速用纸巾吸掉多余的水分，从虾肉上刮下裹衣层。必要时，重复浸泡，直至去除全部裹衣层。
A.4.6　称量并记录去除裹衣层后样品的质量(m_2)。

A.5　计算

虾肉的含量的计算见式(1)：

$$A=\frac{m_2}{m_1}\times 100 \qquad \cdots\cdots\cdots\cdots\cdots\cdots(\text{A.1})$$

式中：

A ——虾肉的含量%；
m_1——去除裹衣前样品质量，单位为克(g)；
m_2——去除裹衣后样品质量，单位为克(g)。

ICS 43.180
R 80

中华人民共和国国家标准

GB 21861—2014
代替 GB 21861—2008

机动车安全技术检验项目和方法

Items and methods of motor vehicles safety technology inspection

2014-12-22 发布 2015-03-01 实施

中华人民共和国国家质量监督检验检疫总局
中国国家标准化管理委员会 发布

前　言

本标准中第4章、第6章、第7章为强制性的，其余为推荐性的。

本标准按照GB/T 1.1—2009给出的规则起草。

本标准代替GB 21861—2008《机动车安全技术检验项目和方法》。与GB 21861—2008相比，除编辑性修改外，主要技术变化如下：

——修改了范围(见第1章，2008年版的第1章)；

——修改了注册登记检验的术语和定义(见3.1，2008年版的3.1)；

——修改了车辆唯一性检查的术语和定义(见3.3，2008年版的3.3)；

——增加了车辆特征参数检查的术语和定义(见3.4)；

——修改了检验项目要求(见4.1、表1，2008年版的4.1、表1、表2)；

——删除了"检验项目按属性分为否决项和建议维护项。仪器设备检验项目中，排放、制动、前照灯远光光束发光强度、轮偏和底盘输出功率为否决项，其余为建议维护项。人工检查项目的项目属性见附录B的表B.1、表B.2、表B.3和附录C的表C.1的'项目属性'栏"的要求(2008年版的4.3)；

——删除了"拖拉机运输机组等上道路行驶的拖拉机的安全技术检验项目另行制定"的要求(2008年版的4.5)；

——修改了机动车安全技术检验流程图(见图1，2008年版的图1)；

——修改了对送检机动车的基本要求(见5.1.2.1，2008年版的5.2.1)；

——增加了机动车安全技术检验各工位的最少检验时间表(见表2)；

——增加了机动车安全技术检验方法表(见表3)；

——增加了"检验要求"(见第6章)；

——删除了"(车辆唯一性认定)检验项目和要求"(2008年版的6.1.1、6.2.1)；

——删除了"线外检验"(2008年版的第8章)；

——删除了"线内检验"(2008年版的第9章)；

——删除了"路试检验"(2008年版的第10章)；

——删除了"二、三轮机动车检验的补充说明"(2008年版的第11章)；

——修改了检验结果的评判要求(见7.1，2008年版的12.2)；

——修改了检验合格处置要求(见7.2，2008年版的12.4)；

——增加了检验不合格处置要求(见7.3)；

——修改了异常情形处置要求(见7.4，2008年版的6.1.2、6.2.2)；

——增加了标准实施的过渡期要求(见第8章)；

——删除了附录A　主要特征和技术参数(2008年版的附录A)；

——删除了附录B　车辆外观检查、底盘动态检验和车辆底盘检查　检验项目(2008年版的附录B)；

——删除了附录C　二、三轮机动车人工检验项目(2008年版的附录C)；

——删除了附录D　制动性能参数计算方法(2008年版的附录D)；

——增加了附录A　外廓尺寸测量(见附录A)；

——增加了附录B　整备质量测量(见附录B)；

——增加了附录C　制动性能检验(见附录C)；

——增加了附录D　前照灯检验(见附录D);

——增加了附录E　车速表指示误差检验(见附录E);

——增加了附录F　转向轮横向侧滑量检验(见附录F);

——修改了附录G　机动车安全技术检验报告(见附录G,2008年版的附录F、附录H)。

——修改了附录H　机动车安全技术检验表(人工检验部分)(见附录H,2008年版的附录E、附录G);

——增加了附录I　机动车安全技术检验表(仪器设备检验部分)(见附录I)。

本标准由中华人民共和国公安部提出。

本标准由公安部道路交通管理标准化技术委员会归口。

本标准负责起草单位:公安部交通管理科学研究所。

本标准参加起草单位:公安部交通安全产品质量监督检测中心、北京市公安局公安交通管理局车辆管理所、成都市公安局交通管理局车辆管理所、石家庄华燕交通科技有限公司、浙江江兴汽车检测设备有限公司、中国机动车辆安全鉴定检测中心。

本标准主要起草人:孙巍、应朝阳、吴云强、赵卫兴、张军、潘汉中、秦东炜、张昊、陈南峰、包威、罗跃、周申生、田五虎。

本标准所代替标准的历次版本发布情况为:

——GB 21861—2008。

引　言

本标准是检验机动车安全技术性能的重要技术标准，标准号为GB 21861，于2008年5月26日首次发布。GB 21861—2008自2009年6月1日起实施以来，在规范机动车安全技术检验、保障车辆安全性能、预防和减少道路交通事故、保证人民生命财产安全等方面发挥了重要作用。

近年来，公安部、国家质量技术监督检验检疫总局等有关部委充分考虑到我国汽车工业的发展，特别是私家小汽车迅猛增长的特点，不断调整机动车管理的理念和做法，积极响应人民群众对于改革机动车安全技术检验的新期待、新要求，出台了一系列加强和改进机动车安全技术检验工作的新举措。同时，2012年9月1日起实施的国家标准《机动车运行安全技术条件》(GB 7258—2012)进一步规范和加强了机动车(特别是大中型客货车辆，包括校车)的运行安全技术要求；为贯彻落实《校车安全管理条例》，2012年5月1日起实施的国家标准《专用校车安全技术条件》(GB 24407—2012)进一步提高了专用校车的安全技术要求。鉴于此，有必要对GB 21861进行整体修订，以更好地落实国家关于机动车安全技术检验的有关要求，推动新的机动车国家安全技术标准的实施。

本次GB 21861修订工作的主要原则有：

a) 保证协调性。标准修订坚持依法依规，修订内容符合《校车安全管理条例》及近年来公安部、国家质量技术监督检验检疫总局等部委的有关管理规定，与GB 7258—2012、GB 24407—2012等机动车国家安全技术标准相协调。

b) 提高针对性。标准修订突出重点车辆，强化了校车、大中型客车、重中型货车、挂车的安全技术检验要求，优化了非营运轿车等小型、微型载客汽车的检验项目。

c) 提升可操作性。标准修订细化了检验方法，增加了检验要求，既便于安检机构的检验，也便于政府部门的监管。

d) 倡导先进性。标准修订明确了外廓尺寸等重点项目自动化检验的要求，确保机动车安全技术检验工作科学、准确、高效、先进。

机动车安全技术检验项目和方法

1 范围

本标准规定了机动车安全技术检验的检验项目、检验方法、检验要求和检验结果处置。

本标准适用于机动车安全技术检验机构对机动车进行安全技术检验。本标准也适用于出入境检验检疫机构对入境机动车进行安全技术检验。经批准进行实际道路试验的机动车和临时入境的机动车，可参照本标准进行安全技术检验。

本标准不适用于拖拉机运输机组等上道路行驶的拖拉机的安全技术检验。

2 规范性引用文件

下列文件对于本文件的应用是必不可少的。凡是注日期的引用文件，仅注日期的版本适用于本文件。凡是不注日期的引用文件，其最新版本(包括所有的修改单)适用于本文件。

GB 1589 道路车辆外廓尺寸、轴荷及质量限值
GB/T 3730.2 道路车辆 质量 词汇和代码
GB/T 3730.3 汽车和挂车的术语及其定义 车辆尺寸
GB 4785 汽车及挂车外部照明和光信号装置的安装规定
GB 7258—2012 机动车运行安全技术条件
GB 11567.1 汽车和挂车侧面防护要求
GB 11567.2 汽车和挂车后下部防护要求
GB 13094 客车结构安全要求
GB 13392 道路运输危险货物车辆标志
GB 16735 道路车辆 车辆识别代号(VIN)
GB/T 17676 天然气汽车和液化石油气汽车 标志
GB 18564.1 道路运输液体危险货物罐式车辆 第1部分:金属常压罐体技术要求
GB 18986 轻型客车结构安全要求
GB/T 19056 汽车行驶记录仪
GB 19151 机动车用三角警告牌
GB 20300 道路运输爆炸品和剧毒化学品车辆安全技术条件
GB 24315 校车标识
GB 24407 专用校车安全技术条件
GB 25990 车辆尾部标志板
GB/T 26765 机动车安全技术检验业务信息系统及联网规范
GA 36 中华人民共和国机动车号牌
GA 802 机动车术语 类型和定义
GA 804 机动车号牌专用固封装置
GA 1186 机动车安全技术检验监管系统通用技术条件

3 术语和定义

GB 7258 和 GA 802 界定的以及下列术语和定义适用于本文件。

3.1

注册登记检验　inspection for unregistered vehicle

机动车安全技术检验机构对申请注册登记的机动车进行的安全技术检验。

3.2

在用机动车检验　inspection for in-use vehicle

机动车安全技术检验机构对已注册登记的机动车进行的安全技术检验。

3.3

车辆唯一性检查　inspection for the identify of vehicle

对机动车的号牌号码和类型、车辆品牌和型号、车辆识别代号(或整车出厂编号)、发动机号码(或电动机号码)、车辆颜色和外形进行检查,以确认送检机动车的唯一性。

3.4

车辆特征参数检查　inspection for the characteristic parameters of vehicle

对机动车的外廓尺寸、整备质量、核定载人数等车辆主要特征和技术参数进行检查,以确认与机动车国家安全技术标准、机动车产品公告、机动车出厂合格证、机动车行驶证等技术资料凭证的符合性。

3.5

底盘动态检验　chassis operating inspection

在行驶状态下,定性地判断送检机动车的转向系、传动系、制动系、仪表和指示器是否符合运行安全要求。

4　检验项目

4.1　机动车安全技术检验项目见表 1。

4.2　出入境检验检疫机构对需领取机动车牌证方可上道路行驶的入境机动车检验时,应覆盖表 1 规定的检验项目,并按照注册登记检验要求执行。

4.3　轮式专用机械车、有轨电车的安全技术检验项目按照相关国家标准和行业标准的要求参照表 1 确定。

表 1　机动车安全技术检验项目表

序号	检验项目		适用车辆类型					
			载客汽车		载货汽车(三轮汽车除外)、专项作业车	挂车	三轮汽车	摩托车
			非营运小型、微型载客汽车	其他类型载客汽车				
1	车辆唯一性检查	号牌号码/车辆类型	•	•	•	•	•	•
		车辆品牌/型号	•	•	•	•	•	•
		车辆识别代号(或整车出厂编号)	•	•	•	•	•	•
		发动机号码(或电动机号码)	•	•	•		•	•
		车辆颜色和外形	•	•	•	•	•	•
2	联网查询		•	•	•	•	•	•

表 1（续）

序号	检验项目		适用车辆类型					
			载客汽车		载货汽车（三轮汽车除外）、专项作业车	挂车	三轮汽车	摩托车
			非营运小型、微型载客汽车	其他类型载客汽车				
3	车辆特征参数检查	外廓尺寸		○	○	●	○	○
		轴距			●	●		
		整备质量			●	●	●	○
		核定载人数	●	●	●			○
		栏板高度			○	○		
		后轴钢板弹簧片数			●	●		
		客车应急出口		○				
		客车乘客通道和引道		○				
		货厢			○	○	●	
4	车辆外观检查	车身外观	●	●	●	●	●	●
		外观标识、标注和标牌	●	●	●	●	●	
		外部照明和信号装置	●	●	●	●	●	●
		轮胎	●	●	●	●	●	●
		号牌及号牌安装	●	●	●	●	●	●
		加装/改装灯具	●	●	●	●		
5	安全装置检查	汽车安全带	●	●	●			
		机动车用三角警告牌	●	●	●		○	
		灭火器		○	○			
		行驶记录装置		○	○			
		车身反光标识			●	●	●	
		车辆尾部标志板			○	○		
		侧后防护装置			○	○		
		应急锤		○				
		急救箱		○				
		限速功能或限速装置		○	○			
		防抱死制动装置		○	○	○		
		辅助制动装置		○	○			
		盘式制动器		○	○			
		紧急切断装置			○	○		
		发动机舱自动灭火装置		○				

表 1（续）

序号	检验项目			适用车辆类型：载客汽车：非营运小型、微型载客汽车	适用车辆类型：载客汽车：其他类型载客汽车	载货汽车（三轮汽车除外）、专项作业车	挂车	三轮汽车	摩托车
5	安全装置检查	手动机械断电开关			○				
		副制动踏板			○	○			
		校车标志灯和校车停车指示标志牌			○				
		危险货物运输车标志				○	○		
		肢体残疾人操纵辅助装置		○					
6	底盘动态检验	转向系		○	●	●		●	●
		传动系		○	●	●		●	●
		制动系		○	●	●		●	●
		仪表和指示器		○	●	●		●	●
7	车辆底盘部件检查	转向系部件		○	●	●	●	●	
		传动系部件		○	●	●	●	●	
		行驶系部件		○	●	●	●	●	
		制动系部件		○	●	●	●	●	
		其他部件		○	●	●	●	●	
8	仪器设备检验	行车制动[a]	空载制动率	●	●	●	●	●	●
			空载制动不平衡率	●	●	●	●		
			加载轴制动率			○	○		
			加载轴制动不平衡率			○	○		
		驻车制动		○	●	●	●	●	
		前照灯	远光发光强度	●	●	●		●	●
			远近光束垂直偏移		●	●			
		车速表指示误差			●	●			
		转向轮横向侧滑量			○	○			

注 1：车辆唯一性检查、联网查询、车辆特征参数检查、车辆外观检查、安全装置检查、底盘动态检验、车辆底盘部件检查等检验项目属于人工检验项目。

注 2：“●”表示该检验项目适用于该类车的全部车型，“○”表示该检验项目适用于该类车的部分车型。

注 3：对于适用车辆类型为“非营运小型、微型载客汽车”的，“○”对应的检验项目适用于面包车、7 座及 7 座以上车辆，以及使用年限超过 10 年的车辆。

注 4：对于适用车辆类型为“摩托车”的，“○”对应的该检验项目适用于带驾驶室的正三轮摩托车。

注 5：适用车辆类型为其他情形的，“○”对应的检验项目所适用的具体车型见第 6 章。

注 6：对于因更换发动机、车身或者车架申请变更登记的机动车检验时，参照在用机动车检验项目；对于因质量问题更换整车申请变更登记的机动车检验时，参照注册登记检验项目。

[a] 三轴及三轴以上的载货汽车、采用并装双轴及并装三轴的挂车，对部分轴还测试加载轴制动率和加载轴制动不平衡率。

5 检验方法

5.1 一般规定

5.1.1 检验流程

机动车安全技术检验流程见图 1，机动车安全技术检验机构可根据实际情况适当调整检验流程。

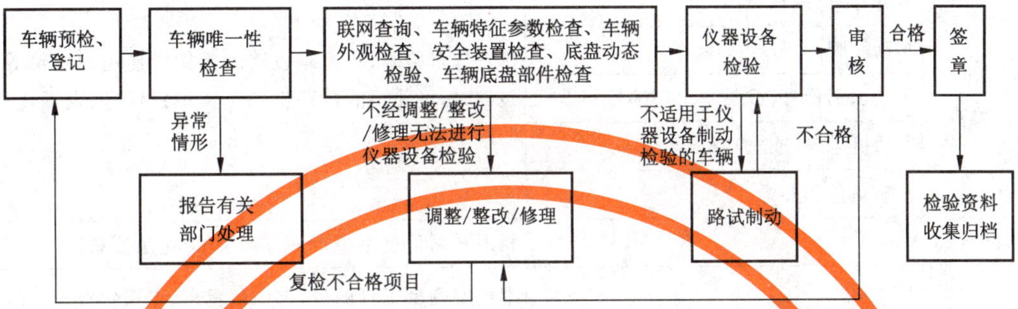

图 1　机动车安全技术检验流程

5.1.2 基本要求

5.1.2.1　送检机动车应清洁，无明显漏油、漏水、漏气现象，轮胎完好，轮胎气压正常且胎冠花纹中无异物，发动机应运转平稳，怠速稳定，无异响；装有车载诊断系统(OBD)的车辆，不应有与防抱死制动系统(ABS)、电动助力转向系统(EPS)及其他与行车安全相关的故障信息。对达不到以上基本要求的送检机动车，机动车安全技术检验机构应告知送检人整改，符合要求后再进行安全技术检验。

5.1.2.2　在用机动车检验时，应提供送检机动车的机动车行驶证和有效的机动车交通事故责任强制保险凭证。

5.1.2.3　机动车安全技术检验时，各检验工位应保证足够的检验时间。机动车安全技术检验各工位的最少检验时间见表 2。

表 2　机动车安全技术检验各工位的最少检验时间

单位为秒

检验工位		最少检验时间		
		非营运小型、微型载客汽车	载客汽车(非营运小型、微型载客汽车除外)、载货汽车(三轮汽车除外)、专项作业车、挂车	摩托车、三轮汽车
人工检验	车辆唯一性检查、车辆特征参数检查、车辆外观检查、安全装置检查	120	240	90
	底盘动态检验	60	60	
	车辆底盘部件检查	40	100	
仪器设备检验	制动[a]	40	60	30
	前照灯	60[b]	60[b]	30
	车速表	—	20	—

[a] 使用平板式制动检验台时，最少检验时间对汽车为 15 s。

[b] 使用左右前照灯检测仪同时检测时，最少检验时间对汽车为 40 s。

5.2 检验方法

机动车安全技术检验方法见表 3。

表 3 机动车安全技术检验方法

序号	检验项目		检验方法
1	车辆唯一性检查	号牌号码/车辆类型[a]	目视比对检查,目视难以清晰辨别时使用内窥镜等工具;有条件时,可使用能自动识别车辆识别代号、发动机号码的仪器设备
		车辆品牌/型号	
		车辆识别代号(或整车出厂编号)[a]	
		发动机号码(或电动机号码)	
		车辆颜色和外形[a]	
2	联网查询		利用联网信息系统查询车辆事故/违法信息
3	车辆特征参数检查	外廓尺寸	用长度测量工具测量,重中型货车、专项作业车、挂车应使用自动测量装置,见附录 A
		轴距	用长度测量工具测量;有条件时,可使用自动测量装置
		整备质量	用地磅或轴(轮)重仪等装置称量,见附录 B
		核定载人数[a]	目视检查,目测座椅宽度、深度及驾驶室内部宽度等参数偏小时使用量具测量相关尺寸
		栏板高度	用钢尺等长度测量工具测量
		后轴钢板弹簧片数[a]	目视检查
		客车应急出口[a]	目视检查,目测应急出口尺寸偏小的,使用长度测量工具测量相关尺寸
		客车乘客通道和引道[a]	目视检查,目测通道、引道偏窄或高度不符合要求时,使用通道、引道测量装置检查
		货厢[a]	目视检查,目测货厢有超长、超宽、超高嫌疑时,使用长度测量工具测量相关尺寸
4	车辆外观检查	车身外观[a]	目视检查,对封闭式货厢的货车、挂车应打开车厢门检查,目测有疑问时,使用透光率计、钢尺、手锤、铁钩及照明器具等工具测量相关参数
		外观标识、标注和标牌[a]	目视检查,目测字高偏小时,使用长度测量工具测量相关尺寸
		外部照明和信号装置	目视检查并操作
		轮胎[a]	目视检查轮胎规格/型号,目测胎压不正常、轮胎胎冠花纹深度偏小时,使用轮胎气压表、花纹深度计等测量工具测量相关参数
		号牌及号牌安装[a]	目视检查,目测号牌安装位置、形式,有疑问时使用长度测量工具测量相关尺寸
		加装/改装灯具	目视检查

表 3（续）

序号	检验项目		检验方法
5	安全装置检查	汽车安全带[a]	目视检查并操作
		机动车用三角警告牌[a]	目视检查
		灭火器[a]	目视检查
		行驶记录装置[a]	目视检查，目测显示功能异常存疑时，使用专用检验仪器
		车身反光标识[a]	目视检查，目测逆反射系数偏小时，使用专用检验仪器
		车辆尾部标志板[a]	目视检查，目测逆反射系数偏小时，使用专用检验仪器
		侧后防护装置[a]	目视检查，目测防护装置单薄、安装不规范时，使用长度测量工具
		应急锤[a]	目视检查
		急救箱[a]	目视检查
		限速功能或限速装置	审查机动车产品公告、机动车出厂合格证、产品使用说明书等技术凭证资料
		防抱死制动装置[a]	打开电源，观察“ABS”指示灯，对于半挂车检查相关装置
		辅助制动装置[a]	审查机动车产品公告等技术资料凭证并操作驾驶室（区）内操纵开关，有疑问时检查相关装置
		盘式制动器[a]	目视检查
		紧急切断装置[a]	目视检查
		发动机舱自动灭火装置[a]	目视检查
		手动机械断电开关[a]	目视检查，有疑问时操作开关，观察是否断电
		副制动踏板[a]	目视检查，有疑问时踩下踏板，判断踏板工作是否正常
		校车标志灯和校车停车指示标志牌[a]	目视检查
		危险货物运输车标志[a]	目视检查
		肢体残疾人操纵辅助装置[a]	目视检查
6	底盘动态检验	制动系	以不低于 20 km/h 的速度正直行驶，双手轻扶方向盘，急踩制动踏板后迅速放松
		转向系	检验员操作车辆，起步并行驶 20 m 以上，利用目视、耳听、操作感知等方式检查。对方向盘最大自由转动量和转向力有疑问时，使用方向盘转向力-转向角检测仪测量相关参数
		传动系	
		仪表和指示器	检验过程中，观察仪表和指示器
7	车辆底盘部件检查[a]	转向系部件	车辆停放在地沟上方的指定位置，使用专用手锤等工具检查，并由驾驶室操作人员配合；大中型客车、重中型货车、专项作业车、挂车检查时应使用底盘间隙仪
		传动系部件	
		行驶系部件	
		制动系部件	
		其他部件	

表 3（续）

<table>
<tr><th>序号</th><th colspan="3">检验项目</th><th>检验方法</th></tr>
<tr><td rowspan="9">8</td><td rowspan="9">仪器设备检验</td><td rowspan="4">行车制动*</td><td>空载制动率</td><td rowspan="5">采用滚筒反力式制动检验台、平板制动检验台检验，不适宜用制动检验台检验的车辆用便携式制动性能测试仪等路试设备检验，见附录 C</td></tr>
<tr><td>空载制动不平衡率</td></tr>
<tr><td>加载轴制动率</td></tr>
<tr><td>加载轴制动不平衡率</td></tr>
<tr><td colspan="2">驻车制动</td></tr>
<tr><td rowspan="2">前照灯*</td><td>远光发光强度</td><td rowspan="2">采用前照灯检测仪检验，见附录 D</td></tr>
<tr><td>远近光光束垂直偏移</td></tr>
<tr><td colspan="2">车速表指示误差</td><td>采用车速表检验台检验，见附录 E</td></tr>
<tr><td colspan="2">转向轮横向侧滑量</td><td>采用侧滑检验台检验，见附录 F</td></tr>
<tr><td colspan="5">所有检验项目应一次检验完毕，出现不合格项时应继续进行其他项目的检验，但无法继续进行检验的项目除外。
仪器设备检验时，除检验员外可再乘坐一名送检人员或随车人员。
半挂牵引车可与半挂车组合成铰接列车后同时实施检验，也可单独检验。
机动车安全技术检验时，带“*”的项目应采用检验智能终端(PDA)等设备拍摄检验照片(或视频)，其数量、内容和清晰度应能满足检验监管的要求。</td></tr>
</table>

6 检验要求

6.1 车辆唯一性

6.1.1 号牌号码/车辆类型、车辆品牌/型号

6.1.1.1 注册登记检验时，送检机动车的车辆品牌/型号应与机动车出厂合格证(对进口车为海关货物进口证明书)一致。

6.1.1.2 在用机动车检验时，送检机动车的号牌号码/车辆类型、车辆品牌/型号，应与机动车行驶证签注的内容一致。

6.1.2 车辆识别代号(或整车出厂编号)

6.1.2.1 注册登记检验时，送检机动车的车辆识别代号(或整车出厂编号)应与机动车出厂合格证(对进口车为海关货物进口证明书)、车辆识别代号(或整车出厂编号)的拓印膜一致，车辆识别代号的内容和构成应符合 GB 16735 的相关规定；其打刻部位、深度，以及组成字母与数字的字高等应符合 GB 7258 的相关规定，且不应出现被凿改、挖补、打磨、擅自重新打刻等现象。对于 2013 年 3 月 1 日起出厂的乘用车、总质量小于等于 3 500 kg 的货车(低速汽车除外)，从车外应能清晰地识读到靠近风窗立柱位置的车辆识别代号标识。车辆上标识的所有车辆识别代号内容应一致。

6.1.2.2 在用机动车检验时，送检机动车的车辆识别代号(或整车出厂编号)应与机动车行驶证签注的内容一致，且不应出现被凿改、挖补、打磨，擅自重新打刻等现象。

6.1.3 发动机号码(或电动机号码)

6.1.3.1 注册登记检验时，送检机动车的发动机号码(或电动机号码)应与机动车出厂合格证(对进口车

为海关货物进口证明书)一致,并符合 GB 7258 的相关规定。

6.1.3.2 在用机动车检验时,送检机动车的发动机号码(或电动机号码)应与机动车行驶证签注的内容一致。

6.1.4 车辆颜色和外形

6.1.4.1 注册登记检验时,送检机动车的外形应与机动车产品公告照片相符。

6.1.4.2 在用机动车检验时,送检机动车的车辆颜色和外形应与机动车行驶证上的车辆照片相符,且不应出现更改车身颜色、改变车厢形状、改变车辆结构等情形。

6.2 联网查询

联网查询送检机动车事故/违法信息:

a) 对发生过造成人员伤亡交通事故的送检机动车,人工检验时应重点检查损伤部位和损伤情况,属于使用年限在 10 年以内的非营运小型、微型载客汽车的,增加底盘动态检验、车辆底盘部件检查;

b) 对涉及尚未处理完毕的道路交通安全违法行为或道路交通事故的送检机动车,应提醒机动车所有人及时到公安机关交通管理部门处理。

6.3 车辆特征参数

6.3.1 外廓尺寸

6.3.1.1 机动车外廓尺寸不得超出 GB 7258、GB 1589 规定的限值。

6.3.1.2 注册登记检验时,机动车的外廓尺寸应与机动车产品公告、机动车出厂合格证相符,且误差满足:汽车(三轮汽车除外)、挂车不超过±1%或±50 mm,三轮汽车、摩托车不超过±3%或±50 mm。

6.3.1.3 在用机动车检验时,重中型货车、挂车的外廓尺寸应与机动车行驶证签注的内容相符,且误差不超过±2%或±100 mm。

6.3.2 轴距

6.3.2.1 注册登记检验时,机动车的轴距应与机动车产品公告、机动车出厂合格证相符,且误差不超过±1%或±50 mm。

6.3.2.2 在用机动车检验时,机动车的轴距应与机动车登记信息相符,且误差不超过±1%或±50 mm。

6.3.3 整备质量

注册登记检验时,机动车的整备质量应与机动车产品公告、机动车出厂合格证相符,且误差满足:重中型货车、挂车、专项作业车不超过±3%或±500 kg,轻微型货车、专项作业车不超过±3%或±100 kg,低速汽车不超过±5%或±100 kg,摩托车不超过±10 kg。

6.3.4 核定载人数

6.3.4.1 机动车的核定载人数应符合 GB 7258—2012 中 4.5.2～4.5.6、11.6 的核载规定。

6.3.4.2 注册登记检验时,机动车的核定载人数应与机动车产品公告、机动车出厂合格证相符。

6.3.4.3 在用机动车检验时,机动车的座位(铺位)数应与机动车行驶证签注的内容一致。

6.3.5 栏板高度

6.3.5.1 机动车栏板高度不得超出 GB 1589 规定的限值。

6.3.5.2 注册登记检验时，货车、挂车的栏板高度应与机动车产品公告、机动车出厂合格证、驾驶室两侧喷涂的栏板高度数值相符，且误差不超过±1%或±50 mm。

6.3.5.3 在用机动车检验时，货车、挂车的栏板高度应与机动车登记信息、驾驶室两侧喷涂的栏板高度数值相符，且误差不超过±2%或±50 mm。

6.3.6 后轴钢板弹簧片数

6.3.6.1 注册登记检验时，货车、挂车、专项作业车的后轴钢板弹簧片数应与机动车产品公告、机动车出厂合格证一致，且不应有明显“增宽、增厚”情形。

6.3.6.2 在用机动车检验时，货车、挂车、专项作业车的后轴钢板弹簧片数应与机动车登记信息一致，且不应有明显“增宽、增厚”情形。

6.3.7 客车应急出口

6.3.7.1 客车应急出口的数量、标志应符合 GB 7258、GB 13094、GB 18986、GB 24407 的相关规定；且 2013 年 9 月 1 日起出厂的设有乘客站立区的公共汽车车身两侧的车窗如面积能达到设置为应急窗的要求，均应设置为推拉式应急窗或外推式应急窗。

6.3.7.2 注册登记检验时，目测应急出口尺寸偏小的，还应测量应急出口的尺寸参数，尺寸参数应符合 GB 7258、GB 13094、GB 18986、GB 24407 等相关标准的规定。

6.3.8 客车乘客通道和引道

6.3.8.1 客车的通道应无明显通行障碍，通向应急门的引道宽度应符合 GB 7258 的相关规定。

6.3.8.2 注册登记检验时，目测通道、引道偏窄或高度不符合要求时，还应使用通道、引道测量装置检查，应符合 GB 7258、GB 13094、GB 18986、GB 24407 等相关标准的规定。

6.3.9 货厢

车辆不应有“加长、加高、加宽货厢”、“拆除厢式货车顶盖”、“拆除仓栅式货车顶棚杆”等情形。

6.4 车辆外观检查

6.4.1 车身外观

6.4.1.1 车身外观应满足以下要求：

a) 保险杠、后视镜、下视镜等部件应完好；

b) 风窗玻璃应齐全，驾驶人视野部位应无裂纹、破损，所有风窗玻璃不应张贴镜面反光遮阳膜；

c) 车体应周正，车体外缘左右对称部位高度差应符合 GB 7258 的相关规定；

d) 车身外部不应有明显的镜面反光现象，不应有任何可能触及行人、骑自行车人等交通参与者的部件、构件，不应有任何可能使人致伤的尖角、锐边等凸起物；

e) 车身(车厢)及其漆面不应有明显的锈蚀、破损现象；

f) 喷涂、粘贴的标识或车身广告不应影响安全驾驶。

6.4.1.2 根据车辆类型和使用性质的不同，相应车辆还应满足以下要求：

a) 货车和挂车的货厢安装应牢固，其栏板和底板应规整，强度满足使用要求，装置的安全架应完好无损；

b) 罐式危险货物运输车的罐体顶部应按 GB 7258 要求设置倾覆保护装置；

c) 校车和车长大于 7.5 m 的其他客车不应设置有车外顶行李架；设置有车外顶行李架的客车，其车外顶行李架长度不超过车长的 1/3 且高度不超过 300 mm；

d) 校车和 2012 年 9 月 1 日起出厂的公路客车、旅游客车的所有车窗玻璃不应张贴有不透明和带任何镜面反光材料的色纸或隔热纸，前风窗玻璃及风窗以外玻璃用于驾驶人视区部位的可见光透射比应大于等于 70%，其他车窗玻璃的可见光透射比应不小于 50%；专用校车乘客区侧窗结构应符合 GB 24407 的相关规定。

注：车窗玻璃包括侧窗玻璃和前、后风窗玻璃，但不包括驾驶人旁侧窗下围的装饰玻璃。

e) 机动车(挂车除外)应在左右至少各设置一面外后视镜，总质量大于 7 500 kg 的货车和货车底盘改装的专项作业车应在右侧设置至少各一面广角后视镜和补盲后视镜，车长大于 6 m 的平头货车和平头客车在车前应至少设置有一面前下视镜或相应的监视装置；教练车(三轮汽车除外)应安装能使教练员有效观察到车辆周围交通状态的辅助后视镜；

f) 货车和挂车的载货部分不应设计成可伸缩的结构或设置有乘客座椅；

g) 乘用车自行加装的前后防撞装置及货运机动车自行加装的防风罩、水箱、工具箱、备胎架，应不影响安全；

h) 三轮汽车和摩托车的前、后减振器、转向上下联板和方向把不应有变形和裂损，左右后视镜应齐全有效，座垫、扶手(或拉带)、脚蹬和挡泥板应齐全，且牢固可靠；对无驾驶室的三轮汽车，货箱前部应安装有高出驾驶员座垫平面至少 800 mm 的安全架。

6.4.1.3 注册登记检验时，送检机动车还应满足以下要求：

a) 车身前部外表面的易见部位上应至少装置一个能永久保持，且与车辆品牌/型号相适应的商标或厂标；

b) 货车货箱(自卸车、装载质量 1 000 kg 以下的货车除外)前部应安装有比驾驶室高至少 70 mm 的安全架；

c) 厢式货车和封闭式货车驾驶室(区)两旁应设置有车窗，货厢部位不得设置车窗(但驾驶室[区]内用于观察货物状态的观察窗除外)；

d) 乘用车、专用校车和车长小于 6 m 的其他客车的前后部应设置有保险杠，货车(三轮汽车除外)应设置有前保险杠；

e) 对无驾驶室的正三轮摩托车，应采用方向把转向；对 2013 年 3 月 1 日起出厂的有驾驶室的正三轮摩托车，若采用方向盘转向，方向盘中心立柱距车辆纵向中心平面的水平距离应不大于 200 mm。

6.4.2 外观标识、标注和标牌

6.4.2.1 根据车辆类型和使用性质的不同，外观标识、标注和标牌应满足以下要求：

a) 所有货车(半挂牵引车除外)和专项作业车，其驾驶室(区)两侧应喷涂有总质量；所有半挂牵引车，其驾驶室(区)两侧应喷涂有最大允许牵引质量；载货部位为栏板结构的货车和自卸车，驾驶室两侧应喷涂有栏板高度；罐式汽车和罐式挂车的罐体上应喷涂有允许装运货物的种类及与机动车产品公告和机动车出厂合格证一致的罐体容积，且罐式危险货物运输车的罐体上喷涂的允许装运货物的名称应与机动车产品公告和机动车出厂合格证一致；载货部位为栏板结构的挂车，其车厢两侧应喷涂有栏板高度；喷涂的中文和阿拉伯数字应清晰，高度应大于等于 80 mm；

b) 总质量大于等于 4 500 kg 的货车(半挂牵引车除外)、挂车，其车身(车厢)后部应喷涂/粘贴有符合规定的放大号，无法喷涂/粘贴的平板挂车应设置有符合规定的放大号；

c) 客车(专用校车和设有乘客站立区的公共汽车除外)其乘客门附近车身外部易见位置，应用高

度大于等于 100 mm 的中文和阿拉伯数字标明该车提供给乘员(包括驾驶人)的座位数；

d) 教练车应在车身两侧及后部喷涂有高度大于等于 100 mm 的“教练车”字样；

e) 气体燃料汽车、两用燃料汽车和双燃料汽车应按 GB/T 17676 的规定标注其使用的气体燃料类型；

f) 消防车、救护车、工程救险车和警车的车身颜色应符合相关国家标准或行业标准，警车、消防车、救护车、工程救险车安装使用的标志灯具应齐全、有效，其他机动车不得喷涂、安装、使用上述车辆专用的或者与其相类似的标志图案、警报器或者标志灯具；

g) 残疾人机动车应在车身前部和后部分别设置残疾人机动车专用标志。

6.4.2.2 注册登记检验时，标牌还应满足以下要求：

a) 标牌应固定可靠、标注的内容应清晰规范，并符合 GB 7258 的规定；

b) 非插电式混合动力汽车的标牌还应标明电动动力系统最大输出功率；纯电动汽车、插电式混合动力汽车、燃料电池汽车还应标明主驱动电机型号和功率，动力电池工作电压和容量，储氢容器形式、容积、工作压力(燃料电池汽车)。

6.4.3 外部照明和信号装置

6.4.3.1 外部照明和信号装置应满足以下要求：

a) 前照灯、前位灯、前转向信号灯、前部危险警告信号灯、示廓灯和牵引杆挂车标志灯等前部照明和信号装置应齐全，工作应正常；前照灯的远、近光光束变换功能应正常；

b) 后位灯、后转向信号灯、后部危险警告信号灯、示廓灯、制动灯、后雾灯、后牌照灯、倒车灯、后反射器应齐全，工作应正常；制动灯的发光强度应明显大于后位灯的发光强度；

c) 侧转向信号灯、侧标志灯和侧反射器应齐全，工作应正常；

d) 对称设置、功能相同灯具的光色和亮度不应有明显差异，转向信号灯的光色应为琥珀色；

e) 除转向信号灯、危险警告信号、紧急制动信号、校车标志灯及消防车、救护车、工程救险车和警车安装使用的标志灯具外，其他外部灯具不应有闪烁的情形；

f) 对 2014 年 9 月 1 日起出厂的总质量大于等于 4 500 kg 的货车、专项作业车和挂车，每一个后位灯、后转向信号灯和制动灯的透光面面积应大于等于一个 80 mm 直径圆的面积；如属非圆形的，透光面的形状还应能将一个 40 mm 直径的圆包含在内；

g) 机动车不应安装遮挡外部照明和信号装置透光面的装置；

h) 机动车设置的喇叭应能有效发声；

i) 发动机舱内目视可见的电器导线应布置整齐、捆扎成束、固定卡紧，并无破损现象。

6.4.3.2 注册登记检验时，车辆外部照明和信号装置的数量、位置、光色还应符合 GB 4785 等相关标准的规定。

6.4.4 轮胎

6.4.4.1 轮胎应满足以下要求：

a) 同轴两侧应装用同一型号、规格和花纹的轮胎，轮胎螺栓、半轴螺栓应齐全、紧固；轮胎规格应与机动车产品公告和机动车出厂合格证(对于在用机动车检验时为机动车登记信息)相符；

b) 轮胎的胎面、胎壁不应有长度超过 25 mm 或深度足以暴露出轮胎帘布层的破裂和割伤及其他影响使用的缺损、异常磨损和变形。

6.4.4.2 根据车辆类型和使用性质的不同，相应车辆还应满足以下要求：

a) 乘用车、摩托车和挂车轮胎胎冠上花纹深度应大于或等于 1.6 mm，其他机动车转向轮的胎冠

花纹深度应大于或等于 3.2 mm;其余轮胎胎冠花纹深度应大于或等于 1.6 mm,轮胎胎面磨损标志应可见;

b) 公路客车、旅游客车和校车的所有车轮及其他机动车的转向轮不应装用翻新的轮胎。

6.4.4.3 注册登记检验时,送检机动车还应满足以下要求:

a) 专用校车应装用无内胎子午线轮胎;

b) 危险货物运输车及车长大于 9 m 的其他客车应装用子午线轮胎;

c) 使用小规格备胎的小型、微型载客汽车,其备胎附近明显位置(或其他适当位置)应装置有能永久保持的、提醒驾驶人正确使用备胎的标识,标识的相关提示内容应有中文说明。

6.4.5 号牌及号牌安装

6.4.5.1 机动车号牌字符、颜色、安装等应符合 GA 36 的规定,机动车号牌专用固封装置应符合GA 804 的规定。

6.4.5.2 号牌及号牌安装应满足以下要求:

a) 机动车号牌应齐全,表面应清晰、整齐、平滑、光洁、着色均匀,不应有明显的皱纹、气泡、颗粒杂质等缺陷或损伤;

b) 机动车应使用机动车号牌专用固封装置固定号牌,固封装置应齐全、安装牢固;

c) 使用号牌架辅助安装时,号牌架内侧边缘距离机动车登记编号字符边缘应大于 5 mm,不应使用可拆卸号牌架和可翻转号牌架;

d) 不应出现影响号牌正常视认的加装、改装等情形。

6.4.5.3 注册登记检验时,号牌及号牌安装还应满足:

a) 车辆应设置能够满足号牌安装要求的前、后号牌板(架),但摩托车只需设置有能满足号牌安装要求的后号牌板(架);前号牌板(架)应设于前面的中部或右侧(按机动车前进方向),后号牌板(架)应设于后面的中部或左侧;

b) 2013 年 3 月 1 日起出厂的车辆,每面号牌板(架)上至少应设有 2 个号牌安装孔,且能保证用 M6 规格的螺栓将号牌直接牢固可靠地安装在车辆上;

c) 2016 年 3 月 1 日起出厂的车辆,每面号牌板(架)[三轮汽车前号牌板(架)、摩托车后号牌板(架)除外]上应设有 4 个号牌安装孔,且能保证用 M6 规格的螺栓将号牌直接牢固可靠地安装在车辆上。

6.4.6 加装/改装灯具

车辆不应有加装或改装强制性标准以外的外部照明和信号装置,不应有后射灯。

6.5 安全装置检查

6.5.1 汽车安全带

6.5.1.1 注册登记检验时,检查汽车安全带应满足:

a) 汽车应按 GB 7258—2012 的 12.1 配备安全带;

b) 对于专用校车,学生座位均应配备两点式汽车安全带,驾驶人座椅、照管人员座椅均应配备汽车安全带。

6.5.1.2 在用机动车检验时,配备的汽车安全带应完好且能正常使用,不得出现“座垫套覆盖遮挡安全带”、“安全带绑定在座位下面”等情形。

6.5.2 机动车用三角警告牌

汽车(无驾驶室的三轮汽车除外)应配备三角警告牌,三角警告牌的外观、形状应符合 GB 19151 的要求。

6.5.3 灭火器

客车和危险货物运输车配备的灭火器应在使用有效期内,不应出现欠压失效等情形,配备数量应符合 GB 7258 等相关标准的要求。

6.5.4 行驶记录装置

6.5.4.1 公路客车、旅游客车、危险货物运输车、校车以及 2013 年 3 月 1 日起注册登记的未设置乘客站立区的公共汽车、半挂牵引车、总质量大于等于 12 000 kg 的货车,应安装有符合要求的行驶记录装置(包括:汽车行驶记录仪或行驶记录功能符合 GB/T 19056 的卫星定位装置等)。

6.5.4.2 行驶记录装置的连接、固定应可靠,显示功能应正常,主机外壳的易见部位应加施有符合规定的 3C 标志。

6.5.4.3 卧铺客车以及 2013 年 5 月 1 日起出厂的专用校车应安装车内外录像监控系统,功能应正常。

6.5.5 车身反光标识

6.5.5.1 货车、货车底盘改装的专项作业车和挂车后部车身反光标识的粘贴要求和材料类型(反光膜型或反射器型)应符合 GB 7258 的规定,反射器型车身反光标识固定应可靠。

6.5.5.2 所有货车(半挂牵引车除外)、货车底盘改装的专项作业车和挂车,侧面粘贴的车身反光标识应符合 GB 7258 的规定。

6.5.5.3 粘贴/安装的车身反光标识应印有符合规定的 3C 标志。

6.5.6 车辆尾部标志板

6.5.6.1 2012 年 9 月 1 日起出厂的总质量大于等于 12 000 kg 的货车(半挂牵引车除外)和车长大于 8.0 m的挂车,以及 2014 年 1 月 1 日起出厂的总质量大于等于 12 000 kg 的货车底盘改装的专项作业车,应安装车辆尾部标志板。

6.5.6.2 车辆尾部标志板的形状、尺寸、布置和固定应符合 GB 25990 的规定。

6.5.7 侧后防护装置

6.5.7.1 侧后防护装置安装应牢固、无变形,且满足以下要求:

a) 总质量大于 3 500 kg 的货车、货车底盘改装的专项作业车和挂车,其装备的侧面及后下部防护装置应正常有效,货车列车的牵引车和挂车之间装备的侧面防护装置应正常有效;

b) 罐式危险货物运输车的罐体及罐体上的管路和管路附件不应超出车辆的侧面及后下部防护装置,罐体后封头及罐体后封头上的管路和管路附件与后下部防护装置的纵向距离应大于等于 150 mm;

c) 货车和挂车的侧面防护装置的下缘离地高度、防护范围和前缘形式及后下部防护装置的离地高度、宽度、横截面宽度应符合 GB 11567.1 和 GB 11567.2 的规定。

6.5.7.2 注册登记检验时,侧后防护装置的外观、结构、尺寸、安装要求还应与机动车产品公告相符。

6.5.8 应急锤

采用密闭钢化玻璃式应急窗的客车，在相应的应急窗邻近应配备一个应急锤以方便击碎车窗玻璃。

6.5.9 急救箱

校车应配备急救箱，急救箱应放置在便于取用的位置并有效适用。

6.5.10 限速功能或限速装置

注册登记检验时，公路客车、危险货物运输车、旅游客车及车长大于 9 m 的未设置乘客站立区的公共汽车，应具有限速功能或配备限速装置；车长大于等于 6 m 的客车，应具有超速报警功能。

6.5.11 防抱死制动装置

6.5.11.1 以下车辆应装备防抱死制动装置：

a) 道路运输爆炸品和剧毒化学品车辆，以及 2012 年 9 月 1 日起出厂的其他危险货物运输车；

b) 2005 年 2 月 1 日起注册登记的总质量大于 12 000 kg 的公路客车和旅游客车、总质量大于 10 000 kg的挂车、总质量大于 16 000 kg 允许挂接总质量大于 10 000 kg 的挂车的货车；

c) 2012 年 9 月 1 日起出厂的半挂牵引车及车长大于 9 m 的公路客车、旅游客车；

d) 2013 年 5 月 1 日起出厂的专用校车；

e) 2013 年 9 月 1 日起出厂的车长大于 9 m 的未设置乘客站立区的公共汽车；

f) 2014 年 9 月 1 日起出厂的总质量大于等于 12 000 kg 的货车和专项作业车。

6.5.11.2 机动车配备的防抱死制动装置自检功能应正常。

6.5.12 辅助制动装置

注册登记检验时，以下车辆应安装缓速器或其他辅助制动装置：

a) 2012 年 9 月 1 日起出厂的车长大于 9 m 的客车(对专用校车为车长大于 8 m)、所有危险货物运输车、总质量大于或等于 12 000 kg 的货车；

b) 2014 年 9 月 1 日起出厂的总质量大于或等于 12 000 kg 的专项作业车。

6.5.13 盘式制动器

注册登记检验时，以下车辆的前轮应装备盘式制动器：

a) 2012 年 9 月 1 日起出厂的危险货物运输车、车长大于 9 m 的客车(未设置乘客站立区的公共汽车除外)；

b) 2013 年 5 月 1 日起出厂的专用校车；

c) 2013 年 9 月 1 日起出厂的车长大于 9 m 的未设置乘客站立区的公共汽车。

6.5.14 紧急切断装置

2015 年 1 月 1 日起，用于运输液体危险货物的罐式危险货物运输车应按 GB 18564.1 等规定安装紧急切断装置。

6.5.15 发动机舱自动灭火装置

以下车辆应装备发动机舱自动灭火装置：

a) 2013 年 5 月 1 日起出厂的专用校车；

b） 2013 年 3 月 1 日起出厂的发动机后置的其他客车。

6.5.16 手动机械断电开关

2013 年 3 月 1 日起出厂的车长大于或等于 6 m 的客车，应设置能切断蓄电池和所有电路连接的手动机械断电开关。

6.5.17 副制动踏板

教练车（三轮汽车除外）装备的副制动踏板应牢固、动作可靠有效。

6.5.18 校车标志灯和校车停车指示标志牌

6.5.18.1 校车配备的校车标志灯和停车指示标志牌应齐全、有效。

6.5.18.2 专用校车以及喷涂或粘贴专用校车车身外观标识的非专用校车应由校车标志、中文字符“校车”、中文字符“核载人数：××人”、校车编号和校车轮廓标识组成，且应符合 GB 24315 的相关规定。

6.5.19 危险货物运输车标志

6.5.19.1 危险货物运输车应设置符合 GB 13392 规定的标志。

6.5.19.2 道路运输爆炸品和剧毒化学品车辆应粘贴符合 GB 20300 规定的橙色反光带并设置安全标示牌。

6.5.20 肢体残疾人操纵辅助装置

加装肢体残疾人操纵辅助装置的汽车，操纵辅助装置铭牌标明的产品型号和产品编号应与操纵辅助装置加装合格证明或机动车行驶证记载的产品型号和产品编号一致。

6.6 底盘动态检验

6.6.1 转向系

车辆的方向盘应转动灵活，操纵方便，无卡滞现象，最大自由转动量应符合 GB 7258 的相关规定；对于使用方向把的三轮汽车、摩托车，转向轮转动应灵活。

6.6.2 传动系

传动系应满足以下要求：

a） 车辆换挡应正常，变速器倒挡应能锁止；

b） 离合器接合应平稳，无打滑、分离不彻底等现象。

6.6.3 制动系

车辆正常行驶时无车轮阻滞、抱死现象；制动时制动踏板动作应正常，响应迅速，方向盘无抖动，无跑偏现象。

6.6.4 仪表和指示器

车辆配备的车速表等各种仪表和指示器不应有异常情形。

6.7 车辆底盘部件

6.7.1 转向系部件

转向系部件应满足以下要求：

a) 各部件不应松动；

b) 横、直拉杆不应有拼焊、损伤、松旷、严重磨损等情况；

c) 转向过程中不应有干涉或摩擦现象。

6.7.2 传动系部件

传动系部件应满足以下要求：

a) 变速器等部件应连接可靠；

b) 传动轴、万向节及中间轴承和支架不应有裂纹和松旷现象，不应有漏油现象。

6.7.3 行驶系部件

行驶系部件应满足以下要求：

a) 车架纵梁、横梁不应有明显变形、损伤，铆钉、螺栓不应缺少或松动；

b) 钢板吊耳及销不应松旷，中心螺栓、U 形螺栓不应松旷；

c) 车桥与悬架之间的拉杆和导杆不应松旷和移位，减振器不应漏油。

6.7.4 制动系部件

制动系部件应满足以下要求：

a) 制动系应无擅自改动，不应从制动系统获取气源作为加装装置的动力源；

b) 制动主缸、轮缸、管路等不应漏气、漏油，制动软管不应有明显老化；

c) 制动系管路与其他部件无摩擦和固定松动现象。

6.7.5 其他部件

其他部件应满足以下要求：

a) 发动机的固定应可靠；

b) 排气管、消声器应安装牢固、不应有漏气现象，排气管口不得指向车身右侧（如受结构限制排气管口必须偏向右侧时，排气管口中心线与机动车纵向中心线的夹角应小于等于 15°）和正下方；专门用于运送易燃和易爆物品的危险货物运输车，排气管应装在罐体/箱体前端面之前、不高于车辆纵梁上平面的区域，并安装机动车排气火花熄灭器，机动车尾部应安装接地装置；

c) 电器导线应布置整齐、捆扎成束、固定卡紧，并无破损现象；

d) 燃料箱应固定可靠，不应漏油；燃料管路与其他部件不应有碰擦，不应有明显老化；

e) 承载式车身底部应完整，不应有影响车身强度的变形和破损；

f) 轮胎内侧不应有严重磨损、割伤、腐蚀。

6.8 仪器设备检验

6.8.1 行车制动

6.8.1.1 台试空载检验行车制动性能时，应符合 GB 7258—2012 中 7.11.1 的相关要求。

6.8.1.2 对于全挂车、半挂车，台试空载制动性能检验时，应同时满足以下要求：

a) 与牵引车组合成的汽车列车检验结果符合 GB 7258—2012 中 7.11.1 的相关要求；

b) 挂车的轴制动力之和与挂车轴荷之和的比值大于或等于 55%；

c) 挂车的轴制动不平衡率符合 GB 7258—2012 中 7.11.1.2 的要求。

6.8.1.3 对于三轴及三轴以上的多轴货车，按照附录 C 的 C.3 方法加载后，加载轴的轴制动率应大于或等于 50%，加载轴制动不平衡率符合 GB 7258—2012 中 7.11.1.2 的要求。

6.8.1.4 对于并装双轴、并装三轴的挂车，组成汽车列车按照附录 C 的 C.3 方法加载后，加载轴的轴制动率应大于等于 45%，加载轴制动不平衡率符合 GB 7258—2012 中 7.11.1.2 的要求。

6.8.1.5 路试检验行车制动性能时，应符合 GB 7258—2012 中 7.10.2 的相关要求。

6.8.2 驻车制动

6.8.2.1 台试检验驻车制动性能时，应符合 GB 7258—2012 中 7.11.2 的相关要求。

6.8.2.2 路试检验驻车制动性能时，应符合 GB 7258—2012 中 7.10.4 的相关要求。

6.8.3 前照灯

6.8.3.1 前照灯远光发光强度应符合 GB 7258—2012 中 8.5.2 的相关要求。

6.8.3.2 前照灯远近光光束垂直偏移应符合 GB 7258—2012 中 8.5.3 的相关要求。

6.8.4 车速表指示误差

注册登记检验时，车速表指示误差应符合 GB 7258—2012 中 4.12 的相关要求。

6.8.5 转向轮横向侧滑量

对前轴采用非独立悬架的汽车(前轴采用双转向轴时除外)，转向轮横向侧滑量应符合 GB 7258—2012 中 6.11 的相关要求。

7 检验结果处置

7.1 检验结果的评判

授权签字人应逐项确认检验结果并签注整车检验结论。检验结论分为合格、不合格。送检机动车所有检验项目的检验结果均合格的，判定为合格；否则判定为不合格。

7.2 检验合格处置

7.2.1 机动车安全技术检验机构应出具《机动车安全技术检验报告》(式样见附录 G)，报告一式三份，一份交机动车所有人(或者由送检人转交机动车所有人)，一份提交车辆管理所作为机动车安全技术检验合格证明，一份留存检验机构。

7.2.2 机动车安全技术检验机构应按 GB/T 26765、GA 1186 的要求传递数据及图像。

7.2.3 机动车安全技术检验机构应妥善保管《机动车安全技术检验报告》、《机动车安全技术检验表(人工检验部分)》(见附录 H)、《机动车安全技术检验表(仪器设备检验部分)》(见附录 I)、车辆识别代号(或整车出厂编号)的拓印膜或照片(注册登记检验时保存拓印膜，在用机动车检验时保存车辆识别代号照片)等资料，保存至本次检验周期届满前，但最短不得少于 2 年。

7.3 检验不合格处置

7.3.1 机动车安全技术检验机构应出具《机动车安全技术检验报告》，并注明所有不合格项目。

7.3.2　机动车安全技术检验机构应通过拍照、摄像或保存数据等方式对不合格项取证留存备查。

7.3.3　机动车安全技术检验机构应按 GB/T 26765、GA 1186 的要求传递数据及图像。

7.4　异常情形处置

7.4.1　发现送检机动车有拼装、非法改装、被盗抢、走私嫌疑时，机动车安全技术检验机构及其检验员应详细登记该送检机动车的相关信息，拍照、录像固定证据，通过机动车安全技术检验监管系统上报，并告知送检人到当地公安机关交通管理部门处理。

7.4.2　注册登记检验时，发现送检机动车的车辆特征参数、安全装置不符合 GB 1589、GB 7258 等机动车国家安全技术标准、机动车产品公告、机动车出厂合格证时，应拍照、录像固定证据，详细登记送检机动车的车辆类型、品牌/型号、车辆识别代号（或整车型号和出厂编号）、发动机号码、整车生产厂家、生产日期等信息，通过机动车安全技术检验监管系统上报。

8　标准实施的过渡期要求

8.1　表 1 中三轴及三轴以上的多轴货车、采用并装双轴及并装三轴的挂车的部分轴还测试加载轴制动率和加载轴制动不平衡率的要求，自本标准实施之日起第 25 个月开始实施；实施之前，只检验空载制动率和空载制动不平衡率。

8.2　以下要求自本标准实施之日起第 25 个月开始实施：

a)　表 3 中重中型货车、专项作业车、挂车使用外廓尺寸自动测量装置的要求；

b)　表 3 中大中型客车、专项作业车、重中型货车、挂车使用底盘间隙仪的要求；

c)　附录 C 的 C.1.1d) 中用于检验多轴及并装轴车辆的滚筒反力式制动检验台的要求。

8.3　本标准 8.1、8.2 中涉及实施过渡期的要求，有条件的地方可提前实施。

附 录 A
（规范性附录）
外廓尺寸测量

A.1 检验设备、工具要求

A.1.1 人工检验标准器

钢卷尺：不确定度：1 级；标尺、铅垂、水平尺。

A.1.2 外廓尺寸自动测量仪

测量仪应符合计量法规，测量仪最大允许误差：±1%或±20 mm。

A.2 人工检验方法

A.2.1 车辆长度、宽度的测量

将车辆停放在平整、硬实的地面上，在车辆前后和两侧突出位置，使用线锤在地面画出“十”字标记。如图 A.1 所示。

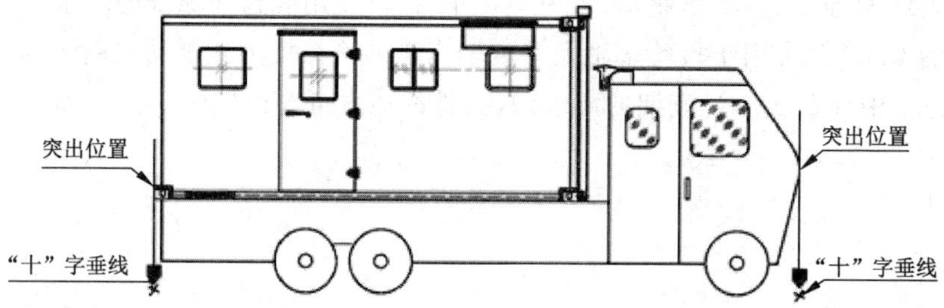

图 A.1 车辆前后突出位置标注示意

为防止车辆前后突出位置不在同一中心线上，影响测试准确度，可将车辆移走，在地面的长宽标记点上分别画出平行线，在地面形成一个长方形框架（可用对角线进行校正）找出车辆中心位置，用钢卷尺分别测出长和宽的直线距离，作为整车的车长和车宽，但 GB/T 3730.3 规定的后视镜、侧面标志灯、示位灯、转向指示灯、挠性挡泥板、折叠式踏板、防滑链以及轮胎与地面接触部分变形，以及法律法规允许加装的其他部件不计入，如图 A.2 所示。

A.2.2 车辆高度的测量

将车辆停放在平整、硬实的地面上，将水平尺放在车辆的最高处并且保持与地面水平。在水平尺一端点放铅垂到地面画出“十”字标记，用钢卷尺测量水平尺该端点与地面“十”字标记之间的距离示值即为该车的实际高度，如图 A.3 所示。

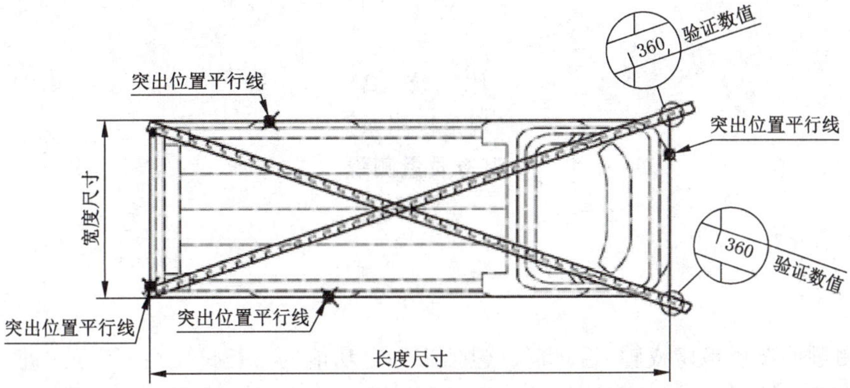

图 A.2　车辆长度、宽度的测量示意

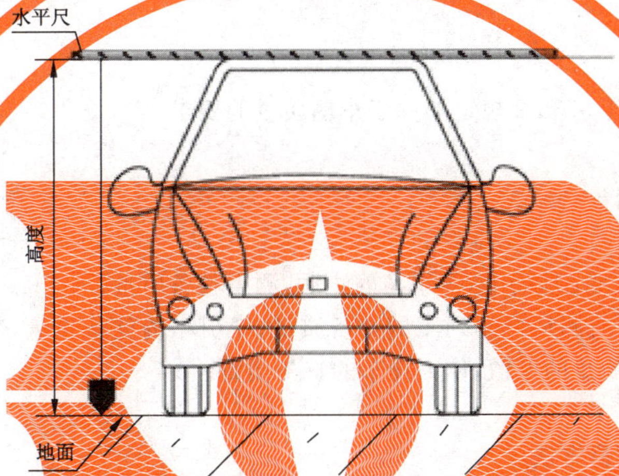

图 A.3　车辆高度的测量示意

A.3　外廓尺寸自动测量仪检验

A.3.1　将车辆正直居中驶进测量仪，按产品使用说明书的要求，测得车辆长度、宽度和高度数值。

A.3.2　测量仪不得具有人工修改测量数据和照片的功能，对于需要人工确认修改不计入车长、车宽的，应记录修改日志。

A.4　测量过程记录

A.4.1　人工测量过程记录

人工检验的整个检验过程应进行全程摄像记录。

A.4.2　外廓尺寸自动测量仪检验过程记录

仪器测量过程中应由仪器实时自动保存测得数据和车身正面、侧面的测量照片并上传至监管系统，照片及数据不能人工修改。

附 录 B
（规范性附录）
整备质量测量

B.1 设备要求

整备质量测量可选择地磅或轴(轮)重仪(包括带称重功能的平板试验台)等方式进行测量。三轴及三轴以上车辆如采用轴(轮)重仪测量时,应保证轴(轮)重仪有足够的有效测量长度,确保双联和三联的各并装轴同侧轮同时停在一块称重板上。

B.2 测试车辆要求

测试车辆应符合 GB/T 3730.2 规定的关于车辆质量的要求。

B.3 应用地磅的测量方法

B.3.1 将车辆平稳缓慢行驶至地磅上,等平稳静止后,测得整备质量。

B.3.2 挂车的整备质量可先测得汽车列车的整备质量、牵引车的整备质量,然后计算得出汽车列车的整备质量与牵引车的整备质量的差值,作为挂车的整备质量。

B.4 应用轴(轮)重仪的测量方法

B.4.1 轴(轮)重仪测量时应保持被测车辆保持水平,将车辆依次逐轴(对并装双轴和并装三轴视为一轴)平稳缓慢行驶至测量台,等平稳静止后,测得该轴轴荷;计算所有轴荷之和,计为该车的整备质量。

B.4.2 对于挂车的整备质量测量方法同 B.3.2。

附 录 C
(规范性附录)
制动性能检验

C.1 台试空载制动检验

C.1.1 检验设备相关要求

检验设备相关要求如下:

a) 机动车制动检验宜采用滚筒反力式制动检验台或平板制动检验台,并应根据所检验车辆的轴荷选择相应承载能力的制动台;
b) 轴(轮)重仪应水平安装,安装时称重台上表面与地平面的高差不得超过±5 mm;
c) 制动台前后地面的附着系数应不小于0.7;
d) 用于检验多轴及并装轴车辆的滚筒反力式制动检验台,应具有台体举升功能并满足:滚筒中心距为460 mm、主副滚筒高差为30 mm时,副滚筒上母线与地面水平面的高度差为+40 mm。当滚筒中心距增大或减小10 mm,副滚筒上母线与地面水平面的高度差相应增大或减小2 mm;当主副滚筒高差减小10 mm,副滚筒上母线与地面水平面的高度差相应增大4 mm。

C.1.2 检验前准备

检验前应准备工作如下:

a) 制动检验台滚筒(或平板)表面应清洁,没有异物及油污;
b) 检验辅助器具应齐全;
c) 气压制动的车辆,贮气筒压力应能保证该车各轴制动力测试完毕时,气压仍不低于起步气压(未标起步气压者,按400 kPa计);
d) 液压制动的车辆,根据需要将踏板力计装在制动踏板上。

C.1.3 滚筒反力式制动检验台检验

检验步骤如下:

a) 被检车辆正直居中行驶,各轴依次停放在轴(轮)重仪上,并按规定时间(不少于3 s)停放,测出静态轴(轮)荷[轮(轮)重、制动分列式];
b) 被检车辆正直居中行驶,将被测试车轮停放在制动台滚筒上,变速器置于空挡,松开制动踏板;对于全时四轮驱动车辆,非测试轮应处于附着系数符合要求的辅助自由滚筒组上,变速器置于空挡;采用具有举升功能的滚筒反力式制动检验台时,对于多轴车辆及并装轴车辆,举升台体至规定位置,测出左右轮空载轮荷,计算得出该轴空载轴荷(或直接测得该轴空载轴荷);
c) 起动滚筒电机,稳定3 s后实施制动,将制动踏板逐渐慢踩到底或踩至规定制动踏板力,测得左、右车轮制动力增长全过程的数值及左、右车轮最大制动力,并依次测试各车轴;对驻车制动轴,操纵驻车制动操纵装置,测得驻车制动力数值,并按C.1.5.1要求计算轴制动率、不平衡率、驻车制动率、整车制动率;
d) 可采取相关措施防止被检车辆在滚筒反力式制动检验台上后移,以适应制动检测需要。

C.1.4　**平板制动检验台检验**

检验步骤如下：

a) 检验员将被检车辆以 5 km/h～10 km/h 的速度滑行，置变速器于空挡后(对自动变速器车辆可位于“D”挡)，正直平稳驶上平板；

b) 当被测试车轮均驶上平板时，急踩制动，使车辆停止，测得各车轮的轮荷(对小型、微型载客汽车应为动态轮荷，对于并装双轴、并装三轴车辆的左右两侧可以按照 1 个车轮计)、最大轮制动力、轮制动力增长全过程的数值等，并按照 C.1.5.2 规定计算轴的制动率、不平衡率、整车制动率等指标；

c) 重新起动车辆，待车辆驻车制动轴驶上平板时操纵驻车制动操纵装置，测得驻车制动力数值，按照 C.1.5.2 规定计算驻车制动率；

d) 车辆制动停止时如被测试车轮已离开平板，则此次制动测试无效，应重新测试。

C.1.5　**制动性能参数计算**

C.1.5.1　**用滚筒反力式制动检验台检验时**

制动性能参数计算方法如下：

a) 轴制动率为测得的该轴左、右车轮最大制动力之和与该轴(静态)轴荷之百分比；

b) 以同轴左、右轮两个车轮均达到最大制动力(或两个车轮一个达到最大制动力、另一个产生抱死滑移；或两个车轮均产生抱死滑移)时为取值终点，取制动力增长过程中测得的同时刻左右轮制动力差最大值为左右车轮制动力差的最大值，用该值除以左、右车轮最大制动力中的大值(当后轴及其他轴，制动力小于该轴轴荷的 60%时为该轴轴荷)，得到不平衡率；

c) 整车制动率为测得的各轮最大制动力之和与该车各轴(静态)轴荷之和之百分比；

d) 驻车制动率为测得的各驻车轴制动力之和与该车所有车轴(静态)轴荷之和之百分比。

注 1：对多轴车辆及并装轴车辆，采用具有举升功能的滚筒反力式制动检验台，计算轴制动率、不平衡率和整车制动率时，(静态)轴荷按照空载轴荷计算。

注 2：按照本标准 C.3 加载制动检验，计算加载轴制动率、加载轴制动不平衡率时，(静态)轴荷按照加载状态下的轴荷计算。

C.1.5.2　**用平板制动检验台检验时**

制动性能参数计算方法如下：

a) 轴制动率为测得的该轴左、右车轮最大制动力之和与该轴轴荷之百分比，对小(微)型载客汽车轴荷取左、右轮制动力最大时刻所分别对应的左、右轮荷之和，对其他机动车轴荷取该轴静态轴荷；

b) 不平衡率、整车制动率、驻车制动率等指标的计算同 C.1.5.1。

C.1.6　**特殊情形处置**

特殊情形按以下方式处置：

a) 在滚筒反力式制动检验台上检验时，被测试车轮在滚筒上抱死但整车制动率未达到合格要求时，应在车辆上增加足够的附加质量或相当于附加质量的作用力(在设备额定载荷以内，附加质量或作用力应在该轴左右车轮之间对称作用，不计入轴荷)后，重新测试；

b) 在滚筒反力式制动检验台上检测受限的车辆或底盘动态检验过程中点制动时无明显跑偏，但左右轮制动力差不合格的车辆，应换用平板制动检验台或采用路试检验。

c) 对加装肢体残疾人操纵辅助装置的汽车，应通过操纵辅助装置检验制动性能。检验行车制动性能时施加在制动和加速迁延手柄表面上的正压力不应大于 300 N,检验驻车制动性能时驻车制动辅助手柄的操纵力应不大于 200 N。

C.2 路试制动检验

C.2.1 行车制动

C.2.1.1 路试制动性能检验应在纵向坡度不大于 1%、轮胎与地面间的附着系数不小于 0.7 的硬实、清洁、干燥的水泥或沥青路面上进行。检验时车辆变速器应置于空挡。检验前应对检验场地进行安全检查,并采取必要的防护及封闭措施,确保检验过程的安全。

C.2.1.2 对于不适用于仪器设备制动检验的车辆,用制动距离或者充分发出的平均减速度(*MFDD*)和制动协调时间判定制动性能。有疑问时应安装踏板力计,检查达到规定制动效能时的制动踏板力是否符合标准。

C.2.1.3 在试验路面上,按照 GB 7258 划出规定的试车道的边线,被测车辆沿着试车道的中线行驶。使用便携式制动性能测试仪进行测试时,行驶至规定初速度后,置变速器于空挡,急踩制动,使车辆停止,测量充分发出的平均减速度(*MFDD*)和制动协调时间,并检查车辆有无驶出车道边线;当使用第五轮仪或非接触式速度仪进行测试时,行驶至高于规定的初速度后,置变速器于空挡,滑行到规定的初速度时,急踩制动,使车辆停止,测量车辆的制动距离和检查车辆有无驶出车道边线。

C.2.1.4 对已在制动检验台上检验过的车辆,制动力平衡及前轴制动率符合要求,但整车制动率未达到合格要求时,用便携式制动性能测试仪检测,对于小(微)型载客汽车及其他总质量不大于 4 500 kg 的汽车的制动初速度应不低于 30 km/h,对于其他汽车、汽车列车及无轨电车,制动初速度应不低于 20 km/h,急踩制动后测取 *MFDD* 及制动协调时间。

C.2.2 驻车制动

C.2.2.1 将车辆驶上坡度为 20%(总质量为整备质量的 1.2 倍以下的车辆为 15%),附着系数不小于0.7 的坡道上,按正反两个方向保持固定不动,其时间不少于 5 min,检验车辆的驻车制动是否符合要求。

C.2.2.2 在用机动车检验时,在不具备试验坡道的情况下,可参照相关标准使用符合规定的仪器测试驻车制动性能。

C.3 台式加载制动检验

加载制动检验宜采用具有台体举升功能的滚筒反力式制动检验台进行,多轴货车、由并装轴挂车组成的汽车列车的第一轴和最后一轴不进行加载制动检验。具体方法如下:

a) 被检车辆正直居中行驶,将被测试车的第二轴停放在制动台滚筒上,变速器置于空挡,松开制动踏板;
b) 通过举升台体对测试轴加载,举升至副滚筒上母线离地 100 mm(或轴荷达到 11 500 kg 时),停止举升;测出左右轮轮荷,计算得出该轴加载状况下的轴荷(或直接测得该轴加载状况下的轴荷);
c) 起动滚筒电机,稳定 3 s 后实施制动,将制动踏板逐渐慢踩到底或踩至规定制动踏板力,测得左、右车轮制动力增长全过程的数值及左、右车轮最大制动力;并按 C.1.5.1 要求计算加载轴制动率、加载轴制动不平衡率;
d) 重复 a)、b)、c)步骤,依次测试各车轴。

附　录 D
（规范性附录）
前照灯检验

D.1　设备要求

前照灯光束照射位置检验及前照灯远光光束发光强度测量应使用具备远近光光束照射位置检验功能的前照灯检测仪。

D.2　检验前仪器及车辆准备

检验前，仪器及车辆准备如下：

a）检测仪受光面应清洁；

b）对手动式前照灯检测仪应检查其电池电压是否在规定范围内；

c）轨道内应无杂物，使仪器移动轻便；

d）前照灯应清洁。

D.3　检验方法

D.3.1　自动式前照灯检测仪检验

D.3.1.1　采用自动式前照灯检测仪检验时，按以下步骤进行：

a）车辆沿引导线居中行驶至规定的检测距离处停止，车辆的纵向轴线应与引导线平行，如不平行，车辆应重新停放，或采用车辆摆正装置进行拨正；

b）置变速器于空挡（无级变速二轮、三轮车辆应实施制动），车辆电源处于充电状态，开启前照灯远光灯；

c）给自动式前照灯检测仪发出启动测量的指令，仪器自动搜寻被检前照灯，并测量其远光发光强度及远光照射位置偏移值；

注：前照灯远光照射位置偏移值检验仅对远光光束能单独调整的前照灯进行；远光光束能单独调整的前照灯是指手工或通过使用专用工具能够在不影响近光光束照射角度的情况下调整远光光束照射角度的前照灯，通常情况下远近光束一体的前照灯其远光光束照射角度不能单独进行调整。

d）被检前照灯转换为近光光束，自动式前照灯检测仪自动检测其近光光束明暗截止线转角（或中点）的照射位置偏移值；

e）按上述 c）、d）步骤完成车辆所有前照灯的检测；

f）在对并列的前照灯（四灯制前照灯）进行检验时，应将与受检灯相邻的灯遮蔽；

g）采用气体放电光源前照灯时，测试前应预热。

D.3.1.2　三轮汽车、摩托车前照灯检验时，按以下步骤进行：

a）将车辆停止在规定的位置；

b）保持前照灯正对检测仪，有夹紧装置的将车轮夹紧；

c）开启前照灯检测仪进行检测，检测过程中车辆应处于充电状态（挡位置于空挡，无级变速的车辆应实施制动）；

d) 对两轮机动车和装用一只前照灯的三轮机动车,记录前照灯远光光束发光强度。对装用两只或两只以上前照灯的三轮机动车,参照 D.3.1.1 的方法进行。

D.3.2 手动式前照灯检测仪检验

用手动式前照灯检测仪检验时,参照 D.3.1 的方法进行。

附 录 E
（规范性附录）
车速表指示误差检验

E.1 设备要求

车速表检验宜在滚筒式车速表检验台上进行。

E.2 检验程序

检验程序如下：

a） 将车辆正直居中驶上检验台，驱动轮停放在测速滚筒上；

b） 降下举升器或放松滚筒锁止机构，为防止车辆向前驶出该工位，可在非驱动轮前部加止动块（前轮驱动车使用驻车制动）；

c） 当车速表指示 40 km/h 时，测取实际车速，检验结束；

d） 升起举升器或锁止滚筒，将车辆驶出检验台。

E.3 检验注意事项

注意事项如下：

a） 测速时车辆前、后方及驱动轮两旁不准站立人员；

b） 检验结束后，检验员不可采取任何紧急制动措施使滚筒停止转动；

c） 对于不能在车速表检验台上检验的车辆，只需在底盘动态检验时定性判断其车速表工作是否正常即可。

附 录 F
（规范性附录）
转向轮横向侧滑量检验

F.1 设备要求

转向轮横向侧滑量的检验应在侧滑检验台上进行，侧滑检验台宜具有轮胎侧向力释放功能。

F.2 检验程序

将车辆正直居中驶近侧滑检验台，并使转向轮处于正中位置，在驱动状态以不大于5 km/h的车速平稳、直线通过侧滑检验台，读取最大示值。

F.3 检验注意事项

车辆通过侧滑检验台时，不得转动方向盘；不得在侧滑检验台上制动或停车；应保持侧滑检验台滑板下部的清洁，防止锈蚀或阻滞。

附　录　G
（规范性附录）
机动车安全技术检验报告（式样）

G.1　机动车安全技术检验报告

机动车安全技术检验报告（式样）见表G.1。

表G.1　机动车安全技术检验报告（式样）

<table>
<tr><td colspan="6">一、基本信息</td></tr>
<tr><td>检验报告编号</td><td></td><td>检验机构名称</td><td colspan="3"></td></tr>
<tr><td>号牌号码</td><td></td><td>所有人</td><td colspan="3"></td></tr>
<tr><td>车辆类型</td><td></td><td>品牌/型号</td><td></td><td>使用性质</td><td></td></tr>
<tr><td>注册登记日期</td><td></td><td>出厂年月</td><td></td><td>检验日期</td><td></td></tr>
<tr><td>车辆识别代号
（或出厂编号）</td><td colspan="2"></td><td>发动机号码
（或电动机号码）</td><td colspan="2"></td></tr>
<tr><td colspan="6">二、检验结论</td></tr>
<tr><td>检验结论</td><td colspan="2"></td><td>授权签字人</td><td colspan="2"></td></tr>
<tr><td colspan="6" align="right">单位名称（盖章）：××××机动车安全技术检验机构</td></tr>
</table>

三、人工检验结果

序号	检验项目	结果判定	具体不符合项目情况说明	备注

四、仪器设备检验结果

序号	检验项目	检验结果	标准限值	结果判定	备注

表 G.1（续）

五、建议					
备注					

G.2　机动车安全技术检验报告填表说明

机动车安全技术检验报告填表说明如下：

a）“基本信息”栏为必填项；

b）“检验结论”栏由授权签字人签注“合格”、“不合格”并“签字”，加盖机动车安全技术检验机构印章；

c）“人工检验结果”栏填写实际开展检验合格项目大类，出现不合项目的，填写“具体不合项目情况说明”，例如：

车辆唯一性检查、合格；

联网查询、合格；

车辆特征参数检查、合格……

车身外观、不合格、罐式危险货物运输车未按要求设置倾覆保护装置；

轮胎、不合格、右后轮胎胎面磨损严重，花纹深度不符合要求……

d）“仪器设备检验结果”栏填写实际开展检测的仪器设备检验项目，例如：

一轴制动率/不平衡率、二轴制动率/不平衡率……

整车制动率；

驻车制动率；

路试制动性能；

前照灯左外灯远光发光强度、前照灯左内灯远光发光强度、前照灯右外灯远光发光强度、前照灯右内灯远光发光强度；

前照灯左外灯远近光垂直偏移、前照灯左内灯远近光垂直偏移、前照灯右外灯远近光垂直偏移、前照灯右内灯远近光垂直偏移；

车速表指示误差；

转向轮横向侧滑量。

e）“建议”栏可根据检验结论的不同，分别签注内容：

——当检验结论为“合格”时，可视检验结果，提醒机动车送检人，例如：

“您爱车的制动结果显示：制动力已接近标准限值，建议进一步检查，消除安全隐患”；

“您爱车的制动结果显示：某轴的制动不平衡率接近标准限值，建议进一步检查，消除安全隐患”；

“您爱车的前照灯结果显示：某灯的发光强度接近标准限值，建议进一步检查，消除安全隐患”；

“您爱车的轮胎胎冠上花纹深度已接近标准限值，建议及时消除安全隐患”；

“您爱车的轮胎不规则磨损，建议进一步检查，消除安全隐患”；

“您爱车某某内饰件不宜放置在安全气囊上，建议您消除安全隐患”；

“您爱车某某内饰挂件存在影响驾驶人视线的隐患，建议您消除安全隐患”等。

——当检验结论为“不合格”时，可视不合格项情形，提醒机动车送检人，例如：

“您的爱车某某不合格项目，请及时到修理厂调修，消除安全隐患”或“您的爱车灯光远光/近光垂直偏移量不合格项目，本单位能提供免费调修服务，请及时调修，消除安全隐患”。

f) “备注”栏可填写提示类信息，例如：

“下次检验时间：　　”；

“机动车安全技术检验合格后请及时向公安机关交通管理部门申领检验合格标志”；

“机动车安全技术检验机构地址：　　联系电话：　　”。

附 录 H
（规范性附录）
机动车安全技术检验表（人工检验部分）

机动车安全技术检验表（人工检验部分）见表 H.1。

表 H.1 机动车安全技术检验表（人工检验部分）

一、基本信息

号牌号码（编号）： 车辆类型： 使用性质： 里程表读数： km

车辆出厂日期： 年 月 日 初次登记日期： 年 月 日 检验日期： 年 月 日

二、检验结果

序号	检验项目		判定	序号	检验项目		判定
1	车辆唯一性检查	①号牌号码/车辆类型		4	安全装置检查（续）	㉗车辆尾部标志板	
		②车辆品牌/型号				㉘侧后防护装置	
		③车辆识别代号（或整车出厂编号）				㉙应急锤	
		④发动机号码（或电动机号码）				㉚急救箱	
		⑤车辆颜色和外形				㉛限速功能或限速装置	
2	车辆特征参数检查	⑥外廓尺寸				㉜防抱死制动装置	
		⑦轴距				㉝辅助制动装置	
		⑧整备质量				㉞盘式制动器	
		⑨核定载人数				㉟紧急切断装置	
		⑩核定载质量				㊱发动机舱自动灭火装置	
		⑪栏板高度				㊲手动机械断电开关	
		⑫后轴钢板弹簧片数				㊳副制动踏板	
		⑬客车应急出口				㊴校车标志灯和校车停车指示标志牌	
		⑭客车乘客通道和引道				㊵危险货物运输车标志	
		⑮货厢				㊶肢体残疾人操纵辅助装置	
3	车辆外观检查	⑯车身外观		5	联网查询车辆事故/违法信息（对发生过造成人员伤亡交通事故的送检机动车，人工检验时应重点检查损伤部位和损伤情况） ________________		
		⑰外观标识、标注和标牌		6	底盘动态检验	㊷转向系	
		⑱外部照明和信号灯具				㊸传动系	
		⑲轮胎				㊹制动系	
		⑳号牌及号牌安装				㊺仪表和指示器	
		㉑加装/改装灯具		7	车辆底盘部件检查	㊻转向系部件	
4	安全装置检查	㉒汽车安全带				㊼传动系部件	
		㉓机动车用三角警告牌				㊽行驶系部件	
		㉔灭火器				㊾制动系部件	
		㉕行驶记录装置				㊿其他部件	
		㉖车身反光标识					

表 H.1（续）

序号	不合格项（填写编号和名称）	不合格项目说明	备注
车辆外廓尺寸(mm×mm×mm)：		整备质量(kg)：	
机动车所有人：	手机电话：	地址/邮编：	
检验员建议： 检验员签字：			
注1：判定栏中填“○”为合格，“╳”为不合格，“—”表示不适用于送检车。 注2：当车辆外廓尺寸、整备质量检验项目使用仪器自动测量并打印在仪器设备检验表格中时，本表相应参数可不填。			

附 录 I
（规范性附录）
机动车安全技术检验表（仪器设备检验部分）

I.1 机动车（三轮汽车、摩托车除外）安全技术检验表（仪器设备检验部分）

I.1.1 机动车（三轮汽车、摩托车除外）安全技术检验表（仪器设备检验部分）见表 I.1。

表 I.1 机动车（三轮汽车、摩托车除外）安全技术检验表（仪器设备检验部分）

一、基本信息					
检验流水号		引车员		检验日期	
检验类别		检验项目		登录员	
号牌(自编)号		所有人			
号牌种类		车辆类型		品牌/型号	
车辆识别代号				发动机号	
初次登记日期		出厂年月		燃料类别	
驱动型式		驻车轴		转向轴悬架形式	
整备质量(kg)		前照灯制		前照灯远光束能否单独调整	

二、检验结果

台试检测项目		轮荷(kg) 左	轮荷(kg) 右	最大行车制动力(10N) 左	最大行车制动力(10N) 右	过程差最大差值点(10N) 左	过程差最大差值点(10N) 右	空载制动 行车制动率(%)	空载制动 不平衡率(%)	空载制动 驻车制动力(10 N)	空载制动 驻车制动率(%)	加载制动 加载轴荷(kg)	加载制动 轴制动率(%)	加载制动 不平衡率(%)	项目判定	单项次数
制动B	一轴															
	二轴															
	三轴															
	四轴															
	五轴															
	整车															
	驻车															
	动态轮荷(左/右)(kg)	1轴 /						2轴 /								

前照灯H	项目	远光发光强度(cd)	远光垂直偏移量(mm/10 m)	近光垂直偏移量(mm/10 m)	远光灯中心高(mm)	近光灯中心高(mm)	远光垂直偏移	近光垂直偏移	项目判定	单项次数
	左外灯									
	左内灯									
	右内灯									
	右外灯									

表 I.1(续)

车速表 S	km/h					
侧滑 A	m/km					
路试制动性能		路试检验员				
车辆外廓尺寸(mm×mm×mm)：	整备质量(kg)：					
主车制动检验结果(对于主车和挂车一起检验，在打印挂车报告时)		总检次数				
备注						

I.1.2 机动车(除摩托车、三轮汽车外)安全技术检验表填表说明如下：

a) 路试制动性能中，按选择的如下路试检测项目打印项目名称(单位)、数据：
   制动初速度，制动距离(m)，制动稳定性；
   制动初速度，*MFDD*(m/s^2)，协调时间(s)，制动稳定性；
b) 制动动态轮荷仅在使用平板制动检验台检测小(微)型载客汽车时需打印，按"左/右"格式打印；
c) 远近光垂直偏移量栏按照上偏差为正"+"，下偏差为负"-"计；
d) 远(近)光垂直偏移按照远(近)光垂直偏移量与远(近)光灯中心高的比值计，单位取 *.H。
e) 单项次数栏打印本检验周期内单项检测的次数(含初复检)、以便明确该数据是第几次检测结果。制动各轴单项次数以该轴上检验设备次数为准；
f) 总检次数栏打印本检验周期内该车上线检测的总次数(含初复检)；
g) 挂车检测时与主车(牵引车)一起上线检测的，主车与挂车均按本表格式打印；
h) 当车辆外廓尺寸、整备质量检验项目使用仪器自动测量时，可一并在此表中打印。

I.2 三轮汽车、摩托车安全技术检验表(仪器设备检验部分)

I.2.1 三轮汽车、摩托车安全技术检验表(仪器设备检验部分)见表 I.2。

表 I.2 三轮汽车、摩托车安全技术检验表(仪器设备检验部分)

一、基本信息					
检验流水号		引车员		检验日期	
检验类别		检验项目		登录员	
号牌(自编)号		所有人			
号牌种类		车辆类型		品牌/型号	
车辆识别代号		发动机号		燃料类别	
初次登记日期		出厂年月		里程表读数	
整备质量(kg)		前照灯制		前照灯远光束能否单独调整	

表 I.2（续）

二、检验结果								
台试检测项目		轮荷(kg)		制动力(10N)		制动率(%)	项目判定	单项次数
		左	右	左	右			
制动B	前轮							
	后轮(轴)							
	驻车							
前照灯H	项目	远光发光强度(cd)					项目判定	单项次数
	左(单)灯							
	右灯							
路试制动性能				路试检验员				
车辆外廓尺寸(mm×mm×mm)：				整备质量(kg)：				
备注						总检次数		

I.2.2　三轮汽车、摩托车安全技术检验表(仪器设备检验部分)填表说明如下：

a)　路试制动性能中，按选择的如下路试检测项目打印项目名称(单位)、数据：

制动初速度，制动距离(m)，制动稳定性；

制动初速度，*MFDD*(m/s^2)，协调时间(s)，制动稳定性；

b)　单项次数栏打印本检验周期内单项检测的次数(含初复检)，以便明确该数据是第几次检测结果，制动各轴单项次数以该轴上检验设备次数为准；

c)　总检次数栏打印本检验周期内该车上线检测的总次数(含初复检)；

d)　当车辆外廓尺寸、整备质量检验项目使用仪器自动测量时，可一并在此表中打印。

参 考 文 献

［1］《中华人民共和国道路交通安全法》.

［2］《中华人民共和国道路交通安全法实施条例》.

［3］国家标准 GB 7258—2012《机动车运行安全技术条件》实施指南.北京：中国质检出版社，2012.

［4］俄联邦国家标准 GOST R 5109—2004《汽车安全行驶对技术状况的要求　检测方法》.

［5］货车验车员手册（中华人民共和国香港特别行政区运输署验车部）.

［6］私家车轻型货车（车辆总质量不超过 1.9 公吨）验车员手册.

［7］美国联邦机动车安全法规 49CFR570《Vehicle In Use Inspection Standards》.

［8］《Roadworthiness tests for motor vehicles and their trailers》(2009/40/EC).

［9］《Adapting to technical progress Directive 2009/40/EC of the European Parliament and of the Council on roadworthiness tests for motor vehicles and their trailers》(2010/48/EU).

［10］《Vermont periodic inspection manual》(TA-VN-112 03/01 INTERNET CAL Reprinted：March 2001).

［11］《Inspection standard for exported used cars》(JAAI 6-30B,March 23,1995).

ICS 07.060
N 93

中华人民共和国国家标准

GB/T 21978.2—2014
代替 GB/T 11832—2002

降水量观测仪器
第2部分:翻斗式雨量传感器

Instrument for precipitation observation—Part 2:Tipping bucket rainfall sensor

2014-07-08 发布　　2015-01-19 实施

中华人民共和国国家质量监督检验检疫总局
中国国家标准化管理委员会　发布

前　言

GB/T 21978《降水量观测仪器》分为7个部分：

——第1部分：雨量器；

——第2部分：翻斗式雨量传感器；

——第3部分：虹吸式雨量计；

——第4部分：浮子式雨量计；

——第5部分：雨量显示记录仪；

——第6部分：融雪型雨雪量计；

——第7部分：光电式雨雪量计。

本部分为GB/T 21978的第2部分。

本部分按照GB/T 1.1—2009给出的规则起草。

本部分代替GB/T 11832—2002《翻斗式雨量计》，与GB/T 11832—2002相比，主要内容变化如下：

——删除原标准中记录与显示部分的技术内容，同时标准名称变更，纳入GB/T 21978《降水量观测仪器》系列标准中；

——对重复性要求重新进行了规定；

——增加了测量准确度、重复性试验方法；

——增加了抽样检验要求。

本部分由中华人民共和国水利部提出。

本部分由全国水文标准化技术委员会水文仪器分技术委员会（SAC/TC 199/SC 1）归口。

本部分起草单位：水利部水文仪器及岩土工程仪器质量监督检验测试中心、南京扬子水利自动化技术开发总公司、中国水利水电科学研究院、北京奥特美克科技发展有限公司、水利部南京水利水文自动化研究所、宁波市阳光汽车配件有限公司、宁波北仑华赛液压器材有限公司。

本部分主要起草人：徐海峰、冯讷敏、吴怡、李薇、董秀颖、牛睿平、孙建会、吴玉晓。

本部分所代替标准的历次版本发布情况为：

——GB/T 11832—1989、GB/T 11832—2002。

降水量观测仪器
第2部分:翻斗式雨量传感器

1 范围

GB/T 21978的本部分规定了翻斗式雨量传感器的要求、试验方法、检验规则、标志和使用说明书、包装、运输、贮存等。

本部分适用于用来连续观测降雨量的翻斗式雨量传感器(以下简称传感器)。

2 规范性引用文件

下列文件对于本文件的应用是必不可少的。凡是注日期的引用文件,仅注日期的版本适用于本文件。凡是不注日期的引用文件,其最新版本(包括所有的修改单)适用于本文件。

GB/T 9359 水文仪器基本环境试验条件及方法

GB/T 13264 不合格品百分数的小批计数抽样检验程序及抽样表

GB/T 18185—2000 水文仪器可靠性技术要求

GB/T 18522.3—2001 水文仪器通则 第3部分:基本性能及其表示方法

GB/T 18522.6—2007 水文仪器通则 第6部分:检验规则及标志、包装、运输、贮存、使用说明书

GB/T 19677 水文仪器术语及符号

GB/T 50095 水文基本术语和符号标准

3 术语和定义

GB/T 19677、GB/T 50095界定的以及下列术语和定义适用于本文件。

3.1

湿润损失 loss of wetness

进入承雨口的降雨在流入翻斗前被截留没得到计量的部分。

注:湿润损失一般发生在降雨开始时。

3.2

重复性限 repeatability limit

在重复性条件下,对同一被测量的任意两次测量结果之差,以95%的概率不会被超出的极限值。

4 结构与组成

传感器的结构一般分为承雨口部件和计量部件。仪器通过承雨口部件,收集降雨,计量部件中的翻斗进行计量,并输出可以计量的物理量信号。以计量部件中翻斗层数来分类,又可分为单层翻斗、双层翻斗和三层翻斗等形式。

5 要求

5.1 外观

成品零部件的加工表面不应有影响外观质量的损伤、沟痕和锈蚀等缺陷。

5.2 工作环境条件

传感器应在下列环境条件下正常工作：

a） 温度：0 ℃～55 ℃；

b） 相对湿度：不大于95%（40 ℃凝露）。

5.3 分辨力

传感器的分辨力分为四种规格：0.1 mm、0.2 mm、0.5 mm、1.0 mm。

5.4 承雨口

5.4.1 一般要求

承雨口应采用不易变形的材料制成。

承雨口口缘呈刃口状，内壁光滑，不应有砂眼、毛刺、碰伤、镀层脱皮、渗漏等缺陷。

进入承雨口的降雨不应溅出承雨口外，承雨口内壁深度应不小于100 mm。

5.4.2 内径尺寸

承雨口内径尺寸为 $\phi 200^{+0.60}_{0}$ mm。

5.4.3 刃口角度

承雨口刃口角度应在40°～45°范围内。

5.5 降雨强度测量范围

传感器应能准确测量降雨强度在0 mm/min～4 mm/min范围内的降雨，并应注明传感器允许通过的最大降雨强度。

5.6 灵敏阈

灵敏阈应为湿润损失与仪器分辨力之和。湿润损失应小于或等于0.5 mm。

5.7 测量准确度

当降雨强度在0.01 mm/min～4.0 mm/min范围内变化时，传感器准确度等级见表1。

表1 传感器准确度等级

准确度等级	翻斗计量误差 E_b
Ⅰ	≤±2%
Ⅱ	≤±3%
Ⅲ	≤±4%

翻斗计量产生的误差为翻斗计量误差，其误差按公式(1)计算，测试条件为室内人工滴水：

$$E_b=\frac{\bar{V}_m-\bar{V}_a}{\bar{V}_a}\times 100\% \quad \cdots\cdots(1)$$

式中：

E_b ——翻斗计量误差；

$\bar{V}_m$ ——翻斗测量翻转水量，单位为毫升(mL)；

$\bar{V}_a$ ——翻斗实际翻转水量，单位为毫升(mL)。

注：通常测量准确度与传感器翻斗计量误差有关，当传感器具有翻斗计量误差修正功能时，还与其修正精度有关。

5.8 重复性

重复性的定量表达采用重复性标准差 S_r。在相同工作条件下及规定降雨强度范围内，翻斗计量误差重复性限 r 应不超过1%，其中 $r=2.83S_r$。

注：相同工作条件是指相同的测量环境、相同的测量程序、相同的测量仪器、相同的测量人员、相同的位置及在短时间内重复。

5.9 输出

传感器的输出应满足下列要求：

a) 发讯元件可采用干簧管或其他元件，推荐采用干簧管。翻斗翻转数与输出信号数应有确定的对应关系。

b) 采用接点通断信号输出的传感器，接点允许承受电压不小于16 V，允许通过电流不小于50 mA；输出端开路电阻不小于1 MΩ，接触电阻不大于10 Ω；输出端与外壳绝缘电阻不小于1 MΩ。

c) 发讯元件寿命大于或等于 10^5 次。

5.10 安装

传感器应具备适应野外安装的条件，能方便、可靠、牢固地安装于符合规定的观测场所及位置。传感器各零部件应安装牢固，翻转灵活，不应有松脱、变形及其他影响使用的缺陷。

5.11 防护

传感器应具有良好的适应室外工作条件的能力，应有防锈、防蚀、防堵、防虫等措施。

5.12 机械环境适应性

5.12.1 振动

传感器在包装状态下，在承受10 Hz～150 Hz～10 Hz、加速度为 $2g$ 的扫频振动后，应能满足下列要求：

a) 外包装箱不得有任何损坏和变形，产品内部结构中各结合部不得有松脱、零部件破损等现象；

b) 产品各项功能正常。

5.12.2 自由跌落

传感器在包装状态下，在离地面一定垂直高度处自由跌落后，应能满足下列要求：

a) 外包装箱不得有任何损坏和变形，产品内部结构中各结合部不得有松脱、零部件破损等现象；

b) 产品各项功能正常。

5.13 可靠性

传感器在正常工作条件下,平均无故障工作时间 MTBF≥25 000 h。

6 试验方法

6.1 主要试验设备

主要试验设备应包括:

a) 游标卡尺,0.02 mm;

b) 万能角度尺;

c) 雨量滴定装置或专用恒速注水装置;

d) 电子秤;

e) 欧姆表;

f) 兆欧表;

g) 高低温交变湿热箱;

h) 冲击试验台;

i) 振动试验台。

6.2 方法

6.2.1 外观

目测检查。

6.2.2 工作环境条件

按 GB/T 9359 的规定进行试验。

6.2.3 承雨口

目测检查外观质量。

用分度值为 0.02 mm 游标卡尺量取承雨口内径,均匀取六个不同方向,检查每一方向的测量值,其值均应在规定误差范围内。

用万能角度尺检查刃口锐角。

6.2.4 灵敏阈

在翻斗上方漏斗口安装(内部已湿润的)引水管,以便能将清水引入预先准备好的容器内。

在受试传感器处于干燥情况下,以 3 mm/min～4 mm/min 降雨强度向承雨口面均匀注入相当于约 50 mm 降雨量的清水(用称重法计量注入清水量)。

当引水管不再有清水流出时(等待时间不应小于 10 min),对容器内清水称重计量,对比注入前后的清水量,其差即为湿润损失,灵敏阈为湿润损失与仪器分辨力之和。

6.2.5 分辨力、降雨强度测量范围及测量准确度

6.2.5.1 方法选择

分辨力、降雨强度测量范围及测量准确度的试验方法分为自身排水量法和注入法,可任选一种进行试验。

6.2.5.2 自身排水量法

在室内规定条件下，传感器处于正常工作状态时，在降雨强度为 0.3 mm/min～4.2 mm/min 范围内，分大(降雨强度 3.8 mm/min～4.2 mm/min)、中(降雨强度 1.5 mm/min～2.5 mm/min)、小(降雨强度 0.3 mm/min～0.5 mm/min)三种降雨强度匀速向仪器注入清水，同时用专用计数器对翻斗翻转次数进行计数，翻斗翻转各 $10/c$ 次(c 为仪器分辨力)，采用标准器具测量仪器自身排水量。

6.2.5.3 注入法

在室内规定条件下，传感器处于正常工作状态时，分大(降雨强度 3.8 mm/min～4.2 mm/min)、中(降雨强度 1.5 mm/min～2.5 mm/min)、小(降雨强度 0.3 mm/min～0.5 mm/min)三种不同降雨强度恒速向仪器注入清水，并记录传感器的输出和历时。

6.2.6 重复性

6.2.6.1 方法选择

应按 6.2.5.1 选取的方法进行试验。

6.2.6.2 自身排水量法

在室内规定条件下，传感器处于正常工作状态时，在降雨强度为 0.3 mm/min～4.2 mm/min 范围内，分大、中、小三种降雨强度(降雨强度同 6.2.5.2)，分别 6 次匀速向仪器注入清水，同时用专用计数器对翻斗翻转次数进行计数，翻斗翻转各 $10/c$ 次，采用标准器具测量仪器自身排水量。

6.2.6.3 注入法

在室内规定条件下，传感器处于正常工作状态时，分大、中、小三种不同降雨强度(降雨强度同 6.2.5.3)向仪器恒速注入清水，重复进行 6 次，记录每次传感器的输出和历时。

上述试验完成后，按 GB/T 18522.3—2001 中 4.1.4.2 规定，计算重复性标准差和重复性限。

6.2.7 输出

受试传感器人工滴水，连续工作时，检查传感器输出。

当采用接点通断输出时，接点通时，用欧姆表测量信号输出端间接触电阻。

当采用接点通断输出时，接点断时，用欧姆表测量信号输出端间开路电阻。

用兆欧表测量输出端与外壳间绝缘电阻。

6.2.8 安装与防护

目测检查。

6.2.9 机械环境适应性

6.2.9.1 振动试验

受试传感器在包装状态下，固定在振动试验台上，进行 10 Hz～150 Hz～10 Hz、加速度为 $2g$ 的扫频试验，持续时间 45 min，检查传感器的情况。

6.2.9.2 自由跌落试验

受试传感器在包装状态下，在跌落试验台上进行试验。当毛重小于或等于 50 kg 时，跌落高度为

250 mm；当毛重在 50 kg～100 kg 时，跌落高度为 100 mm。

连续跌落 4 次，检查传感器的情况。

6.2.10 可靠性

按 GB/T 18185—2000 规定进行可靠性验证试验。

7 检验规则

7.1 出厂检验

7.1.1 要求

7.1.1.1 应由生产企业或公司的质量检验部门进行产品的出厂检验，出厂检验分为全检与抽检，产品应经出厂检验合格并签发合格证后，方可出厂、销售。

7.1.1.2 全检系对全部产品逐个进行特定项目检验，发现不合格品应进行返工直至合格。

7.1.1.3 抽检系对特定项目进行抽样检验，按 GB/T 13264 的相关规定进行，每批最少应不少于三台，若产品数量少于三台，则应全检；当抽检项目出现不合格项时，应根据问题性质决定加倍复检或逐台试验，并应将该台产品进行返工直至合格。

7.1.2 项目

出厂检验项目分全检和抽检两种。对 5.1、5.4、5.7 进行全检，对 5.8 进行抽检。

7.2 型式检验

7.2.1 要求

有下列情况之一时，应进行型式检验：

a) 新产品或老产品转厂生产的试制定型鉴定；
b) 定型产品在结构、工艺或使用的材料作较大改变，可能影响产品性能时；
c) 产品停产(两年以上)后，恢复生产时；
d) 出厂检验结果与上次型式检验有较大差异时；
e) 正常生产时，定期或累计一定产量后，应周期性进行一次检查；
f) 合同规定进行型式检验时。

7.2.2 项目

型式检验由质量检验部门按第 5 章规定的内容及第 9 章贮存的要求进行全性能检验。型式检验的台数不应少于三台，应从出厂检验合格品中随机抽取。

7.2.3 抽样规则

按 GB/T 18522.6—2007 中 4.2.3 的规定进行。

7.2.4 合格判定规则

按 GB/T 18522.6—2007 中 4.2.4 的规定进行判定。

8 标志和使用说明书

8.1 标志

应符合 GB/T 18522.6—2007 第 5 章的要求。

8.2 使用说明书

应符合 GB/T 18522.6—2007 第 9 章的相关要求。

9 包装、运输和储存

9.1 包装

应符合 GB/T 18522.6—2007 第 6 章的相关要求。

9.2 运输

包装好的传感器应能适应陆运、水运和空运等各种运输方式。

9.3 贮存

应符合 GB/T 9359 的要求。

ICS 07.060
N 93

中华人民共和国国家标准

GB/T 21978.5—2014
代替 GB/T 11831—2002

降水量观测仪器
第5部分:雨量显示记录仪

Instrument for precipitation observation—
Part 5:Display and record for rainfall

2014-07-08 发布　　2015-01-19 实施

中华人民共和国国家质量监督检验检疫总局
中国国家标准化管理委员会　发布

前　言

GB/T 21978《降水量观测仪器》分为7个部分：

——第1部分：雨量器；

——第2部分：翻斗式雨量传感器；

——第3部分：虹吸式雨量计；

——第4部分：浮子式雨量计；

——第5部分：雨量显示记录仪；

——第6部分：融雪型雨雪量计；

——第7部分：光电式雨雪量计。

本部分为GB/T 21978的第5部分。

本部分按照GB/T 1.1—2009给出的规则起草。

本部分代替GB/T 11831—2002《水文测报装置　遥测雨量计》，与GB/T 11831—2002相比，主要内容变化如下：

——标准名称变更，纳入GB/T 21978《降水量观测仪器》系列标准中；

——删除与本部分无关的内容。

本部分由中华人民共和国水利部提出。

本部分由全国水文标准化技术委员会水文仪器分技术委员会(SAC/TC 199/SC 1)归口。

本部分起草单位：水利部水文仪器及岩土工程仪器质量监督检验测试中心、南京扬子水利自动化技术开发总公司、水利部南京水利水文自动化研究所、宁波市阳光汽车配件有限公司、宁波北仑华赛液压器材有限公司。

本部分主要起草人：徐海峰、冯讷敏、吴怡、谢艳芳、金玲、袁树堂、牛睿平、李颖、刘晓凤。

本部分所代替标准的历次版本发布情况为：

——GB/T 11831—1989、GB/T 11831—2002。

降水量观测仪器
第5部分：雨量显示记录仪

1 范围

GB/T 21978的本部分规定了雨量显示记录仪的要求、试验方法、检验规则、标志和使用说明书、包装、运输、贮存等。

本部分适用于与雨量传感器配套使用，用来显示、记录降雨量、降雨历时与降雨强度的雨量显示记录仪（以下简称显示记录仪）。

2 规范性引用文件

下列文件对于本文件的应用是必不可少的。凡是注日期的引用文件，仅注日期的版本适用于本文件。凡是不注日期的引用文件，其最新版本（包括所有的修改单）适用于本文件。

GB 4208 外壳防护等级（IP代码）

GB/T 9359 水文仪器基本环境试验条件及方法

GB/T 18185—2000 水文仪器可靠性技术要求

GB/T 18522.6—2007 水文仪器通则 第6部分：检验规则及标志、包装、运输、贮存、使用说明书

GB/T 19677 水文仪器术语及符号

GB/T 19704—2005 水文仪器显示与记录

GB/T 19705—2005 水文仪器信号与接口

GB/T 50095 水文基本术语和符号标准

3 术语和定义

GB/T 19677、GB/T 50095界定的术语和定义适用于本文件。

4 分类

显示记录仪具有将雨量传感器的输出信号进行显示、记录等功能。一般分为划线记录、固态存储和电子显示等。

5 要求

5.1 外观

显示记录仪各部件所敷保护层应牢固、均匀、光洁。成品零部件的加工表面不应有影响外观质量的损伤、沟痕、锈蚀等缺陷，各类标识应清晰。

5.2 工作环境条件

5.2.1 室外用仪器

室外用显示记录仪应在下列环境条件下正常工作：

a） 温度：0 ℃～55 ℃；

b） 相对湿度：不大于95％（40 ℃凝露）。

5.2.2 室内用仪器

室内用显示记录仪应在下列环境条件下正常工作：

a） 温度：0 ℃～40 ℃；

b） 相对湿度：不大于90％（40 ℃）。

5.3 记录周期/容量

划线记录的记录纸记录周期：日、周。

固态存储器的雨量数据存储容量按每5 min存储一个雨量数据计算，应不低于1年。

5.4 计时装置

5.4.1 计时误差

计时装置的最大允许误差见表1。计时方式分为电子计时和机械计时两种。

表1 计时装置的最大允许误差

单位为分钟

计时方式	记录周期					
	日记	周记	月记	季记	半年记	年记
电子计时	±0.25	±1	±2	±4	±6	±9
机械计时	±5	±10	—	—	—	—

5.4.2 连续工作时间

当采用机械计时时，连续工作时间应符合表2的要求。

表2 连续工作时间

单位为天

记录日期	日记	周记
时间	≥1.5	≥8

5.5 固态存储功能

5.5.1 采集功能

显示记录仪应能正确接收雨量传感器的脉冲或数字输出信号，其允许误差应在－0.1％～0.1％之间。

5.5.2 存储功能

5.5.2.1 媒介

显示记录仪存储媒介宜采用非易失性的半导体存储器，应有可靠的措施防止数据丢失。数据及其时标的存储格式可自行规定，以编码可靠、简明、少占存储空间为宜。

5.5.2.2 时间间隔

数据存储时间间隔选取系列为1 min、5 min、6 min、15 min、30 min、1 h、4 h、6 h、12 h、24 h。

5.5.3 数据读出功能

对于数据存储式显示记录仪，应能在现场通过数据读出器、便携式微机或数据存储卡（盘）等读取已存储的数据。

对于数据存储加远传式装置，除了上述数据读取功能外，应能以有线或无线方式定时定量向数据处理中心传送数据，也可由数据处理中心通过召测方式传送数据。数据通信规约应符合相关水文自动测报系统标准的规定。

5.6 划线记录

显示记录仪采用图形记录时，自记笔尖在自记纸上划线应流利、不刮纸。仪器最大记录雨强应不小于4 mm/min，当仪器在最大雨强条件下连续工作时，记录图形应完整、清晰，无重叠、模糊等现象。

5.7 数据处理和显示

显示记录仪宜有降雨量、降雨历时等数据处理功能。

显示记录仪一般应具备表示降雨量的数字显示或其他显示。

具有图形记录功能的显示记录仪，图形划线记录值与数字显示值差值应小于等于仪器分辨力。

具有固态存贮功能的显示记录仪，其记录值与数字显示值应完全一致。

5.8 接口

所有接口应符合GB/T 19705—2005的相关规定。

5.9 电源

5.9.1 显示记录仪推荐选用蓄电池供电。当选用交流电源时，宜配备备用的蓄电池，并实现交直流自动切换。

5.9.2 电池容量宜大于仪器在规定记录周期内和恶劣条件下所耗电量的1.5倍。

5.9.3 直流电源电压波动+20%～−15%时，显示记录仪工作应正常。

5.10 防护

显示记录仪的防护等级应达到IP55。

5.11 防雷电及抗电磁干扰

显示记录仪应具有有效的绝缘、屏蔽等防护措施，应具有较强的防感应雷击及抗电磁干扰能力。

5.12 机械环境适应性

5.12.1 振动

显示记录仪在包装状态下，在承受10 Hz～150 Hz～10 Hz、加速度为2 *g* 的扫频振动后，应能满足下列要求：

a) 外包装箱不得有任何损坏和变形，产品内部结构中各结合部不得有松脱、零部件破损等现象；

b) 产品各项功能正常。

5.12.2 自由跌落

显示记录仪在包装状态下,在离地面一定垂直高度处自由跌落后,应能满足下列要求:

a) 外包装箱不得有任何损坏和变形,产品内部结构中各结合部不得有松脱、零部件破损等现象;
b) 产品各项功能正常。

5.13 可靠性

显示记录仪在正常工作条件下,平均无故障工作时间(MTBF)≥25 000 h。

6 试验方法

6.1 主要试验设备

主要试验设备应包括:

g) 高低温交变湿热箱;
b) 振动试验台;
c) 冲击试验台;
d) 电磁干扰器;
e) 稳压电源;
f) 计数器;
g) 与其配套的雨量传感器。

6.2 方法

6.2.1 外观

手动和目测检查。

6.2.2 工作环境条件

按 GB/T 9359 的规定进行试验。

6.2.3 记录周期/容量

在室温条件下,受试显示记录器按 GB/T 19704—2005 中 6.2.1.3 的要求,决定运行试验时间,检查记录容量。

6.2.4 计时装置

在室温条件下,受试显示记录器按 GB/T 19704—2005 中表 1 的要求,决定运行试验时间,检查计时误差。

6.2.5 固态存储功能

6.2.5.1 采集功能

在室温条件下,传感器与显示记录仪按规定导线相连,以 4 mm/min 左右降雨强度向传感器注入清水,模拟降雨量应不小于 1 000 mm,检查传感器输出和显示记录仪的工作情况。

6.2.5.2 存储功能

按产品使用说明书,检查产品参数设置功能。

在室温条件下,将传感器与显示记录仪按规定导线相连,以 4 mm/min 左右降雨强度向传感器注入清水,模拟降雨量应不小于 300 mm,检查固态存储的情况。

6.2.5.3 数据读出功能

按产品使用说明书,读出固态存储的雨量数据,本试验可与 6.2.5.1、6.2.5.2 一起进行。对于数据加远传式装置应试验其远传功能。

6.2.6 划线记录

在室温条件下,将传感器与显示记录器按规定导线相连,以 4 mm/min 左右降雨强度向传感器注入清水,模拟降雨量应不小于 300 mm,检查记录曲线的情况。

6.2.7 数据处理和显示

在室温条件下,将传感器与显示记录器按规定导线相连,以 4 mm/min 左右降雨强度向传感器注入清水,模拟降雨量应不小于 300 mm,检查数据处理和显示的情况。

6.2.8 接口

按 GB/T 19705—2005 规定的试验方法进行。

6.2.9 电源

直流电压波动+20%~-15%,检查显示记录仪的工作情况。

对使用交直流供电的显示记录仪,检查自动切换功能的工作情况。

6.2.10 防护

按 GB 4208 规定的试验方法进行。

6.2.11 防雷电及抗电磁干扰

用电磁干扰器(或 600 W 以上冲击钻)在工作状态下的显示记录仪旁 25 cm 处开关 10 次,每次持续 1 min,检查显示记录仪的工作情况。

在带电状态下,用模拟雷电波发生器 500 V(蓄电池供电)或 1 000 V(交流供电)、500 μs 冲击显示记录仪输入、输出端,检查其工作情况。

6.2.12 机械环境适应性

6.2.12.1 振动试验

受试显示记录仪在包装状态下,固定在振动试验台上,进行 10 Hz~150 Hz~10 Hz、加速度为 2 *g* 的扫频试验,持续时间 45 min,检查显示记录仪的工作情况。

6.2.12.2 自由跌落试验

受试显示记录仪在包装状态下,在跌落试验台上进行试验。当毛重小于或等于 50 kg 时,跌落高度为 250 mm;当毛重在 50 kg~100 kg 时,跌落高度为 100 mm。

连续跌落 4 次，检查显示记录仪的工作情况。

6.2.13 可靠性

按 GB/T 18185—2000 的规定进行可靠性验证试验。

7 检验规则

7.1 出厂检验

7.1.1 要求

7.1.1.1 应由生产企业或公司的质量检验部门进行产品的出厂检验，出厂检验应逐个检验，产品应经出厂检验合格并签发合格证后，方可出厂、销售。

7.1.1.2 出厂检验中发现不合格品应进行返工直至检验合格。

7.1.2 项目

显示记录仪出厂检验项目为 5.1、5.5、5.7 或 5.1、5.6、5.7。

7.2 型式检验

7.2.1 要求

有下列情况之一时，应进行型式检验：

a) 新产品或老产品转厂生产的试制定型鉴定；
b) 定型产品在结构、工艺或使用的材料作较大改变，可能影响产品性能时；
c) 产品停产(两年以上)后，恢复生产时；
d) 出厂检验结果与上次型式检验有较大差异时；
e) 正常生产时，定期或累计一定产量后，应周期性进行一次检查；
f) 合同规定进行型式检验时。

7.2.2 项目

型式检验由质量检验部门按本部分第 5 章规定的内容及第 9 章贮存的要求进行全性能检验。型式检验的台数不应少于三台，应从出厂检验合格品中随机抽取。

7.2.3 抽样规则

按 GB/T 18522.6—2007 中 4.2.3 的规定进行。

7.2.4 合格判定规则

按 GB/T 18522.6—2007 中 4.2.4 的规定进行判定。

8 标志和使用说明书

8.1 标志

应符合 GB/T 18522.6—2007 第 5 章的要求。

8.2 使用说明书

应符合 GB/T 18522.6—2007 第 9 章的相关要求。

9 包装、运输和储存

9.1 包装

应符合 GB/T 18522.6—2007 第 6 章的相关要求。

9.2 运输

包装好的显示记录仪应能适应陆运、水运和空运等各种运输方式。

9.3 贮存

应符合 GB/T 9359 的要求。

ICS 33.100
L 06

中华人民共和国国家标准

GB/T 22148.1—2014/CISPR/TR 30-1:2012
代替 GB/T 22148—2008

电磁发射的试验方法　第1部分：单端和双端荧光灯用电子控制装置

Test method on electromagnetic emissions—Part 1:Electronic control gear for single-and double-capped fluorescent lamps

(CISPR/TR 30-1:2012,IDT)

2014-12-22 发布　　　　2015-06-01 实施

中华人民共和国国家质量监督检验检疫总局
中国国家标准化管理委员会　发布

前　言

GB/T 22148《电磁发射的试验方法》包含以下部分：

——第1部分：单端和双端荧光灯用电子控制装置；

——第2部分：放电灯(荧光灯除外)用电子控制装置。

本部分是GB/T 22148的第1部分。

本部分按照GB/T 1.1—2009给出的规则起草。

本部分代替GB/T 22148—2008《单端和双端荧光灯用电子镇流器的电磁发射试验方法》，与GB/T 22148—2008相比，主要变化如下：

——标准名称由《单端和双端荧光灯用电子镇流器的电磁发射试验方法》改为《电磁发射的试验方法　第1部分：单端和双端荧光灯用电子控制装置》；

——增加了“为了EMC符合性，灯具制造商应该同时考虑本部分的第6章和第7章，以及灯的控制装置制造商的安装说明。”(见第3章)；

——“基准灯具用厚度为1 mm±0.1 mm的金属平板制成”改为“基准灯具用厚度为1 mm±0.5 mm的金属平板制成”；

——增加图A.7～图A.10的安装和接线布置图；

——修订了接地的描述(见5.3)；

——增加标记要求(见第6章)。

本部分使用翻译法等同采用CISPR/TR 30-1：2012(1.0版)《电磁发射的试验方法　第1部分：单端和双端荧光灯用电子控制装置》。

本部分作了如下编辑性修改：

——在第1章范围中，CISPR/TR 30-1:2012中为230 V/50 Hz，本部分根据中国电网实际情况，选择220 V/50 Hz。

——对附录A中图的序号进行重新排序。

与本部分中规范性引用的国际文件有一致性对应关系的我国文件如下：

——GB 17743—2007 电气照明和类似设备的无线电骚扰特性的限值和测量方法(CISPR 15:2005,IDT)。

本部分由全国无线电干扰标准化技术委员会(SAC/TC 79)提出并归口。

本部分起草单位：中国电器科学研究院有限公司、合肥美的电冰箱有限公司、广东省东莞市质量监督检测中心、威凯检测技术有限公司、浙江阳光照明电器集团股份有限公司、北京泰瑞特检测技术服务有限责任公司、上海时代之光照明电器检测有限公司、中国家用电器研究院、佛山市华全电气照明有限公司、深圳市检验检疫科学研究院。

本部分主要起草人：杨春荣、季涛、陈伟权、邓俊泳、陈以平、曾博、吴晓、李秀青、刘尔立、曲宗峰、柯柏权、谢晋雄。

本部分所代替标准的历次版本发布情况为：

——GB/T 22148—2008。

引　言

CISPR 15:2005 明确规定了照明设备的无线电频率骚扰限值的要求，但仅对视为成品并计划投放终端用户市场的照明设备做出了规定，例如，灯具、自镇流荧光灯和独立式电子控制装置。对打算安装在灯具内的部件没有发射要求。

大部分灯(管形荧光灯、低压卤钨灯或者 HID 灯)用电子控制装置都被安装在不同类型的灯具内，不仅被安装在不同制造商的灯具中，而且被安装在同一制造商的不同种类的灯具中。

虽然能在配备相同电子控制装置和灯管的其他灯具的测量预知某种类型灯具的骚扰数据，但是所有这些灯具仍应进行测试。

这就引出一个问题，能否设计一个最恶劣情况下的试验灯具用于安装受试电子控制装置，在这种情况下，该试验灯具符合相关要求，那么内装该电子控制装置的所有灯具均符合要求，可以避免大量多余的试验。这个想法似乎是正确的、简单的而且有趣的，但引出两种意见：

——最恶劣情况的灯具过于严格。从预测中发现电子控制装置安装在最恶劣情况的灯具中不能通过某些试验，而在实际灯具中能够通过。

——即使安装在最恶劣情况的灯具中的电子控制装置通过了试验，仍存在一个问题，若该电子控制装置装在实际的灯具内不符合要求，由谁来负责。

因此不宜改变 CISPR 15:2005 对灯具中内装式部件无发射要求的基本原则。

然而，在无线电频谱内必需有检测电子控制装置性能的独立的试验方法。

GB/T 22148.1—2014 代替 GB/T 22148—2008，与 GB/T 22148.2—2014 一同发布。每个部分都是独立的并且描述了使用电子控制装置的特别的灯具类型的测试布置。这种分开出版的格式是为了便于今后的修订和修改。当确认需要的时候，会增加相应的额外要求。

GB/T 22148.1—2014 涉及到单端和双端荧光灯用的电子控制装置。

GB/T 22148.2—2014 描述的是荧光灯除外的其他气体放电灯电子控制装置的 EMC 测试方法所涉及的参考灯具。

电磁发射的试验方法　第1部分：单端和双端荧光灯用电子控制装置

1　范围

GB/T 22148的本部分与CISPR 15:2005的要求相对应，在使用基准灯具的基础上，详细描述了Ⅰ类和/或Ⅱ类荧光灯具用电子控制装置的无线电骚扰特性的独立试验方法。

本部分覆盖了使用G5或G13灯头的双端荧光灯和2GX7、2G8、2G10、2G11、2GX13、G23、GX23、G24q、GX24q、GR8和GR10q灯头的单端荧光灯用电子控制装置。

注：上述清单只包含了一些常用的典型灯头，并没有将所有的灯头都表示出来。

本部分专门适用于连接到220 V/50 Hz电源网络上的设备。对于其他的电源系统，应进行必要的修改。

2　规范性引用文件

下列文件对于本文件的应用是必不可少的。凡是注日期的引用文件，仅注日期的版本适用于本文件。凡是不注日期的引用文件，其最新版本(包括所有的修改单)适用于本文件。

CISPR 15:2005+A1:2006+A2:2008　电气照明和类似设备的无线电骚扰特性的限值和测量方法(Limits and methods of measurement of radio disturbance characteristics of electrical lighting and similar equipment)

3　符合性判断

如果与相应的基准灯具相连的电子控制装置符合CISPR 15:2005的表2a的端子电压限值和表3a、表3b或表B.1的辐射骚扰限值，那么认为其符合CISPR 15:2005的无线电骚扰限值。当电子灯的控制装置由外部装置控制时，控制端的骚扰电压应当符合CISPR 15:2005中表2c的限值。负载端子骚扰电压的限值不适用。

然而，应该指出的是基准灯具不是一个最恶劣情况的灯具，基准灯具的使用不能精确反映实际灯具的性能。内装受试电子控制装置的实际灯具，不能直接认为满足CISPR 15:2005的要求。

为了EMC符合性，灯具制造商应该同时考虑本部分的第6章和第7章，以及灯的控制装置制造商的安装说明。

4　试验方法

按照第5章的说明，将电子控制装置安装在基准灯具内。

当电子控制装置被设计成驱动一根以上灯管时，所有的灯管应同时工作。

基准灯具应按照CISPR 15:2005中8.1、9.1和9.2(或附录B)描述的测量方法进行试验。

试验应使用电子控制装置设计所匹配的灯管。

工作条件应用CISPR 15:2005第6章。

5 基准灯具

5.1 结构

基准灯具用厚为 1 mm±0.5 mm 的金属板制成，外形尺寸如图 A.1～图 A.10 所示。金属板安装在比其稍大，厚度为 20 mm±2 mm 的绝缘材料上。电子控制装置和灯座安装在金属板上。灯座高度应使得灯管与金属板之间距离满足：标称灯管直径小于或等于 25 mm 的，应为 9 mm±1 mm；标称灯管直径大于 25 mm 的，应为 20 mm±1 mm。单端荧光灯应安装在穿过灯管中心线并与金属板平行的平面内，末端用一块小的绝缘材料支撑。

金属板的长度应如布置图所示。对于双端荧光灯，基准灯具应根据每一种灯的长度进行设计。然而，由于某些类型的荧光灯管在长度方面仅有小的差异，则同一基准灯具可以用于一种以上的灯管长度。

5.2 安装和接线布置

图 A.1～图 A.10 描述了安装和接线布置。

图 A.1 给出了两根双端荧光灯的基准灯具的安装和接线布置图。

图 A.2 给出了两根单端荧光灯的基准灯具的安装和接线布置图，电子控制装置的接线端子在两侧。

图 A.3 给出了两根单端荧光灯的基准灯具的安装和接线布置图，电子控制装置的接线端子在同侧。

图 A.4 给出了一根、两根、三根或四根双端荧光灯的基准灯具的安装布置图。

图 A.5 给出了一根、两根、三根或四根单端荧光灯的基准灯具的安装布置图，电子控制装置的接线端子在两侧。

图 A.6 给出了一根、两根、三根或四根单端荧光灯的基准灯具的安装布置图，电子控制装置的接线端子在同侧。

图 A.7 给出了四根双端荧光灯的基准灯具的安装和接线布置图，电子控制装置的输出端子在两侧。

图 A.8 给出了一根、两根、三根或四根双端荧光灯的基准灯具的安装和接线布置图，电子控制装置的输出端子在两侧。

图 A.9 给出了一根环形荧光灯的基准灯具的安装和接线布置图，电子控制装置的端子在同侧。

图 A.10 给出了两根环形荧光灯的基准灯具的安装和接线布置图，电子控制装置的端子在同侧。

5.3 接地

基准灯具的金属板（如果有）和电子控制装置的保护接地（PE）或者功能接地（FE）连接的信息见表 1。

如果使用了金属板（适用于在金属外壳或部分金属外壳的灯具中所使用的电子控制装置），那么金属板应与 V 型网络的参考地相连接。

如果电子控制装置有接地端子且设计成在金属外壳灯具使用时，该端子应用尽可能短的导线与金属板相连接。具有金属外壳的电子控制装置应固定到金属板上，以确保充分的电接触。

如果电子控制装置使用在具有塑料外壳的灯具中，应当移除基准灯具上的金属板。

5.4 布线

推荐在基准灯具上使用不绞纽且为扁平多股的电缆。图中给出的靠近的电缆线，它们互相之间、与金属板之间应尽可能近的安装。连接线的线径和绝缘性应能满足电源电压和电流的要求。基准灯具与人工电源网络之间的连线，以及到测量接收机的连线应符合 CISPR 15:2005(图 5 和图 6)的要求。

表 1　Ⅰ类和Ⅱ类保护器具接地连接概述

控制装置设计 (端子)	选择的灯具设计	
	A)Ⅰ类保护	B)Ⅱ类保护
PE、L、N 或 FE、L、N	带有金属板的基准灯具： ● 基准灯具的 PE 端子需要连接到金属平板； ● 电子控制装置的 PE 或 FE 需要连接到金属平板； ● 用固定控制装置的方法将控制装置连接至金属平板	不带有金属板的基准灯具： ● 如果仅用来满足 EMC 要求，基准灯具的 FE 端子连接到控制装置的 FE 端子。控制装置的 PE 端子可以不连接
L、N	带有金属板的基准灯具： ● 基准灯具的 PE 端子需要连接到金属平板； ● 适用时，用固定安装的方法将控制装置的外壳连接至金属板	不带有金属板的基准灯具

6　标志

根据测量布置选择的灯具设计类型应在技术文件中说明。可在控制装置的标签上提供以下信息：

——“CIS 30-1：M”表示为Ⅰ类保护的灯具设计；

——“CIS 30-1：P”表示为Ⅱ类保护的灯具设计；

——“CIS 30-1：M＋P”表示为Ⅰ类保护和Ⅱ类保护的灯具设计。

7　灯具设计指南

灯具内含有电子控制装置时，电子控制装置的安装方法和灯具本身的设计可能影响灯具的无线电骚扰特性。

推荐由电子控制装置的制造商对灯具设计者提供影响灯具无线电骚扰特性的指南。

与此相关的基本设计准则如下：

——灯具内接线应尽量短；

——把电源线和控制线与灯的接线和灯分开；

——如果不可能分开的话，电源线和控制线用套管隔开；

——确保灯具内所有的金属部件和电子控制装置外壳之间的电接触和(或)连接可靠；

——如果灯管周围有金属罩，确保功能接地连接良好。

附 录 A
（资料性附录）
安装和接线布置

单位为毫米

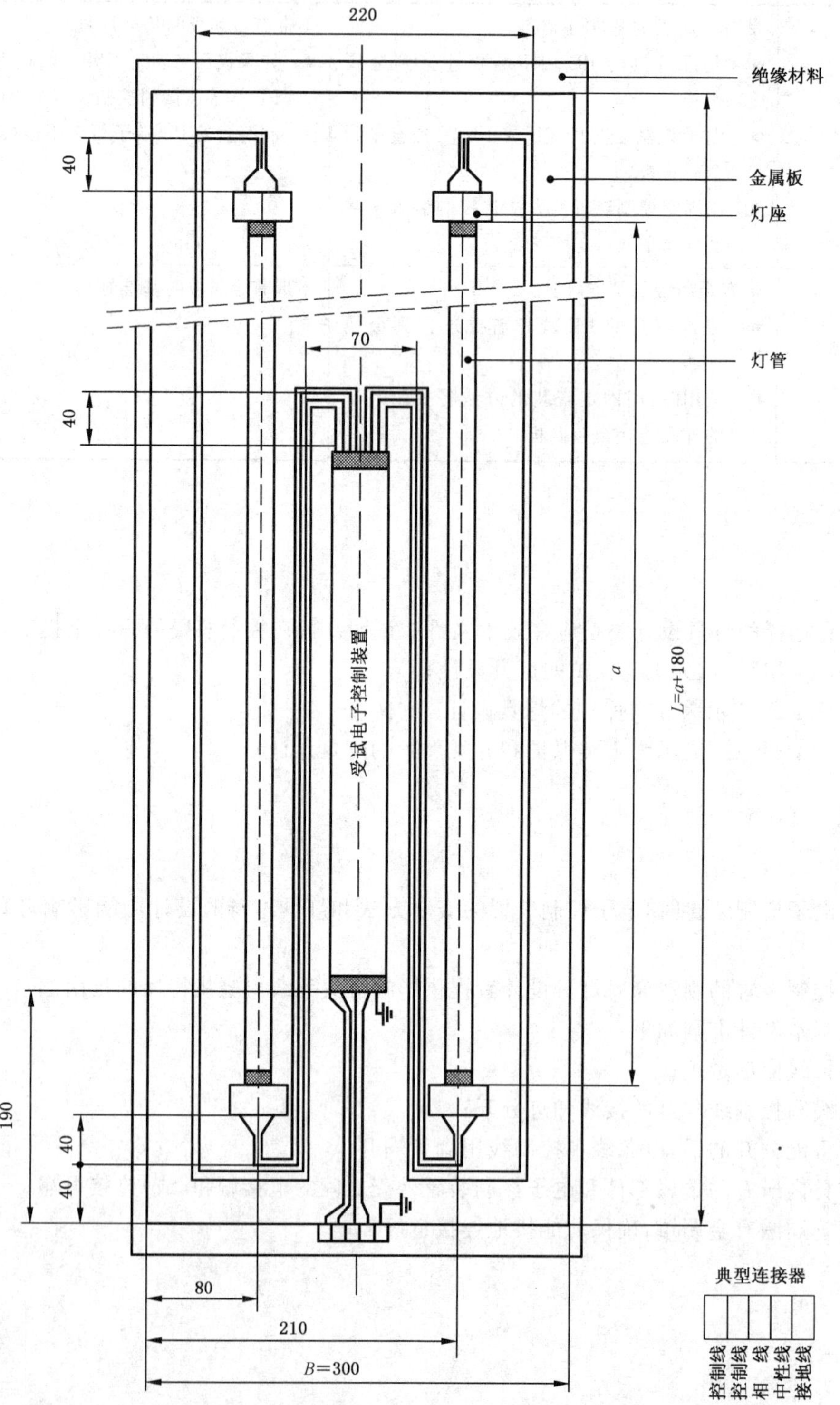

图 A.1 两根双端荧光灯的基准灯具的安装和接线布置图

单位为毫米

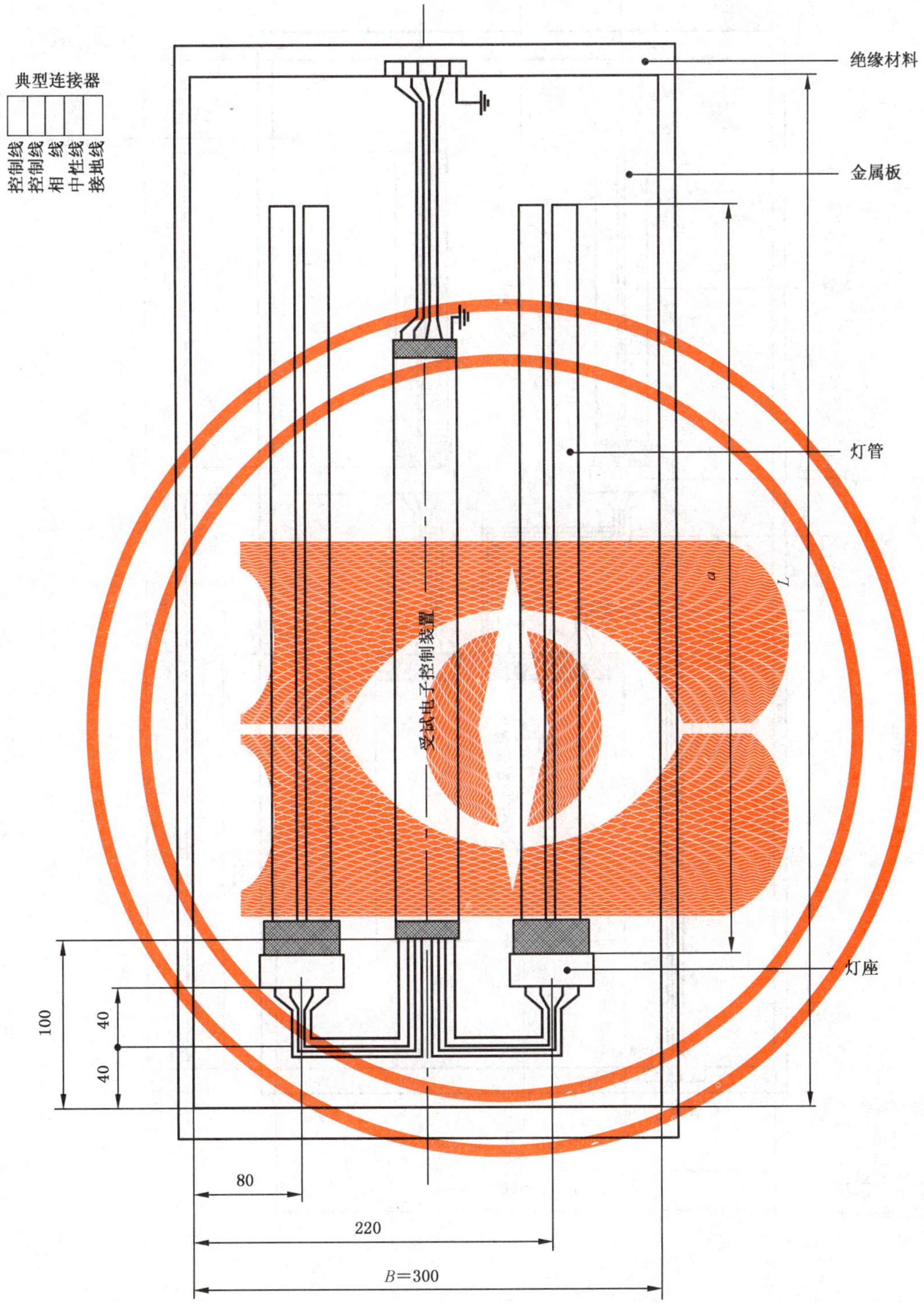

说明：

$L=700$，灯管长度 $a>250$；

$L=400$，灯管长度 $a\leqslant 250$。

图 A.2　两根单端荧光灯的基准灯具的安装和接线布置图，电子控制装置的接线端子在两侧

单位为毫米

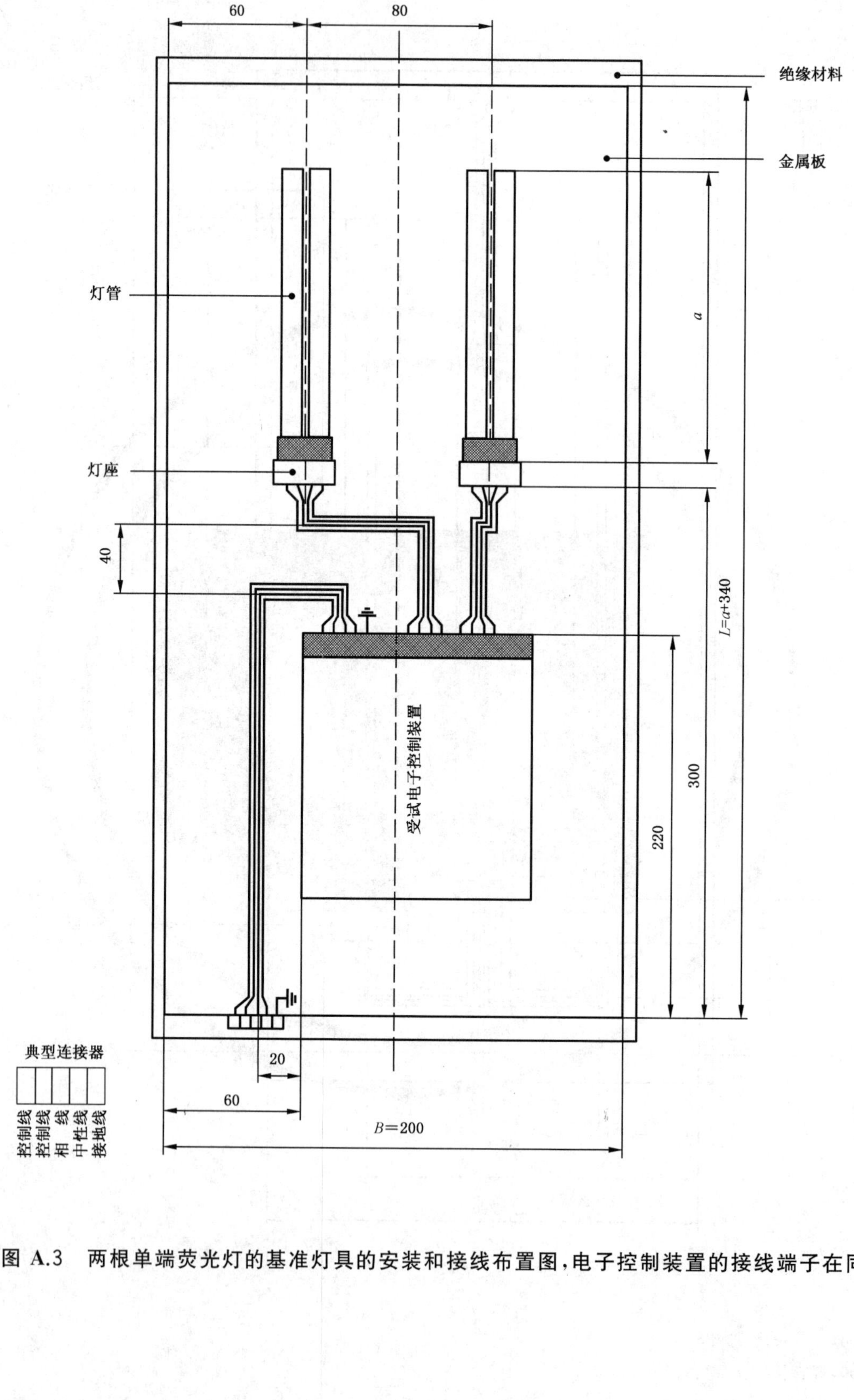

图 A.3 两根单端荧光灯的基准灯具的安装和接线布置图,电子控制装置的接线端子在同侧

单位为毫米

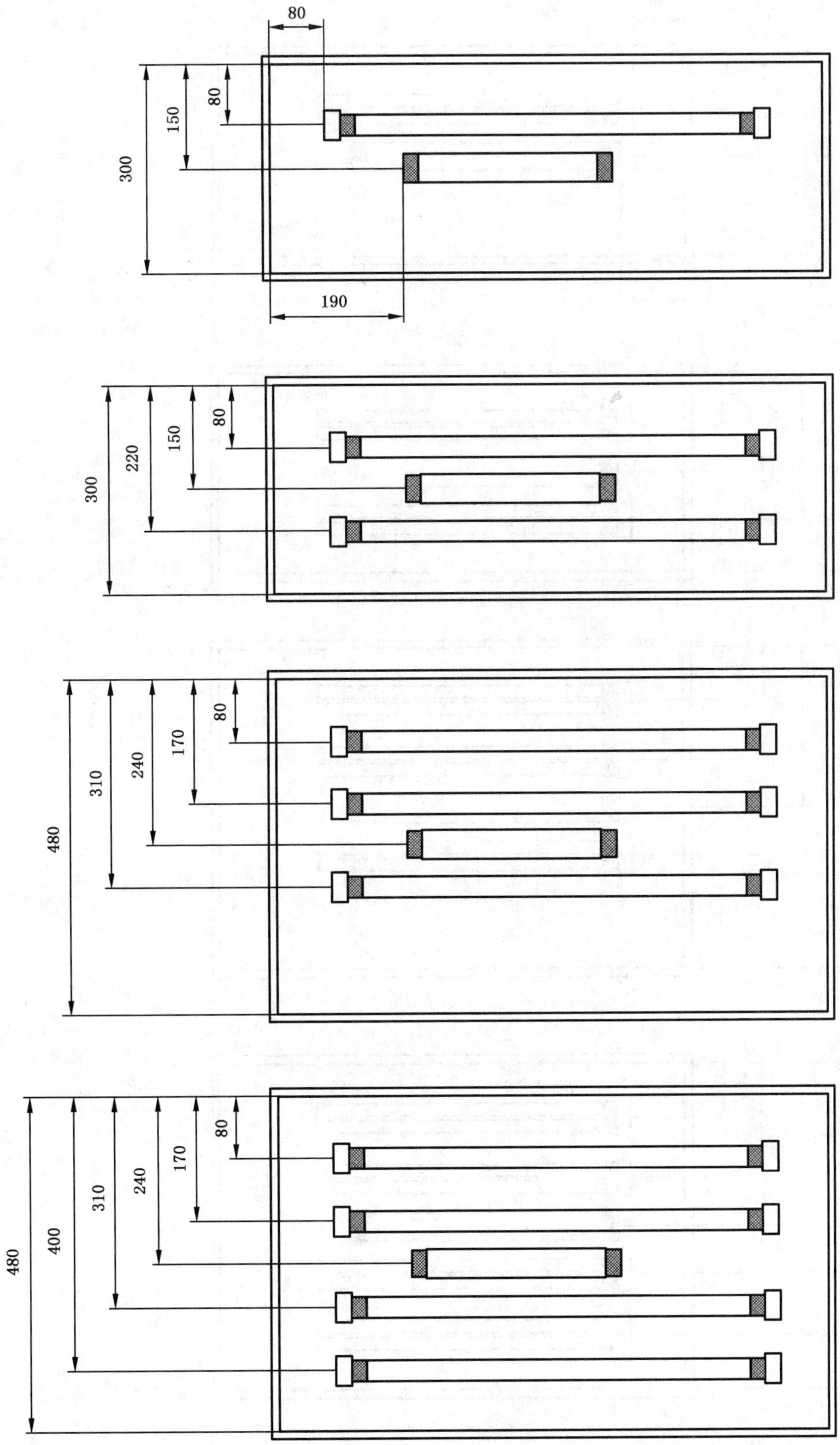

图 A.4　一根、两根、三根或四根双端荧光灯的基准灯具的安装布置图

单位为毫米

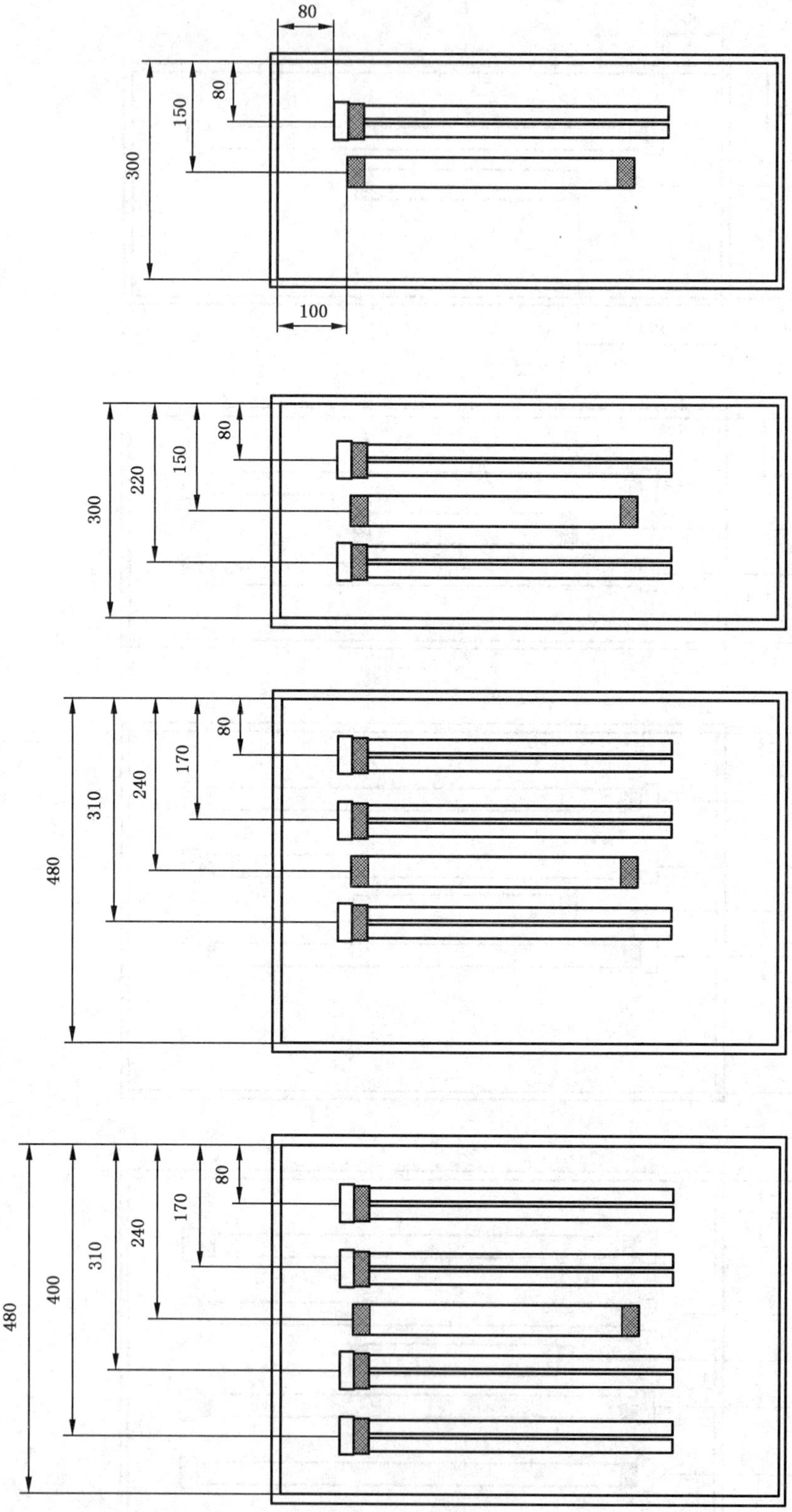

图 A.5　一根、两根、三根或四根单端荧光灯的基准灯具的安装布置图，电子控制装置的接线端子在两侧

单位为毫米

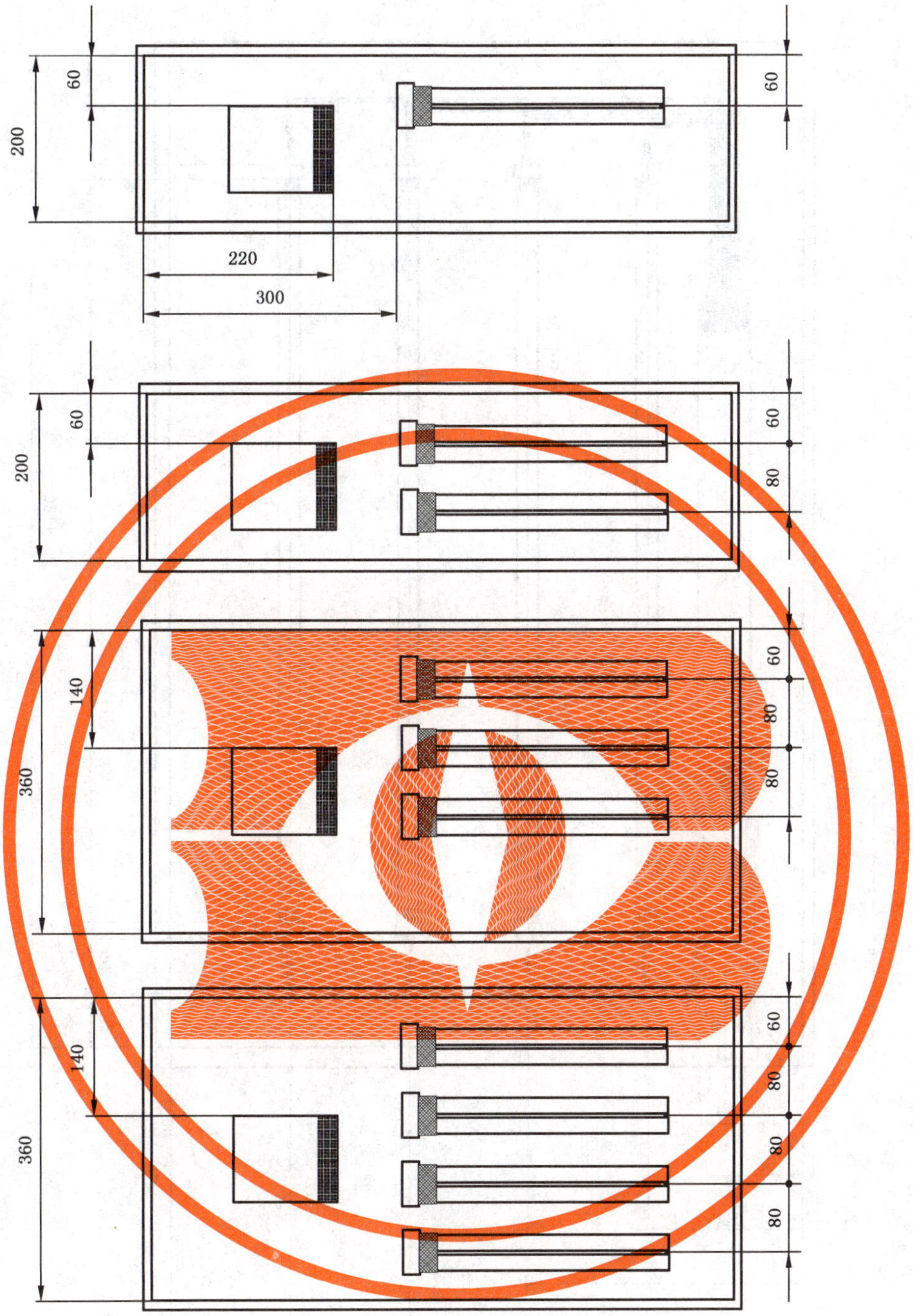

图 A.6 一根、两根、三根或四根单端荧光灯的基准灯具的安装布置图，电子控制装置的接线端子在同侧

单位为毫米

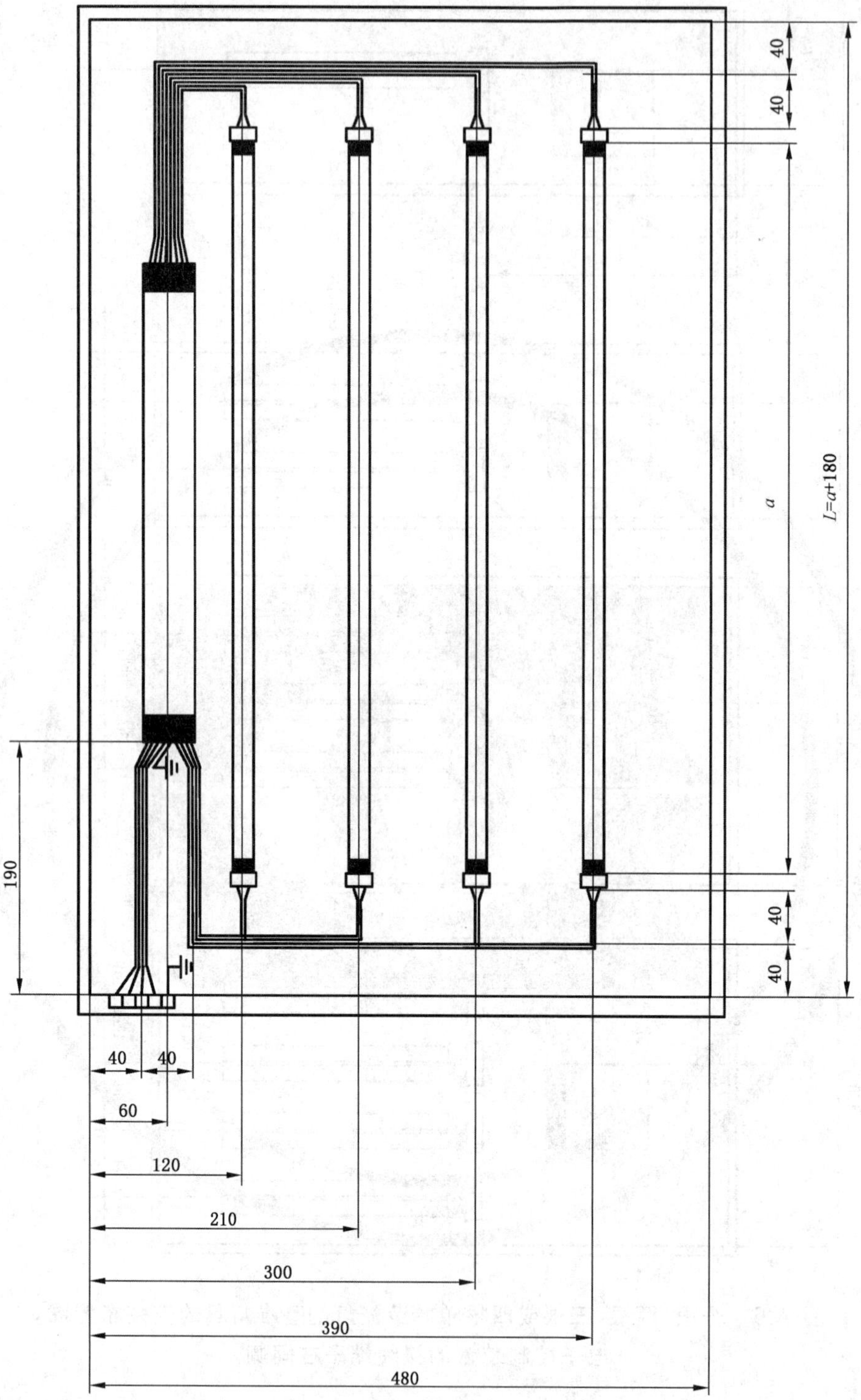

图 A.7　四根双端荧光灯的基准灯具的安装和接线布置图,电子控制装置的输出端子在两侧

单位为毫米

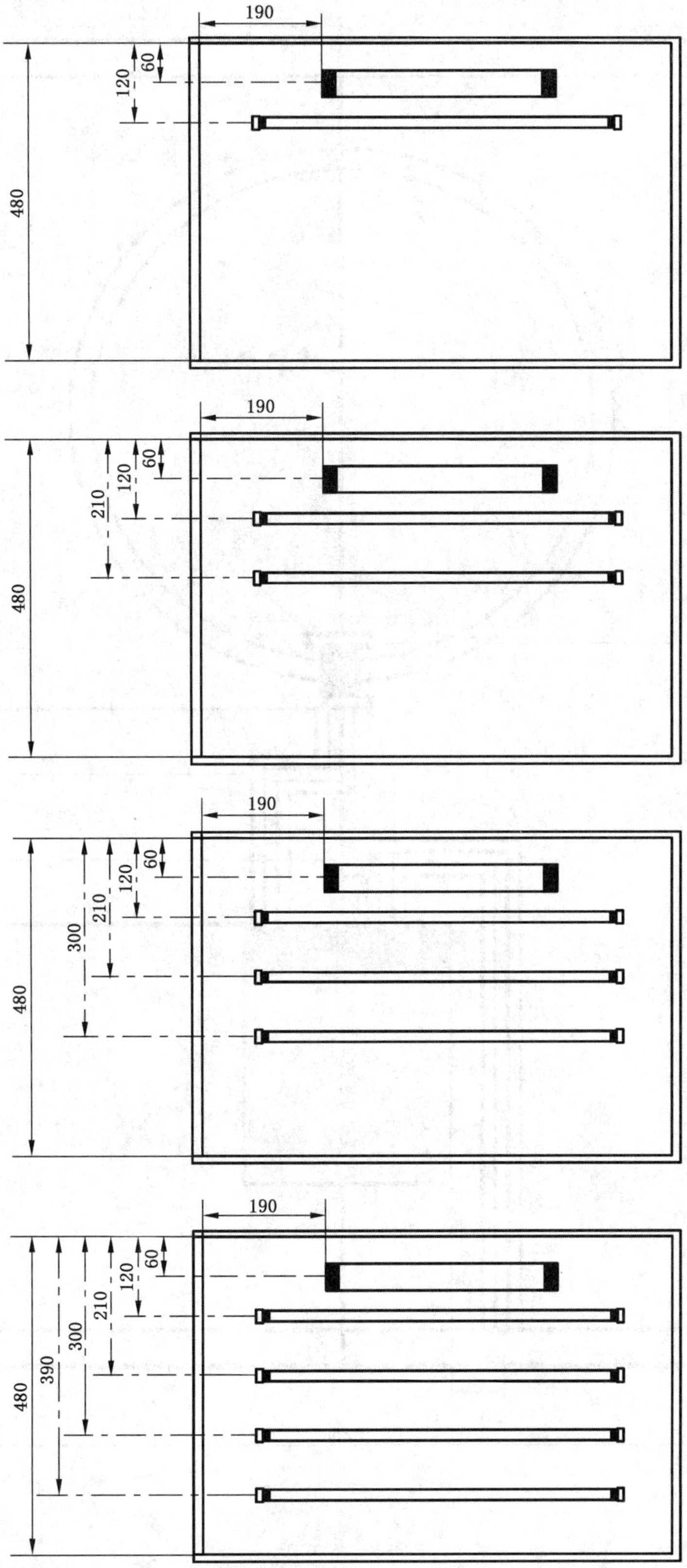

图 A.8　一根、两根、三根或四根双端荧光灯的基准灯具的安装和接线布置图，电子控制装置的输出端子在两侧

单位为毫米

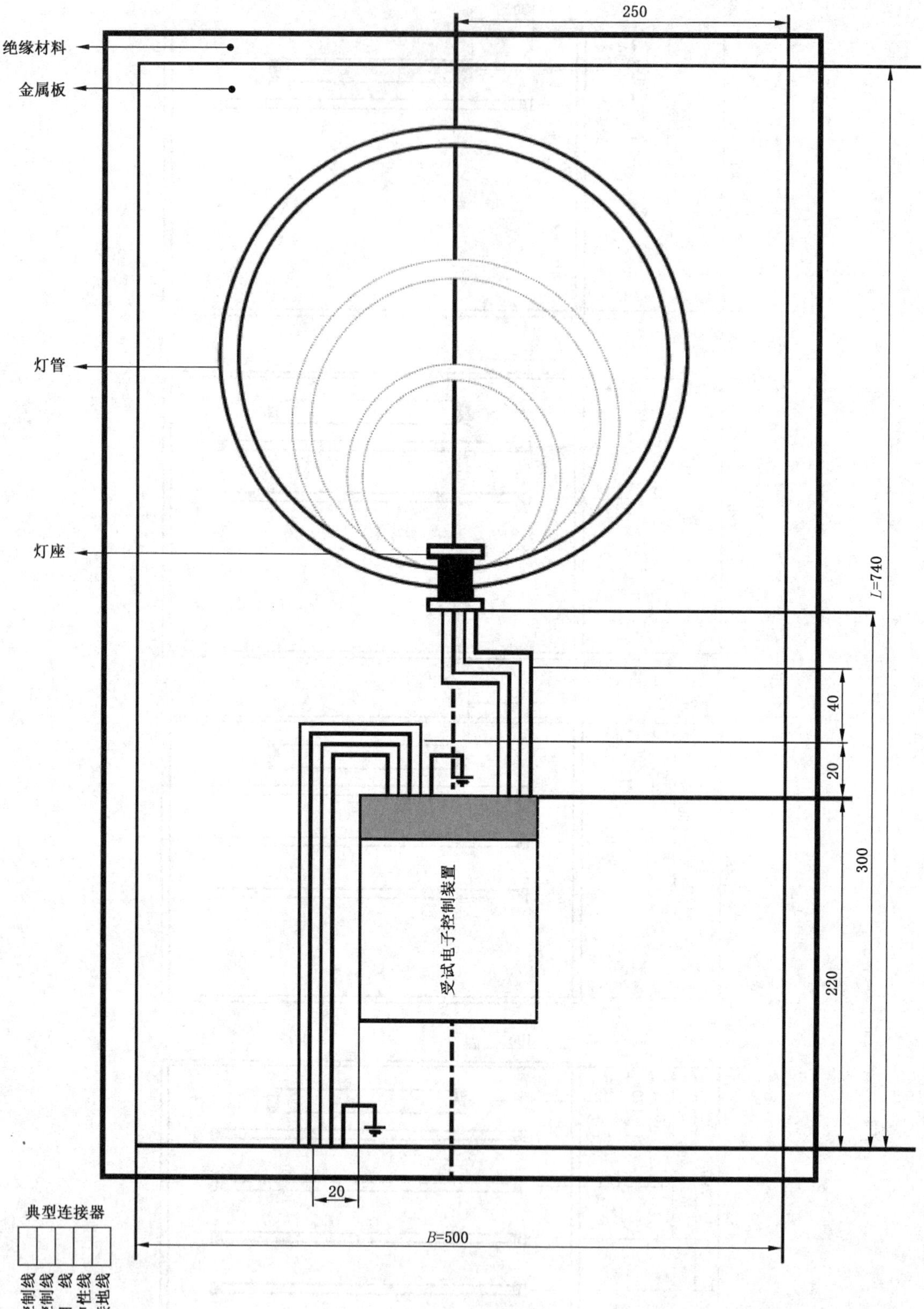

图 A.9 一根环形荧光灯的基准灯具的安装和接线布置图,电子控制装置的端子在同侧

单位为毫米

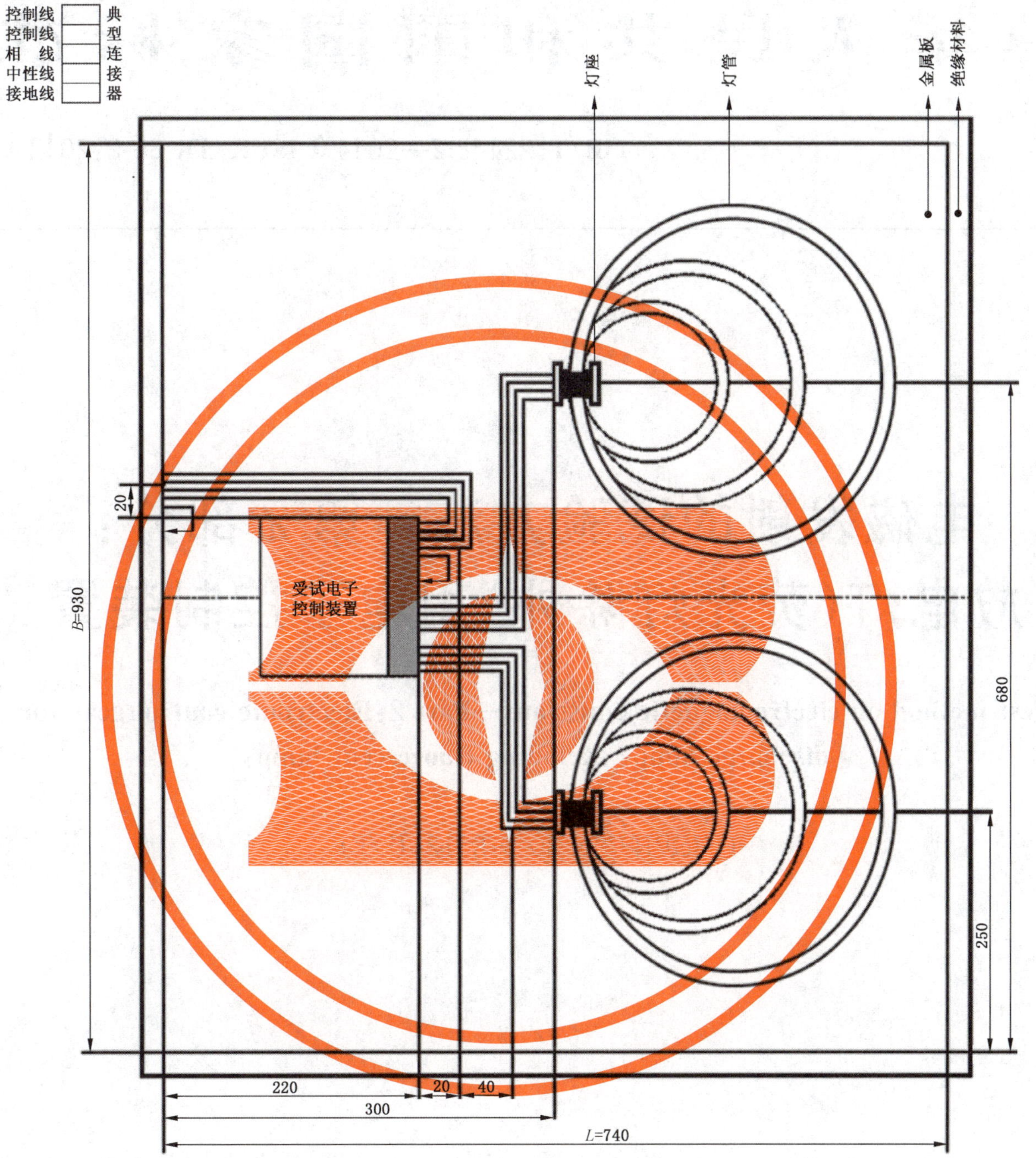

图 A.10　两根环形荧光灯的基准灯具的安装和接线布置图，电子控制装置的端子在同侧

ICS 33.100
L 06

中华人民共和国国家标准

GB/T 22148.2—2014/CISPR/TR 30-2:2012

电磁发射的试验方法　第2部分：放电灯(荧光灯除外)用电子控制装置

Test method on electromagnetic emissions—Part 2: Electronic control gear for discharge lamps excluding fluorescent lamps

(CISPR/TR 30-2:2012,IDT)

2014-12-22 发布　　　　2015-06-01 实施

中华人民共和国国家质量监督检验检疫总局
中国国家标准化管理委员会　发布

前　言

GB/T 22148《电磁发射的试验方法》包含以下部分：

——第1部分：单端和双端荧光灯用电子控制装置；

——第2部分：放电灯(荧光灯除外)用电子控制装置。

本部分是GB/T 22148的第2部分。

本部分按照GB/T 1.1—2009给出的规则起草。

本部分使用翻译法等同采用CISPR/TR 30-2:2012(1.0版)《电磁发射的试验方法　第2部分：放电灯(荧光灯除外)用电子控制装置》，技术内容完全等同采用CISPR/TR 30-2:2012，语言表达符合汉语习惯，编制格式与CISPR/TR 30-2:2012一致。

与本部分中规范性引用的国际文件有一致性对应关系的我国文件如下：

——GB 17743—2007　电气照明和类似设备的无线电骚扰特性的限值和测量方法(CISPR 15:2005,IDT)。

本部分由全国无线电干扰标准化技术委员会(SAC/TC 79)提出并归口。

本部分起草单位：中国电器科学研究院有限公司、广东省东莞市质量监督检测中心、威凯检测技术有限公司、美的集团有限公司、中国家用电器研究院、上海时代之光照明电器检测有限公司、北京泰瑞特检测技术服务有限责任公司、浙江阳光照明电器集团股份有限公司、佛山市华全电气照明有限公司。

本部分主要起草人：杨春荣、贾明辉、邓俊泳、季涛、李秀青、刘尔立、曾博、李滟、霍宏艳、陈以平、柯柏权。

引　言

CISPR 15:2005 明确规定了照明设备的无线电频率骚扰限值的要求，但仅对视为成品并计划投放终端用户市场的照明设备做出了规定，例如，灯具、自镇流荧光灯和独立式电子控制装置。对打算安装在灯具内的部件没有发射要求。

放电灯用电子控制装置，不仅被安装在不同制造厂的灯具中，而且被安装在同一制造厂的不同种类的灯具中。

虽然能在配备相同电子控制装置和灯管的其他灯具的测量预知某种类型灯具的骚扰数据，但是所有这些灯具仍应进行测试。

这就引出一个问题，能否设计一个最恶劣情况下的试验灯具用于安装受试电子控制装置，在这种情况下，该试验灯具符合相关要求，那么内装该电子控制装置的所有灯具均符合要求，可以避免大量多余的试验。这个想法似乎是正确的、简单的而且有趣的，但引出两种意见：

——最恶劣情况的灯具过于严格。从预测中发现安装在最恶劣情况的灯具中不能通过某些试验，而在实际灯具中能够通过；

——即使安装在最恶劣情况的灯具中的电子控制装置通过了试验，仍存在一个问题，若该电子控制装置装在实际的灯具内不符合要求，由谁来负责。

因此不宜改变 CISPR 15:2005 对灯具中内装式部件无发射要求的基本原则。

然而，在无线电频谱内必须有检测电子控制装置性能的独立的试验方法。

GB/T 22148.2—2014 与 GB/T 22148.1—2014 一同发布。每个部分都是独立的并且描述了使用电子控制装置的特定灯具类型的测试布置。这种分开出版的格式是以便于今后的修订和修改。当需要的时候，会增加相应的额外要求。

GB/T 22148.2—2014 描述的是荧光灯除外的其他放电灯电子控制装置的测试方法涉及的参考灯具。

电磁发射的试验方法　第2部分：放电灯(荧光灯除外)用电子控制装置

1　范围

GB/T 22148的本部分与CISPR 15:2005的要求相对应，在使用基准灯具的基础上，详细描述了Ⅰ类和/或Ⅱ类放电灯(荧光灯除外)灯具用内装式电子控制装置的无线电骚扰特性的独立试验方法。

本部分适用于输出功率(灯功率)不大于150 W的电子控制装置。

本部分不包含独立式电子灯具控制装置，它们属于CISPR 15:2005适用的范围。

2　规范性引用文件

下列文件对于本文件的应用是必不可少的。凡是注日期的引用文件，仅注日期的版本适用于本文件。凡是不注日期的引用文件，其最新版本(包括所有的修改单)适用于本文件。

CISPR 15:2005+A1:2006+A 2:2008　电气照明和类似设备的无线电骚扰特性的限值和测量方法(Limits and methods of measurement of radio disturbance characteristics of electrical lighting and similar equipment)

3　符合性判断

如果电子控制装置连同基准灯具符合CISPR 15:2005的表2a的端子电压限值和表3a、表3b或表B.1的辐射骚扰限值，那么认为其符合CISPR 15:2005的无线电骚扰限值。当电子控制装置由外部装置控制时，控制端的骚扰电压应当符合CISPR 15:2005的限值。

然而，应该指出的是基准灯具不是一个最恶劣情况的灯具，基准灯具的使用不能精确反映实际灯具的性能。内装受试电子控制装置的实际灯具，也不能直接认为满足CISPR 15:2005的要求。

为了EMC符合性，灯具制造商应该同时考虑本部分的第6章和第7章，以及灯具控制装置制造商的安装说明。

4　试验方法

按照第5章的说明，将电子控制装置安装在基准灯具内。

当电子控制装置被设计成驱动一根以上灯管时，所有的灯管应同时工作。

应在连接最大额定功率的光源下测试。

对基准灯具按照CISPR 15:2005中规定的测试方法进行测试。

试验应使用电子控制装置设计所匹配的灯管。

CISPR 15:2005的工作条件适用。

5　基准灯具

5.1　结构

基准灯具由一块1 mm±0.5 mm厚的金属板制成，规格见图A.1，适用于输出功率不大于150 W

的电子控制装置。

灯管装在一个带孔的金属罩内。金属罩通过电气及机械连接至基准灯具的金属板。该金属板安装在一块 20 mm±2 mm 厚的绝缘材料上用机械固定。电子控制装置与灯座之间的距离应为 170 mm±15 mm。线缆应安装在金属板上方 5 mm±1 mm 处。

电子控制装置和带有灯座的金属罩安装在这块金属板上。单端灯座的高度应使灯的中心轴和金属板或金属罩的距离为 45 mm±20 mm。

对于一根或两根灯管的控制装置,推荐使用图 A.1 或图 A.2 的基准灯具。

图 A.1 给出了灯功率不大于 150 W 的放电灯的Ⅰ类基准灯具的安装和接线布置图。灯罩设计成带孔金属材料以防止灯过热。

图 A.2 给出了灯功率不大于 150 W 的放电灯的Ⅱ类基准灯具的安装和接线布置图。灯罩设计成不导电带孔材料以防止灯过热。

通常通过测量灯电压是否在灯管制造商标称的限值内,可判断高压气体放电灯是否过热。

5.2 安装和接线布置

关于电子控制装置、线缆和负载的几何布置应参考图 A.1 或图 A.2。

5.3 接地

基准灯具的金属板(如果有)和电子控制装置的保护接地(PE)或者功能接地(FE)连接的信息见表 1。

如果使用了金属板(适用于Ⅰ类保护灯具的电子控制装置),那么金属板应该用 150 mm±15 mm 长的导线与基准灯具的 PE 端子连接。

如果电子控制装置有接地端子且被设计使用在Ⅰ类保护灯具中,那么这个端子应该用 100 mm±15 mm 长的导线与金属板连接。具有金属外壳的电子控制装置应固定到金属板上,以确保充分的电接触。

设计用作Ⅱ类保护灯具的电子控制装置应该在没有金属板的参考板上测试。

表 1 Ⅰ类和Ⅱ类保护器具接地连接概述

控制装置设计 (端子)	选择的灯具设计	
	A) Ⅰ类保护	B) Ⅱ类保护
PE、L、N 或 FE、L、N	带有金属板的基准灯具: ● 基准灯具的 PE 端子需要连接到金属平板; ● 电子控制装置的 PE 或 FE 需要连接到金属平板; ● 用固定控制装置的方法将控制装置的外壳连接至金属平板	不带有金属板的基准灯具: ● 如果仅用来满足 EMC 要求,基准灯具的 FE 端子连接到控制装置的 FE 端子。控制装置的 PE 端子可以不连接
L、N	带有金属板的基准灯具: ● 基准灯具的 PE 端子需要连接到金属平板; ● 适用时,用固定控制装置的方法将控制装置的外壳连接至金属平板	不带有金属板的基准灯具

5.4 布线

推荐在基准灯具上使用不绞纽且为扁平多股的电缆。图中给出的靠近的电缆线,它们互相之间应尽可能近的安装。连接线的线径和绝缘性应能满足电源电压和电流的要求。基准灯具与人工电源网络之间的连线，以及到测量接收机的连线应符合 CISPR 15:2005(图 5 和图 6)的要求。

6 标志

根据测量布置选择的灯具设计类型应在技术文件中说明。可在控制装置的标签上提供以下信息：

——“CIS 30-2:M”表示为Ⅰ类保护的灯具设计；

——“CIS 30-2:P”表示为Ⅱ类保护的灯具设计；

——“CIS 30-2:M+P”表示为Ⅰ类保护和Ⅱ类保护的灯具设计。

7 灯具设计指南

灯具内含有电子控制装置时，电子控制装置的安装方法和灯具本身的设计可能影响灯具的无线电骚扰特性。

推荐由电子控制装置的制造商对灯具设计者提供影响灯具无线电骚扰特性的指南。

与此相关的基本设计准则如下：

——灯具内接线应尽量短；

——把电源线和控制线与灯的接线和灯分开；

——如果不可能分开的话，电源线和控制线用套管隔开；

——确保灯具内所有的金属部件和电子控制装置外壳之间的电接触和(或)连接可靠；

——如果灯管周围有金属罩，确保功能接地连接良好。

附 录 A
（资料性附录）
安装和接线布置图

单位为毫米

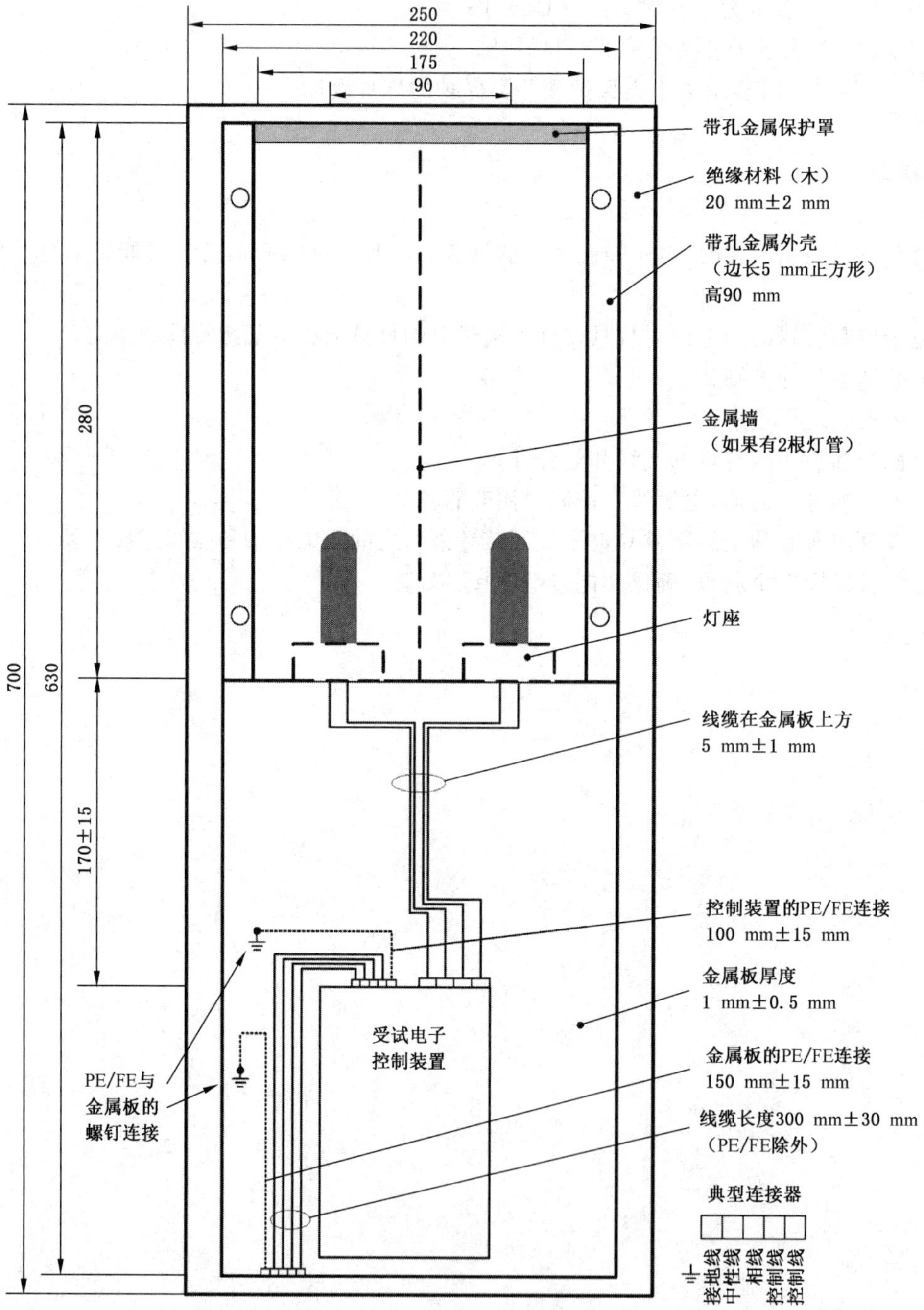

图 A.1 不大于 150 W 的Ⅰ类放电灯基准灯具的安装和接线布置图

单位为毫米

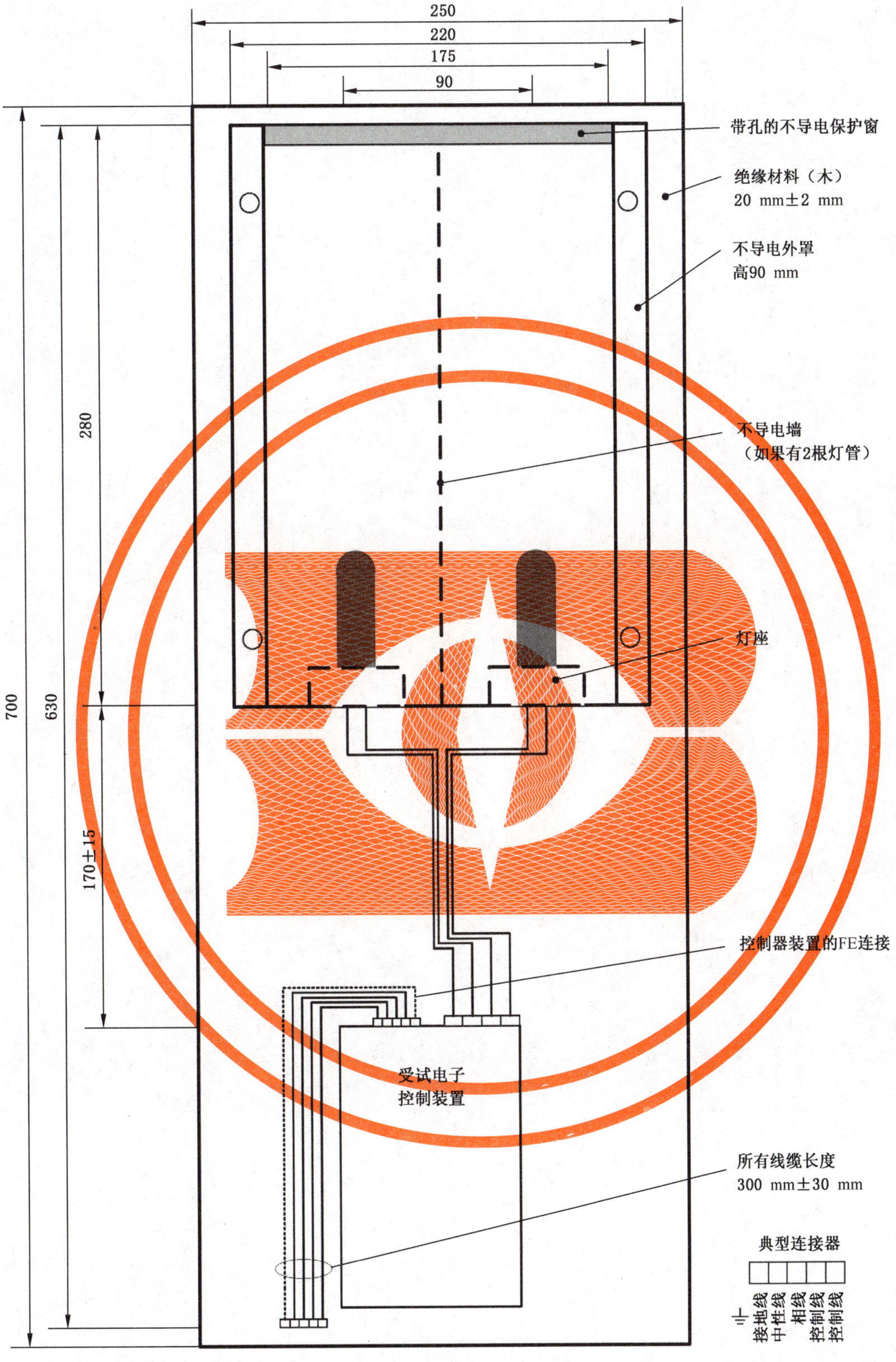

图 A.2　不大于 150 W 的Ⅱ类放电灯基准灯具的安装和接线布置图

ICS 67.120.30
X 20

中华人民共和国国家标准

GB/T 22180—2014
代替 GB/T 22180—2008

冻裹面包屑鱼

Quick frozen fish fillets—breaded or in batter

(CODEX STAN 166—1989,Rev.2—2004 Codex standard for quick frozen fish sticks(fish fingers),fish portions and fish fillets-breaded or in batter,MOD)

2014-09-30 发布　　2015-03-01 实施

中华人民共和国国家质量监督检验检疫总局
中国国家标准化管理委员会　发布

前言

本标准按照 GB/T 1.1—2009 给出的规则起草。

本标准代替 GB/T 22180—2008《冻裹面包屑鱼》。

本标准与 GB/T 22180—2008 相比主要技术变化如下：

——删除了多聚磷酸盐限量；

——明确了鱼肉含量指标；

——删除了甲基汞、无机砷等污染物及微生物指标的规定；

——增加了污染物限量应符合 GB 2762 的规定，兽药残留限量应符合农业部公告第 235 号的规定。

本标准采用重新起草法修改采用 CODEX STAN 166—1989，Rev.2—2004《冻裹面包屑或挂浆鱼条、鱼块和鱼片》Codex standard for quick frozen fish sticks(fish fingers)，fish portions and fish fillets-breaded or in batter。

本标准与 CODEX STAN 166—1989，Rev.2—2004 相比，按照 GB/T 1.1 的规定对标准结构进行了调整。本标准与 CODEX STAN 166—1989，Rev.2—2004 章条编号变化对照一览表参见附录 A。本标准与 CODEX STAN 166—1989，Rev.2—2004 的技术性差异及其原因参见附录 B。

本标准由中华人民共和国农业部提出。

本标准由全国水产标准化技术委员会水产品加工分技术委员会(SAC/TC 156/SC 3)归口。

本标准参加起草单位：中国水产科学研究院黄海水产研究所、温岭市京辉食品有限公司、石狮市华宝明祥食品有限公司。

本标准主要起草人：王联珠、郭莹莹、朱文嘉、姚琳、刘鹏飞、柯友辉、卢丽娜、江艳华、李风铃、宋春丽。

本标准所代替标准的历次版本发布情况为：

——GB/T 22180—2008。

冻裹面包屑鱼

1 范围

本标准规定了冻裹面包屑鱼的试验方法、检验规则、标签、包装、运输和贮存的要求。

本标准适用于将鲜鱼、冻鱼、冻鱼片或由碎鱼肉组成的冻鱼条和鱼块裹面包屑或挂浆的冻结产品或预炸品。

2 规范性引用文件

下列文件对于本文件的应用是必不可少的。凡是注日期的引用文件，仅注日期的版本适用于本文件。凡是不注日期的引用文件，其最新版本(包括所有的修改单)适用于本文件。

GB 2716 食用植物油卫生标准

GB 2733 鲜、冻动物性水产品卫生标准

GB 2760 食品安全国家标准 食品添加剂使用标准

GB 2762 食品安全国家标准 食品中污染物限量

GB 5009.3 食品安全国家标准 食品中水分的测定

GB 5749 生活饮用水卫生标准

GB 7099 糕点、面包卫生标准

GB 7718 食品安全国家标准 预包装食品标签通则

GB/T 18108 鲜海水鱼

GB/T 18109 冻鱼

GB/T 27304 食品安全管理体系 水产品加工企业要求

GB 28050 食品安全国家标准 预包装食品营养标签通则

GB/T 30891—2014 水产品抽样规范

JJF 1070 定量包装商品净含量计量检验规则

农业部公告第235号 动物性食品中兽药最高残留限量

3 术语和定义

下列术语和定义适用于本文件。

3.1

鱼条 fish stick; fish finger

包括外层裹衣在内，重量为20 g～50 g，形状上其长度不小于最大宽度的3倍。可由同一品种的鱼制成，也可由感官特性相似的品种的鱼混合后制成。

3.2

鱼块 fish portion

包括外层裹衣，可为任意形状、重量或尺寸。可由同一品种的鱼制成，也可由感官特性相似品种的鱼混合后制成。

3.3

鱼片　fish fillets

具有不同大小和形状的鱼的剖片。通过对鱼体进行平行于鱼脊骨的剖切，并对所得到的鱼片进行接合、修补而得。鱼片可带皮或无皮。

3.4

外来杂质　foreign matter

除包装材料外，样品单位中存在的、非鱼体自身、可轻易辨别的物质。

3.5

异味　odour

样品散发出由腐败、酸败或饲料引起的持久、明显、令人厌恶的气味。

3.6

鱼肉异常　flesh abnormalities

单位样品出现过量凝胶状态的鱼肉，且单片鱼肉中水分达86%以上，或按重量计算有5%以上的样品被寄生虫感染，导致鱼肉质地呈糊状。

4　要求

4.1　原辅材料

4.1.1　鱼

用于冻裹面包屑或挂浆的鱼条、鱼块、鱼片原料应为品质新鲜，可供人们消费的鱼，其质量应符合GB/T 18108、GB/T 18109的规定，安全指标应符合GB 2733的规定。

4.1.2　裹衣

裹衣及使用的所有其他配料均应具有食品级的质量，并应符合GB 7099的规定。

4.1.3　油

能使产品达到预期的成品品质的食用油，并应符合GB 2716的规定。在挂浆制备和使用过程中，温度应控制在10 ℃以下。

4.1.4　加工用水

加工用水应符合GB 5749的规定。

4.2　食品添加剂

生产中所用的食品添加剂的品种及用量应符合GB 2760的规定。

4.3　加工要求

生产人员、环境、车间及设施、生产设备及卫生控制程序应符合GB/T 27304的规定。

4.4　感官要求

感官要求见表1。

表 1 感官要求

项目	指标
色泽	呈乳白色或淡黄色，同批产品色泽基本一致
形态	产品平整，形状基本完好，面包屑应蓬松，颗粒大小较一致，附着较均匀，油炸后裹衣不开裂，不脱落
骨刺	在表明无刺的包装中每千克产品不能检出长度≥10 mm，或直径≥1 mm 的骨刺： a) 允许骨刺长度≤5 mm，直径≤2 mm； b) 当骨刺的根部（与脊椎骨的连接处）宽度≤2 mm，且可用指甲轻松剥除时，可忽略不计
滋味与气味	具有该产品应有的气味，无异味，油炸后咸淡适宜，香鲜可口
组织	鱼肉弹性较好，油炸后外酥里嫩，口感好
杂质	无外来杂质

4.5 理化指标

理化指标的规定见表 2。

表 2 理化指标

项目	指标
冻品中心温度/℃	≤−18
鱼肉含量/%	≥50
鱼肉水分含量/%	≤86

4.6 安全指标

4.6.1 污染物

裹衣及鱼肉中污染物限量应符合 GB 2762 的规定。

4.6.2 兽药残留

以养殖鱼为原料的鱼肉中兽药残留限量应符合农业部第 235 号公告的规定。

4.7 净含量

净含量应符合 JJF 1070 的规定。

5 试验方法

5.1 感官检验

在光线充足，无异味的环境中，将试样倒在白色搪瓷盘或不锈钢工作台上，按 4.4 的规定逐项进行感官检验：

a） 解冻并逐个检查样品的外观、色泽以及有无外来杂质、骨刺(需要时)、异味及鱼肉异常等；

b） 对解冻后无法判定品质的样品，应取约 100 g 样品，按 5.2 的规定进行油炸试验。

5.2 油炸试验

5.2.1 冷冻样品应根据包装上的烹饪说明进行油炸。

5.2.2 若产品包装没有说明，取约 100 g 样品进行：先将适量的油倒入锅中，加热至 180 ℃～200 ℃时，放入样品，将一面炸至金黄色时，翻炸另一面也呈金黄色，此时产品内部温度达到 65 ℃～70 ℃，即可。

5.3 冻品中心温度的测定

将温度计插入最小包装的中心位置，至温度计指示的温度不再下降时，读数。

5.4 鱼肉含量的测定

按附录 C 的规定执行。

5.5 鱼肉中水分的测定

先将样品解冻，取鱼肉部分绞碎混匀后，按 GB 5009.3 的规定执行。

5.6 污染物的测定

将样品解冻，分离裹衣及鱼肉后，分别进行检测。检测方法按 GB 2762 的规定执行。

5.7 兽药残留的测定

将样品解冻，取鱼肉部分进行兽药残留检测。检测方法选用我国已公布的适用于鱼中兽药残留检测的国家标准及行业标准。

5.8 净含量的测定

检测方法按 JJF 1070 的规定执行。

6 检验规则

6.1 组批规则与抽样方法

6.1.1 组批规则

在原料及生产条件基本相同时，同一天或同一班组生产的产品为一批。按批号抽样。

6.1.2 抽样方法

按 GB/T 30891—2014 的规定执行。

6.2 检验分类

6.2.1 产品检验

产品检验分为出厂检验和型式检验。

6.2.2 出厂检验

每批产品应进行出厂检验。出厂检验由生产单位质量检验部门执行,检验项目为感官、净含量偏差、冻品中心温度、鱼肉含量。检验合格签发检验合格证,产品凭检验合格证入库或出厂。

6.2.3 型式检验

有下列情况之一时,应进行型式检验,检验项目为本标准中规定的全部项目:

a) 停产6个月以上,恢复生产时;

b) 原料变化或改变主要生产工艺,可能影响产品质量时;

c) 加工原料来源或生长环境发生变化时;

d) 国家质量监督机构提出进行型式检验要求时;

e) 出厂检验与上次型式检验有大差异时;

f) 正常生产时,每年至少两次的周期性检验。

6.3 判定规则

6.3.1 感官检验所检项目全部符合4.4规定,合格样本数符合GB/T 30891—2014表A.1规定,则判为批合格。

6.3.2 净含量应符合JJF 1070的规定。

6.3.3 其他项目检验结果全部符合本标准规定时,判定为合格。

6.3.4 其他项目检验结果中有二项及二项以上指标不合格,则判为不合格。

6.3.5 其他项目检验结果中有一项指标不合格时,允许加倍抽样复检一次,按复验结果判定本批产品是否合格。

7 标签、包装、运输、贮存

7.1 标签

7.1.1 产品标签应符合GB 7718的规定,标签上应注明鱼的品种、鱼肉含量、贮藏条件。

7.1.2 营养标签应符合GB 28050的规定。

7.2 包装

7.2.1 包装材料

所用塑料袋、纸盒、瓦楞纸箱等包装材料应洁净、坚固、无毒、无异味,质量符合相关食品卫生标准规定。

7.2.2 包装要求

一定数量的小包装,再装入纸箱中。箱中产品要排列整齐,应有产品合格证。包装应牢固、防潮、不易破损。

7.3 运输

7.3.1 应用冷藏或保温车船运输,保持产品温度低于－15 ℃。

7.3.2 运输工具应清洁卫生,无异味,运输中防止日晒、虫害、有害物质的污染,不得靠近或接触有腐蚀性物质，不得与气味浓郁物品混运。

7.4 贮存

7.4.1 冷藏库温度低于－18 ℃。

7.4.2 不同品种、规格、批次的产品应分别堆垛，并用木板垫起，与地面距离不少于 10 cm，与墙壁距离不少于 30 cm，堆放高度以纸箱受压不变形为宜。

7.4.3 产品贮藏于清洁、卫生、无异味、有防鼠防虫设备的冷藏库内。

附　录　A
（资料性附录）
本标准章条编号与 CODEX STAN 166—1989，Rev.2—2004 章条编号对照

表 A.1 给出了本标准章条编号与 CODEX STAN 166—1989，Rev.2—2004 章条编号对照一览表。

表 A.1　本标准与 CODEX STAN 166—1989，Rev.2—2004 章条编号对照

本标准章条编号	对应 CODEX STAN 166 标准章条编号
1	1
2	—
3	2.1，8
4.1	3.1
4.2	4
4.3	2.2，5.3
4.4	5.1，8
4.5	6.2
4.6，4.7	5.2
5.1	7.3，附录Ⅰ
5.2	7.7
5.3，5.4	7.4
5.5	7.5
—	3.3，7.8
5.8	7.2
6.1	7.1，9
6.2	—
6.3	2.3.1，3.2，9
7.1	6
7.2	—
7.3	—
7.4	6.2
附录 A	—
附录 B	—
附录 C	7.6，附录Ⅱ

附 录 B
（资料性附录）
本标准与 CODEX STAN 166—1989，Rev.2—2004 技术性差异及其原因

表 B.1 给出了本标准与 CODEX STAN 166—1989，Rev.2—2004 的技术性差异及其原因。

表 B.1 本标准与 CODEX STAN 166—1989，Rev.2—2004 的技术性差异及其原因

本标准的章条编号	技术性差异	原 因
全部	本标准技术内容顺序与章条编号与 CODEX STAN 166—1989，Rev. 2—2004 的顺序不一致	本标准在主要技术内容与 CODEX STAN 166—1989，Rev.2—2004 的规定一致的前提下，标准的内容顺序及章条编号按我国 GB/T 1.1—2009 中的规定进行了重新编排
2	引用标准中采用的我国标准	方便本标准在我国的推广应用
3	将 CODEX STAN 166—1989，Rev.2—2004 中对缺陷的规定，转化为术语和定义	在标准技术内容不变的情况下，标准文本结构符合我国国家标准的编写规定
4.1.4	增加对加工用水的质量要求	与我国现行的标准描述方式一致，便于本标准在我国的推广应用
4.3	CODEX STAN 166—1989，Rev. 2—2004 中第 5 条规定了详细的操作技术规范，本标准修改为“生产人员、环境、车间及设施、生产设备及卫生控制程序应符合 GB/T 27304 的规定”	CAC 正在组织修改标准中所引用的操作技术规范为水产及水产加工品操作技术规范，近期内即可发布，本标准修改后可适应修订后的水产品加工操作技术规范
4.4	增加对样品的感官要求	与我国现行的标准描述方式一致，便于本标准在我国的推广应用
4.5～4.7	增加了对理化指标、安全指标和兽药残留的要求	技术内容与 CODEX STAN 166—1989，Rev.2—2004 的规定一致，但格式与我国标准起草规定一致
5.6～5.8	规定相应技术指标的测定方法	根据我国标准的结构，以及便于操作和检测的目的，对检测方法进行了规定
6.1.2	抽样方法本标准采用 GB/T 30891—2014 规定的抽样方法	因 GB/T 30891—2014 的相关部分章节，采用了 CODEX STAN 233—1969 预包装食品抽样的规定
6.2	增加了检验分类	在标准技术内容不变的情况下，标准文本结构符合我国国家标准的编写规定
7.2～7.4	增加了对包装、运输、贮存过程的要求	CODEX STAN 166—1989，Rev.2—2004 中没有这 3 方面的规定，为了对冻裹面包屑鱼周转过程进行完整的规定，符合我国标准编写模式，增加了对包装、运输、贮存的规定

附 录 C
(规范性附录)
冻裹面包屑鱼制品中的鱼肉含量的测定

C.1 方法来源及原理

C.1.1 本方法来自 AOAC 方法 996.15《鱼肉在冻裹面包屑(挂浆)鱼产品中的含量》。
C.1.2 以加热的水溶解产品的外层裹衣(挂浆或面包屑),直至去除冷冻鱼肉表面上的全部裹衣层。

C.2 仪器

C.2.1 水浴:控温 17 ℃～49 ℃。
C.2.2 温度计:2 支,浸没型,精确至±1 ℃。
C.2.3 天平:精确称量到 0.1 g。
C.2.4 秒表:读到秒。
C.2.5 纸巾。
C.2.6 刮铲。

C.3 测试样品的准备

待测样品应放入冰箱中保持样品的完整性。检验前从冰箱中取出,称重(m_1)。

C.4 测试

C.4.1 将水浴的初温调到 17 ℃～49 ℃;第二次的水浴温度调为 17 ℃～30 ℃。
C.4.2 将样品浸入 17 ℃～49 ℃的水浴中浸泡至裹衣层变软,易于从仍冻结的鱼肉上刮除。
C.4.3 将样品从水浴中取出,迅速用纸巾吸掉多余的水分,从鱼肉上刮下裹衣层。
C.4.4 若裹衣层很难去除,则再浸入水温为 17 ℃～30 ℃的水浴中,至裹衣层变软,易于刮除。
C.4.5 将样品从水浴中取出,迅速用纸巾吸掉多余的水分,从鱼肉上刮下裹衣层。必要时,重复浸泡,直至去除全部裹衣层。
C.4.6 称重并记录去除裹衣层后样品的重量(m_2)。

C.5 计算

鱼肉的含量的计算公式如下:

$$w = \frac{m_2}{m_1} \times 100 \qquad \cdots\cdots (C.1)$$

式中:
w ——鱼肉的含量,%;
m_1——去除裹衣前样品质量,单位为克(g);
m_2——去除裹衣后样品质量,单位为克(g)。

GB

中华人民共和国国家标准

GB 22255—2014

食品安全国家标准
食品中三氯蔗糖（蔗糖素）的测定

2015-01-28 发布　　　　2015-07-28 实施

中华人民共和国
国家卫生和计划生育委员会　发布

前　　言

本标准代替 GB/T 22255—2008《食品中三氯蔗糖(蔗糖素)的测定》。

本标准与 GB/T 22255—2008 相比,主要变化如下:

——标准名称修改为"食品安全国家标准　食品中三氯蔗糖(蔗糖素)的测定";

——增加了示差检测器的应用;

——增加固相萃取柱净化、分离的试样制备步骤;

——增加发酵酒、配制酒、不含蛋白的饮料的试样制备步骤。

食品安全国家标准

食品中三氯蔗糖(蔗糖素)的测定

1 范围

本标准规定了食品中三氯蔗糖(蔗糖素)的测定方法。

本标准适用于食品中三氯蔗糖的测定。

2 原理

试样中三氯蔗糖用甲醇水溶液提取,除蛋白、脂肪,经固相萃取柱净化、富集后用高效液相色谱仪、反相 C_{18} 色谱柱分离,蒸发光散射检测器或示差检测器检测,根据保留时间定性,以峰面积定量。

3 试剂和材料

注:除非另有说明,本方法所用试剂均为分析纯,水为GB/T 6682规定的一级水。

3.1 试剂

3.1.1 甲醇(CH_3OH)。

3.1.2 乙腈(CH_3CN):色谱纯。

3.1.3 正己烷(C_6H_{14})。

3.1.4 乙酸锌[$Zn(CH_3COO)_2 \cdot 2H_2O$]。

3.1.5 亚铁氰化钾[$K_4Fe(CN)_6 \cdot 3H_2O$]。

3.1.6 中性氧化铝(100目~200目)。

3.2 试剂的配制

3.2.1 乙酸锌溶液(219 g/L):称取21.9 g乙酸锌,加3 mL乙酸,加水溶解至100 mL。

3.2.2 亚铁氰化钾溶液(106 g/L):称取10.6 g亚铁氰化钾,加水溶解至100 mL。

3.2.3 甲醇水溶液(75+25):量取75 mL甲醇,加25 mL水,混匀。

3.2.4 乙腈水溶液(11+89):量取11 mL乙腈,加89 mL水,混匀。

3.3 标准品

三氯蔗糖标准品($C_{12}H_{19}C_{13}O_8$):CAS编号56038-13-2,纯度≥99%。

3.4 标准溶液的制备

3.4.1 三氯蔗糖标准贮备溶液(10.0 mg/mL):称取三氯蔗糖标准品0.25 g(精确至0.000 1 g)于25 mL容量瓶中,用水定容至刻度,混匀,其中三氯蔗糖浓度为10.0 mg/mL。贮备液置于4 ℃冰箱中保存,保存期为6个月。

3.4.2 三氯蔗糖标准中间液(1.00 mg/mL):吸取5.00 mL三氯蔗糖标准贮备溶液于50 mL容量瓶中,

用水定容至刻度，混匀，其中三氯蔗糖浓度为 1.00 mg/mL。置于 4 ℃冰箱中保存，保存期为3 个月。

3.4.3 三氯蔗糖标准工作液：分别吸取 0.200 mL、0.500 mL、1.00 mL、2.00 mL、4.00 mL 三氯蔗糖中间液于 10 mL 容量瓶中，用水定容至刻度。其中三氯蔗糖工作液浓度分别为 0.020 0 mg/mL、0.050 0 mg/mL、0.100 mg/mL、0.200 mg/mL、0.400 mg/mL。

3.5 材料

固相萃取柱（200 mg，类型为 *N*-乙烯基吡咯烷酮和二乙烯基苯亲水亲脂平衡型填料）使用前依次用 4 mL 甲醇、4 mL 水活化。

4 仪器和设备

4.1 高效液相色谱仪：配示差检测器或蒸发光散射检测器。

4.2 天平：感量为 0.1 mg 和 1 mg。

4.3 涡旋混合器。

4.4 离心机：转速≥3 000 r/min。

4.5 离心机：转速≥10 000 r/min。

4.6 超声波清洗仪：工作频率 35 kHz。

4.7 水浴锅。

5 分析步骤

5.1 试样制备

5.1.1 含蛋白脂肪试样

5.1.1.1 称取粉碎均匀后固体试样 1 g～2 g（精确到 0.001 g），混匀后液体试样 1 g～5 g（精确到 0.001 g）置于 50 mL 离心管中，加入 5 mL 水，涡旋混合器上振荡 3 min 后加入 15 mL 甲醇，继续振荡 30 s，超声波提取 20 min，以 3 000 r/min 离心 10 min，将上清液移入 50 mL 离心管中。沉淀物加入 5.0 mL甲醇水溶液（75＋25），玻棒搅拌均匀后，涡旋混合器上振荡 30 s，以 3 000 r/min 离心 10 min，重复提取 2 次，将上清液合并于 150 mL 分液漏斗中。

5.1.1.2 在 150 mL 分液漏斗内，加入 30 mL 正己烷，振摇 2 min，静置分层，20 min 后，下层水相移置于 50 mL 蒸发皿。蒸发皿于沸水浴上蒸发，当蒸发皿中液体在 1 mL 左右时用 9 mL 水分三次冲洗蒸发皿，冲洗液合并移置于 15 mL 离心管中，超声波处理 5 min，以 3 000 r/min 离心 10 min。

5.1.1.3 取全部上清液移入已活化的固相萃取柱，控制液体流速不超过每秒 1 滴，柱上液面为 2 mm 左右时加入 1 mL 水，继续保持液体流速为每秒 1 滴，到柱中液体完全排出后，用 3 mL 甲醇洗脱，收集甲醇洗脱液。洗脱液置于 50 mL 蒸发皿内，于沸水浴上蒸干，残渣用 1.00 mL 乙腈水溶液（11＋89）溶解（如溶液有浑浊现象可将其移入离心管，10 000 r/min 离心 5 min），溶液过 0.45 μm 滤膜，滤液为制备的试样溶液，备用。

注：果冻类样品经提取后的上清液需 50 ℃水浴加热后趁热过柱，否则易堵塞萃取柱。

5.1.2 酱及酱制品、醋、酱油

称取混匀后试样 2 g（精确到 0.001 g），置于 50 mL 离心管中，加入 1.0 g 中性氧化铝，加入 3 mL 水，涡旋混合器上振荡 3 min 后加入 15 mL 甲醇，以下步骤自 5.1.1.1“继续振荡 30 s，超声波提取 20 min，以 3 000 r/min 离心 10 min”开始，到 5.1.1.3 “滤液为制备的试样溶液，备用。”为止依次处理。

5.1.3 含酒精的试样(发酵酒、配制酒)

称取混匀后试样 5 g(精确到 0.001 g),置于 50 mL 蒸发皿中,于沸水浴上蒸干,残渣用 1.00 mL 乙腈水溶液(11+89)溶解,溶液过 0.45 μm 滤膜,滤液为制备的试样溶液,备用。

5.1.4 饮料

称取混匀后试样 5 g(精确到 0.001 g),置于 15 mL 离心管中,加入 5 mL 水,涡旋混合器上振荡 30 s。以 3 000 r/min 离心 10 min。以下步骤按 5.1.1.3 处理。

5.1.5 风味发酵乳、奶茶

称取混匀后试样 1 g~5 g(精确到 0.001 g)置于 50 mL 离心管中,加入 5 mL 水,涡旋混合器上振荡 3 min 后加入 15 mL 甲醇、0.50 mL 乙酸锌溶液、0.50 mL 亚铁氰化钾溶液,以下步骤自 5.1.1.1"继续振荡 30 s,超声波提取 20 min,以 3 000 r/min 离心 10 min"开始,到 5.1.1.3 "滤液为制备的试样溶液,备用。"为止依次处理。

不同试样的前处理需要同时做试样空白试验。

5.2 仪器参考条件

5.2.1 色谱柱:C_{18}柱 (4.6 mm×150 mm, 5 μm) 或性能相当者。

5.2.2 流动相:水+乙腈=89+11。

注:当检测样品基质复杂,强保留物质影响后续检测时,可采取洗脱程序(蒸发光散射检测器适用),参见附录 A。

5.2.3 流速:1.0 mL/min。

5.2.4 柱温:35 ℃。

5.2.5 示差检测器条件:

——检测池温度:35 ℃;

——灵敏度:16。

5.2.6 蒸发光散射检测器条件:按不同品牌蒸发光散射检测器在高水相流动相条件下的要求设置。

如 SEDEX 75 :

雾化压力:3.5 Bar;增益:8;蒸发温度:40 ℃。或性能相当者。

5.2.7 进样量:20.0 μL。

5.3 标准曲线的制作

5.3.1 示差检测器

取三氯蔗糖标准工作液分别进样 20.0 μL,在上述色谱条件下测定峰面积,然后作峰面积-三氯蔗糖浓度(mg/mL)标准曲线,曲线方程依示差检测原理,见式(1):

$$y = ax + b \qquad \cdots\cdots(1)$$

式中:

y ——峰面积;

a、b——与检测池温度、流动相性质等实验条件有关的常数;

x ——三氯蔗糖的浓度,单位为毫克每毫升(mg/mL)。

5.3.2 蒸发光散射检测器

取三氯蔗糖标准工作液分别进样 20.0 μL,在给定的色谱条件下测定峰面积,然后作峰面积-三氯蔗

糖浓度(mg/mL)标准曲线,曲线方程依蒸发光散射检测原理,见式(2):

$$y = bx^a \qquad \cdots\cdots(2)$$

式中:

y ——峰面积;

a、b——与蒸发室温度、流动相性质等实验条件有关的常数;

x ——三氯蔗糖的浓度,单位为毫克每毫升(mg/mL)。

按仪器数据处理软件的处理方式不同,也可作对数方程,即 $\lg y = b + a\lg x$。

5.4 试样溶液的测定

取制备的试样溶液和空白试样溶液各 20.0 μL 进样,进行高效液相色谱分析。以保留时间定性,以峰面积外标法定量,见附录 B。

6 分析结果的表述

试样中三氯蔗糖含量按式(3)计算:

$$X = \frac{(c - c_0) \times V \times 1\,000}{m \times 1\,000} \qquad \cdots\cdots(3)$$

式中:

X ——试样中三氯蔗糖的含量,单位为克每千克(g/kg);

c ——由标准曲线查得试样进样液中三氯蔗糖的浓度,单位为毫克每毫升(mg/mL);

c_0 ——由标准曲线查得空白试样进样液中三氯蔗糖的浓度,单位为毫克每毫升(mg/mL);

V ——试样定容体积,单位为毫升(mL);

m ——试样质量,单位为克(g);

1 000 ——换算系数。

结果保留三位有效数字。

7 精密度

在重复性条件下获得的两次独立测定结果的绝对差值不得超过算术平均值的 10 %。

8 其他

当取样量 2.00 g,定容至 1.00 mL 时,检出限均为 0.002 5 g/kg,定量限均为 0.007 5 g/kg。

附　录　A

复杂情况下的液相色谱洗脱程序(蒸发光散射检测器适用)

当检测样品基质复杂,强保留物质影响后续检测时,可采取洗脱程序,见表 A.1。

表 A.1　液相色谱洗脱程序(蒸发光散射检测器适用)

时间 min	超纯水(体积分数) %	乙腈(体积分数) %
0	89	11
14	89	11
15	10	90
22	10	90
23	89	11
26	89	11

附 录 B

三氯蔗糖(蔗糖素)高效液相色谱图

三氯蔗糖(蔗糖素)标准溶液(0.200 mg/mL)的液相色谱图(蒸发光散射检测器)见图 B.1。

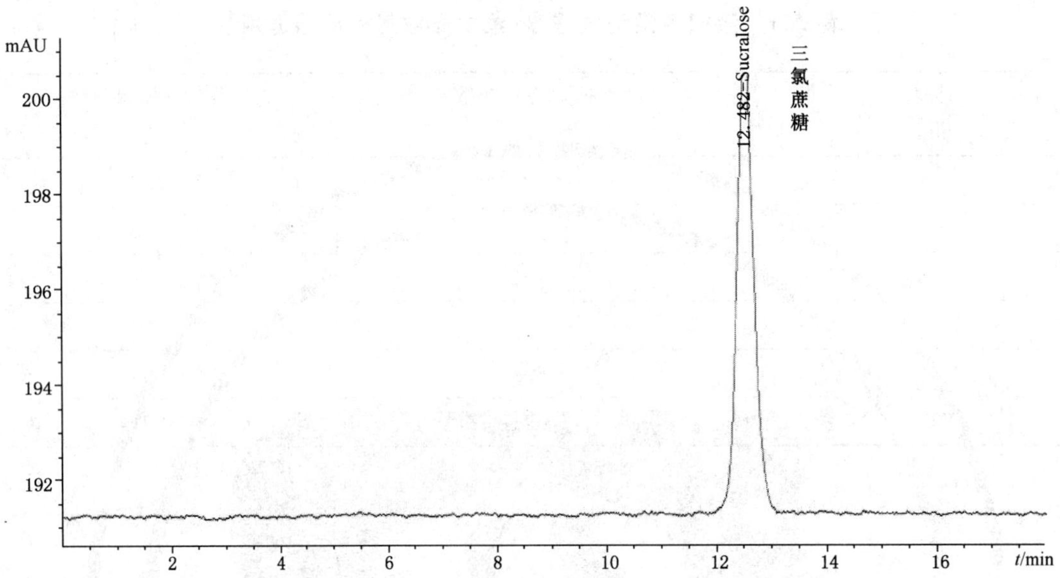

图 B.1 三氯蔗糖(蔗糖素)标准溶液的液相色谱图(蒸发光散射检测器)

三氯蔗糖(蔗糖素)标准溶液(0.200 mg/mL)的液相色谱图(示差检测器)见图 B.2。

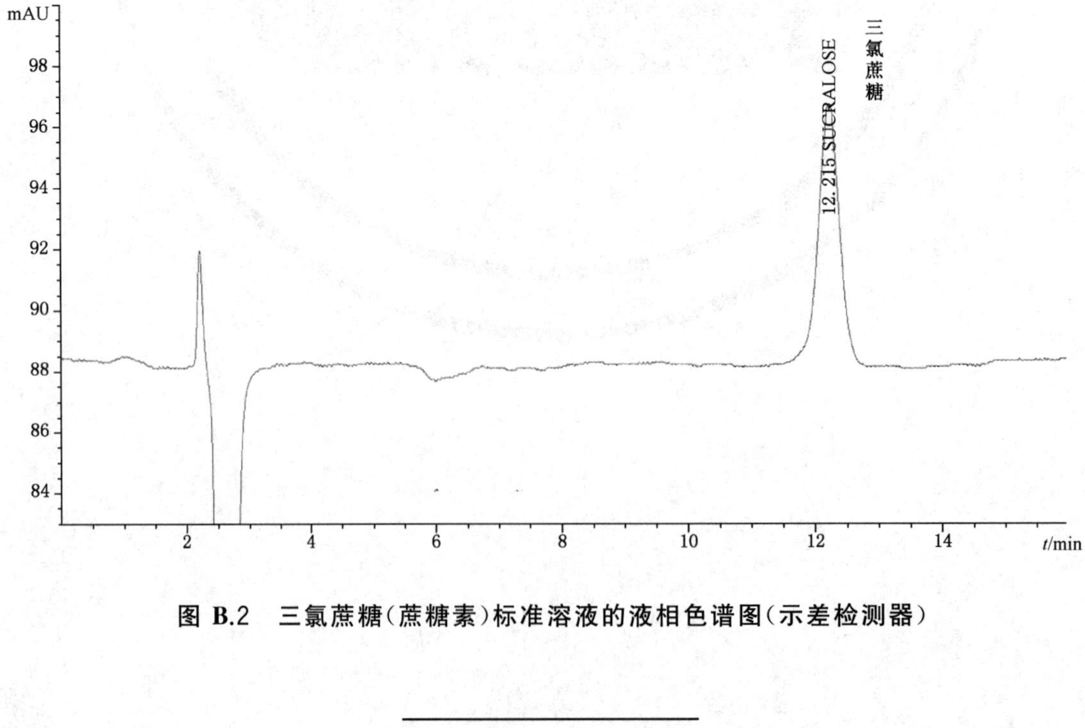

图 B.2 三氯蔗糖(蔗糖素)标准溶液的液相色谱图(示差检测器)

ICS 97.220.10
Y 55

中华人民共和国国家标准

GB/T 22517.10—2014

体育场地使用要求及检验方法
第10部分：壁球场地

Technical requirements and test methods for sports field—
Part 10: Squash

2014-09-03 发布 2015-01-01 实施

中华人民共和国国家质量监督检验检疫总局
中国国家标准化管理委员会 发布

前　言

GB/T 22517《体育场地使用要求及检验方法》由以下部分组成：

——第1部分：体育木地板场地；
——第2部分：游泳场地；
——第3部分：棒球、垒球场地；
——第4部分：篮球场地；
——第5部分：足球场地；
——第6部分：田径场地；
——第7部分：网球场地；
——第8部分：运动冰场；
——第9部分：滑雪场地；
——第10部分：壁球场地；
——第11部分：曲棍球场地；
——第12部分：板球场地；
——第13部分：保龄球场地；
——第14部分：台球场地；
——第15部分：掷球场地；
——第16部分：举重场地；
——第17部分：柔道场地；
——第18部分：轻型固定翼航空器起降场地；
——第19部分：滑翔机起降场地；
——第20部分：旋翼类航空器起降场地；
……

本部分为GB/T 22517的第10部分。

本部分按照GB/T 1.1—2009给出的规则起草。

本部分由国家体育总局提出。

本部分由全国体育标准化技术委员会设施设备分技术委员会(SAC/TC 456/SC 1)归口。

本部分起草单位：中国壁球协会、北京华安联合认证检测中心有限公司、上海宏奥体育设施工程有限公司、北京跳跃者体育休闲设备安装有限公司、华体集团有限公司。

本部分主要起草人：金宏文、赵英魁、王燕京、李海、张发明。

体育场地使用要求及检验方法 第10部分:壁球场地

1 范围

GB/T 22517 的本部分规定了壁球场地的使用要求、检验方法及合格判定规则。

本部分适用于竞赛、训练用壁球场地,休闲健身用壁球场地可参照执行。

2 规范性引用文件

下列文件对于本文件的应用是必不可少的。凡是注日期的引用文件,仅注日期的版本适用于本文件。凡是不注日期的引用文件,其最新版本(包括所有的修改单)适用于本文件。

GB 15763.2—2005 建筑用安全玻璃 第2部分:钢化玻璃

GB/T 19995.2—2005 天然材料体育场地使用要求及检验方法 第2部分:综合体育场馆木地板场地

JGJ 153—2007 体育场馆照明设计及检测标准

QB/T 2443—2011 钢卷尺

3 要求

3.1 场地规格

在地板平面以上水平高度1 m位置测量的场地规格与允差应符合:

a) 单打场地长度(9 750±10)mm,宽度(6 400±10)mm,对角线长度(11 665±25)mm,见图1。

b) 双打场地长度(9 750±10)mm,宽度(7 620±10)mm,对角线长度(12 375±25)mm,见图2。

c) 原有已建成的场地,改造修复后的场地长度、宽度和对角线长度与上述要求的差值应在0 mm~80 mm之间。

注:经世界壁球联合会认可,举办国际、地区或联盟比赛时,双打场地宽度可从7 620 mm扩大到8 420 mm。

单位为毫米

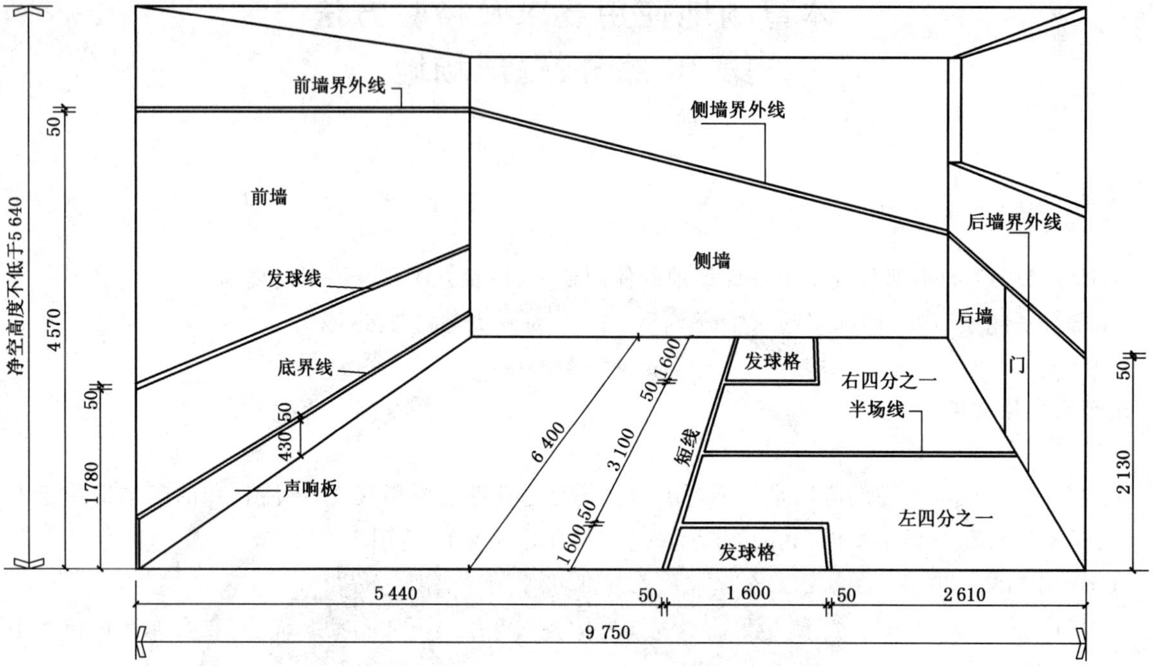

图 1　单打壁球场地

单位为毫米

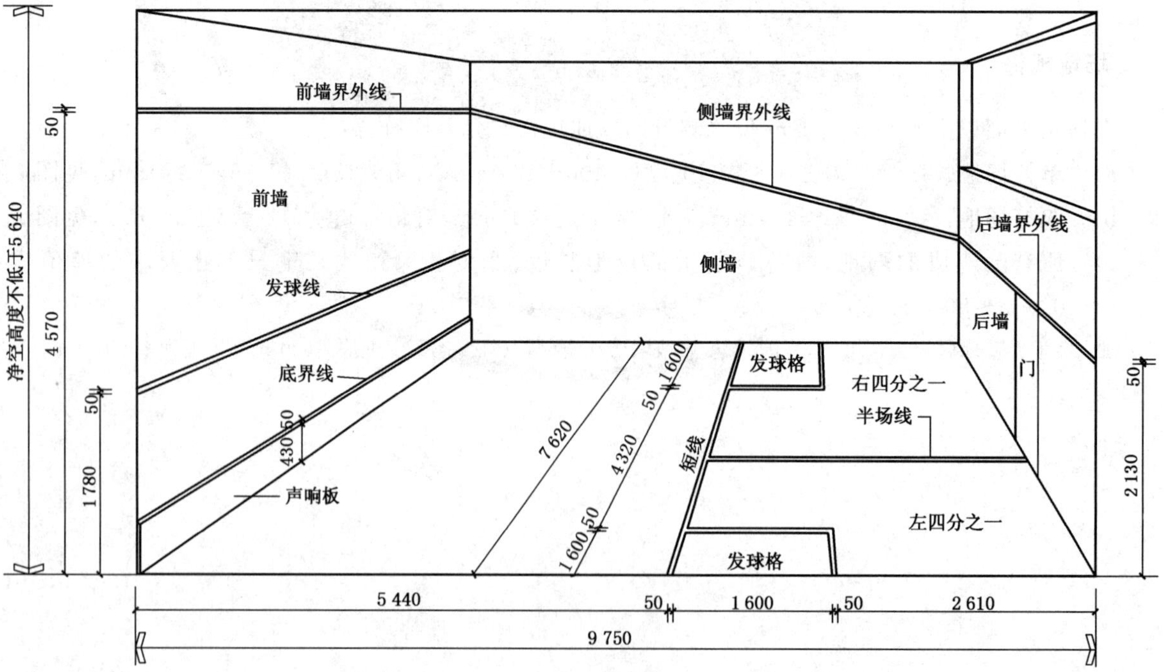

图 2　双打壁球场地

3.2 场地标线

3.2.1 总要求

3.2.1.1 全部场地标线宽为 50 mm，可为任何颜色，但应与相邻的表面形成颜色反差。墙面全部标线颜色应相同，地面全部标线颜色应相同。

3.2.1.2 全部标线应为直线，3 m 长度范围内直线度偏差应为±2 mm。

3.2.1.3 全部标线任意一点位置与规定位置的偏差应为±5 mm，底界线任意一点高度与规定高度的偏差应为±2 mm。

3.2.1.4 底界线形状应保证壁球击打在其上后发生偏转，并应凸入场地中。前墙界外线、侧墙界外线和后墙界外线形状宜能够保证壁球击打在其上后发生偏转，且不应凸入场地中。

3.2.2 前墙

3.2.2.1 前墙上应有三条水平标线，分别为前墙界外线、发球线和底界线。

3.2.2.2 前墙界外线下沿距地面应为 4 570 mm。

3.2.2.3 发球线下沿距地面应为 1 780 mm，应保证击打在发球线上的壁球不发生偏转。

3.2.2.4 底界线上沿距地面应为 480 mm，底界线应凸入场地中，但顶部凸入部分应不大于 15 mm，底部凸入部分应不大于 45 mm。底界线所有边缘宜为弧形或斜坡型。

3.2.2.5 底界线与地板之间应建成声响板，声响板长度应与壁球场地宽度相同，壁球击打在其上应能发出响声。

3.2.2.6 前墙若使用透明材质建成，则其高度应不小于 5 250 mm。

3.2.2.7 使用电子设备代替底界线时，应满足以下条件：

a) 当壁球击打在 50 mm 宽底界线区域时，电子设备能发出可听辨的声音；

b) 电子设备不受振动、气候或照明等外部条件变化的干扰。

3.2.3 后墙

3.2.3.1 后墙界外线下沿距地面应为 2 130 mm。当场地后墙设有高度为(2 130±5)mm 透明墙身时，则不应设后墙界外线。

3.2.3.2 当后墙为高度大于 2 180 mm 的透明墙身时，应在墙壁内表面设置后墙界外线。

3.2.3.3 不应设置高度在(2 130±5)mm～(2 180±5)mm 之间的透明墙。

3.2.3.4 当后墙为固定墙体时，后墙界外线可制成声响板，声响板从后墙界外线下沿向上的宽度应不小于 200 mm，凸入场地部分应不大于 5 mm。

3.2.4 侧墙

3.2.4.1 侧墙界外线应连接前墙界外线和后墙界外线。无后墙界外线时，侧墙界外线应连接一条假想的后墙界外线。

3.2.4.2 当侧墙为透明材质时，侧墙的透明部分在距前墙 2 m 范围内的高度应不小于 5 250 mm。

3.2.5 地面

3.2.5.1 场地地面应划有短线、半场线和发球格标线，单打场地地面标线见图 1，双打场地地面标线见图 2。

3.2.5.2 场地地面标线应与地板表面平齐并防滑。

3.2.5.3 短线平行于前墙和后墙，长度与场地宽度相同，其靠近后墙的边沿与后墙距离应为 4 260 mm。

3.2.5.4　半场线应平行于侧墙，连接后墙与短线，且到两面侧墙的距离相等。

3.2.5.5　比赛场地应设置两个内侧边长为 1 600 mm 的正方形发球格，由侧墙、短线及另外两条标线组成。

3.3　场地净高

地板到上方最低障碍物(包括灯具、摄影器材等)下沿的高度应不小于 5 640 mm。

3.4　墙身

3.4.1　构造

3.4.1.1　场地墙身在壁球可击打到的范围内应具有完全统一的构造。

3.4.1.2　场地墙身为玻璃材料时，应通过玻璃表面处理或加贴不透明标识等方式，提示使用者。

3.4.1.3　场地墙身构造设计宜考虑到防腐防潮、吸声降噪、利于保洁等因素。

3.4.2　垂直性

墙身应保持垂直直立，墙身任意 2 m 高度范围内垂直性偏差应为±5 mm。

3.4.3　平直度

场地地面以上 1 m 高度，任意一处墙身的平直度偏差应为±15 mm。

3.4.4　平面度

3.4.4.1　墙身表面应平整，不应有直径或深度大于 2 mm 的凹痕、孔洞或缝隙。

3.4.4.2　任何方向上在 1 800 mm 直尺测量范围内，任意两点相对高差应不大于 3 mm。

3.4.5　强度

3.4.5.1　墙身及其组件应能承受正常比赛过程中的压力(如壁球、球拍及运动员撞击)，任何壁球、球拍以及运动员撞击不应产生永久性或暂时性损坏。

注：运动员撞击是指重量为 100 kg，能量吸收系数为 47%的人体(即 47%的冲击能量由人体吸收，53%的冲击能量传递至墙身)，以 4.5 m/s 速度垂直撞击在以距地面高度 1.47 m 为圆心、面积不超过 0.25 m^2 的区域内。即：模板式墙身结构预制品的冲击吸收至少应为 53%。

3.4.5.2　墙体玻璃应符合 GB 15763.2—2005 中强制性条款 5.5、5.6 和 5.7 的要求。玻璃外侧面应做玻璃肋板均匀支撑。安装前每个部分均应通过安全性测试。

3.4.6　偏转度

墙身可在壁球或运动员冲击下发生偏转，但应保证在冲击后 1 s 内恢复，且不应发生任何永久性或暂时性损坏。

3.4.7　墙身涂料

墙身应使用坚硬、光滑的涂料。从场地内部观看时，经墙壁涂料进行处理的前墙、侧墙(包括玻璃墙)表面，不应出现反光现象。

3.4.8　反射系数

墙面涂层应为亚光色，对光线呈漫反射。前墙、侧墙平均反射系数应不小于 50%，前墙、侧墙任一点反射系数值与测试平均值的偏差应为±5%。

3.4.9 墙身球回弹

所有墙身壁球的回弹速度和角度均应相一致。

3.4.10 墙面接缝与地板接缝

3.4.10.1 采用模板或合成墙系统时，墙面表面接缝宽度应不大于 2 mm。
3.4.10.2 墙身与墙身之间、墙身与地板之间的连结处应平整，无任何凸入场地内的凸出物。
3.4.10.3 墙身与地板连接处可设置伸缩缝，伸缩缝宽度应不大于 6 mm。
3.4.10.4 当使用移动式墙身时，墙身与地板之间的伸缩缝宽度应不大于 12 mm。
3.4.10.5 地板面板与墙壁之间预留的专用通风缝隙宽度应不大于 12 mm。

3.4.11 墙面摄像机面板

3.4.11.1 墙身可安装转播或拍摄用摄像机，安装摄像机的面板应与场地邻接墙内侧保持齐平。
3.4.11.2 摄像机面板颜色应与场地的邻接墙内面颜色基本相同。
3.4.11.3 摄像机面板应具有与邻接墙内面相同的球回弹性能。
3.4.11.4 摄像机面板宜具有与邻接墙内面相同的强度，应能够承受壁球、球拍及运动员撞击产生的冲击力。
3.4.11.5 当使用安全玻璃作为摄像机面板材料时，玻璃应符合 GB 15763.2—2005 中强制性条款 5.5、5.6 和 5.7 的要求，应确保玻璃破碎不会对场地内外人员造成人身伤害。

3.5 地板

3.5.1 水平度

在场地长度、宽度及对角线方向的水平高差应不大于±10 mm。

3.5.2 接缝

相邻地板面板间拼装高度差应不大于 0.25 mm，拼装离缝宽度应不大于 2 mm。

3.5.3 平面度

地板表面应平整，任何方向上在 3 m 靠尺测量范围内，任意两点相对高差应不大于 3 mm。

3.5.4 防滑性能

地板以采用自然木板为宜。在湿状态下，健身用场地的滑动摩擦系数应为 0.4～0.7，竞赛用场地的滑动摩擦系数应为 0.5～0.7。

3.5.5 地面球反弹率

地面球反弹率应均匀一致，每个点的检测值与平均值的差应不超过平均值的±10%。

3.5.6 反射系数

地板应进行亚光处理，反射系数应不小于 50%，反射系数测试点位偏差应为±10%。

3.6 门

3.6.1 位置

3.6.1.1 门宜设置在后墙正中间，若门无法设置在后墙正中间时，至少应位于后墙三等分段中中间一段范围内。

3.6.1.2 门应向场地内侧开启。

3.6.2 内表面

3.6.2.1 门的内表面应为平面,且在关闭状态下应与邻接墙面保持平齐。门上应配备平头把手及控制装置,以防止门打开幅度超过180°而撞到墙面,且应防止门自行开启。

3.6.2.2 门的颜色、质地应尽量与相邻墙面一致。门上应安装插销或类似装置以防止其受到撞击时打开。

3.6.3 规格

3.6.3.1 门的宽度应不大于900 mm,高度应不大于2 130 mm。

3.6.3.2 当场地供残疾人使用时,门的开启净宽度应不小于800 mm,且应不大于900 mm。

3.6.4 玻璃门

3.6.4.1 重量为100 kg、能量吸收系数为47%的人体以3 m/s的速度撞击时,门的偏转量不应超过门板厚度加2 mm。

3.6.4.2 重量为100 kg、能量吸收系数为47%的人体以4.5 m/s的速度撞击时,门的偏转量不应超过门板厚度加12 mm。

3.6.4.3 玻璃应符合GB 15763.2—2005中强制性条款5.5、5.6和5.7的要求。玻璃外侧面应做玻璃肋板均匀支撑。安装前每个部分均应通过安全性测试。

3.7 天花板及场外区域

3.7.1 天花板形状应构造简单,天花板颜色应为白色或其他浅色,其反射系数应不小于80%。

3.7.2 场地内不应安装窗户,安装于场地外的窗户应配备遮光窗帘。

3.7.3 场地墙壁可向上延伸,但不应凸入场地上方空间,延伸墙身应采用白色或其他浅色,其反射系数应不小于50%。

3.8 颜色

3.8.1 墙面

3.8.1.1 场地比赛区域内墙面的颜色应不超过3种。

3.8.1.2 两面侧墙应只采用一种颜色,且应为同一种颜色。

3.8.1.3 前墙可采用两种颜色,即发球线上下各一种颜色。

3.8.1.4 玻璃结构场地的前墙颜色应与侧墙不同,其他场地的前墙颜色可与侧墙不同。

3.8.2 地面

地面颜色应不多于两种,在地面标线的两侧可为不同颜色。半场线两侧颜色应对称。

3.8.3 反射系数

所有墙面、地面所用的彩色颜色的反射系数应不小于50%,反射系数测试点位偏差应为±10%。

3.9 照明

3.9.1 开启人工照明的情况下,地板上方1 000 mm高度,无电视转播要求的水平照度应不小于300 lx,宜为 500 lx;有电视转播要求的照度应不小于 1 200 lx。

3.9.2 场地墙身应均匀照明。场内墙面任何测试点上的水平照度与平均水平照度的偏差应不大于平均照度的 15%。

3.9.3 场地照明应无阴影,且应无频闪效应的影响。

3.9.4 对于有电视转播的壁球场地照明,其光源显色指数应不小于 80。

3.9.5 对于有电视转播的壁球场地照明,其光源色温应不小于 4 000 K,且应不大于 5 600 K。

3.9.6 场地内灯具应具备防护装置且不应凸入场地净空内,灯具面板应能承受壁球撞击产生的冲击力。

3.10 空气调节设备

3.10.1 场地和相邻的观众区域(包括记分员和裁判员区域)应安装供暖或空调系统,温度应为 10 ℃~25 ℃,宜为 15 ℃~20 ℃。

3.10.2 场地和相邻观众区域(包括记分员和裁判员区域)应安装通风系统,在场地使用时该系统应能够提供至少每小时 4 次全室换气。

3.10.3 场地净空高度内除前墙底界线上沿之下 50 mm 以下的位置可安装空气调节设备外,其他区域不应安装空气调节设备。

3.10.4 空气调节设备部分凸入到场地内的距离应不超过 150 mm。

4 检验方法

4.1 场地规格

4.1.1 仪器

应使用精度不低于 QB/T 2443—2011 规定要求的 1 级钢卷尺或精度为±10 mm/km 的长度测试仪器进行现场测量。当用钢卷尺测量时,应施加 100 N 的拉力,并按钢卷尺的全尺长、校正值及温度膨胀系数对钢卷尺示值进行调整。

4.1.2 方法

场地长度测量应在两面侧墙和半场线处 3 个位置分别选点测量并计算平均值,场地宽度测量应在前墙处、后墙处和短线处 3 个位置分别选点测量并计算平均值。测量选点均应在地面以上 1 m 位置。

4.2 场地标线

4.2.1 总要求的测试仪器与方法

4.2.1.1 应采用现场观察的方法,检验标线颜色及标线颜色与相邻表面的颜色反差。

4.2.1.2 应使用标准钢板尺测量标线宽度,每条标线应至少选取 3 个位置进行测量并计算平均值。

4.2.1.3 应使用精度为±1 mm 的直尺和 3 m 长小线沿每条标线连续测量标线的直线度偏差,每 3 m 长范围内在最大偏差处记数一次,每条标线均应记录直线度偏差。

4.2.1.4 应使用精度不低于 QB/T 2443—2011 规定要求的 1 级钢卷尺或精度为±10 mm/km 的长度测试仪器测量墙面各条标线的高度位置。每条标线上应至少选取 3 个位置进行测量并计算平均值。该平均值与第 3 章中规定的相应标线高度进行比较,计算差值,作为标线的位置偏差值。

4.2.2 前墙的测试仪器与方法

4.2.2.1 应使用精度不低于 QB/T 2443—2011 规定要求的 1 级钢卷尺或精度为±10 mm/km 的长度

测试仪器分别测量前墙界外线下沿、发球线下沿距地面的高度和底界线上沿距地面高度。

4.2.2.2 应使用标准壁球分别击打前墙界外线、发球线和底界线,观察其弹出方向是否偏转。

4.2.2.3 应使用手触摸方式感觉前墙界外线、发球线是否凸出于墙面。如果凸出,可使用 2 m 靠尺(尺长精度为±3 mm)和塞尺(0 mm～25 mm,精度为±1 mm)或标准钢板尺测量凸起值。

4.2.2.4 应使用精度不低于 QB/T 2443—2011 规定要求的 1 级钢卷尺或精度为±10 mm/km 的长度测试仪器测量声响板长度,并与场地宽度做比较。

4.2.2.5 应使用试打击球的方式,听辨电子设备底界线区域发出的声音。

4.2.3 后墙的测试仪器与方法

4.2.3.1 应使用精度不低于 QB/T 2443—2011 规定要求的 1 级钢卷尺或精度为±10 mm/km 的长度测试仪器测量后墙界外线下沿距地面的高度。

4.2.3.2 应使用精度不低于 QB/T 2443—2011 规定要求的 1 级钢卷尺或精度为±10 mm/km 的长度测试仪器测量玻璃透明后墙的高度。

4.2.3.3 应使用标准壁球击打后墙界外线,观察其弹出方向是否偏转。

4.2.3.4 当后墙界外线为声响板制成时,应使用精度不低于 QB/T 2443—2011 规定要求的 1 级钢卷尺或精度为±10 mm/km 的长度测试仪器测量后墙界外线下沿向上的高度。同时,应使用手触摸方式感觉后墙界外线是否凸出于墙面。如果凸出,可使用 2 m 靠尺(尺长精度为±3 mm)和塞尺(0 mm～25 mm,精度为±1 mm)或标准钢板尺测量凸起值。

4.2.4 侧墙的测试仪器和方法

4.2.4.1 应使用现场观察方法查看侧墙界外线与前墙界外线、后墙界外线的连接完好程度。

4.2.4.2 应使用手触摸方式感觉侧墙界外线是否凸出于墙面。如果凸出,可使用 2 m 靠尺(尺长精度为±3 mm)和塞尺(0 mm～25 mm,精度为±1 mm)或标准钢板尺测量凸起值。

4.2.4.3 应使用标准壁球击打侧墙界外线,观察其弹出方向是否偏转。

4.2.4.4 当侧墙为透明材质时,应使用精度不低于 QB/T 2443—2011 规定要求的 1 级钢卷尺或精度为±10 mm/km 的长度测试仪器测量距前墙 2 m 范围内的高度。每面侧墙取点数量不应少于 3 个,并取平均值计算结果。

4.2.5 地面的测试仪器和方法

4.2.5.1 应使用精度不低于 QB/T 2443—2011 规定要求的 1 级钢卷尺或精度为±10 mm/km 的长度测试仪器分别测量短线长度、短线与后墙距离、中心线与两侧墙距离及发球区各边线内沿之间的距离。每项距离至少测量 3 次,并取平均值计算结果。

4.2.5.2 应将短线与后墙距离、中心线与两侧墙距离及发球区各边线内沿之间距离平均值与第 3 章中规定的相应长度进行比较,计算差值,作为标线的位置偏差值。

4.2.5.3 应按照 GB/T 19995.2—2005 中规定的检测方法测量地面标线的滑动摩擦系数。

4.3 场地净高

应使用精度不低于 QB/T 2443—2011 规定要求的 1 级钢卷尺或精度为±10 mm/km 的长度测试仪器测量场地上空障碍物至地面的高度。当用钢卷尺测量时,应施加 100 N 的拉力,并按钢卷尺的全尺长、校正值及温度膨胀系数对钢卷尺示值进行调整。

4.4 墙身

4.4.1 构造的测试仪器和方法

4.4.1.1 应使用现场观察和查看工程设计图纸与验收竣工图纸的方式，核查比赛区域墙身范围内的结构统一性，核查墙身构造设计是否考虑到防腐防潮、吸声降噪、利于保洁的要求。

4.4.1.2 应使用现场观察方式，核查墙身所用玻璃材料是否加贴醒目标识。

4.4.2 垂直性的测试仪器和方法

应使用 2 m 工程质量检测尺测量墙体垂直度，取点位置应为每面墙两端距转角 250 mm 处各选 1 点，另外在本面墙长度方向上任意选择 1 点，所选 3 点应均匀分布。计算 3 点测试平均值为该面墙壁的垂直性。

4.4.3 平直度的测试仪器和方法

应使用精度为±1 mm 的水准仪和直尺在距离墙面之前 1 m 位置，选择平行于墙面的线作为基准线，以 1 m 为间距测量此基准线距离对侧墙面的距离，比较相邻两个测试点的偏差，即为平直度。前墙与后墙，两侧墙之间均应进行测试，每两对墙面的测试选点组数应不小于 5 组。

4.4.4 平面度的测试仪器和方法

应现场观察墙壁凹痕、孔洞或缺口接缝，并使用标准钢板尺测量其长度或直径。应使用 2 m 靠尺(尺长精度为±3 mm)和塞尺(0 mm～25 mm，精度为±1 mm)测量墙面平面度，每面墙至少选取 5 个测试点，计算其平均值为该面墙壁的平面度。

4.4.5 强度的测试仪器和方法

可选择在安装前将墙体模板放置于平地，按照 GB/T 19995.2—2005 规定的方法进行冲击吸收试验，记录墙体模板的冲击吸收值。玻璃墙体应按照 GB 15763.2—2005 的规定进行安全性测试。

4.4.6 偏转度的测试仪器和方法

应使用现场试打壁球的方式检验墙体在受冲击后的恢复情况。

4.4.7 墙身涂料的测试仪器和方法

应使用现场观察的方法检查墙身涂料的光泽，同时，查看是否存在反光现象。

4.4.8 反射系数的测试仪器和方法

应使用重复精度不低于 0.3%的反射率测定仪测量墙面的反射系数，并计算测试值与平均值的偏差。

4.4.9 墙身球回弹的测试仪器和方法

对于批荡式结构场地，应使用现场试打壁球的方式检验墙身球回弹性能的稳定性。

4.4.10 墙面接缝与地板接缝的测试仪器和方法

应现场观察墙面表面接缝、墙身与墙身之间接缝、墙身与地板之间接缝，并应使用标准钢板尺测量接缝宽度、墙身与地板连接处伸缩缝宽度。

4.4.11 墙面摄像机面板的测试仪器和方法

应现场观察安装摄像机面板与场地邻接墙面内侧的平齐度，按照前述有关颜色、球回弹性能、强度的测试方法检验面板的颜色、球回弹性能、强度性能。

4.5 地板

4.5.1 水平度的测试仪器和方法

4.5.1.1 应在地板的长方向上任意选取间距 9 m 的两点用精度为±1 mm 的水准仪测量标高，计算标高差，总共选取 3 组点位，并取平均值计算结果。

4.5.1.2 应在地板的宽方向上任意选取间距 6 m 的两点用精度为±1 mm 的水准仪测量标高，计算标高差，总共选取 3 组点位，并取平均值计算结果。

4.5.1.3 应在地板的对角线方向上任意选取间距 10 m 的两点用精度为±1 mm 的水准仪测量标高，计算标高差，总共选取 3 组点位，并取平均值计算结果。

4.5.2 接缝的测试仪器和方法

应使用标准钢板尺测量相邻地板面板间拼装高度差、拼装离缝宽度、伸缩缝宽度、通风缝隙宽度。

4.5.3 平面度的测试仪器和方法

应使用 2 m 或 3 m 靠尺（尺长精度为±3 mm）和塞尺（0 mm～25 mm，精度为±1 mm）测量地面平面度。

4.5.4 防滑性能的测试仪器和方法

应按照 GB/T 19995.2—2005 中规定的检测方法测量地面标线的滑动摩擦系数。

4.5.5 地面球反弹率的测试仪器和方法

应按照 GB/T 19995.2—2005 中规定的检测方法使用标准壁球和球反弹测试装置测量地面的球反弹率，在场内选取不少于 5 个点进行测试，每个点测试 3 次，取平均值为该点的检测值，最终对比每个检测值与平均值的差。

4.5.6 反射系数的测试仪器和方法

应使用现场观察法观察地面是否做亚光处理。应使用重复精度不低于 0.3%的反射率测定仪测量地面的反射系数，并计算测试值与平均值的偏差。

4.6 门

4.6.1 应使用现场观察法观察并记录门的外观、颜色、开启方向、开启角度及附件等。

4.6.2 应使用符合 QB/T 2443—2011 规定的Ⅰ级钢卷尺测量门的高度和宽度。

4.7 天花板及场外区域

应使用现场观察法观察并记录天花板的颜色、外观及窗户和窗帘的设置情况等。

4.8 颜色

应使用现场观察法观察并记录墙面和地面各区域颜色。应使用重复精度不低于 0.3%的反射率测定仪测量地面的反射系数，并计算测试值与平均值的偏差。

4.9 照明

4.9.1 应使用现场观察法观察并记录场地内照明是否产生阴影、是否眩目等情况。

4.9.2 应使用照度计在距地面 1 000 mm 高度，按照每 2 m×2 m 为一个测量网格，依据 JGJ 153—2007 中 8.2.3 给出的方法测量和计算场地水平照度。

4.9.3 应使用照度计在距地面 1 000 mm 高度，测量前墙、侧墙墙体表面的水平照度。应按照每 2 m 一个测试点的取点方式连续测量不少于 10 个点，应按照公式(1)计算各点照度与平均照度的差异值。

$$S_i = \frac{|E_i - E_{\text{ave}}|}{E_{\text{ave}}} \times 100\% \qquad \cdots\cdots(1)$$

式中：

S_i ——第 i 个测点上的墙面水平照度与平均墙面水平照度的差异值，%；

E_i ——第 i 个测点上的墙面水平照度，单位为勒克斯(lx)；

E_{ave} ——平均墙面水平照度，单位为勒克斯(lx)；

4.9.4 应分光测色仪测量显色指数和色温。

4.10 空气调节设备

4.10.1 应使用查验场地竣工资料的方法检查供暖、通风系统是否合格。

4.10.2 应现场开启通风设备，查看通风系统运行情况是否符合要求。

4.10.3 应现场分别开启供暖系统和制冷系统，用标准温度仪测试场地内及观众席区温度。

4.10.4 应现场观察场地内供暖、制冷、通风设备安装情况是否符合要求。

5 合格判定规则

5.1 当检验结果符合第 3 章的全部指标要求时，判为该场地合格，第 3 章中的分项指标要求亦可分别判定。

5.2 某项指标检验结果有不合格项时，可另行检验两次，其算术平均值合格，则判定该指标合格。如其算术平均值仍不合格，则判该指标为不合格。

参 考 文 献

[1] 世界壁球联合会.WSF SPECIFICATIONS FOR SQUASH COURTS.2013.

ICS 97.220.10
Y 55

中华人民共和国国家标准

GB/T 22517.11—2014

体育场地使用要求及检验方法
第11部分：曲棍球场地

Technical requirements and test methods for sports field—Part 11: Hockey

2014-09-03 发布　　2015-01-01 实施

中华人民共和国国家质量监督检验检疫总局
中国国家标准化管理委员会　发布

前　言

GB/T 22517《体育场地使用要求及检验方法》由以下部分组成：

——第 1 部分：体育木地板场地；

——第 2 部分：游泳场地；

——第 3 部分：棒球、垒球场地；

——第 4 部分：篮球场地；

——第 5 部分：足球场地；

——第 6 部分：田径场地；

——第 7 部分：网球场地；

——第 8 部分：运动冰场；

——第 9 部分：滑雪场地；

——第 10 部分：壁球场地；

——第 11 部分：曲棍球场地；

——第 12 部分：板球场地；

——第 13 部分：保龄球场地；

——第 14 部分：台球场地；

——第 15 部分：掷球场地；

——第 16 部分：举重场地；

——第 17 部分：柔道场地；

——第 18 部分：轻型固定翼航空器起降场地；

——第 19 部分：滑翔机起降场地；

——第 20 部分：旋翼类航空器起降场地；

……

本部分为 GB/T 22517 的第 11 部分。

本部分按照 GB/T 1.1—2009 给出的规则起草。

本部分由国家体育总局提出。

本部分由全国体育标准化技术委员会设施设备分技术委员会(SAC/TC 456/SC 1)归口。

本部分起草单位：国家体育总局体育设施建设和标准办公室、中国曲棍球协会、江苏共创人造草有限公司、广州爱奇实业有限公司、乐陵泰山人造草坪产业有限公司、北京泛华新兴体育发展有限公司、北京火炬天地人造草坪有限公司、华体集团有限公司、北京华安联合认证检测中心有限公司。

本部分主要起草人：赵晓宇、卞志良、孙成敏、雷爱新、李峰、刘海鹏、李海斌、杨毅良、焦洪旺、王燕京、赵英魁、赵阳。

体育场地使用要求及检验方法
第11部分:曲棍球场地

1 范围

GB/T 22517的本部分规定了曲棍球场地的分类、要求、检验方法及合格判定规则。

本部分适用于标准规格室外人造草坪面层曲棍球场地,其他非标准规格人造草坪面层曲棍球场地可参照执行。

2 规范性引用文件

下列文件对于本文件的应用是必不可少的。凡是注日期的引用文件,仅注日期的版本适用于本文件。凡是不注日期的引用文件,其最新版本(包括所有的修改单)适用于本文件。

GB 6675—2003 国家玩具安全技术规范

GB/T 22517.6—2011 体育场地使用要求及检验方法 第6部分:田径场地

JGJ 31—2003 体育建筑设计规范

JGJ 153 体育场馆照明设计及检测标准

3 场地分类

根据场地主要用途和竞赛级别等因素划分,曲棍球场地分为三类,见表1。

表1 曲棍球场地分类

场地分类	适用范围	国际曲联场地分类对应	面层材料
Ⅰ类场地	奥运会、世界杯、青年奥运会、青年世界杯、冠军杯、冠军杯挑战赛、奥运会预选赛、世界杯预选赛、国际曲联联赛、全运会	国际级 (Global Pitch)	国际级 (Global)
Ⅱ类场地	全国锦标赛、城运会、全国冠军杯、国际邀请赛、国内的全国青年锦标赛、国内甲乙级联赛	国家级 (National Pitch)	国家级 (National)
Ⅲ类场地	国内青少年比赛、普及性教学和大众健身	大众级 (Multi-sport Pitch)	大众级 (Multi-sport)

4 要求

4.1 材料要求

4.1.1 面层材料性能要求

面层材料的性能要求应符合表2中的要求。

表 2 面层材料性能要求

项目	国际级要求	国家级要求	大众级要求
填充材料	无	有/无	有/无
球滚动距离	≥10.0 m,每个点的检测值与平均值的差不超过平均值的±10%	≥8.0 m ,每个点的检测值与平均值的差不超过平均值的±20%	≥5.0 m ,每个点的检测值与平均值的差不超过平均值的±20%
球滚动方向偏转角	≤3°	≤3°	≤3°
球反弹值	100 mm～400 mm,每个点的检测值与平均值的差不超过平均值的±10%	100 mm～400 mm,每个点的检测值与平均值的差不超过平均值的±20%	75 mm～400 mm,每个点的检测值与平均值的差不超过平均值的±20%
滑动摩擦系数	0.6～1.0,每个点的检测值与平均值的差不超过±0.1	0.6～1.0,每个点的检测值与平均值的差不超过±0.2	0.6～1.0,每个点的检测值与平均值的差不超过±0.2
渗水速率	≥150 mm/h	≥150 mm/h	≥150 mm/h
冲击吸收	40%～60%,每个点的检测值与平均值的差不超过±5%	40%～65%,每个点的检测值与平均值的差不超过±5%	40%～65%,每个点的检测值与平均值的差不超过±5%
冲击变形	≥40%,每个点的检测值与平均值的差不超过±2%	≥40%,每个点的检测值与平均值的差不超过±2%	≥40%,每个点的检测值与平均值的差不超过±2%
表面光泽度	湿润状态下,≤15%	湿润状态下,≤15%	湿润状态下,≤15%
面层颜色	比赛区应为绿色、蓝色或国际曲联认可的其他颜色。缓冲区和无障碍区颜色应与比赛区相区别		宜为绿色,缓冲区和无障碍区颜色应与比赛区相区别

注 1：申请国际曲棍球联合会相应产品认证人造草坪草丝、基布和填充物应符合国际曲棍球联合会的相关要求。

注 2：冲击变形仅为实验室产品检测时的技术要求,现场场地检测不作此项。

注 3：大众级面层(不含弹性垫层)的冲击吸收宜不小于 25%,冲击变形宜不小于 15%。

4.1.2 有害物质限值

4.1.2.1 面层(含底衬)材料的有害物质限值应符合 GB 6675—2003 中附录 C 的要求。

4.1.2.2 减震层材料的有害物质限值应符合 GB/T 22517.6—2011 中 5.2.2 的要求。

4.2 场地要求

4.2.1 朝向

Ⅰ类、Ⅱ类场地长轴方向应为南北向,当不能满足要求时,根据地理纬度和主导风向可略偏南北向,但偏离数值不应超过 JGJ 31—2003 中表 4.2.7 的要求。

4.2.2 面层

4.2.2.1 缓冲区的面层材料应与比赛区面层材料相同。缓冲区外无障碍区可采用与比赛区面层相似材料。

4.2.2.2 现场场地施工铺装完成后场地面层性能应符合表 2 中的要求。

4.2.3 标志线

4.2.3.1 场地内所有标志线应为白色，宽度为 75 mm。应笔直、整齐。

4.2.3.2 标志线尺寸和位置偏差应符合表 3 的规定。

表 3 标志线尺寸和位置偏差

单位为毫米

类别	直线长度	标志线宽度	弧线半径	罚球点位置	对角线长度差	300 mm 场外标志线位置
偏差	±50	±10	±30	±30	＜300	±30

4.2.3.3 标志线材质宜与场地面层材质相同。

4.2.3.4 除图 1 中规定的标志线外，比赛区内不应有其他任何标志线。

4.2.4 规格

Ⅰ类、Ⅱ类场地规格应符合表 4 和图 1 的规定，Ⅲ类场地可参照执行。

表 4 曲棍球场地规格

单位为米

符号	说明	长度
A	端线、中线、23 m 线长度	55.00
B	中线至端线的距离	45.70
C	23 m 线至端线的距离	22.90
D	边线外侧长角球标志线、14.63 m 标志线、端线外侧距近端球门柱外沿 5 m 和 10 m 标志线长度	0.30
E	射门弧外虚线至射门弧距离	5.00
F	射门弧外虚线划线间隔长度	3.00
G	射门弧外虚线划线长度	0.30
H	—	4.975
I	短角球标志线至球门柱距离	9.975
J	射门弧半径	14.63
K	球门线长度	3.66
L	点球位距球门距离	6.475
M	点球点直径、端线外侧距端线中心 1.83 m 处标志线长度	0.15
N	射门弧顶直线长度	3.66
P	长角球标志线距端线距离	5.00
Q	—	14.63
R	边线长度	91.40
1	端线外缓冲区宽度	3.00
2	端线外无障碍区宽度	2.00
1+2	端线外缓冲区和无障碍区总宽度	5.00
3	边线外缓冲区宽度	3.00
4	边线外无障碍宽度	1.00
3+4	边线外缓冲区和无障碍区总宽度	4.00
注：*H* 和 *I* 的尺寸不包含球门柱的尺寸，若包含球门柱尺寸为 5.00 m。		

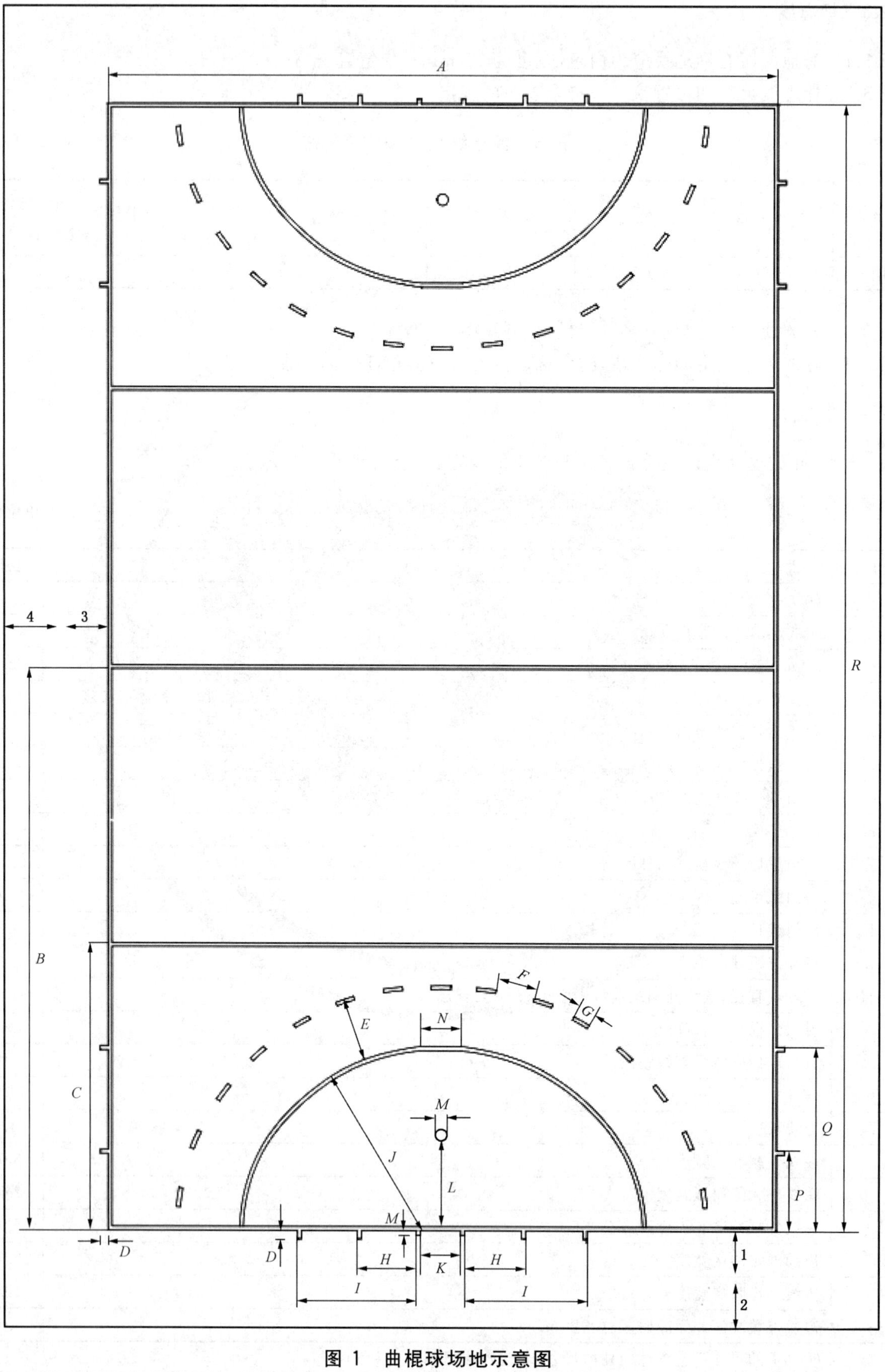

图 1 曲棍球场地示意图

4.2.5 平整度

4.2.5.1 Ⅰ类、Ⅱ类场地平整度应同时符合表5中方法1和方法2所规定的要求。

4.2.5.2 Ⅲ类场地平整度应符合表5中方法1所规定的要求。

4.2.5.3 场地基础会影响场地平整度,场地基础的基本要求参见附录A。

表5 曲棍球场地平整度要求

方法	设备	Ⅰ类场地	Ⅱ类场地	Ⅲ类场地
1	3 m直尺	≤6 mm	≤6 mm	≤6 mm
2	300 mm直尺	≤2 mm	≤3 mm	—
注:无填充材料场地3 m直尺测量的平整度宜≤4 mm。				

4.2.6 坡度

4.2.6.1 场地坡度应符合表6要求。

4.2.6.2 场地基础会影响场地坡度,场地基础的基本要求参见附录A。

表6 曲棍球场地坡度要求

项目	Ⅰ类场地	Ⅱ类场地	Ⅲ类场地
横向坡度	<0.4%	<1.0%	<1.0%
纵向坡度	<0.2%	<1.0%	<1.0%

4.3 场地喷淋

4.3.1 Ⅰ类和Ⅱ类场地应配备自动喷淋系统,应保证在8 min内可以对场地进行均匀的喷淋。Ⅲ类场地可根据实际需求确定是否设置喷淋系统。

4.3.2 Ⅰ类和Ⅱ类(无填充料)场地喷淋后场地内任一点积水深度应为3 mm±1 mm,不应有小于2 mm的区域。任一点积水厚度不应超过相邻检测点的±50%。

4.3.3 喷淋出水应达到生活饮用水标准。

4.3.4 喷淋设施应设置在缓冲区外。

4.4 场地照明及其他

4.4.1 Ⅰ类、Ⅱ类场地照明应符合JGJ 153中曲棍球场地的相关要求,Ⅲ类场地可参照执行。

4.4.2 场地内(含缓冲区)不应设置任何通讯井或检查井等设施。

5 检验方法

5.1 检测项目、样品制备和检测位置

5.1.1 检测项目

实验室样品检测项目见表7,现场场地检测项目见表8。

表 7 实验室样品检测项目

项目名称	对应要求的条款编号	对应检测方法的条款编号
填充材料	4.1.1 表 2	5.2
球滚动距离	4.1.1 表 2	5.3
球滚动方向偏转角	4.1.1 表 2	5.4
球反弹值	4.1.1 表 2	5.5
滑动摩擦系数	4.1.1 表 2	5.6
渗水速率	4.1.1 表 2	5.7
冲击吸收	4.1.1 表 2	5.8
冲击变形	4.1.1 表 2	5.9
表面光泽度	4.1.1 表 2	5.10
面层颜色	4.1.1 表 2	5.11
有害物质限值	4.1.2	5.12

表 8 现场场地检测项目

项目名称	对应要求的条款编号	对应检测方法的条款编号
填充材料	4.1.1 表 2	5.2
球滚动距离	4.1.1 表 2	5.3
球滚动方向偏转角	4.1.1 表 2	5.4
球反弹值	4.1.1 表 2	5.5
滑动摩擦系数	4.1.1 表 2	5.6
渗水速率	4.1.1 表 2	5.7
冲击吸收	4.1.1 表 2	5.8
表面光泽度	4.1.1 表 2	5.10
面层颜色	4.1.1 表 2	5.11
朝向	4.2.1	5.13
标志线	4.2.3	5.14
规格	4.2.4	5.14
平整度	4.2.5	5.15
坡度	4.2.6	5.16
场地喷淋	4.3	5.17
场地照明及其他	4.4	5.18

5.1.2 实验室检测样品制备

5.1.2.1 样品的尺寸

包括面层(含底衬)和减震层的检测样品至少为2块,每块面积不小于1.5 m×1.5 m。样品应与现场施工铺装方式一致。

另需额外准备2块尺寸不小于16 m×1 m的面层(含底衬),用于球滚动距离和偏转角度的检测。其中第一个样品的较长边应沿着场地铺装方向选取,第二个样品较长边应垂直穿过场地铺装方向,如有必要,第二个样品的拼接处,应根据场地铺装技术进行粘合。

5.1.2.2 样品的处理

样品应由产品生产单位负责制备安装,或根据生产单位的建议进行制备、安装和预处理。带填充料面层样品填充材料的厚度和密度应与设计要求一致,必要时应根据生产单位的规定,使用填充机械进行填充,所有样品应使用同样的方法填充材料。

带填充料面层样品应在检测前向样品均匀喷洒与样品同等体积的水,用20 min排除水分后再按3 L/m^{2}均匀喷洒进行处理,然后在5 min内进行检测。

无填充料面层样品应在检测前将样品浸入温度为(23±2)℃的水中(30±2)min,从水中取出样品并沥干水分后应立即进行检测。若重复检测应重新将样品浸入水中处理。若样品尺寸过大,难以浸入水中,可在样品上按3 L/m^{2}均匀喷洒进行处理,然后进行检测。

5.1.3 现场检测位置

球反弹值、球滚动性能、滑动摩擦系数、冲击吸收、渗水速率检测点应按照图2所示位置选择进行现场检测。

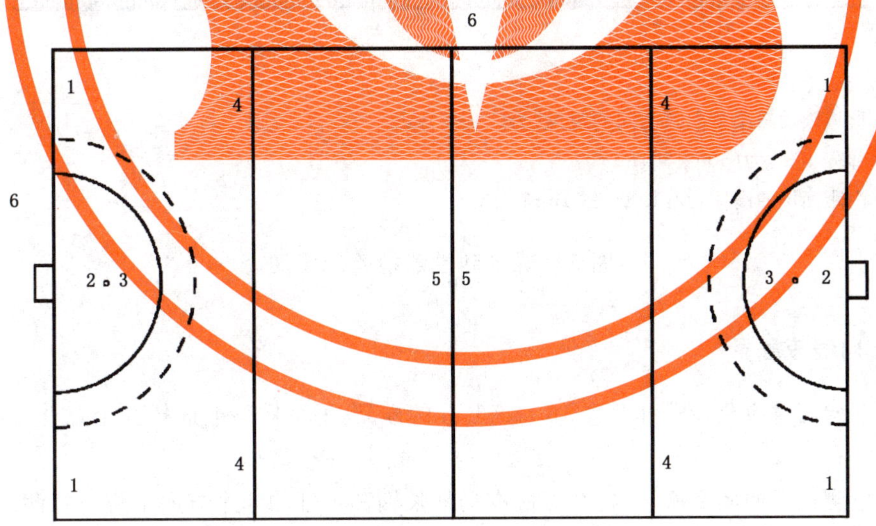

说明:

1号点——位于场地区域内,距离角旗不大于3 m,至少选取1点进行检验;

2号点——位于罚球点与球门之间,至少选取1点进行检验;

3号点——位于球门中点与罚球点连线的延长线上,距离罚球弧内1 m位置,至少选取1点进行检验,且不与2号点在同一个圆弧内;

4号点——位于23 m(22.9 m)线上,距离边线不小于4 m,且不大于6 m,至少选取1点进行检验;

5号点——位于场地中心点附近,距离中线不大于3 m,至少选取1点进行检测。

6号点——位于场地长边外缓冲区,应至少在缓冲区域选取1点进行检验,球滚动性能不要求在此点进行。

图2 现场检测点布置示意图

5.2 填充材料

目测观察产品样品或场地面层材料情况。

5.3 球滚动距离

a) 实验室检测时应至少选择 2 个 16 m×1 m 的样品，每个样品上选择 5 个点并在两个长边方向上检测，实验室检测中被测样品所放平面(球滚动方向上)坡度应小于 0.2%。

b) 现场检测位置如图 2 所示，每个点应在场地长轴和短轴的 4 个方向上进行检测。

将曲棍球从(1 000±5)mm 高处沿 45 °斜架滚下，如图 3 所示，用钢卷尺测量球滚下斜面的落地点至静止后球中心点间的距离，取 5 次距离的平均值为该点球滚动距离，并计算各点偏离程度。

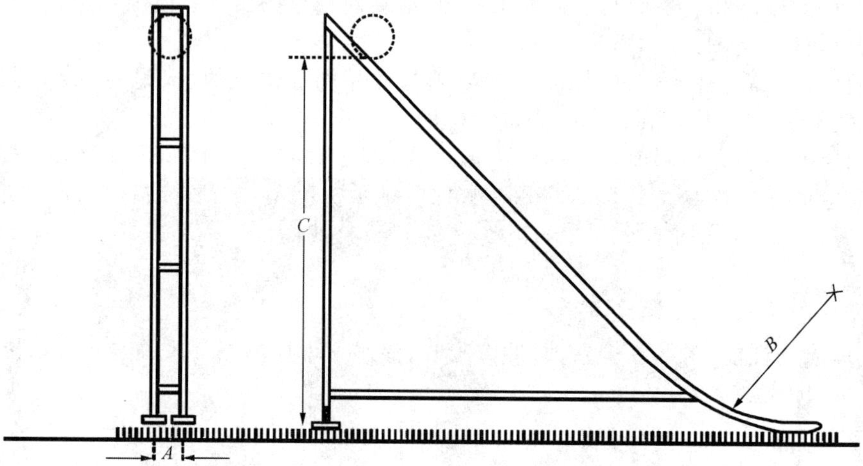

说明：

A ——两个形成滚动斜架的轨道之间的距离，为(45±5)mm；

B ——弯曲部分半径，为(500±50)mm；

C ——球下沿距面层的高度，为(1 000±5)mm。

图 3 球滚动性能检验示意图

5.4 球滚动方向偏转角

a) 实验室检测时应至少选择 2 个 16 m×1 m 的样品，每个样品上选择 5 个点并在两个长边方向上检测；

b) 现场检测位置如图 2 所示，每个点应在场地长轴和短轴的 4 个方向上进行检测。

将曲棍球从(1 000±5)mm 高处沿 45 °斜架滚下，如图 4 所示，测量球滚动起点与球停止点前(滚动方向的反向)2 m 位置的距离，若如该距离≥14 m，则取 14 m，测量 14 m 处到球无偏转滚动方向虚拟延长线的距离，从而通过上述两个距离计算滚动方向与无偏转滚动方向虚拟延长线的夹角，即为球滚动方向偏转角。

若该距离<14 m，则取实际滚动距离，测量球停止点处到球无偏转滚动方向虚拟延长线的距离，从而通过上述两个距离计算滚动方向与无偏转滚动方向虚拟延长线的夹角，即为球滚动方向偏转角。

应使用Ⅰ级钢卷尺测量，并取 5 次的平均值计算球滚动方向偏转角度值。

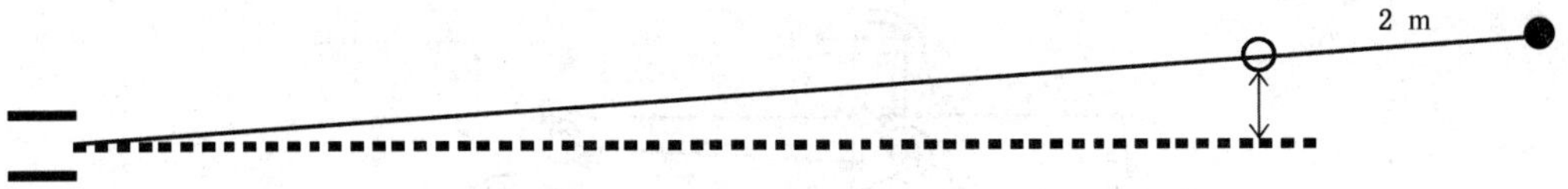

图 4 球滚动方向偏转角选点示意图

5.5 球反弹值

a) 实验室检验时在 1.5 m×1.5 m 样品上选择 5 个检测点，每点距离样品边缘至少 100 mm，且每点间距离不小于 50 mm；

b) 现场检测位置如图 2 所示。

将曲棍球从 2 m(球下沿)的高度自由下落，记录曲棍球的反弹高度，见图 5。每个点应至少测量 3 次，取平均值作为该点的球反弹高度，并计算偏离程度。

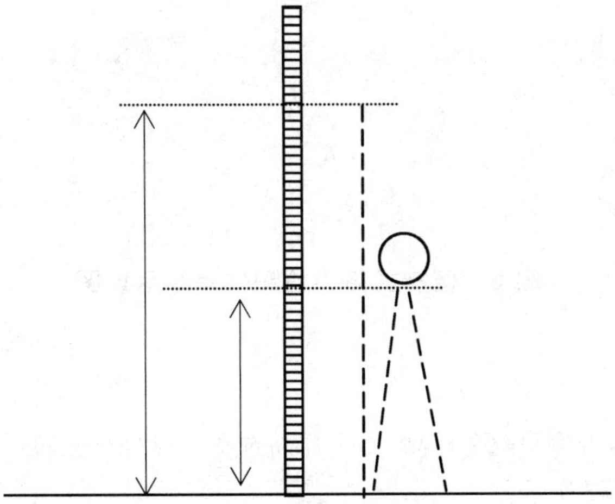

图 5 球反弹值检验示意图

5.6 滑动摩擦系数

a) 实验室检验时应至少检测两个样品，每个样品上选择 1 个点检测；

b) 现场检测位置如图 2 所示。

使用便携式阻力检测仪(如图 6 所示)进行检测，调整检测装置的底边，使其各个方向都趋于水平。让摆锤做 3 次适应性摆动，但不记录读数。当摆锤再次摆动，记录刻度器上的显示读数，计算滑动摩擦系数。

每个检测点检测 5 次，取 5 次滑动摩擦系数的平均值，即为该点的滑动摩擦系数值，并计算各点偏离程度。

注 1：如果检测装置直接放在检测样本之上，注意避免检测过程中设备的底座陷入面层。因为不断摆动的摆锤会对设备底座产生越来越大的向下力，这可能会造成路径长度读数误差。

注 2：如果地面有某种方向性的特征，如有一层覆盖物，或者为了排水而设计有斜面，那么则需注意按能最大和最小反映摩擦的方向重复这一检测以获得一组读数。

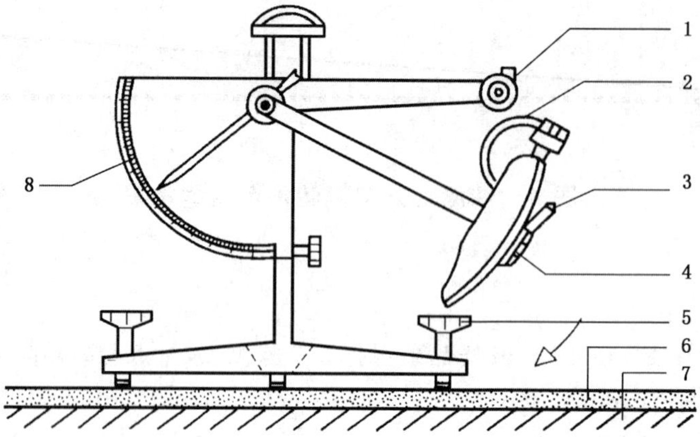

说明：

1——重物释放装置；

2——重物提升装置；

3——连接销；

4——鞋钉盘；

5——测试台支撑脚；

6——场地材料表面；

7——基础层；

8——刻度表(标尺)。

图 6 便携式阻力检测仪装置示意图

5.7 渗水速率

a) 实验室检验时应至少检测两个样品，每个样品选择 1 点进行检验；

b) 现场检测位置见图 2 所示。

用两个圆筒体组成渗透速率检测装置(如图 7)，内圆柱体内径为(300±25)mm，形成测定区域，外圆柱体内径为(500±25)mm，形成防止内部圆柱体中的水发生侧流的缓冲区域。

柱体封在面层上，用于封口的材料不能妨碍内部圆柱体内任何部分水的流动，并且在测定完毕后易于清除，不影响场地面层的使用(如硅酮橡胶或弹性泡沫材料)。在圆柱体上放置重物，有助于封口严密。清除面层上的微粒，防止水侧流。

将装置安置完成后，将圆柱体内注入水，直到渗透速度达到稳定，观察测量水位由初始深度(30±1) mm处下落 20 mm 所用时间。如果 30 min 后，水位没有下降 20 mm，则记录下此时的下降水位，进行计算。检测应在图 2 中 1 号点～6 号点不同的位置上进行。计时装置的精度应为±1 s。

用式(1)计算渗水速率。

$$\eta=\frac{h}{t} \qquad \cdots\cdots(1)$$

式中：

η ——渗水速率，单位为毫米每分(mm/min)；

h ——下降的水位，单位为毫米(mm)；

t ——时间，单位为分(min)。

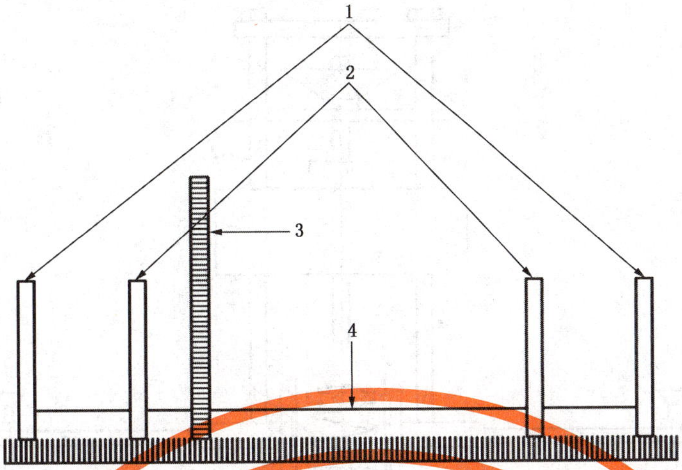

说明：

1——外圆筒；

2——内圆筒；

3——测量尺；

4——水面。

图 7　渗水速率测定装置示意图

5.8　冲击吸收

a)　实验室检测时应至少检测两个样品，每个样品上检测两个点；

b)　现场检测位置见图 2 所示。

使用冲击吸收检测仪(见图 8)检验场地的冲击吸收性能。分别测量在混凝土地面和同一区域场地上的冲击力，经过计算得出冲击吸收值。计算所有检测点冲击吸收平均值及各点的偏离程度。

冲击吸收检测仪应满足以下技术参数：

a)　落锤的质量 $m=(20\pm0.1)$ kg，直径 $d=(50\pm1)$ mm，高度 $L=(75\pm1)$ mm，底面平滑而坚硬，侧面有导轨，上有提升装置，提升装置是电磁铁；

b)　承冲头由硬质钢制成，置于弹簧上。承冲头的上表面是球形曲面，半径约为 100 mm；

c)　弹簧的弹性比值为(2 000±250)kN/m(实际弹性比值公差规定为±25 kN/m，线性值至少为 7 kN)；

d)　底座底面为球形曲面，半径约为 500 mm，边缘倒角半径约为 1 mm。底座直径 $d=(70.0\pm0.1)$ mm；

e)　底座套筒直径 $d=(71.0\pm0.1)$ mm，内装承冲头、弹簧和力传感器；

f)　落锤装置三脚架上有调节螺丝，可进行垂直方向上的调整。此架的底座轴线与三脚架轴线之间的距离至少为 600 mm；

g)　提升和吸放装置通过标准量块调整落锤的高度，落锤底面与承冲头表面之间的距离调整量为 22 mm～88 mm，允许偏差为±0.25 mm。

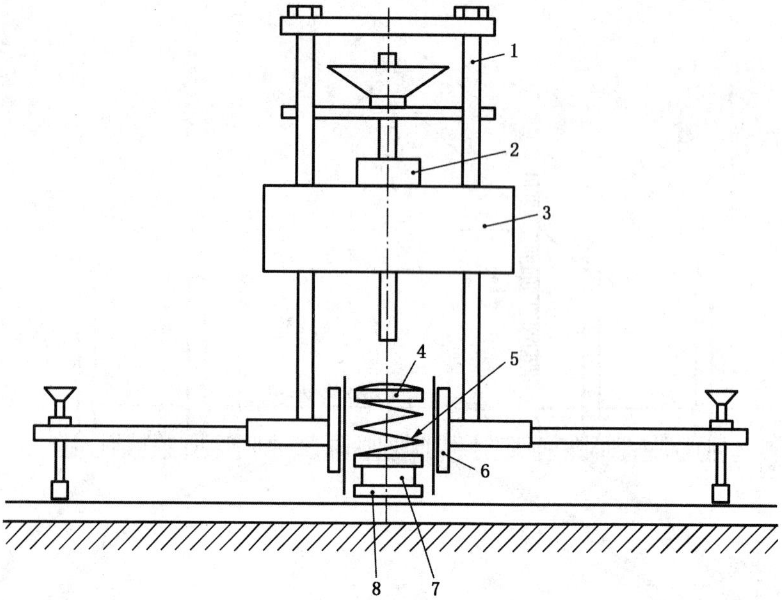

说明：
1——下落重物导轨；
2——电磁铁；
3——落锤；
4——承冲头；
5——弹簧；
6——导管；
7——力传感装置；
8——底座。

图 8 冲击吸收测试装置示意图

5.9 冲击变形

实验室检验时应至少检测两个样品，每个样品上选择两个点检测；在冲击吸收检验之后，使用冲击吸收检测仪对被测点连续进行 10 次冲击，然后测量被测点位第 11 次和第 12 次受冲击时的冲击吸收值，取两次的平均值为冲击变形值并计算偏离程度。测试期间不能整理场地面层。

5.10 表面光泽度

在实验室内使用 85°光泽计或更高光角的光泽计进行测量。

5.11 面层颜色

观察面层颜色，必要时可与色谱集(色图集)进行比对。

5.12 有害物质限值

5.12.1 面层(含底衬)材料的重金属含量按 GB 6675—2003 中附录 C 规定的方法进行测定。

5.12.2 减震层材料的有害物质限值按 GB/T 22517.6—2011 中 6.2.2 规定的方法进行测定。

5.13 朝向

现场观察场地朝向，必要时使用经纬仪进行检测。

5.14 标志线和规格

5.14.1 采用Ⅰ级钢卷尺或同等精度的测距仪器现场测量场地标志线和规格。

5.14.2 现场观察标志线颜色和外观，使用钢板尺测量标志线宽度。

5.15 平整度

5.15.1 在场地上应选取不少于20点。

5.15.2 应将3 m公路工程检测尺平放，用直塞尺测量最大凹陷尺寸。

5.15.3 应将300 mm直尺平放，用直塞尺测量最大凹陷尺寸。

5.15.4 四条短角球发球线及每个圆形顶部区域内应重点测试。

5.16 坡度

5.16.1 在场地的短轴中线和端线上确定5组点，用精度±1 mm的水准仪或更高精度的仪器测出每组点的水平距离和高差，计算场地的纵向坡度。

5.16.2 在场地的长轴中线和边线上确定10组点，用精度±1 mm的水准仪或更高精度的仪器测出每组点的水平距离和高差，计算场地的横向坡度。

5.17 场地喷淋

5.17.1 以10 m×10 m为1个检测单元，在图2中所示的点位中选择5个检测单元进行检测。所选检测单元应保证1至5点中各选择一点，且检测单元应均匀分布在场地中线两侧。

5.17.2 在每个检测单元中，均匀选取20个检测点使用钢板尺进行测量，计算20个检测点的平均值作为该检测单元场地积水深度，综合所选5个检测单元的积水深度进行合格判定。

5.18 场地照明及其他

5.18.1 场地照明要求应按照JGJ 153中相关规定进行检验。

5.18.2 现场观察场地内(含缓冲区)是否设置通讯井或检查井等设施。

6 合格判定规则

符合本标准第4章的要求时，可判定为场地合格。

附 录 A
（资料性附录）
场地基础的基本要求

A.1 基础构造

基础构造可参照示例图 A.1，各地可根据具体当地气候、土质、材料供应、不同品种草坪对基础的要求等情况确定基础构造和施工要求。

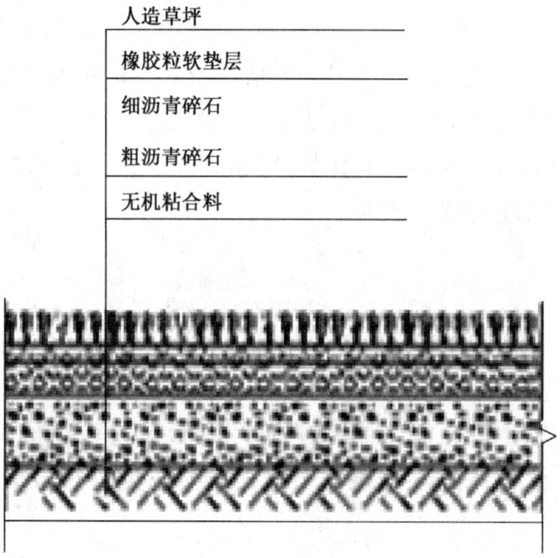

图 A.1 曲棍球场地基础示例

A.2 基本要求

A.2.1 厚度

A.2.1.1 现场摊铺型橡胶粒软垫层厚度不小于 15 mm，预制型橡胶粒软垫层厚度不小于 10 mm。

A.2.1.2 细沥青碎石层厚度不小于 25 mm，碎石粒径不大于 10 mm，粗沥青碎石层厚度不小于30 mm，碎石粒径不大于 2.5 mm，以利于多余水的排除。

A.2.2 平整度

各层基础的平整度用 3 m 直尺测量，空隙宜不大于 3 mm。

A.2.3 坡度

橡胶粒软垫层的坡度与面层的坡度要求相同。

A.2.4 渗水性

基础的渗水性应不小于 150 mm/h。

参 考 文 献

[1] Rules of Hockey including explanations ,Effective form 1 January 2013.

[2] Handbook of Performance, Durability and Construction Requirements for Synthetic Turf Hockey Picthes.2013-05.

[3] BS EN 15330-1:2007 Surfaces for sports areas—Synthetic turf and needle-punched surfaces primarily designed for outdoor use—Part 1: Specification for synthetic turf.

[4] Guide to the artificial lighting of hockey pitches.

中华人民共和国国家标准

GB 22570—2014

食品安全国家标准
辅食营养补充品

2014-04-29 发布　　2014-11-01 实施

中华人民共和国
国家卫生和计划生育委员会　发布

前　言

本标准代替 GB/T 22570—2008《辅食营养补充品通用标准》。

本标准与 GB/T 22570—2008 相比，主要变化如下：

——修改了标准名称；

——修改了标准结构；

——修改了技术要求；

——修改了标识要求；

——删除了原标准的附录 A 和附录 B。

食品安全国家标准
辅食营养补充品

1 范围

本标准适用于6月～36月龄婴幼儿及37月～60月龄儿童食用的辅食营养补充品。

2 术语和定义

2.1 辅食

辅助食品

婴幼儿在6月龄后继续母乳喂养的同时，为了满足营养需要而添加的食品，包括家庭配制的和工厂生产的。

2.2 辅食营养补充品

一种含多种微量营养素(维生素和矿物质等)的补充品，其中含或不含食物基质和其他辅料，添加在6月～36月龄婴幼儿即食辅食中食用，也可用于37月～60月龄儿童。目前常用的形式有：辅食营养素补充食品、辅食营养素补充片、辅食营养素撒剂。

2.2.1 辅食营养素补充食品

以大豆、大豆蛋白制品、乳类、乳蛋白制品中的一种或以上为食物基质，添加多种微量营养素和(或)其他辅料制成的辅食营养补充品。食物形态可以是粉状或颗粒状或半固态等，且食物基质可提供部分优质蛋白质。

2.2.2 辅食营养素补充片

以大豆、大豆蛋白制品、乳类、乳蛋白制品中的一种或以上为食物基质，添加多种微量营养素和(或)其他辅料制成的片状辅食营养补充品，易碎或易分散。

2.2.3 辅食营养素撒剂

由多种微量营养素混合成的粉状或颗粒状辅食营养补充品，可不含食物基质。

3 技术要求

3.1 辅食营养补充品每日份推荐量

辅食营养素补充食品10.0 g～20.0 g；辅食营养素补充片1.5 g～3.0 g；辅食营养素撒剂0.8 g～2.0 g。

3.2 原料要求

3.2.1 食物基质应为可即食的食物原料，其质量应符合相应的标准和(或)相关规定。

3.2.2 大豆类及其加工制品应经过高温等工艺处理以消除抗营养因子，如胰蛋白酶抑制物等。

3.2.3 辅料应符合相应的标准和(或)相关规定。

3.3 感官要求

辅食营养补充品的色泽、滋味、气味、组织状态应符合相应产品的特性,不应有正常视力可见的外来异物。

3.4 必需成分

辅食营养素补充食品中,蛋白质含量应不低于 25 g/100 g,检验方法应符合 GB 5009.5 的要求,蛋白质含量的计算应以氮(N)×6.25。

辅食营养补充品中其他营养素的含量折成每日份计应符合表 1 的规定。

表 1 必需成分指标

营养素	每日份含量			检验方法
	6 月～12 月龄食用	13 月～36 月龄食用	37 月～60 月龄食用	
钙/mg[a]	120～240	180～360	180～360	GB 5413.21
铁/mg	3.0～9.0	3.6～10.8	3.6～10.8	GB 5413.21
锌/mg	2.0～6.0	2.0～7.0	2.0～7.0	GB 5413.21
维生素 A/μg RE[b]	120～360	150～450	150～450	GB 5413.9
维生素 D/μg[c]	3.0～9.0	3.0～9.0	3.0～9.0	GB 5413.9
维生素 B_1/mg ≥	0.12	0.24	0.24	GB 5413.11
维生素 B_2/mg ≥	0.2	0.24	0.24	GB 5413.12

[a] 仅适用于辅食营养素补充食品。

[b] RE 为视黄醇当量。1 μg RE=3.33 IU 维生素 A=1 μg 全反式视黄醇(维生素 A)。维生素 A 只包括预先形成的视黄醇,在计算和声称维生素 A 活性时不包括任何类胡萝卜素组分。

[c] 钙化醇,1 μg 维生素 D=40 IU 维生素 D。

3.5 可选择成分

除 3.4 中规定的必需成分外,如果在产品中选择性添加或标签标示含有表 2 中一种或多种成分,其营养素含量折成每日份计应符合表 2 的规定。

表 2 可选择成分指标

营养素	每日份含量			检验方法
	6 月～12 月龄食用	13 月～36 月龄食用	37 月～60 月龄食用	
钙/mg[a]	120～240	180～360	180～360	GB 5413.21
维生素 K_1/μg	3.0～9.0	4.5～13.5	4.5～13.5	GB 5413.10
烟酸(烟酰胺)/mg[b]	1.2～6.0	2.4～6.0	2.4～6.0	GB 5413.15
维生素 B_6/mg ≥	0.12	0.20	0.20	GB 5413.13
叶酸/μg	18.8～150	35.3～150	35.3～150	GB 5413.16

表 2（续）

营养素	每日份含量			检验方法
	6 月～12 月龄食用	13 月～36 月龄食用	37 月～60 月龄食用	
维生素 B_{12}/μg ⩾	0.2	0.36	0.36	GB 5413.14
泛酸/mg ⩾	0.72	0.8	0.8	GB 5413.17
胆碱/mg ⩾	60	80	80	GB 5413.20
生物素/μg ⩾	2.4	3.2	3.2	GB 5413.19
维生素 C/mg ⩾	20	24	24	GB 5413.18
二十二碳六烯酸/mg	30～90	30～90	30～90	GB 5413.27

[a] 适用于辅食营养素撒剂和辅食营养素补充片。

[b] 烟酸不包括前体形式。

3.6 污染物限量

污染物限量应符合表 3 的规定。

表 3 污染物限量

项　目	指　标	检验方法
铅/(mg/kg) ⩽	0.5	GB 5009.12
总砷/(mg/kg) ⩽	0.5	GB/T 5009.11
硝酸盐(以 $NaNO_3$ 计)[a]/(mg/kg) ⩽	100	GB 5009.33
亚硝酸盐(以 $NaNO_2$ 计)[b]/(mg/kg) ⩽	2	GB 5009.33

[a] 不适用于添加蔬菜和水果的产品。

[b] 仅适用于乳基产品。

3.7 真菌毒素限量

真菌毒素限量应符合表 4 的规定。

表 4 真菌毒素限量

项　目	指　标	检验方法
黄曲霉毒素 M_1[a]/(μg/kg) ⩽	0.5	GB 5009.24
黄曲霉毒素 B_1[b]/(μg/kg) ⩽	0.5	

[a] 黄曲霉毒素 M_1 仅适用于含乳类的产品。

[b] 黄曲霉毒素 B_1 仅适用于含谷类、坚果和豆类的产品。

3.8 微生物限量

微生物限量应符合表 5 的规定。

表 5 微生物限量

项 目	采样方案[a] 及限量(若非指定,均以 CFU/g 表示)				检验方法
	n	c	m	M	
菌落总数	5	2	1 000	10 000	GB 4789.2
大肠菌群	5	2	10	100	GB 4789.3 平板计数法
沙门氏菌	5	0	0/25 g	—	GB 4789.4
[a] 样品的分析及处理按 GB 4789.1 执行。					

3.9 食品添加剂和营养强化剂

3.9.1 食品添加剂的使用应符合 GB 2760 的规定。

3.9.2 营养强化剂的使用应符合 GB 14880 的规定。其中,乙二胺四乙酸铁钠的每日份添加量以铁计不应超过 2.8 mg。

3.9.3 食品添加剂和营养强化剂的质量规格应符合相应的标准和有关规定。

3.10 脲酶活性

含有大豆成分的产品中脲酶活性指标应符合表 6 的规定。

表 6 脲酶活性指标

项 目	指 标	检 验 方 法
脲酶活性定性	阴 性	GB 5413.31

4 标识

4.1 产品标签应符合 GB 13432 的规定,并标注"辅食营养补充品"和/或相应类别"辅食营养素补充食品""辅食营养素补充片""辅食营养素撒剂"。

4.2 标签上应按月龄标明适宜人群,并标注"本品添加多种微量营养素,与其他同类产品同时食用时应注意用量"。供 6 月～36 月龄婴幼儿食用的产品,还应标明"本品不能代替母乳及婴幼儿辅助食品"。

ICS 71.040.40
G 76

中华人民共和国国家标准

GB/T 22597—2014
代替 GB/T 22597—2008

再生水中化学需氧量的测定 重铬酸钾法

Determination of chemical oxygen demand of reclaimed wastewater—Potassium dichromate method

2014-12-05 发布　　2015-05-01 实施

中华人民共和国国家质量监督检验检疫总局
中国国家标准化管理委员会　发布

前　言

本标准按照 GB/T 1.1—2009 给出的规则起草。

本标准代替 GB/T 22597—2008《再生水中化学需氧量的测定　重铬酸钾法》，与 GB/T 22597—2008 相比主要技术变化如下：

——将范围修改为 5 mg/L～100 mg/L(见第 1 章，2008 年版的第 1 章)；

——将具塞锥形瓶修改为锥形瓶(见 5.1，2008 年版的 5.1)；

——对水样的测定步骤进行了修改(见 7.1，2008 年版的 7.5)。

本标准由中国石油和化学工业联合会提出。

本标准由全国化学标准化技术委员会水处理剂分技术委员会(SAC/TC 63/SC 5)归口。

本标准负责起草单位：中国石油天然气股份有限公司乌鲁木齐石化分公司研究院、南京御水科技有限公司、河南清水源科技股份有限公司、中国石油化工股份有限公司北京化工研究院燕山分院、中海油天津化工研究设计院。

本标准主要起草人：郭景玉、陈伟、吴加富、李红、李博伟、李琳、杜昊。

本标准所代替标准的历次版本发布情况为：

——GB/T 22597—2008。

再生水中化学需氧量的测定 重铬酸钾法

警告——本标准所使用的强酸具有腐蚀性,使用时应避免吸入或接触皮肤。溅到身上应立即用大量水冲洗,严重时应立即就医。

1 范围

本标准规定了再生水中化学需氧量的测定方法。

本标准适用于再生水中化学需氧量(COD)的测定,测定范围为 5 mg/L～100 mg/L(以 O 计)。

2 规范性引用文件

下列文件对于本文件的应用是必不可少的。凡是注日期的引用文件,仅注日期的版本适用于本文件。凡是不注日期的引用文件,其最新版本(包括所有的修改单)适用于本文件。

GB/T 603 化学试剂 试验方法中所用制剂及制品的制备(GB/T 603—2002,ISO 6353-1:1982,NEQ)

GB/T 6682 分析实验室用水规格和试验方法(GB/T 6682—2008,ISO 3696:1987,MOD)

3 方法提要

在水样中加入已知量的重铬酸钾标准溶液,在强酸介质下以硫酸锰、硫酸高铈作催化剂,加热使之充分反应,再以 1,10-菲啰啉-亚铁指示液为指示剂,用硫酸亚铁铵标准滴定溶液滴定水样中未被还原的重铬酸钾,由消耗的硫酸亚铁铵的量换算成消耗氧的质量浓度。

4 试剂和材料

4.1 本标准所用试剂,除非另有规定,应使用分析纯试剂和符合 GB/T 6682 中三级水的规定。

4.2 试验中所需制剂及制品,在没有注明其他要求时,均按 GB/T 603 的规定制备。

4.3 硫酸(H_2SO_4)。

4.4 硫酸汞($HgSO_4$)。

4.5 硫酸锰($MnSO_4 \cdot H_2O$)溶液:50 g/L。

4.6 硫酸高铈[$Ce(SO_4)_2 \cdot 4H_2O$]溶液:50 g/L。

4.7 邻苯二甲酸氢钾标准溶液:称取 0.425 1 g 预先于 105 ℃～110 ℃干燥至恒量的基准试剂邻苯二甲酸氢钾,溶于水中,并稀释至 1 000 mL,混匀。再稀释 10 倍得到理论 COD 值为 50 mg/L 的标准溶液。

4.8 重铬酸钾标准溶液:$c(1/6K_2Cr_2O_7)=0.050\ 00$ mol/L。称取 2.451 6 g 预先于 120 ℃±2 ℃干燥至恒量的基准试剂重铬酸钾,溶于水中,定量转移至 1 000 mL 容量瓶中,稀释至刻度,摇匀备用。

4.9 硫酸亚铁铵标准滴定溶液:$c[(NH_4)_2Fe(SO_4)_2 \cdot 6H_2O]\approx 0.020$ mol/L。

a) 配制:溶解 8 g 硫酸亚铁铵[$(NH_4)_2Fe(SO_4)_2 \cdot 6H_2O$]于水中,加入 20 mL 硫酸,待其溶液冷却后稀释至 1 000 mL。每次临用前,用重铬酸钾标准溶液准确标定此溶液的浓度。

b) 标定：取 10.00 mL 重铬酸钾标准溶液置于锥形瓶中，用水稀释至约 100 mL，加入 30 mL 硫酸，混匀。冷却后，加 3 滴（约 0.15 mL）1,10-菲啰啉-亚铁指示液，用硫酸亚铁铵标准滴定溶液滴定至颜色由黄色经蓝绿色变为红褐色，即为终点。记录硫酸亚铁铵标准滴定溶液的消耗体积 V（mL）。

c) 结果计算：硫酸亚铁铵标准滴定溶液的浓度以 c 计，数值以摩尔每升（mol/L）表示，按式（1）计算：

$$c=\frac{c_1V_1}{V} \quad \cdots\cdots\cdots(1)$$

式中：

c_1 ——重铬酸钾标准溶液的浓度的准确数值，单位为摩尔每升（mol/L）；

V_1 ——移取重铬酸钾标准溶液的体积的准确数值，单位为毫升（mL）；

V ——滴定时消耗硫酸亚铁铵溶液的体积的数值，单位为毫升（mL）。

4.10 1,10-菲啰啉-亚铁指示液。

5 仪器、设备

5.1 锥形瓶：250 mL。

5.2 酸式滴定管：25 mL 或 50 mL。

5.3 干燥箱：0 ℃～255 ℃，精度 1 ℃。

5.4 烧杯：40 mL。

6 采样

采集水样的体积不得少于 100 mL，采集后应贮存于洁净干燥的玻璃瓶中。采集的水样应尽快测定，否则，应加入硫酸调节水样 pH 值小于 2，在 0 ℃～4 ℃下保存，并尽快测定。

7 分析步骤

警告——硫酸遇水释放大量热能，切忌快速一次倒入，以免酸液溅出；锥形瓶切勿直接放入升温至 155 ℃的干燥箱中，避免锥形瓶中液体暴沸，酸液溅出；样品在加热过程中可能有气相产生，所以不可使用具塞锥形瓶，避免瓶塞被压力顶出，导致酸液溅出，因此使用小烧杯倒扣在锥形瓶上，平衡压力，防止气体大量蒸发。

7.1 水样的测定

将水样充分摇匀后，移取 10.00 mL 于 250 mL 锥形瓶中，加入 5.00 mL 重铬酸钾标准溶液，摇匀。缓慢加入 3.3 mL 硫酸锰溶液和 1.00 mL 硫酸高铈溶液，再缓慢加入 18 mL 硫酸，边加边轻轻摇动锥形瓶，使之混合均匀。若加入硫酸后或在干燥箱中加热后试液颜色呈绿色，表示耗氧量过高，应稀释水样或追加重铬酸钾量进行测定。

锥形瓶口上倒扣小烧杯，放入温度不高于 120 ℃干燥箱中，干燥箱继续升温到 155 ℃开始计时，在 155 ℃～160 ℃加热 35 min 后取出。冷却至室温后，用水瓶沿瓶壁从瓶口冲一下，并冲洗小烧杯，调整溶液体积至约 70 mL，加入 3 滴 1,10-菲啰啉-亚铁指示液，用硫酸亚铁铵标准滴定溶液滴定，溶液的颜色由黄色经蓝绿色变为红褐色即为终点。记录硫酸亚铁铵标准滴定溶液的消耗毫升数 V_1。

7.2 空白试验

按相同步骤以 10.00 mL 水代替水样进行试验，记录下空白滴定时消耗的硫酸亚铁铵标准溶液的毫升数 V_0。

7.3 校核试验

按相同步骤以 10.00 mL 邻苯二甲酸氢钾标准溶液代替水样进行试验，用以进行质量控制和检验操作技术及试剂纯度。该溶液的理论 COD 值为 50 mg/L，校核试验的结果在其测定误差±5%范围内，即可认为试验步骤是适宜的，否则必须寻找失败的原因，重复实验，使之达到要求。

7.4 干扰

本方法的主要干扰物为氯化物。可加入适量硫酸汞约 80 mg(参考氯离子含量)，在加热时氯离子与硫酸汞结合成可溶性的氯汞络合物，去除氯化物的干扰。无机还原性物质如亚硝酸盐、硫化物及二价铁盐将使结果增加，将其需氧量作为水样 COD 值的一部分是可以接受的。

8 结果计算

再生水的化学需氧量(COD)以质量浓度 ρ 计，数值以毫克每升(mg/L)表示，按式(2)计算：

$$\rho=\frac{(V_0-V_1)c\,M/2}{V}\times 10^3 \qquad \cdots\cdots(2)$$

式中：

V_0——空白试验所消耗的硫酸亚铁铵标准滴定溶液的体积的数值，单位为毫升(mL)；

V_1——测定水样所消耗的硫酸亚铁铵标准滴定溶液的体积的数值，单位为毫升(mL)；

c——硫酸亚铁铵标准滴定溶液的浓度的准确数值，单位为摩尔每升(mol/L)；

M——氧的摩尔质量的数值，单位为克每摩尔(g/mol)($M=16.0$)；

V——水样的体积的数值，单位为毫升(mL)。

9 允许差

取平行测定结果的算术平均值为测定结果；单个平行测定结果与算术平均值的相对偏差不超过±5%。

ICS 71.100.80
G 77

中华人民共和国国家标准

GB/T 22627—2014
代替 GB/T 22627—2008

水处理剂 聚氯化铝

Water treatment chemical—Poly aluminium chloride

2014-12-05 发布 2015-05-01 实施

中华人民共和国国家质量监督检验检疫总局
中国国家标准化管理委员会 发布

前 言

本标准按照 GB/T 1.1—2009 给出的规则起草。

本标准代替 GB/T 22627—2008《水处理剂　聚氯化铝》，与 GB/T 22627—2008 相比主要技术变化如下：

——修改了水处理剂聚氯化铝的指标（见表 1，2008 年版表 1）；

——删除了密度的测定（见 2008 年版 4.3）；

——将砷含量测定中的砷斑法改为原子荧光法测定（见 5.7.1，2008 年版 4.7.2）；

——将铅含量测定中的电加热原子吸收光谱法改为火焰原子吸收光谱法（见 5.8，2008 年版 4.8）；

——增加了镉、汞、铬含量的测定（见 5.9、5.10、5.11）。

本标准由中国石油和化学工业联合会提出。

本标准由全国化学标准化技术委员会水处理剂分技术委员会（SAC/TC 63/SC 5）归口。

本标准负责起草单位：深圳市中润水工业技术发展有限公司、山东中科天泽净水材料有限公司、衡阳市建衡实业有限公司、河南科泰净水材料有限公司、广东慧信环保有限公司、嘉善绿野环保材料厂、常州市清流水处理剂有限公司、嘉善海峡净水灵化工有限公司、南昌水业集团南昌工贸有限公司、巩义市永兴生化材料有限公司。

本标准参加起草单位：海南中岛能源开发有限公司、南通市华清净水材料有限公司、巩义市富源净水材料有限公司、河南省华泉自来水材料总厂、河南新世纪净化材料有限公司。

本标准主要起草人：李润生、刘庆运、何青峰、周秋涛、谭铭卓、俞明华、蒋晓春、沈烈翔、金平、曹克真。

本标准所代替标准的历次版本发布情况为：

——GB/T 22627—2008。

水处理剂 聚氯化铝

警告——本标准所使用的强酸、强碱具有腐蚀性，使用时应避免吸入或接触皮肤。溅到身上应立即用大量水冲洗，严重时应立即就医。

1 范围

本标准规定了水处理剂聚氯化铝的要求、试验方法、检验规则、包装、标志、运输和贮存。

本标准适用于水处理剂用聚氯化铝。该产品主要用于工业给水、废水和污水及污泥处理。

2 规范性引用文件

下列文件对于本文件的应用是必不可少的。凡是注日期的引用文件，仅注日期的版本适用于本文件。凡是不注日期的引用文件，其最新版本(包括所有的修改单)适用于本文件。

GB/T 191 包装储运图示标志

GB/T 601 化学试剂 标准滴定溶液的制备

GB/T 602 化学试剂 杂质测定用标准溶液的制备

GB/T 603 化学试剂 试验方法中所用制剂及制品的制备

GB/T 610—2008 化学试剂 砷测定通用方法

GB/T 6678 化工产品采样总则

GB/T 6682 分析实验室用水规格和试验方法

GB/T 8170 数值修约规则与极限数值的表示和判定

GB/T 8946 塑料编织袋通用技术要求

GB/T 22592—2008 水处理剂 pH 值测定方法通则

3 示性式

$Al_n(OH)_mCl_{(3n-m)}$ $0<m<3n$

4 要求

4.1 外观

液体：无色至黄色或黄褐色液体，无异味。

固体：白色至黄色或黄褐色颗粒或粉末。

4.2 指标

聚氯化铝指标应符合表 1 要求。

表 1

指标名称		指　标		试验方法
		液体	固体	
氧化铝(Al_2O_3)的质量分数/%	≥	6.0	28.0	5.2
盐基度/%		30.0～95.0		5.3
水不溶物的质量分数/%	≤	0.4		5.4
pH 值(10 g/L 水溶液)		3.5～5.0		5.5
铁(Fe)的质量分数/%	≤	3.5		5.6
砷(As)的质量分数/%	≤	0.000 5		5.7
铅(Pb)的质量分数/%	≤	0.002		5.8
镉(Cd)的质量分数/%	≤	0.001		5.9
汞(Hg)的质量分数/%	≤	0.000 05		5.10
铬(Cr)的质量分数/%	≤	0.005		5.11
注：表中所列水不溶物、铁、砷、铅、镉、汞、铬的质量分数均指 Al_2O_3 10%的产品含量，Al_2O_3 含量≠10%时，应按实际含量折算成 Al_2O_3 10%产品比例计算出相应的质量分数。				

5 试验方法

5.1 通则

本标准所用试剂和水，在没有注明其他要求时，均指分析纯试剂和符合 GB/T 6682 三级水的规定。

试验中所需标准滴定溶液、杂质测定用标准溶液、制剂及制品，在没有特殊注明时，均按GB/T 601、GB/T 602、GB/T 603 的规定制备。

5.2 氧化铝含量的测定

5.2.1 氯化锌标准溶液滴定法(仲裁法)

5.2.1.1 方法提要

用硝酸将试样解聚，在 pH 值为 3 时加入过量的乙二胺四乙酸二钠溶液，使其与铝离子络合，然后用氯化锌标准滴定溶液回滴过量 EDTA 溶液。

5.2.1.2 试剂和材料

5.2.1.2.1 硝酸溶液：1＋12。

5.2.1.2.2 氨水溶液：1＋1。

5.2.1.2.3 乙二胺四乙酸二钠(EDTA)溶液：c(EDTA)约 0.05 mol/L。

5.2.1.2.4 乙酸-乙酸钠缓冲溶液(pH＝5.5)：称取 272 g 乙酸钠($CH_3COONa \cdot 3H_2O$)溶于水中，加 19 mL 冰乙酸，用水稀释至 1 L，摇匀。

5.2.1.2.5 氧化铝标准溶液：1 mL 含 0.001 g Al_2O_3。称取 0.529 3 g 高纯铝(纯度≥99.99%)，精确至 0.2 mg，置于 200 mL 聚乙烯杯中，加 20 mL 水和约 3 g 氢氧化钠，使其全部溶解透明(必要时在水浴上加热)，用盐酸溶液(1＋1)调节至酸性后再加 10 mL，使其透明，冷却，转移至 1 000 mL 容量瓶，用水稀至刻度，摇匀。

5.2.1.2.6　氯化锌标准滴定溶液[$c(ZnCl_2)$约0.025 mol/L]按下列步骤制备：

a）配制：称取3.5 g氯化锌($ZnCl_2$)，用体积分数为0.05%的盐酸溶液溶解并稀释至1 L，摇匀。

b）标定：移取20 mL EDTA溶液，置于250 mL锥形瓶中，以下按5.2.1.3步骤进行操作，读出氯化锌标准滴定溶液的消耗量V_0。再移取20 mL EDTA溶液和40 mL氧化铝标准溶液，置于250 mL锥形瓶中，以下按5.2.1.3步骤进行操作，读出氯化锌标准滴定溶液的消耗量V。

c）结果计算：氯化锌标准滴定溶液浓度$c(ZnCl_2)$，数值以摩尔每升(mol/L)表示，按式(1)计算：

$$c(ZnCl_2)=\frac{V_1\rho_1\times10^3}{(V_0-V)M/2} \qquad \cdots\cdots(1)$$

式中：

V_1——移取的氧化铝标准溶液的体积的数值，单位为毫升(mL)；

ρ_1——氧化铝标准溶液的浓度的数值，单位为克每毫升(g/mL)；

V_0——空白消耗氯化锌标准滴定溶液的体积的数值，单位为毫升(mL)；

V——返滴定时消耗氯化锌标准滴定溶液的体积的数值，单位为毫升(mL)；

M——氧化铝的摩尔质量的数值，单位为克每摩尔(g/mol)(M=101.96)。

5.2.1.2.7　百里香酚蓝指示液：1 g/L乙醇溶液。

5.2.1.2.8　二甲酚橙指示液：5 g/L。

5.2.1.3　分析步骤

称取约13 g～14 g液体试样或2.5 g～3 g固体试样，精确至0.2 mg。用不含二氧化碳的水溶解，转移至250 mL容量瓶中，稀释至刻度，摇匀。若稀释液浑浊，用中速滤纸干过滤，此溶液为试液A。

移取10 mL试液A，置于250 mL锥形瓶中，加10 mL硝酸溶液，煮沸1 min，冷却至室温后加20.00 mL乙二胺四乙酸二钠溶液，滴加3滴～4滴百里香酚蓝指示液，用氨水溶液中和至试液从红色到黄色，煮沸2 min。冷却后加入10 mL乙酸-乙酸钠缓冲溶液和两滴二甲酚橙指示液，加50 mL水，用氯化锌标准滴定溶液滴定至溶液由淡黄色变为微红色即为终点，同时做空白试验。

5.2.1.4　结果计算

氧化铝(Al_2O_3)含量以质量分数w_1计，数值以%表示，按式(2)计算：

$$w_1=\frac{(V_0-V)cM\times10^{-3}/2}{mV_1/V_A}\times100 \qquad \cdots\cdots(2)$$

式中：

V_0——空白试验消耗氯化锌标准滴定溶液的体积的数值，单位为毫升(mL)；

V——试样消耗氯化锌标准滴定溶液的体积的数值，单位为毫升(mL)；

c——氯化锌标准滴定溶液的实际浓度的准确数值，单位为摩尔每升(mol/L)；

M——氧化铝的摩尔质量的数值，单位为克每摩尔(g/mol)(M=101.96)；

m——试料的质量的数值，单位为克(g)；

V_1——移取试液A的体积的数值，单位为毫升(mL)(V_1=10)；

V_A——试液A的总体积的数值，单位为毫升(mL)(V_A=250)。

5.2.1.5　允许差

取平行测定结果的算术平均值为测定结果，平行测定结果的绝对差值：液体产品不大于0.1%；固体产品不大于0.2%。

5.2.2 硫酸铜标准溶液滴定法

5.2.2.1 方法提要

用盐酸将试样解聚，在 pH 值约为 4.3 时加入乙二胺四乙酸二钠溶液，使其与铝离子络合，以 PAN 为指示剂，用硫酸铜标准滴定溶液回滴过量乙二胺四乙酸二钠溶液。

5.2.2.2 试剂和材料

5.2.2.2.1 盐酸溶液：1+1。

5.2.2.2.2 硫酸溶液：1+1。

5.2.2.2.3 氨水溶液：1+1。

5.2.2.2.4 乙酸-乙酸钠缓冲溶液（pH≈4.3）。称取 42.3 g 无水乙酸钠溶于水中，加 80 mL 冰乙酸，用水稀释至 1 L，摇匀。

5.2.2.2.5 乙二胺四乙酸二钠溶液：c(EDTA)≈0.05 mol/L。

5.2.2.2.6 氧化铝标准溶液：1 mL 含 0.001 g Al_2O_3，配制方法同 5.2.1.2.5。

5.2.2.2.7 硫酸铜标准滴定溶液[$c(CuSO_4)$≈0.025 mol/L]按下列步骤制备：

a) 配制：称取 6.3 g 硫酸铜（$CuSO_4 \cdot 5H_2O$）溶于水，加两滴硫酸溶液，用水稀释至 1 L，摇匀。

b) 标定：移取 20.00 mL EDTA 溶液，置于 250 mL 锥形瓶中，以下按 5.2.2.3 步骤进行操作，读出硫酸铜标准滴定溶液的消耗量 V_0。再移取 20.00 mL EDTA 溶液和 20 mL 氧化铝标准溶液，置于 250 mL 锥形瓶中，以下按 5.2.2.3 步骤进行操作，读出硫酸铜标准滴定溶液的消耗量 V。

c) 结果计算：硫酸铜标准滴定溶液浓度 $c(CuSO_4)$，数值以摩尔每升(mol/L)表示，按式(3)计算：

$$c(CuSO_4)=\frac{V_1\rho_1\times10^3}{(V_0-V)M/2} \qquad \cdots\cdots(3)$$

式中：

V_1——氧化铝标准溶液的体积的数值，单位为毫升(mL)；

ρ_1——氧化铝标准溶液的浓度的数值，单位为克每毫升(g/mL)；

V_0——空白消耗硫酸铜标准滴定溶液的体积的数值，单位为毫升(mL)；

V——返滴定时消耗硫酸铜标准滴定溶液的体积的数值，单位为毫升(mL)；

M——氧化铝的摩尔质量的数值，单位为克每摩尔(g/mol)(M=101.96)。

5.2.2.2.8 1-(2-吡啶偶氮)-2-萘酚(PAN)指示液：将 0.3 g PAN 溶于 100 mL 95%乙醇中。

5.2.2.2.9 甲基橙指示液：1 g/L。

5.2.2.3 分析步骤

移取 10 mL 试液 A（见 5.2.1.3），置于 250 mL 锥形瓶中，加 2 mL 盐酸溶液，煮沸 1 min，加 20.00 mL EDTA 溶液，加水至约 100 mL，滴加两滴甲基橙指示剂，用氨水溶液将试液颜色调至红色突变为黄色，再加两滴盐酸溶液，加 15.00 mL 乙酸-乙酸钠缓冲溶液，煮沸 2 min，加 4 滴～5 滴 PAN 指示液，稍冷（约 95 ℃）以硫酸铜标准滴定溶液滴定至紫红色。同时做空白试验。

5.2.2.4 结果计算

氧化铝（Al_2O_3）含量以质量分数 w_1 计，数值以%表示，按式(4)计算：

$$w_1=\frac{(V_0-V)cM\times10^{-3}/2}{mV_1/V_A}\times100 \qquad \cdots\cdots(4)$$

式中：

V_0——空白消耗硫酸铜标准滴定溶液的体积的数值，单位为毫升(mL)；

V ——试样消耗硫酸铜标准滴定溶液的体积的数值，单位为毫升(mL)；

c ——硫酸铜标准滴定溶液浓度的准确数值，单位为摩尔每升(mol/L)；

M ——氧化铝的摩尔质量的数值，单位为克每摩尔(g/mol)，(M=101.96)；

m ——试料的质量的数值，单位为克(g)；

V_1——移取试液 A(5.2.1.3)的体积的数值，单位为毫升(mL)(V_1=10)；

V_A——试液 A(5.2.1.3)的总体积的数值，单位为毫升(mL)(V_A=250)。

5.2.2.5 允许差

取平行测定结果的算术平均值为测定结果，平行测定结果的绝对差值：液体产品不大于0.1%；固体产品不大于0.2%。

5.3 盐基度的测定

5.3.1 方法提要

在解聚后的试样中加入定量盐酸溶液，以氟化钾掩蔽铝离子，以氢氧化钠标准滴定溶液滴定。

5.3.2 试剂和材料

5.3.2.1 氟化钾溶液：500 g/L。称取500 g氟化钾，以200 mL不含二氧化碳的水溶解后，稀释至1 L。加入两滴酚酞指示液并用氢氧化钠溶液或盐酸溶液调节溶液呈微红色，滤去不溶物后贮于塑料瓶中。

5.3.2.2 盐酸标准溶液：c(HCl)≈0.5 mol/L。

5.3.2.3 氢氧化钠标准滴定溶液：c(NaOH)≈0.5 mol/L。

5.3.2.4 酚酞指示液：10 g/L乙醇溶液。

5.3.3 分析步骤

移取25 mL试液A(见5.2.1.3)，置于250 mL锥形瓶中，加20.00 mL盐酸标准溶液，盖上表面皿，置于电炉上加热至沸腾后立即取下，冷却至室温，加入20 mL氟化钾溶液，摇匀。加入5滴酚酞指示液，立即用氢氧化钠标准滴定溶液滴定至溶液呈现微红色即为终点。同时用不含二氧化碳的水做空白试验。

5.3.4 结果计算

盐基度以质量分数 w_2 计，数值以%表示，按式(5)计算：

$$w_2=\frac{\dfrac{(V_0-V)cM\times10^{-3}}{M}}{mw_1\dfrac{V_1}{V_A}\dfrac{2M_1/M_2}{M_1/3}}\times100 \qquad \cdots\cdots(5)$$

式中：

V_0 ——空白试验消耗氢氧化钠标准滴定溶液的体积的数值，单位为毫升(mL)；

V ——测定试样消耗氢氧化钠标准滴定溶液的体积的数值，单位为毫升(mL)；

c ——氢氧化钠标准滴定溶液的实际浓度的准确数值，单位为摩尔每升(mol/L)；

M ——氢氧根[OH^-]的摩尔质量的数值，单位为克每摩尔(g/mol)(M=16.99)；

m ——试料的质量的数值，单位为克(g)；

w_1 ——5.2测得的氧化铝的质量分数；

V_1 ——移取试液 A(5.2.1.3)的体积的数值，单位为毫升(mL)(V_1=25)；

V_A ——试液 A(5.2.1.3)的总体积的数值，单位为毫升(mL)(V_A=250)；

M_1——铝的摩尔质量的数值，单位为克每摩尔(g/mol)(M_1=26.98)；
M_2——氧化铝的摩尔质量的数值，单位为克每摩尔(g/mol)(M_2=101.96)。

5.3.5 允许差

取平行测定结果的算术平均值为测定结果，平行测定结果的绝对差值不大于2.0%。

5.4 水不溶物含量的测定

5.4.1 方法提要

将试样用水溶解，经过滤、洗涤、烘干至恒量，计算出水不溶物的含量。

5.4.2 试剂和材料

5.4.2.1 稀释用水：取1 L水，加入约22 mL 0.5 mol/L盐酸溶液，边加边搅拌，调节pH至2.0～2.5(用酸度计测量)。
5.4.2.2 硝酸银溶液：17 g/L。

5.4.3 仪器、设备

5.4.3.1 电热恒温干燥箱：10 ℃～200 ℃。
5.4.3.2 布氏漏斗：d=100 mm。

5.4.4 分析步骤

称取约10 g液体试样或约3 g固体试样，精确至0.2 mg。置于250 mL烧杯中，加入约150 mL稀释用水，充分搅拌，使试样溶解。然后，在布氏漏斗中，用恒量的中速定量滤纸抽滤。

用水洗至无Cl^-时(用硝酸银溶液检验)，将滤纸连同滤渣于100 ℃～105 ℃干燥至恒量。

5.4.5 结果计算

水不溶物含量以质量分数w_3计，数值以%表示，按式(6)计算：

$$w_3=\frac{m_1-m_2}{m}\times 100 \qquad \cdots\cdots(6)$$

式中：

m_1——滤纸和滤渣的质量的数值，单位为克(g)；
m_2——滤纸的质量的数值，单位为克(g)；
m——试料的质量的数值，单位为克(g)。

5.4.6 允许差

取平行测定结果的算术平均值为测定结果，平行测定结果的绝对差值，液体样品不大于0.03%，固体样品不大于0.1%。

5.5 pH值的测定

按GB/T 22592—2008规定执行。

5.6 铁含量的测定

5.6.1 方法提要

用盐酸将试样解聚，在pH为1.5～2.0，温度为60 ℃～70 ℃的溶液中，用过硫酸铵将Fe^{2+}转化成

Fe^{3+}，以磺基水杨酸钠为指示剂，用乙二胺四乙酸二钠标准滴定溶液滴定全部 Fe^{3+}。

5.6.2 试剂和材料

5.6.2.1 盐酸溶液：1＋1。

5.6.2.2 氨水溶液：1＋1。

5.6.2.3 过硫酸铵溶液：10 g/L，此溶液现用现配。

5.6.2.4 乙二胺四乙酸二钠溶液：c(EDTA)≈0.025 mol/L。

5.6.2.5 磺基水杨酸钠指示液：100 g/L。

5.6.3 分析步骤

5.6.4 方法提要

移取 20 mL 试液 A(见 5.2.1.3)，置于 250 mL 锥形瓶中，加 2 mL 盐酸溶液，煮沸 1 min，用氨水溶液或盐酸溶液调节 pH 值至 1.5～2.0(使用精密 pH 试纸检查)，加入 2 mL 过硫酸铵溶液，将溶液加热至 70 ℃，加入 10 滴磺基水杨酸钠指示液，用乙二胺四乙酸二钠标准滴定溶液缓慢滴定紫红色消失。

5.6.5 结果计算

铁含量以质量分数 w_4 计，数值以％表示，按式(7)计算：

$$w_4=\frac{VcM\times10^{-3}}{mV_1/V_A}\times100 \qquad (7)$$

式中：

V ——试样消耗的乙二胺四乙酸二钠标准滴定溶液的体积的数值，单位为毫升(mL)；

c ——乙二胺四乙酸二钠标准滴定溶液的实际浓度的准确数值，单位为摩尔每升(mol/L)；

M ——铁的摩尔质量的数值，单位为克每摩尔(g/mol)(M＝55.85)；

m ——试料的质量的数值，单位为克(g)；

V_1 ——移取试液 A(见 5.2.1.3)的体积的数值，单位为毫升(mL)(V_1＝20)；

V_A——试液 A(见 5.2.1.3)的总体积的数值，单位为毫升(mL)(V_A＝250)。

5.6.6 允许差

取平行测定结果的算术平均值为测定结果，平行测定结果的绝对差值不大于 0.05％。

5.7 砷含量的测定

5.7.1 原子荧光光谱法

5.7.1.1 方法原理

试样经加酸处理后，加入硫脲使五价砷预还原为三价砷，再加入硼氢化钠或硼氢化钾使还原生成砷化氢，由氩气载入石英原子化器中分解为原子态砷，在砷空心阴极灯的发射光激发下产生原子荧光，其荧光强度在固定条件下与被测溶液中的砷浓度成正比，与标准系列比较定量。

5.7.1.2 试剂和材料

5.7.1.2.1 水：符合 GB/T 6682 中二级水规格。

5.7.1.2.2 盐酸：优级纯。

5.7.1.2.3 硝酸：优级纯。

5.7.1.2.4 盐酸溶液：1+49。

5.7.1.2.5 硝酸溶液：1+1。

5.7.1.2.6 硫脲溶液：100 g/L。

5.7.1.2.7 硼氢化钾-氢氧化钠溶液：称取 2.0 g 氢氧化钠和 10.0 g 硼氢化钾于聚乙烯烧杯中，用水溶解并稀释至 1 000 mL，贮存于聚乙烯瓶中。

5.7.1.2.8 砷标准贮备液：0.1 mg/mL。

5.7.1.2.9 砷标准溶液：1 μg/mL。移取 10.00 mL 砷标准贮备液于 100 mL 容量瓶中，加 10.0 mL 盐酸，用水稀释至刻度，混匀。临用时移取此溶液 10.00 mL 置于 100 mL 容量瓶中，加 10.0 mL 盐酸，用水稀释至刻度，混匀。

5.7.1.3 仪器、设备

5.7.1.3.1 原子荧光光度计。

5.7.1.3.2 砷空心阴极灯。

5.7.1.4 校准曲线的绘制

5.7.1.4.1 分别取 0.00 mL、2.00 mL、4.00 mL、6.00 mL、8.00 mL、10.00 mL 砷标准溶液于 6 个 100 mL 容量瓶中，分别加入 10 mL 盐酸，20 mL 硫脲溶液，用水稀释至刻度，摇匀。此系列溶液中砷的质量浓度分别为 0 μg/L、20 μg/L、40 μg/L、60 μg/L、80 μg/L、100 μg/L。

5.7.1.4.2 仪器稳定后，以硼氢化钾-氢氧化钠溶液为还原剂，以盐酸溶液为载流溶液，在仪器最佳工作条件下测定其荧光值。以测得的荧光值为纵坐标，相对应的砷的质量浓度(μg/L)为横坐标绘制校准曲线并计算回归方程。

注：使用原子荧光光谱仪测定时，所需的硼氢化钾溶液浓度、载流溶液浓度、待测样品溶液和硼氢化钾溶液间的酸碱度以及各种元素校准曲线线性范围、样品溶液的酸度会因仪器的型号不同而有差异，使用者可根据仪器型号选择最佳测试条件。

5.7.1.5 分析步骤

5.7.1.5.1 玻璃仪器的预清洗

实验所用玻璃器皿使用前应使用硝酸溶液浸泡 24 h，然后用水冲洗干净备用。

5.7.1.5.2 样品的测定

称取约 3 g 液体试样或 1 g 固体试样，精确至 0.2 mg，置于 100 mL 烧杯中，加 30 mL 水、1 mL 硝酸溶液，盖上表面皿煮沸约 1 min，冷至室温后转移至 100 mL 容量瓶中，分别加入 10 mL 盐酸，20 mL 硫脲溶液，用水稀释至刻度，摇匀。按 5.7.1.4.2 的步骤进行测定（如有浑浊，使用中速定量滤纸干过滤后测定），由校准曲线或回归方程得出砷含量。

5.7.1.6 结果计算

砷含量以质量分数 w_5 计，数值以%表示，按式(8)计算：

$$w_5 = \frac{\rho V \times 10^{-9}}{m} \times 100 \qquad \cdots\cdots(8)$$

式中：

ρ——由校准曲线查得或回归方程计算出的砷的质量浓度的数值，单位为微克每升(μg/L)；

V——试样溶液总体积的数值，单位为毫升(mL)(V=100)；

m——试料的质量的数值，单位为克(g)。

5.7.1.7 允许差

取平行测定结果的算术平均值为测定结果，平行测定结果的绝对差值不大于0.000 05%。

5.7.2 二乙基二硫代氨基甲酸银法

5.7.2.1 方法提要

在酸性介质中，用碘化钾和氯化亚锡将As(Ⅴ)还原为As(Ⅲ)，加锌粒与酸作用，产生新生态氢，使As(Ⅲ)进一步还原为砷化氢。砷化氢气体被二乙基二硫代氨基甲酸银-三乙基胺三氯甲烷吸收液吸收，生成紫红色产物，在510 nm处测其吸光度。

5.7.2.2 试剂和材料

5.7.2.2.1 无砷锌粒。

5.7.2.2.2 三氯甲烷。

5.7.2.2.3 硫酸铜($CuSO_4 \cdot 5H_2O$)溶液：20 g/L。

5.7.2.2.4 碘化钾溶液：150 g/L。

5.7.2.2.5 氯化亚锡盐酸溶液。

5.7.2.2.6 二乙基二硫代氨基甲酸银-三乙基胺三氯甲烷溶液：称取1.0 g二乙基二硫代氨基甲酸银，研碎后，边研磨边加入100 mL三氯甲烷。然后加入18 mL三乙基胺，再用三氯甲烷稀释至1 000 mL，摇匀。静置过夜。用脱脂棉过滤，保存于棕色瓶中，置冰箱中保存。

5.7.2.2.7 砷标准贮备液：0.1 mg/mL。

5.7.2.2.8 砷标准溶液：0.001 mg/mL。移取10.00 mL砷标准贮备液于100 mL容量瓶中，用水稀释至刻度，混匀。临用时移取此溶液10.00 mL置于100 mL容量瓶中，用水稀释至刻度，混匀。

5.7.2.2.9 乙酸铅棉花。

5.7.2.3 仪器、设备

5.7.2.3.1 分光光度计：带有1 cm吸收池。

5.7.2.3.2 定砷器：符合GB/T 610—2008中4.2.2.3的规定。

5.7.2.4 分析步骤

5.7.2.4.1 校准曲线的绘制

5.7.2.4.1.1 在6个干燥的定砷瓶中，依次加入0.00 mL、1.00 mL、2.00 mL、3.00 mL、4.00 mL、5.00 mL砷标准溶液，再依次加入30 mL、29 mL、28 mL、27 mL、26 mL、25 mL水使溶液总体积为30 mL。

5.7.2.4.1.2 在各定砷瓶中加入20 mL氯化亚锡盐酸溶液、5 mL碘化钾溶液和1 mL硫酸铜溶液，摇匀。此时溶液中的酸度c(以H^+计)应在1.8 mol/L～2.6 mol/L之间。于暗处放置30 min～40 min，加5 g无砷锌粒于定砷瓶中，立即将塞有乙酸铅棉花、盛有5.0 mL二乙基二硫代氨基甲酸银-三乙基胺三氯甲烷溶液(吸收液)的吸收管装在定砷瓶上，反应25 min～35 min(避免阳光直射。如果吸收液挥发太快，应注意补充三氯甲烷)。取下吸收管(勿使吸收液倒吸)，用三氯甲烷将吸收液补充至5.0 mL，混匀。

5.7.2.4.1.3 在波长510 nm处，用1 cm吸收池，以试剂空白为参比，测定吸光度。

5.7.2.4.1.4 以砷含量(mg)为横坐标，对应的吸光度为纵坐标，绘制校准曲线或计算回归方程。

5.7.2.4.2 测定

称取约 10 g 液体试样或 3.3 g 固体试样，精确至 0.2 mg，置于 100 mL 蒸发皿中。加入 10 mL 硫酸溶液，在沸水浴上蒸至近干。冷却，以热水溶解(如有不溶物应过滤去除)，再移入 100 mL 容量瓶中，用水稀释至刻度，摇匀。此溶液为试液 B。

移取 10 mL 试液 B 于定砷瓶中，加入 20 mL 水。然后按校准曲线的绘制中的 5.7.2.4.1.2 和 5.7.2.4.1.3 步骤操作，测定吸光度。由校准曲线或回归方程得出砷含量的数值。

5.7.2.5 结果计算

砷含量以质量分数 w_5 计，数值以%表示，按式(9)计算：

$$w_5=\frac{m\times10^{-3}}{m_0V_1/V_B}\times100 \qquad \cdots\cdots(9)$$

式中：

m ——从校准曲线上查得的砷含量的数值，单位为毫克(mg)；

m_0——试料的质量的数值，单位为克(g)；

V_1——移取试液 B 的体积的数值，单位为毫升(mL)($V_1=10$)；

V_B——试液 B 的总体积的数值，单位为毫升(mL)($V_B=100$)。

5.7.2.6 允许差

取平行测定结果的算术平均值为测定结果，平行测定结果的绝对差值不大于 0.000 05%。

5.8 铅含量的测定

5.8.1 方法提要

向试样中加入二乙基二硫代胺基甲酸钠溶液使铅螯合，用 4-甲基-2 戊酮萃取，用原子吸收光谱法在波长 283.3 nm 处测定吸光度，求出铅含量。

5.8.2 试剂和材料

5.8.2.1 水：符合 GB/T 6682 中二级水规格。

5.8.2.2 硝酸：优级纯。

5.8.2.3 盐酸：优级纯。

5.8.2.4 4-甲基-2 戊酮。

5.8.2.5 硝酸溶液：1+1。

5.8.2.6 氨水溶液：1+1。

5.8.2.7 盐酸溶液：1+3。

5.8.2.8 柠檬酸铵溶液：500 g/L。

5.8.2.9 硫酸铵溶液：400 g/L。

5.8.2.10 二乙基二硫代胺基甲酸钠溶液：100 g/L。

5.8.2.11 铅标准贮备溶液：0.1 mg/mL。

5.8.2.12 铅标准溶液：0.01 mg/mL。移取 10.00 mL 铅标准贮备溶液于 100 mL 容量瓶中，加入 15 mL 硝酸溶液，用水稀释至刻度，摇匀。

5.8.3 仪器、设备

5.8.3.1 原子吸收光谱仪。

5.8.3.2 铅空心阴极灯。

5.8.4 分析步骤

5.8.4.1 称取约 5 g 液体试样或 1.5 g 固体试样，精确至 0.2 mg，置于 250 mL 烧杯中，加入 30 mL 水、2 mL 硝酸溶液，盖上表面皿煮沸约 1 min，冷至室温。

5.8.4.2 加入 3 mL 柠檬酸铵溶液及 15 mL 硫酸铵溶液，用氨水溶液或盐酸溶液调整 pH 值至 5.0～5.2（使用 pH 计）。然后加入 3 mL 二乙基二硫代胺基甲酸钠溶液并混合均匀。

5.8.4.3 静置 3 min 后，移入分液漏斗中。依次加入 25.00 mL 4-甲基-2 戊酮，混摇 2 min，再静置 10 min 后，弃去水层，将萃取液收集于干燥的容量瓶中。

5.8.4.4 在仪器的最佳工作条件下，于波长 283.3 nm 处，以试剂空白调零，测其吸光度。

5.8.4.5 分别移取 0.00 mL、2.50 mL、5.00 mL、7.50 mL 铅标准溶液于 100 mL 烧杯中，加入 2 mL 硝酸溶液，加水至约 30 mL。此系列溶液中铅含量分别为 0 mg、0.025 mg、0.050 mg、0.075 mg。以下按 5.8.4.2～5.8.4.4 操作。以测定的吸光度为纵坐标，相对应的铅含量(mg)为横坐标，绘制校准曲线或计算回归方程。

5.8.5 结果计算

铅含量以质量分数 w_6 计，数值以%表示，按式(10)计算：

$$w_6 = \frac{m \times 10^{-3}}{m_0} \times 100 \qquad \cdots\cdots (10)$$

式中：

m ——由校准曲线查得或回归方程计算出的铅的质量的数值，单位为毫克(mg)；

m_0——试料的质量的数值，单位为克(g)。

5.8.6 允许差

取平行测定结果的算术平均值为测定结果，平行测定结果的绝对差值不大于 0.000 05%。

5.9 镉含量的测定

5.9.1 方法提要

向试样中加入二乙基二硫代胺基甲酸钠溶液使镉螯合，用 4-甲基-2 戊酮萃取，用原子吸收光谱法，在波长 228.8 nm 处以空气-乙炔火焰测定镉原子的吸光度，求出镉含量。

5.9.2 试剂和材料

5.9.2.1 水：符合 GB/T 6682 中二级水规格。

5.9.2.2 硝酸：优级纯。

5.9.2.3 盐酸：优级纯。

5.9.2.4 4-甲基-2 戊酮。

5.9.2.5 氨水溶液：1+1。

5.9.2.6 盐酸溶液：1+3。

5.9.2.7 硝酸溶液：1+1。

5.9.2.8 柠檬酸铵溶液：500 g/L。

5.9.2.9 硫酸铵溶液：400 g/L。

5.9.2.10 二乙基二硫代胺基甲酸钠溶液：100 g/L。

5.9.2.11 镉标准贮备溶液:0.1 mg/mL。

5.9.2.12 镉标准溶液:0.005 mg/mL。移取 5.00 mL 镉标准贮备液放入 100 mL 容量瓶中,加 2 mL 硝酸溶液,并用水稀释至刻度,摇匀。

5.9.3 仪器、设备

5.9.3.1 原子吸收光谱仪。

5.9.3.2 镉空心阴极灯。

5.9.4 分析步骤

5.9.4.1 称取约 3 g 液体试样或 1 g 固体试样,精确至 0.2 mg,置于 250 mL 烧杯中,加入 30 mL 水、1 mL 硝酸溶液,盖上表面皿煮沸约 1 min,冷至室温。

5.9.4.2 各加入 3 mL 柠檬酸铵溶液及 15 mL 硫酸铵溶液,用氨水溶液或盐酸溶液调整 pH 值至 5.0~5.2(使用 pH 计)。然后分别加入 3 mL 二乙基二硫代胺基甲酸钠溶液并混合均匀。

5.9.4.3 静置 3 min 后,移入分液漏斗中。加入 25.00 mL 4-甲基-2 戊酮,混摇 2 min,再静置 10 min 后,弃去水层,将萃取液收集于干燥的容量瓶中。

5.9.4.4 在仪器最佳工作条件下,于 228.8 nm 波长处,以试剂空白调零,测其吸光度。

5.9.4.5 分别移取 0.00 mL、0.5 mL、1.5 mL、2.5 mL 镉标准溶液于 100 mL 烧杯中,再分别加入 1 mL 硝酸溶液,加水至约 30 mL。此系列溶液中镉含量分别为 0 mg、0.002 5 mg、0.007 5 mg、0.012 5 mg。以下按 5.9.4.2~5.9.4.4 操作。以测定的吸光度为纵坐标,相对应的镉含量为横坐标,绘制校准曲线或计算回归方程。

5.9.5 结果计算

镉含量以质量分数 w_7 计,数值以%表示,按式(11)计算:

$$w_7 = \frac{m \times 10^{-3}}{m_0} \times 100 \qquad \cdots\cdots\cdots\cdots(11)$$

式中:

m ——由校准曲线查得或回归方程计算出的镉的质量的数值,单位为毫克(mg);

m_0——试料的质量的数值,单位为克(g)。

5.9.6 允许差

取平行测定结果的算术平均值为测定结果,平行测定结果的绝对差值不大于 0.000 05%。

5.10 汞含量的测定

5.10.1 原子荧光光谱法

5.10.1.1 方法提要

试样经酸加热消解后,在酸性介质中,试样中的汞被硼氢化钾(KBH_4)还原成原子态汞,由载气(氩气)带入原子器中,在特制汞空心阴极灯照射下,基态汞原子被激发至高能态,在去活化到基态时,发射出特征波长的荧光,其荧光强度与汞含量成正比,与标准系列比较定量。

5.10.1.2 试剂和材料

5.10.1.2.1 水:符合 GB/T 6682 中二级水规格。

5.10.1.2.2 硝酸:优级纯。

5.10.1.2.3 盐酸：优级纯。

5.10.1.2.4 硝酸溶液：1+1。

5.10.1.2.5 盐酸溶液：1+49。

5.10.1.2.6 硼氢化钾-氢氧化钠溶液：称取 3.0 g 氢氧化钠和 0.5 g 硼氢化钾于聚乙烯烧杯中，用水溶解并稀释至 1 000 mL。该溶液现用现配。

5.10.1.2.7 汞标准贮备溶液（Ⅰ）：0.1 mg/mL。

5.10.1.2.8 汞标准贮备溶液（Ⅱ）：5 μg/mL。移取 5 mL 汞标准贮备溶液（Ⅰ）于 100 mL 容量瓶中，加入 0.05 g 重铬酸钾、5 mL 硝酸，用水稀释至刻度。此溶液现用现配。

5.10.1.2.9 汞标准溶液：0.05 μg/mL。移取 1 mL 汞标准贮备溶液（Ⅱ）置于 100 mL 容量瓶中，加入 0.05 g 重铬酸钾、5 mL 硝酸，用水稀释至刻度。此溶液现用现配。

5.10.1.3 仪器、设备

5.10.1.3.1 原子荧光光度计。

5.10.1.3.2 汞空心阴极灯。

5.10.1.4 校准曲线的绘制

5.10.1.4.1 分别取 0.00 mL、2.00 mL、4.00 mL、6.00 mL、8.00 mL、10.00 mL 汞标准溶液于 6 个 100 mL 容量瓶中，分别加入 5 mL 硝酸，稀释至刻度，摇匀。此系列溶液中汞含量分别为 0 μg/L、1 μg/L、2 μg/L、3 μg/L、4 μg/L、5 μg/L。

5.10.1.4.2 仪器稳定后，以硼氢化钾-氢氧化钠溶液为还原剂，以盐酸溶液为载流溶液，在仪器最佳工作条件下测定其荧光值。以测得的荧光值为纵坐标，相对应的汞的质量浓度(μg/L)为横坐标绘制校准曲线并计算回归方程。

5.10.1.5 分析步骤

5.10.1.5.1 玻璃仪器的预清洗

实验所用玻璃器皿使用前应使用硝酸溶液(1+4)浸泡 24 h，然后用水冲洗干净备用。

5.10.1.5.2 样品的测定

称取约 1 g 液体试样或 0.5 g 固体试样，精确至 0.2 mg，置于 100 mL 烧杯中，加 30 mL 水、1 mL 硝酸溶液，盖上表面皿煮沸约 1 min，冷至室温后转移至 100 mL 容量瓶中，分别加入 5 mL 硝酸，用水稀释至刻度，摇匀。按 5.10.1.4.2 的步骤进行测定(如有浑浊，使用中速定量滤纸干过滤后测定)，由校准曲线或回归方程得出汞含量。

5.10.1.6 结果计算

汞含量以质量分数 w_8 计，数值以%表示，按式(12)计算：

$$w_8=\frac{\rho V\times 10^{-9}}{m}\times 100 \qquad (12)$$

式中：

ρ——由校准曲线查得或回归方程计算出的汞的质量浓度的数值，单位为微克每升(μg/L)；

V——试样溶液总体积的数值，单位为毫升(mL)(V=100)；

m——试料的质量的数值，单位为克(g)。

5.10.1.7 允许差

取平行测定结果的算术平均值为测定结果，平行测定结果的绝对差值不大于 0.000 005%。

5.10.2 冷原子吸收法

5.10.2.1 方法提要

在酸性介质中，将试样中的汞氧化成二价汞离子，用氯化亚锡将汞离子还原成汞原子，用冷原子吸收法测定汞。

5.10.2.2 试剂和材料

5.10.2.2.1 水：符合 GB/T 6682 中二级水规格。
5.10.2.2.2 硫酸：优级纯。
5.10.2.2.3 硝酸：优级纯。
5.10.2.2.4 盐酸：优级纯。
5.10.2.2.5 硫酸-硝酸混合液：将 200 mL 硫酸缓慢加入 300 mL 水中，同时不断搅拌。冷却后加入 100 mL 硝酸，混匀。
5.10.2.2.6 硫酸溶液：1+71。
5.10.2.2.7 硝酸溶液：1+1。
5.10.2.2.8 盐酸溶液：1+11。
5.10.2.2.9 高锰酸钾溶液：10 g/L。
5.10.2.2.10 盐酸羟胺溶液：100 g/L。
5.10.2.2.11 氯化亚锡溶液：50 g/L。称取 5.0 g 氯化亚锡，置于 200 mL 烧杯中。加入 10 mL 盐酸溶液及适量水使其溶解，稀释至 100 mL，混匀。
5.10.2.2.12 汞标准贮备液：0.1 mg/mL。
5.10.2.2.13 汞标准溶液：0.1 μg/mL。移取汞标准贮备溶液 10.00 mL 于 100 mL 容量瓶中，用硫酸溶液稀释至刻度。再从中移取 10.00 mL 上述溶液于 1 000 mL 容量瓶中，用硫酸溶液稀释至刻度。

5.10.2.3 仪器、设备

5.10.2.3.1 原子吸收分光光度计或测汞仪。
5.10.2.3.2 汞空心阴极灯。

5.10.2.4 分析步骤

5.10.2.4.1 校准曲线的绘制

在 6 个 50 mL 容量瓶中，依次加入汞标准溶液 0.00 mL、1.00 mL、2.00 mL、3.00 mL、4.00 mL、5.00 mL，加水至 40 mL。加入 3 mL 硫酸-硝酸混合液和 1 mL 高锰酸钾溶液，摇匀，静置 15 min。再滴加盐酸羟胺溶液至试液红色恰好消失，用水稀释至刻度，摇匀。

在波长 253.7 nm 处，以氯化亚锡溶液还原后的试剂空白所产生的汞蒸汽为参比，测出以氯化亚锡溶液还原后各标准试液所产生汞蒸汽的吸光度。

以汞含量(μg)为横坐标，对应的吸光度为纵坐标，绘制校准曲线或计算回归方程。

5.10.2.4.2 测定

称取约 10 g 液体试样或 3 g 固体试样，精确至 0.2 mg，溶解后转移至 50 mL 容量瓶中，用水稀释至刻度，摇匀，此溶液为试液C。

移取5 mL试液C置于100 mL烧杯中，加30 mL水、1 mL硝酸溶液，盖上表面皿煮沸约1 min，冷至室温后转移至50 mL容量瓶中。以下按校准曲线的绘制中加入汞标准溶液以后的步骤进行操作，测出以氯化亚锡还原后试样溶液所产生汞蒸汽的吸光度。

5.10.2.5 结果计算

汞含量以质量分数 w_8 计，数值以%表示，按式(13)计算：

$$w_8=\frac{m\times10^{-6}}{m_0V_1/V_C}\times100 \qquad (13)$$

式中：

m ——由校准曲线查得或回归方程计算出的汞含量的数值，单位为毫克(mg)；

m_0 ——试料的质量的数值，单位为克(g)；

V_1 ——移取试液C的体积的数值，单位为毫升(mL)($V_1=5$)；

V_C ——试液C的总体积的数值，单位为毫升(mL)($V_C=50$)。

5.10.2.6 允许差

取平行测定结果的算术平均值为测定结果，平行测定结果的绝对差值不大于0.000 002%。

5.11 铬含量的测定

5.11.1 方法提要

采用电加热原子吸收光谱法，在波长429.0 nm处测定铬原子的吸光度，求出铬含量。

5.11.2 试剂与材料

5.11.2.1 水：符合GB/T 6682中二级水规格。

5.11.2.2 硝酸：优级纯。

5.11.2.3 硝酸溶液：1+1。

5.11.2.4 铬标准贮备溶液：0.1 mg/mL。

5.11.2.5 铬标准溶液：移取10.00 mL铬标准贮备溶液于1 000 mL容量瓶中，加入20 mL硝酸溶液，用水稀释至刻度，摇匀。此溶液1 mL含有0.001 mg Cr。

5.11.3 仪器、设备

5.11.3.1 原子吸收光谱仪：配有铬空心阴极灯。

5.11.3.2 微量进液装置：装有按钮式5 μL～500 μL微量液体流量计或自动进样器。

5.11.3.3 电加热原子吸收分析装置：带电加热方式，可进行反向接地补偿。

5.11.3.4 发热炉：石墨或耐高温金属制。

5.11.4 分析步骤

5.11.4.1 校准曲线的绘制

分别移取0.00 mL、1.00 mL、2.00 mL、3.00 mL铬标准溶液于4个50 mL容量瓶中，加1 mL硝酸溶液，用水稀释至刻度，摇匀。用微量进液装置将配好的试样注入发热炉，经干燥、灰化、原子化后，在429.0 nm处测其吸光度。以铬标准溶液的质量浓度(μg/L)为横坐标，对应的吸光度为纵坐标，绘制校准曲线或计算回归方程。

5.11.4.2 测定

称取约 3 g 液体试液或 1 g 固体试样，精确至 0.2 mg，置于 250 mL 烧杯中，加入 10 mL 水，1 mL 硝酸溶液，盖上表面皿置于电炉上煮沸约 1 min。冷却后转移至 250 mL 容量瓶中，用水稀释至刻度。此溶液为试液 D。

移取 5 mL 试液 D(如有浑浊，使用中速定量滤纸干过滤)置于 50 mL 容量瓶中，以下按 5.11.4.1 操作。由校准曲线查得或回归方程计算出铬的质量浓度。

5.11.5 结果计算

铬含量以质量分数 w_9 计，数值以%表示，按式(14)计算：

$$w_9=\frac{\rho V\times10^{-9}}{mV_1/V_D}\times100 \qquad\cdots\cdots(14)$$

式中：

ρ ——校准曲线查得或回归方程计算出的铬的质量浓度的数值，单位为微克每升(μg/L)；

V ——测定时试样溶液体积的数值，单位为毫升(mL)；

m ——试料的质量的数值，单位为克(g)；

V_1——移取试液 D 的体积的数值，单位为毫升(mL)($V_1=5$)；

V_D——试液 D 的总体积的数值，单位为毫升(mL)($V_D=250$)。

5.11.6 允许差

取平行测定结果的算术平均值为测定结果，平行测定结果的绝对差值不大于 0.000 5%。

6 检验规则

6.1 本标准规定的全部指标项目为型式检验项目，在正常生产情况下，每 3 个月至少进行一次型式检验。其中密度、氧化铝、盐基度、不溶物、pH 值、铁等指标项目应逐批检验。若需判定每批聚氯化铝的混凝性能，参见附录 A。

6.2 每批产品液体应不超过 200 t，固体应不超过 60 t。

6.3 按 GB/T 6678 规定确定采样单元数。

对于桶装液体产品，采样时应将采样器深入桶内，从上、中、下部位采样量不少于 100 mL。将所采样品混匀，从中取出约 800 mL，分装于两个清洁、干燥的塑料瓶中，密封。

对于袋装固体产品，采样时应将采样器垂直插入到袋深的四分之三处采样，每袋所采样品不少于 100 g。将所采样品混匀，用四分法缩分至约 500 g，分装于两个清洁、干燥的塑料瓶中，密封。

对于用贮罐装运的液体产品，应用采样器从罐的上、中、下部位采样。每个部位采样量不少于 250 mL。将所采样品混匀，取出约 800 mL，分装于两个清洁、干燥的塑料瓶中，密封。

在密封的样品瓶上粘标签，注明：生产厂名、产品名称、批号、采样日期和采样者姓名。一瓶供检验用，另一瓶保存 3 个月备查。

6.4 采用 GB/T 8170 规定的修约值比较法判断检验结果是否符合要求。

6.5 检验结果中如果有一项指标不符合本标准要求时，应重新自两倍量的包装单元中采样核验。核验结果仍有一项不符合本标准要求时，整批产品为不合格。

7 标志、包装、运输和贮存

7.1 聚氯化铝的外包装上应有涂刷牢固清晰的标志，内容包括：生产厂名、产品名称、商标、净质量、批号和生产日期、标准编号以及 GB/T 191 规定的“怕雨”标志。

7.2 聚氯化铝(固体)采用双层包装。内包装采用聚乙烯薄膜袋,外包装的性能和检验方法应符合 GB/T 8946 规定的塑料编织袋或依客户要求而定。

7.3 聚氯化铝(液体)采用聚乙烯塑料桶包装或耐酸贮罐装运。

7.4 聚氯化铝在运输过程中应有遮盖物,避免雨淋、受潮。

7.5 聚氯化铝应贮存在通风干燥的库房内。液体产品贮存期为六个月,固体产品贮存期为一年。

附 录 A
（资料性附录）
混凝性能的判定

A.1 方法提要

用自然原水(江河、湖泊、水库等地面水源水),用混凝沉淀试验搅拌机进行混凝沉淀试验,根据试验结果判断混凝性能。

A.2 仪器、设备

A.2.1 混凝沉淀试验搅拌机。
A.2.2 散射光浊度仪。

A.3 混凝沉淀试验

A.3.1 聚氯化铝稀释液的配置

称取聚氯化铝试样,放入 100 mL 容量瓶中,加水稀释至刻度,摇匀,使稀释液 Al_2O_3 含量为 1.0 mg/mL～10 mg/mL。该液应在使用当天配制。

A.3.2 试验程序的设置

A.3.2.1 混合阶段:设置转速为 500 r/min～1 000 r/min,时间为 30 s～60 s。
A.3.2.2 絮凝阶段:设置转速为 20 r/min～200 r/min,时间为 10 min～30 min。
A.3.2.3 沉淀阶段:时间为 10 min～30 min。

A.3.3 测定步骤

A.3.3.1 将原水注入 6 个完全相同的烧杯中,加至 1 000 mL 刻度处。将聚氯化铝稀释液用刻度吸管依大小顺序,依次放入加药试管中。
A.3.3.2 启动混凝沉淀试验搅拌器,试验参照程序 A.3.2 进行。沉淀时间到,取澄清水样,测定剩余浊度等水质指标。
A.3.3.3 试验期间,同时观测絮凝体形成时间、形状、大小和沉降状况,并做记录。

A.4 混凝沉淀效果的评价

根据混凝剂投加量、澄清水剩余浊度和其他水质指标以及观测状况,绘制曲线或作表,评价混凝沉淀效果。

ICS 59.080.30
W 63

中华人民共和国国家标准

GB/T 22849—2014
代替 GB/T 22849—2009

针织 T 恤衫

Knitted T-shirt

2014-12-31 发布　　2015-06-01 实施

中华人民共和国国家质量监督检验检疫总局
中国国家标准化管理委员会　发布

前言

本标准按照 GB/T 1.1—2009 给出的规则起草。

本标准代替 GB/T 22849—2009《针织 T 恤衫》，与 GB/T 22849—2009 相比主要变化如下：

——增加了本标准不适用于年龄在 36 个月及以下的婴幼儿服饰的规定(见第 1 章)；

——修改了产品号型的规定(见第 3 章，2009 年版的第 3 章)；

——删除了纤维含量中“净干含量”要求(见 4.3.1 和 5.1.2.1，2009 年版的 4.3.1 和 5.4.1)；

——修改了水洗尺寸变化率直向的指标，将直、横向统一考核(见 4.3.1，2009 年版的 4.3.1)；

——调整了强力指标，耐光指标，耐光、汗复合色牢度指标，耐湿摩擦色牢度指标，印(烫)花耐摩擦色牢度，起球指标(见 4.3.1，2009 年版的 4.3.1)；

——增加了洗后外观质量考核项目(见 4.3.1 和 5.1.2.8)；

——修改了表面疵点评等规定的内容(见 4.4.1，2009 年版的 4.4.2.1)；

——修改了缝制规定的内容(见 4.4.4，2009 年版的 4.4.6)；

——增加了水洗尺寸变化率的试验方法的规定(见 5.1.2.6)。

本标准由中国纺织工业联合会提出。

本标准由全国纺织品标准化技术委员会针织品分技术委员会(SAC/TC 209/SC 6)归口。

本标准起草单位：国家针织产品质量监督检验中心、安踏(中国)有限公司、福建七匹狼实业股份有限公司、中山市霞湖世家服饰有限公司、九牧王股份有限公司、浙江报喜鸟服饰股份有限公司、佛山市安东尼针织有限公司、三六一度(中国)有限公司、乔丹(厦门)实业有限公司、北京探路者户外用品股份有限公司、宁波申洲针织有限公司、江苏红豆实业股份有限公司、江苏 AB 集团股份有限公司、上海三枪集团有限公司、青岛雪达集团有限公司、青岛即发集团股份有限公司、湖南省常宁市帝棉纺织制衣有限公司、都市丽人服饰股份有限公司、国辉(中国)有限公司、深圳市岁孚服装有限公司、浩沙实业(福建)有限公司、广州市纤维产品检测院、华测检测技术股份有限公司。

本标准主要起草人：吴培枝、李苏、郭亚莉、郭长棋、林荣宗、赵国华、刘必胜、李太红、林巨文、陈百顺、杨树娟、葛东瑛、吴鸿烈、薛继凤、王显旗、孔祥娟、刘会平、李万芳、刘勇、王建国、孔令豪、刘文莉、孔蕾。

本标准所代替标准的版本发布情况为：

——GB/T 22849—2009。

针 织 T 恤 衫

1 范围

本标准规定了针织T恤衫产品号型、要求、试验、判定规则、产品使用说明、包装、运输和贮存。

本标准适用于鉴定各类针织T恤衫的品质。

本标准不适用于年龄在36个月及以下的婴幼儿服饰。

2 规范性引用文件

下列文件对于本文件的应用是必不可少的。凡是注日期的引用文件,仅注日期的版本适用于本文件。凡是不注日期的引用文件,其最新版本(包括所有的修改单)适用于本文件。

GB/T 250 纺织品 色牢度试验 评定变色用灰色样卡

GB/T 251 纺织品 色牢度试验 评定沾色用灰色样卡

GB/T 1335(所有部分) 服装号型

GB/T 2910(所有部分) 纺织品 定量化学分析

GB/T 2912.1 纺织品 甲醛的测定 第1部分:游离和水解的甲醛(水萃取法)

GB/T 3920 纺织品 色牢度试验 耐摩擦色牢度

GB/T 3921—2008 纺织品 色牢度试验 耐皂洗色牢度

GB/T 3922 纺织品 色牢度试验 耐汗渍色牢度

GB/T 4802.1—2008 纺织品 织物起毛起球性能的测定 第1部分:圆轨迹法

GB/T 4802.3 纺织品 织物起毛起球性能的测定 第3部分:起球箱法

GB/T 4856 针棉织品包装

GB 5296.4 消费品使用说明 第4部分:纺织品和服装

GB/T 5713 纺织品 色牢度试验 耐水色牢度

GB/T 6529 纺织品 调湿和试验用标准大气

GB/T 7573 纺织品 水萃取液pH值的测定

GB/T 8170 数值修约规则与极限数值的表示和判定

GB/T 8427—2008 纺织品 色牢度试验 耐人造光色牢度:氙弧

GB/T 8629—2001 纺织品 试验用家庭洗涤和干燥程序

GB/T 8878 棉针织内衣

GB 9994 纺织材料公定回潮率

GB/T 14576 纺织品 色牢度试验 耐光、汗复合色牢度

GB/T 14801 机织物与针织物纬斜和弓纬试验方法

GB/T 17592 纺织品 禁用偶氮染料的测定

GB 18401 国家纺织产品基本安全技术规范

GB/T 19976—2005 纺织品 顶破强力的测定 钢球法

GB/T 29862 纺织品 纤维含量的标识

FZ/T 01026 纺织品 定量化学分析 四组分纤维混合物

FZ/T 01057(所有部分) 纺织纤维鉴别试验方法
FZ/T 01095 纺织品 氨纶产品纤维含量的试验方法
FZ/T 01101 纺织品 纤维含量的测定 物理法
FZ/T 70014 针织T恤衫规格尺寸系列
GSB 16-1523 针织物起毛起球样照
GSB 16-2159 针织产品标准深度样卡(1/12)
GSB 16-2500 针织物表面疵点彩色样照
GSB 16-2922 粗梳毛针织品起球标准样照
GSB 16-2923 精梳毛针织品起球标准样照

3 产品号型

针织T恤衫的号型按FZ/T 70014或GB/T 1335的规定执行。

4 要求

4.1 要求内容

要求分为内在质量和外观质量两个方面,内在质量包括纤维含量,甲醛含量,pH,异味,可分解致癌芳香胺染料,水洗尺寸变化率,水洗后扭曲率,顶破强力,起球,耐光、汗复合色牢度,耐光色牢度,耐皂洗色牢度,耐水色牢度,耐汗渍色牢度,耐摩擦色牢度,印(烫)花耐皂洗色牢度,印(烫)花耐摩擦色牢度,拼接互染程度,洗后外观质量等项指标。外观质量包括表面疵点、规格尺寸偏差、对称部位尺寸差异、缝制规定等项指标。

4.2 分等规定

4.2.1 针织T恤衫分为优等品、一等品、合格品。
4.2.2 针织T恤衫的质量定等:内在质量按批评等,外观质量按件评等,两者结合并按最低等级定等。
4.2.3 内在质量各项指标,以试验结果最低一项作为该批产品的评等依据。
4.2.4 在同一件产品上发现属于不同品等的外观质量问题时,按最低等评等。在同一件产品上只允许有两个同等级的极限表面疵点存在,超过者应降低一个等级。

4.3 内在质量要求

4.3.1 内在质量要求见表1。

表1 内在质量要求

项目	优等品	一等品	合格品
纤维含量/%	按GB/T 29862规定执行		
甲醛含量/(mg/kg)	按GB 18401规定执行		
pH值			
异味			
可分解致癌芳香胺染料/(mg/kg)			

表 1（续）

项目		优等品	一等品	合格品
水洗尺寸变化率/%	直向、横向	－3.0～＋1.5	－5.0～＋2.0	－6.0～＋3.0
水洗后扭曲率/% ≤		4.0	5.0	6.0
顶破强力/N ≥		250		
起球/级 ≥		3-4	3	3
耐光、汗复合色牢度(碱性)/级 ≥		4	3-4	3
耐光色牢度/级 ≥	深色	4	4	3-4
	浅色	4	3	
耐皂洗色牢度/级 ≥	变色	4-5	4	3-4
	沾色	4	3-4	3
耐水色牢度/级 ≥	变色	4	3-4	3
	沾色	4	3-4	3
耐汗渍色牢度/级 ≥	变色	4-5	3-4	3
	沾色	3-4	3-4	3
耐摩擦色牢度/级 ≥	干摩	4	3-4	3
	湿摩	3	3(深 2-3)	2-3(深 2)
印(烫)花耐皂洗色牢度/级 ≥	变色	4	3-4	3
	沾色	3-4	3	3
印(烫)花耐摩擦色牢度/级 ≥	干摩	3-4	3	3
	湿摩	3	3(深 2-3)	2-3(深 2)
拼接互染程度(沾色)/级 ≥		4-5	4	
洗后外观质量		印花部位不允许起泡、脱落、开裂，绣花部位缝纫线无严重不平整，贴花部位无脱开，附件无脱落、锈蚀		
色别分档按 GSB 16-2159 执行，＞1/12 标准深度为深色，≤1/12 标准为浅色。				

4.3.2 拼接互染程度只考核深色、浅色相拼接的产品。

4.3.3 含毛 30％及以上的产品不考核耐光、汗复合色牢度。

4.3.4 起球只考核正面，正面磨毛、起绒、植绒类产品不考核。

4.3.5 镂空、抽条、烂花和弹力织物不考核顶破强力。

4.3.6 弹力织物横向不考核水洗尺寸变化率，紧口类产品不考核水洗后扭曲率。

4.3.7 弹力织物指含有弹性纤维的织物或罗纹织物。

4.4 外观质量要求

4.4.1 表面疵点评等规定

表面疵点评等规定见表 2。

表 2 表面疵点评等规定

疵点名称	优等品	一等品	合格品
色差 ≥	4-5 级	主料之间 4-5 级 主辅料之间 4 级	主料之间 4 级 主辅料之间 3 级
纹路歪斜(条格) ≤	3%	4%	6%
缝纫曲折高低 ≤	0.2 cm		0.5 cm
止口反吐	不允许	0.3 cm 及以内	0.5 cm 及以内
熨烫变黄、变色、水渍亮光	不允许		不允许
底边脱针	每面 1 针 2 处，但不得连续，骑缝处缝牢，脱针不超过 1 cm		每面 1 针 3 处，但不得连续，骑缝处缝牢，脱针不超过 1.5 cm
表面疵点程度按 GSB 16-2500 规定执行。 未列入表内的疵点按 GB/T 8878 表面疵点评等规定执行。			

4.4.2 规格尺寸偏差

规格尺寸偏差见表 3。

表 3 规格尺寸偏差

单位为厘米

项目		优等品	一等品	合格品
衣长		±1.0	−1.5～+2.0	−2.0
1/2 胸围		±1.0	±1.5	−2.0
袖长	长袖	±1.5	−1.5～+2.0	−2.5
	短袖	−1.0	−1.0	−2.0
领大		±0.5	±1.0	±1.5

4.4.3 对称部位尺寸差异

对称部位尺寸差异见表 4。

表 4 对称部位尺寸差异

单位为厘米

尺寸范围	优等品 ≤	一等品 ≤	合格品 ≤
≤5 cm	0.2	0.3	0.4
>5 cm 且≤15 cm	0.5	0.5	0.8
>15 cm 且≤76 cm	0.8	1.0	1.2
>76 cm	1.0	1.5	1.5

4.4.4 缝制规定

4.4.4.1 加固部位:合肩处、缝迹边缘。

4.4.4.2 缝制应牢固,线迹要平直、圆顺、松紧适宜。

4.4.4.3 拼接要平复,领型端正、平服,门襟平直,袖底边宽窄一致,熨烫平整,缝道烫出,线头修清,无杂物。

4.4.4.4 锁眼部位不允许毛脱。链式缝纫不允许跳针、断线。

5 试验

5.1 内在质量检验

5.1.1 准备和试验条件

5.1.1.1 所取试样不应有影响试验结果的疵点。

5.1.1.2 在产品不同部位取样。

5.1.1.3 水洗尺寸变化率、水洗后扭曲率试验前,需按 GB/T 6529 规定的标准大气进行预调湿,调湿符合要求后进行试验。

5.1.2 试验方法

5.1.2.1 纤维含量试验

按 GB/T 2910、FZ/T 01057、FZ/T 01026、FZ/T 01095、FZ/T 01101 规定执行。结合公定回潮率计算,公定回潮率按 GB 9994 规定执行。

5.1.2.2 甲醛含量试验

按 GB/T 2912.1 规定执行。

5.1.2.3 pH 值试验

按 GB/T 7573 规定执行。

5.1.2.4 异味试验

按 GB 18401 规定执行。

5.1.2.5 可分解致癌芳香胺染料试验

按 GB/T 17592 规定执行

5.1.2.6 水洗尺寸变化率试验

5.1.2.6.1 测量部位

直向衣长以前后身左右四处的平均值作为计算依据,横向以前身测量值作为计算依据,并在测量时分别做出标记以便水洗后测量,测量部位见图 1。

图 1 水洗前后测量部位示例

5.1.2.6.2 测量方法规定

测量方法规定见表 5。

表 5 测量方法

部位	测量方法
直向	连肩的由肩宽中间量到底边，合肩（捋肩）的由肩最高处量到底边
横向	由挂肩缝向下 5 cm 处横量

5.1.2.6.3 洗涤和干燥程序

5.1.2.6.3.1 按 GB/T 8629—2001 中的 5A 程序执行，明示“手洗”的产品按 GB/ T 8629—2001 中“仿手洗”的程序执行。含毛 30%及以上的产品按 GB/T 8629—2001 中的 7A 程序执行，试验件数 3 件。

5.1.2.6.3.2 晾干：采用悬挂晾干法。上衣用竿穿过两袖，使胸围挂肩处保持平直，并从下端用手将两片分开理平。将晾干后的试样放置在温度为（20±2）℃，湿度为（65±4）%条件下的平台上，静置 4 h 以上，轻轻拍平折痕，再进行测量。

5.1.2.6.4 结果计算

按式（1）计算直向和横向的水洗尺寸变化率，以负号（—）表示尺寸收缩，以正号（+）表示尺寸伸长（倒涨），以全部试样算术平均值作为试验结果，若同时存在收缩与伸长（倒涨）的试验结果时，以收缩（或伸长）的两件试样的算术平均值作为试验结果，最终结果按 GB/T 8170 修约到一位小数。

$$A = \frac{L_1 - L_0}{L_0} \times 100 \qquad \cdots\cdots(1)$$

式中：

A ——直向或横向水洗尺寸变化率，%；

L_1 ——直向或横向水洗后尺寸的平均值（精确至 0.1 cm），单位为厘米（cm）；

L_0 ——直向或横向水洗前尺寸的平均值（精确至 0.1 cm），单位为厘米（cm）。

5.1.2.7 水洗后扭曲率试验

5.1.2.7.1 按 5.1.2.6.3 规定的方法进行洗涤、干燥。

5.1.2.7.2 测量方法：将洗后的成衣铺在光滑的台面上，用手轻轻拍平进行测量。于每件成衣扭斜程度最大的一边测量。成衣扭曲部位见图 2。

说明：

a ——侧缝与袖窿交叉处垂直到底边的点与扭后端点间的距离，需要时应在水洗前做出“侧缝与底边交点”的标记；

b ——侧缝与袖窿交叉处垂直到底边的距离。

图 2　成衣扭曲部位

5.1.2.7.3　计算方法：按式(2)计算水洗后扭曲率，以三件衣服的水洗后扭曲率的平均值作为最终结果，最终结果按 GB/T 8170 修约至一位小数。

$$F=\frac{a}{b}\times 100 \qquad \cdots\cdots(2)$$

式中：

F ——扭曲率，%；

a、b ——见图 2。

5.1.2.8　洗后外观质量试验

按本标准规定的水洗尺寸变化率试验方法进行洗涤、干燥后，结合表 1 进行评价。

5.1.2.9　顶破强力试验

按 GB/T 19976—2005 规定执行，钢球直径为(38±0.02)mm。

5.1.2.10　起球试验

按 GB/T 4802.1—2008 中的 E 法规定执行。评级根据织物风格和起球形状按 GSB 16-1523 评定。

含毛 30%及以上的产品按 GB/T 4802.3 规定执行，精梳产品翻动 14 400 r，粗梳产品翻动 7 200 r。评级根据织物风格和起球形状，精梳按 GSB 16-2923 评定，粗梳按 GSB 16-2922 评定。

5.1.2.11　耐光、汗复合色牢度试验

按 GB/T 14576 规定执行。

5.1.2.12　耐人造光色牢度试验

按 GB/T 8427—2008 的方法 3 规定执行。

5.1.2.13　耐皂洗色牢度、印(烫)花耐皂洗色牢度试验

按 GB/T 3921—2008 的方法 A(1)规定执行。

5.1.2.14 耐水色牢度试验

按 GB/T 5713 规定执行。

5.1.2.15 耐汗渍色牢度试验

按 GB/T 3922 规定执行。

5.1.2.16 耐摩擦色牢度、印(烫)花耐摩擦色牢度试验

按 GB/T 3920 规定执行，只做直向。

5.1.2.17 拼接互染程度试验

按本标准的附录 A 规定执行。

5.2 外观质量检验

5.2.1 外观质量检验条件

5.2.1.1 一般采用灯光检验，用 40 W 白光日光灯一支，上面加灯罩，灯罩与检验台面中心垂直距离为 80 cm±5 cm。

5.2.1.2 如在室内利用自然光，光源射入方向为北向左(或右)上角，不能使阳光直射产品。

5.2.1.3 检验时应将产品平摊在检验台上，台面铺白布一层，检验人员的视线应正视平摊产品的表面，目光与产品中间距离为 35 cm 以上。

5.2.2 测量部位及测量方法

5.2.2.1 测量部位见图 3。

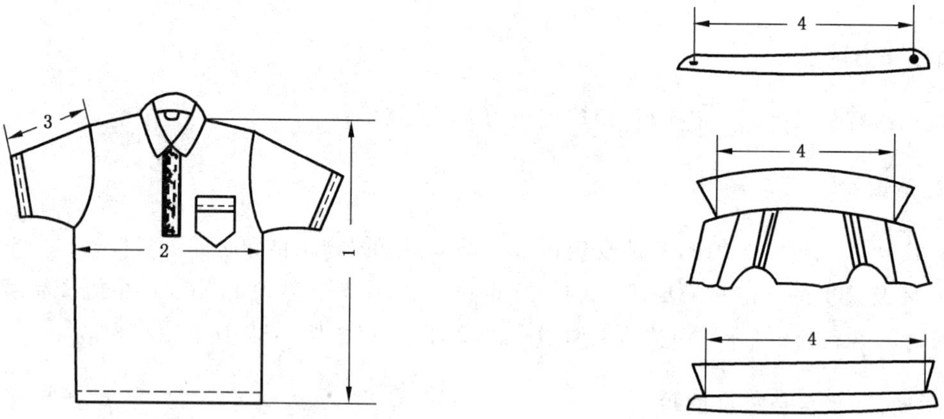

说明：

1——衣长；

2——1/2 胸围；

3——袖长；

4——领大。

图 3 测量部位

5.2.2.2 测量方法见表 6。

表 6 测量方法

序号	部位	测量方法
1	衣长	由肩缝最高处量到底边
2	1/2 胸围	由袖窿缝与侧缝交叉处向下 2 cm 水平横量
3	袖长	由肩缝与袖窿缝的交点到袖口边
4	领大	领子摊平横量,单立领量扣中到眼中的距离,翻折领量上领下口,其他领量下口
各部位测量精确至 0.1 cm。		

5.2.3 试验方法

5.2.3.1 纹路歪斜试验

按 GB/T 14801 规定执行。

5.2.3.2 色差评级

按 GB/T 250 规定执行。

6 判定规则

6.1 抽样数量

6.1.1 外观质量按批分品种、色别、随机采样 1%～3%,但不得少于 20 件。

6.1.2 内在质量按批分品种、色别、随机采样 4 件。不足时可增加件数。

6.2 内在质量

6.2.1 洗后外观质量检验结果至少 2 件及以上均合格者判定该批产品合格,不合格者判定该批产品不合格。

6.2.2 内在质量按 4.3 要求,有一项不符合,则判定该批产品不合格。其中,色牢度项目不符合则按色别判定该批产品不合格。

6.3 外观质量

按品种、色别计算不符品等率。内包装标志差错按件计算不符合品等率,不允许有外包装差错。凡不符品等率在 5.0%及以内者,判定该批产品合格。不符品等率在 5.0%以上者,判定该批产品不合格。

6.4 复验

6.4.1 任何一方对所检验的结果有异议时,均可要求复验。

6.4.2 复验结果按 6.2、6.3 规定执行,判定以复验结果为准。

7 产品使用说明、包装、运输和贮存

7.1 产品使用说明按 GB 5296.4 规定执行。

7.2 包装按 GB/T 4856 规定执行。

7.3 产品装箱运输应防潮、防火、防污染。

7.4 产品应存放在阴凉、通风、干燥、清洁的库房内，防贮、防霉。

附　录　A
（规范性附录）
拼接互染程度测试方法

A.1　原理

成衣中拼接的两种不同颜色的面料组合成试样，放于皂液中，在规定的时间和温度条件下，经机械搅拌，再经冲洗、干燥。用灰色样卡评定试样的沾色。

A.2　试验要求与准备

A.2.1　在成衣上选取面料拼接部位，以拼接接缝为样本中心，取样尺寸为 40 mm×200 mm，使试样的一半为拼接的一个颜色，另一半为另一个颜色。

A.2.2　成衣上无合适部位可直接取样的，可在成衣上或该批产品的同批面料上分别剪取拼接面料的 40 mm×100 mm，再将两块试样沿短边缝合成组合试样。

A.2.3　对于拼接面料很窄或加牙产品的取样，以拼接面料或拆开加牙部位，剪取最大面积，再将两块试样沿短边缝合成组合试样。

A.3　试验操作程序

A.3.1　按 GB/T 3921—2008 进行洗涤测试，试验条件按 A(1)执行。

A.3.2　用 GB/T 251 样卡评定试样中浅色面料的沾色。

ICS 03.100.01;35.080
A 00

中华人民共和国国家标准

GB/T 23703.7—2014

知识管理 第7部分：知识分类通用要求

Knowledge management
—Part 7：General requirements for knowledge classification

2014-05-06 发布　　2014-11-01 实施

中华人民共和国国家质量监督检验检疫总局
中国国家标准化管理委员会　发布

前　言

GB/T 23703《知识管理》包括以下部分：

——第 1 部分：框架；

——第 2 部分：术语；

——第 3 部分：组织文化；

——第 4 部分：知识活动；

——第 5 部分：实施指南；

——第 6 部分：评价；

——第 7 部分：知识分类通用要求；

——第 8 部分：知识管理系统功能构件。

本部分为 GB/T 23703 的第 7 部分。

本部分按照 GB/T 1.1—2009 给出的规则起草。

本部分由全国信息分类与编码标准化技术委员会(SAC/TC 353)提出并归口。

本部分主要起草单位：中国运载火箭技术研究院、北京智识企业管理咨询有限公司、中国标准化研究院。

本部分主要起草人：岳高峰、徐成华、贾倩、黄波、杜俊鹏、贾晓霞、吴庆海、张育润、毕经元、王立伟、杨青海、张巍、王涛。

引　言

当代社会正在进入知识经济时代，知识正逐渐成为组织取得竞争优势的关键因素。对知识的有效管理是一个组织取得成功和可持续发展的关键。GB/T 23703 的本部分界定知识分类的相关概念，提出组织进行知识分类的原则、方法、步骤，并提供了知识型组织的知识分类示例，为组织开展知识的的鉴别、获取、创造、存储、共享、应用等活动奠定基础，促进组织的知识管理实施。

知识管理 第7部分:知识分类的通用要求

1 范围

GB/T 23703 的本部分规定了对组织中的知识进行分类的一般原则、方法和步骤。

本部分适用于:

——知识的鉴别、获取、创造、存储、共享、应用等活动;

——知识库和知识地图的建设。

2 规范性引用文件

下列文件对于本文件的应用是必不可少的。凡是注日期的引用文件,仅注日期的版本适用于本文件。凡是不注日期的引用文件,其最新版本(包括所有的修改单)适用于本文件。

GB/T 10113 分类与编码通用术语

GB/T 23703.2 知识管理 第2部分:术语

3 术语和定义

GB/T 23703.2、GB/T 10113 界定的以及下列术语和定义适用于本文件。为了便于使用,以下重复列出了 GB/T 10113 中的一些术语和定义。

3.1

类 category; class

具有某种共同属性(或特征)的事物或概念的集合。

[GB/T 10113—2003,定义 2.1.1]

3.2

分类 classification

按照选定的属性(或特征)区分分类对象,将具有某种共同属性(或特征)的分类对象集合在一起的过程。

[GB/T 10113—2003,定义 2.1.2]

3.3

分类维度 classification dimension

分类视角

分类所依据的分类对象的属性或特征。

3.4

分类体系 classification system

将事物或概念进行分类后形成类目的层次体系。

注:分类体系可以通过分类结构图和分类目录来进行表示、展现。

3.5

分类结构图　classification chart

分类体系的图形化表示。

注：分类结构图可以较为简略，便于从总体上理解分类体系。

3.6

知识目录　knowledge catalog

用类目明细表的方式表示的知识分类体系。

3.7

大众分类法　folksonomy

一种用户参与的在线分类方法，通过元数据（例如标签）对在线内容进行分类、组织而形成的不同类目。

4　知识分类原则

4.1　科学性

根据不同组织的业务需要以及组织的知识特性，以最稳定的本质属性或特征作为分类的基础和依据，按一定排列顺序予以系统化，并形成完整独立、科学合理的分类体系。

4.2　业务相关性

根据组织的业务需求，以组织核心业务为知识分类的主要维度。

4.3　实用性

知识分类应层级恰当，易于使用，便于管理，有效支撑组织知识的鉴别、创造、获取、存储、共享和应用等活动。

4.4　兼容性

与现有的分类原则和方法保持一致，并考虑满足技术和业务发展变化的要求。

4.5　可扩展性

宜设置收容项，以保证新增类别时分类体系的结构稳定。同时，还应为不同层级组织在本分类体系的基础上进行延拓细化创造条件。

5　知识分类维度

5.1　概念维度

5.1.1　分类依据

从概念理解的角度，按约定俗成的认知及已有成熟理论进行分类。

5.1.2　适用范围

适用于各行业理解知识管理概念，特别用于知识管理理念导入及规划。

5.1.3　示例

通常可以分为：

——显性知识和隐性知识；
——内部知识和外部知识；
——个人知识、团队知识和组织知识；
——结构化知识和非结构化知识；
——静态知识和动态知识；
——事实知识、原理知识、技能知识和人际知识。

5.2 业务维度

5.2.1 分类依据

按组织的战略定位、经营管理、业务运营、服务支撑等业务价值链模型或业务流程体系对组织的知识进行分类。

注：组织通过一系列互不相同但又相互关联的生产经营活动实现了价值创造的过程，这些活动构成了价值链，如研究开发、生产作业、后勤保障、采购、市场和销售等。

5.2.2 适用范围

适用于各种行业的组织，尤其是多元化、集团型企业。

5.2.3 示例

参见附录A。

5.3 专业维度

5.3.1 分类依据

按专业、技术或学科等维度对组织的知识进行分类，专业的划分可以参照GB/T 13745。

注：GB/T 13745 规定，学科是相对独立的知识体系。

5.3.2 适用范围

适用于各种行业的组织，尤其是知识密集型的科研院所、高新技术企业或组织内的研发机构。

5.3.3 示例

参见附录B。

5.4 组织维度

5.4.1 分类依据

按组织、部门维度对组织的知识进行分类，组织的分类可以参照组织结构图、公司治理结构图。

5.4.2 适用范围

适用于各种行业的组织，尤其是组织结构相对稳定的、职能型的组织。

5.4.3 示例

参见附录C。

5.5 产品维度

5.5.1 分类依据

按组织提供的产品或服务对组织的知识进行分类，产品或服务的分类可以参照GB/T 7635。

5.5.2 适用范围

适用于各种行业的组织，尤其是产品(含服务)种类较多的组织、或组织内产品研发部门、客户服务部门。

5.5.3 示例

参见附录D。

5.6 类型维度

5.6.1 分类依据

按组织中现有知识的存在形式进行分类，可以考虑：

a) 按知识内容形式划分知识类型，见表1。

表1 按知识内容形式划分知识类型

代 码	知识类目
1	合同
2	研究报告
3	标准/规范
4	政策法规
5	规章制度
6	出版物
7	论文
8	情报
9	图纸
10	模型
11	档案
12	文件/公文
13	专利
14	商标
15	建议书
16	任务书
17	技术方案
18	方法论
19	流程

表 1（续）

代　　码	知识类目
20	案例
21	工具
22	模板
23	会议纪要
24	工作总结
25	财务报表
26	数据集
27	最佳实践
28	经验教训
29	操作指引
30	故障模式
31	培训材料
32	常见问答

b） 按知识载体形式划分知识类型，见表 2。

表 2　按知识载体形式划分知识类型

代码	知识类目
A	人员
B	音频
C	视频
D	图形/图像
E	电子文档
F	纸质文件
G	实物

5.6.2　适用范围

适用于各种行业的组织，尤其是以输出知识产品为主营业务的组织。

示例：如咨询机构、律师事务所、会计事务所、广告公司、研究院所、设计公司等。

5.6.3　示例

参见附录 E。

5.7　价值维度

5.7.1　分类依据

按知识对于组织战略方针、业务目标等的影响程度对组织知识进行分类。

注：不同的价值类型，由用户对知识评价结果动态形成。

5.7.2 适用范围

适用于对知识进行资产化管理的组织。

5.7.3 示例

例如按价值维度可分为核心知识、重要知识、一般知识。

5.8 其他维度

此外，组织还可以从项目、行业、密级、时间、区域、国家（或地区）、人员、岗位等维度进行分类。

6 知识分类步骤

6.1 一般要求

知识分类是一项基础工作，应不断地修改完善。在组织的知识分类条目的创建、修改、删除等维护过程中，宜通过现代化的信息与通信技术支撑知识分类体系的创建和维护。

6.2 分析需求

根据组织业务和知识特点，按照知识分类原则，分析组织的知识分类需求。指定专人或团队负责组织知识分类相关事项。

影响知识分类的因素通常包括：

——组织战略；

——业务性质；

——组织规模；

——组织结构；

——技术设施。

6.3 明确分类维度

根据组织的知识分类需求，明确组织的知识分类维度。组织可根据知识管理及应用需求，采用单一维度知识分类或多维度混合知识分类。

6.4 构建分类体系

按照自上而下或自下而上的方式，经过多次迭代，确定知识分类体系的层级和各层节点名称。知识分类体系构建应遵循第4章的分类原则。

6.5 征求意见及改进

面向组织各部门的知识分类专家或代表，征求知识分类体系的意见与建议。针对反馈信息，对知识分类体系进行完善。

6.6 专家评审

组织有关专家对组织的知识分类体系进行审议、认定，形成正式的组织知识分类规范。

6.7 批准发布

将通过评审的知识分类规范向组织主管部门报批，经批准后正式发布。

6.8 维护更新

定期对组织的知识分类标准或规范进行维护与更新，确保知识分类的适用性。

7 大众分类法

关键词分类、标签分类，由社会性书签服务中最具特色的用户标签功能衍生而来，由用户根据自己的理解、认识与想法，以自由词汇作为标签对在线内容进行组织和利用而形成的分类。参见附录F。

附 录 A
（资料性附录）
业务维度示例

表A.1是一家商贸企业的知识分类及其代码表，知识类目中A类知识详细列出了门类、大类、中类、小类等4个级别的知识类目，其他门类仅列举了大类的知识类目。图A.1为相应的分类结构图。

表 A.1 某商贸企业知识分类与代码

ID	门 类	大 类	中 类	小 类	知识类目
1	A				战略和文化
2		1			战略管理
3			1.1		战略规划
4			1.2		关键报表
5				1.2.1	日报管理
6				1.2.2	周报管理
7				1.2.3	月报管理
8				1.2.4	季度报管理
9				1.2.5	半年报管理
10				1.2.6	年报管理
11				1.2.7	其他战略管理
12			1.3		行业调研
13			1.4		合作备忘录管理
14			1.5		领导发言稿管理
15		2			企业文化
16			2.1		企业文化建设
17				2.1.1	高层讲话
18				2.1.2	大事记
19				2.1.3	系统公告栏管理
20				2.1.4	体育文化活动建设
21				2.1.5	其他企业文化建设
22			2.2		企业文化内容
23				2.2.1	使命
24				2.2.2	信念
25				2.2.3	理念
26				2.2.4	团队文化
27				2.2.5	品牌核心价值
28			2.3		其他企业文化

表 A.1（续）

ID	门　类	大　类	中　类	小　类	知识类目
29	B				业务运营
30		3			生产管理
31		4			供应管理
32		5			营销管理
33		6			客户服务
34		7			安全运营
35	C				管理支持
36		8			财务审计
37		9			人力行政
38		10			法务公关
39		11			信息管理

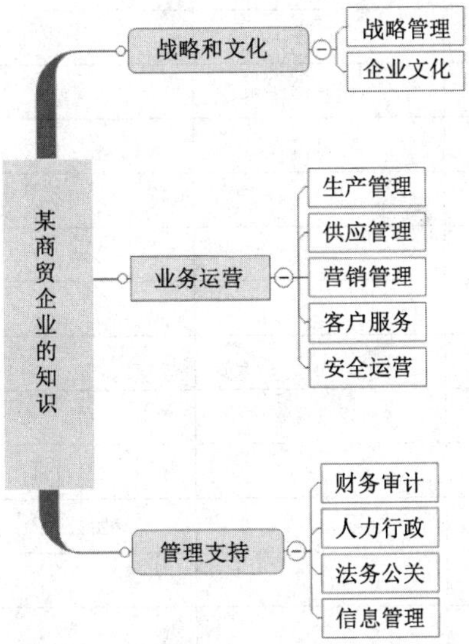

图 A.1　某商贸企业知识分类结构图

附 录 B
（资料性附录）
专业维度示例

表 B.1 是从专业维度对航天专业知识的分类示例，图 B.1 为相应的分类结构图。

表 B.1 航天专业知识分类与代码

代码				知识类目
一级	二级	三级	四级	
1				飞行器设计专业
	1.1			设计技术
		1.1.1		总体设计
		1.1.2		结构系统
			1.1.2.1	壳段结构设计
			1.1.2.2	贮箱结构设计
			1.1.2.3	强度分析
		1.1.3		控制系统
		1.1.4		配电系统
	1.2			工艺技术
	1.3			试验技术
2				控制专业
	2.1			制导技术
		2.1.1		制导方法
			2.1.1.1	摄动制导方法
			2.1.1.2	闭路制导方法
		2.1.2		误差评估方法
	2.2			姿控技术
	2.3			导航技术
3				计量专业
	3.1			计量测试技术
		3.1.1		通用计量技术
			3.1.1.1	光电通用量计量技术
			3.1.1.2	非光电通用量计量技术
		3.1.2		特殊计量技术
		3.1.3		保障测试技术
	3.2			环境工程技术
	3.3			测试设备研制技术

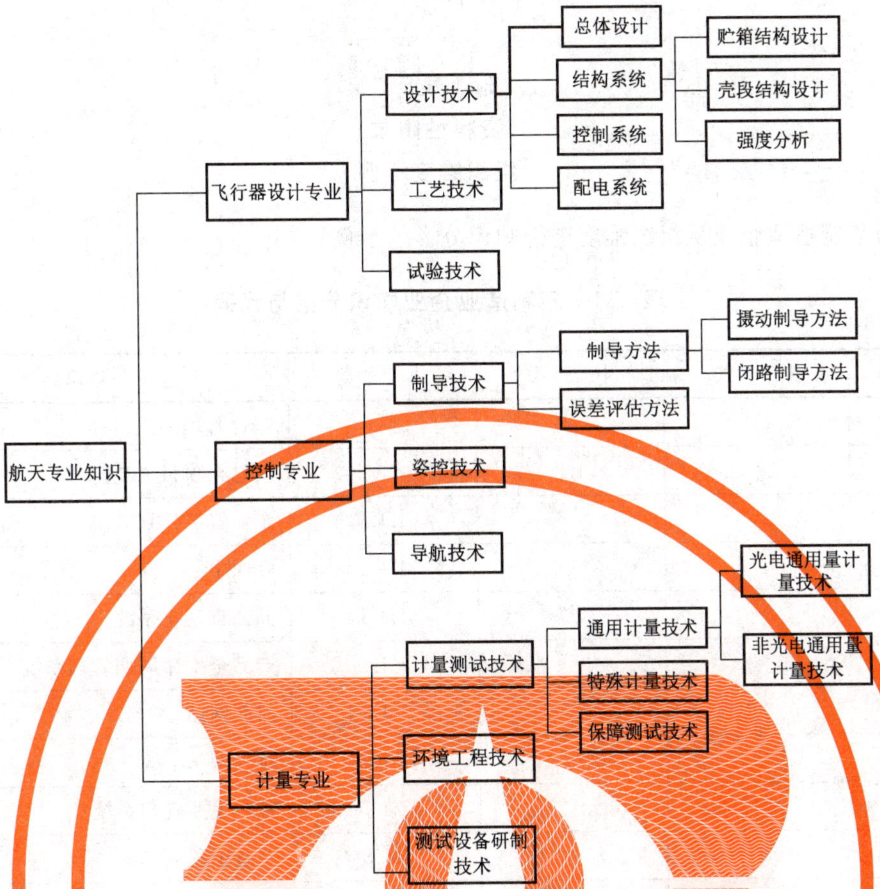

图 B.1 航天专业知识分类结构图

附 录 C
（资料性附录）
组织维度示例

表 C.1 为某制造业企业从组织维度进行知识分类的示例。

表 C.1 某制造业企业知识分类与代码

ID	大 类	中 类	小 类	知识类目
1	1			综合管理部
2		1.1		信息化项目文档
3			1.1.1	企业资源计划系统
4			1.1.2	呼叫中心
5			1.1.3	办公自动化系统
6			1.1.4	产品全生命周期管理系统
7			1.1.5	内部网站
8			1.1.6	对外网站
9			1.1.7	客户关系管理系统
10			1.1.8	网络工程
11			1.1.9	传真系统
12			1.1.10	人力系统
14			1.1.11	冲压件系统
15			1.1.12	实销存系统
16			1.1.13	视频会议系统
17		1.2		信息技术文档
18			1.2.1	软件使用技巧
19			1.2.2	硬件维护常识
20			1.2.3	网络技术常识
21		1.3		统计报表
22			1.3.1	计算机硬件资源统计报表
23			1.3.2	计算机软件资源统计报表
24			1.3.3	计算机资源配置计划
25			1.3.4	主要经济指标通报
26			1.3.5	重要开发项目进展情况通报
27		1.4		组织机构
28		1.5		职能职责
29		1.6		其他综合管理
30	2			财务计划部

表 C.1(续)

ID	大　类	中　类	小　类	知识类目
31		2.1		预算管理
32			2.1.1	财务规划
33			2.1.2	财务预算及计划
34			2.1.3	预算执行分析及考核
35		2.2		资金管理
36			2.2.1	资金预算
37			2.2.2	资产运用管理
38			2.2.3	资产配置管理
39			2.2.4	现金流量管理
40			2.2.5	日常资金管理
41			2.2.6	银行资源管理
42		2.3		财务信息管理
43			2.3.1	国家财税政策制度
44			2.3.2	公司财务管理制度
45			2.3.3	财务报表分析
46		2.4		投资管理
47			2.4.1	投资项目管理
48			2.4.2	被投资公司经营管理
50		2.5		审计管理
51			2.5.1	审计决定
52	3			公关传播部
53		3.1		政务管理
54			3.1.1	通讯管理
55			3.1.2	办公用品管理
56			3.1.3	文书管理
57			3.1.4	档案管理
58			3.1.5	视觉识别系统管理
59			3.1.6	车辆管理
60			3.1.7	公司领导电话表
61		3.2		公关管理
62			3.2.1	公共关系资源
63			3.2.2	接待资源
64		3.3		企业文化
65			3.3.1	公司文化建设

表 C.1（续）

ID	大类	中类	小类	知识类目
66			3.3.2	跨文化研究与推广
67		3.4		公司新闻
68			3.4.1	公司新闻记者联谊会
69			3.4.2	新闻宣传职能职责
70			3.4.3	《公司新闻》记者站
71	4			金融事业部
72		4.1		证券信息
73			4.1.1	股票营销
74			4.1.2	融资决策
75			4.1.3	研究分析
76			4.1.4	信息披露
77			4.1.5	投资者关系管理
78		4.2		重组并购管理
79			4.2.1	重组并购协议
80			4.2.2	重组并购方案
81		4.3		房地产管理
82			4.3.1	房地产管理文件
84			4.3.2	房地产项目计划
85			4.3.3	房地产管理办法
86		4.5		政策法规与研究报告
87			4.5.1	证券市场政策法规
88			4.5.2	重组并购政策法规
89			4.5.3	金融产业研究报告
90	5			生产管理部
91		5.1		生产管理
92			5.1.1	生产规划
93			5.1.2	生产计划管理
94			5.1.3	生产管理与控制
95			5.1.4	生产协作
96		5.2		精益生产推进管理
97			5.2.1	精益生产推进计划
98			5.2.2	改善信息
99			5.2.3	优秀改善实情说明书
100		5.3		工艺管理

表 C.1（续）

ID	大　类	中　类	小　类	知识类目
101			5.3.1	工艺规划
102			5.3.2	工艺标准
103		5.4		模具管理
104			5.4.1	模具开发
105			5.4.2	冲压生产规划
106			5.4.3	资产档案
107			5.4.4	试装验证信息
108		5.5		生产准备
109			5.5.1	生产技术准备
110			5.5.2	商品改进
111		5.6		市场原材料
112			5.6.1	钢材市场信息
113			5.6.2	钢材市场价格
114			5.6.3	钢材信息快报
115	6			质量管理部
116		6.1		质量目标管理
117			6.1.1	质量方针
118			6.1.2	质量目标
119			6.1.3	目标分析
120		6.2		质量信息
121			6.2.1	整车信息
122			6.2.2	零部件信息
123		6.3		质量改进
124			6.3.1	项目计划
125			6.3.2	改进报告
126		6.3		质量管理
127			6.3.1	标准信息
128			6.3.2	质量审核
129			6.3.3	质量例会
130			6.3.4	质量资源
131		6.4		产品审核
132			6.4.1	新产品评审
133			6.4.2	整车监督评审
134			6.4.3	对比评审

表 C.1（续）

ID	大　　类	中　　类	小　　类	知识类目
135			6.4.4	零部件监督评审
136	7			采购管理部
137		7.1		采购职能
138			7.1.1	组织机构
139			7.1.2	职能职责
140			7.1.3	业务流程
		7.2		供应商管理
		7.3		招投标管理
141	8			人力资源部
142		8.1		岗位设计
143		8.2		人力资源规划
144		8.3		人才招聘
145		8.4		薪酬管理
146			8.4.1	薪酬设计及管理
147			8.4.2	薪酬预算及管理
148		8.5		福利管理
149			8.5.1	福利预算及管理
150			8.5.2	保险及基金管理
151		8.6		绩效管理
152			8.6.1	绩效考核管理
153			8.6.2	绩效考核组织协调
154		8.7		培训开发
155			8.7.1	培训管理模式
156			8.7.2	员工培训
157		8.8		员工管理
158	9			国际合作部
159		9.1		国际合作
160			9.1.1	项目进展
161			9.1.2	流程与管理办法
162			9.1.3	组织与人事安排
163		9.2		外事接待
164			9.2.1	出国及外事接待
165	10			战略发展部
166		10.1		战略信息

表 C.1（续）

ID	大　类	中　类	小　类	知识类目
167			10.1.1	宏观信息
168			10.1.2	行业与目标市场信息
169		10.2		产业研究
170			10.2.1	汽车
171			10.2.2	重工
172			10.2.3	其他产业研究
173			10.2.4	竞争对手
174		10.3		发展战略
175			10.3.1	战略规划
176			10.3.2	策略支持
177			10.3.3	战略管理员委会动态
178	11			工程管理部
179		11.1		固定资产报表
181		11.2		工厂规划
183		11.3		工厂建设
184	12			海外事业部
185		12.1		市场管理
186			12.1.1	销售报表
187			12.1.2	新市场开发情况
188			12.1.3	海外目标市场研究
189		12.2		财务信息管理
190			12.2.1	财务预算
191			12.2.2	财务报表分析
192	13			法律事务部
193		13.1		法律事务
194			13.1.1	体系建设
195			13.1.2	诉讼与非诉讼事务
196			13.1.3	资产重组
197			13.1.4	普法及培训
198			13.1.5	工商登记
199		13.2		合同管理
200			13.2.1	合同管理制度
201			13.2.2	合同审查
202			13.2.3	劳动争议

表 C.1（续）

ID	大　类	中　类	小　类	知识类目
203			13.2.4	合同文本
204		13.3		知识产权管理
205			13.3.1	知识产权体系建设
206			13.3.2	知识产权专项研究
207			13.3.3	知识产权培训
208			13.3.4	知识产权运营
209	14			董事会办公室
210		14.1		董事会事务
211			14.1.1	董事会决议公告
212			14.1.2	参控股公司名单
213		14.2		信息披露
214			14.2.1	临时公告
215			14.2.2	季报中报年报
216		14.3		投资者关系管理
217			14.3.1	对外宣传稿件
218		14.4		法律法规
219			14.4.1	信息披露类
220			14.4.2	公司治理结构类
221	15			汽车金融服务部
222		15.1		汽车消费信贷
223			15.1.1	商贷通
224			15.1.2	个贷通
225			15.1.3	专贷通
226		15.2		政策法规研究
227			15.2.1	国内信贷政策研究
228			15.2.2	国外信贷政策研究
229			15.2.3	可行性分析报告
230		15.3		市场业务
231			15.3.1	二手车业务
232			15.3.2	汽车租赁业务
233			15.3.3	信用管理业务
234	16			党群工作部
235		16.1		党委管理
236			16.1.1	项目计划

表 C.1（续）

ID	大 类	中 类	小 类	知识类目
237			16.1.2	社会公关
238		16.2		工会管理
239			16.2.1	组织机构
240			16.2.2	项目计划
241			16.2.3	工会财务
242		16.3		共青团管理
243			16.3.1	项目计划
244			16.3.2	品牌活动
245		16.4		后勤福利
246			16.4.1	房产管理
247			16.4.2	物业管理
248			16.4.3	入学入托
249		16.5		治安消防
250			16.5.1	消防管理
251			16.5.2	安全管理
252			16.5.3	户籍管理

附 录 D
（资料性附录）
产品维度示例

表 D.1 所示为航天企业从产品维度进行知识分类的示例，图 D.1 为相应的分类结构图。

表 D.1 某航天产品知识分类与代码

代码				知识类目
系统	分系统	单机	零部组件	
1				某航天产品
	1.1			箭体结构
		1.1.1		整流罩
		1.1.2		氧化剂箱
		1.1.3		燃烧剂箱
		1.1.4		仪器舱
		1.1.5		级间段
		1.1.6		尾段
	1.2			动力系统
	1.3			控制系统
		1.3.1		速率陀螺仪
			1.3.1.1	角度传感器
			1.3.1.2	陀螺马达
		1.3.2		箭载计算机
		1.3.3		时序控制装置
	1.4			故障检测系统
	1.5			遥测系统
	1.6			外测安全系统
	1.7			逃逸系统
		1.7.1		偏航俯仰发动机
		1.7.2		逃逸分离发动机
		1.7.3		逃逸主发动机
		1.7.4		高空逃逸发动机
	1.8			发射支持系统
…	…	…	…	…

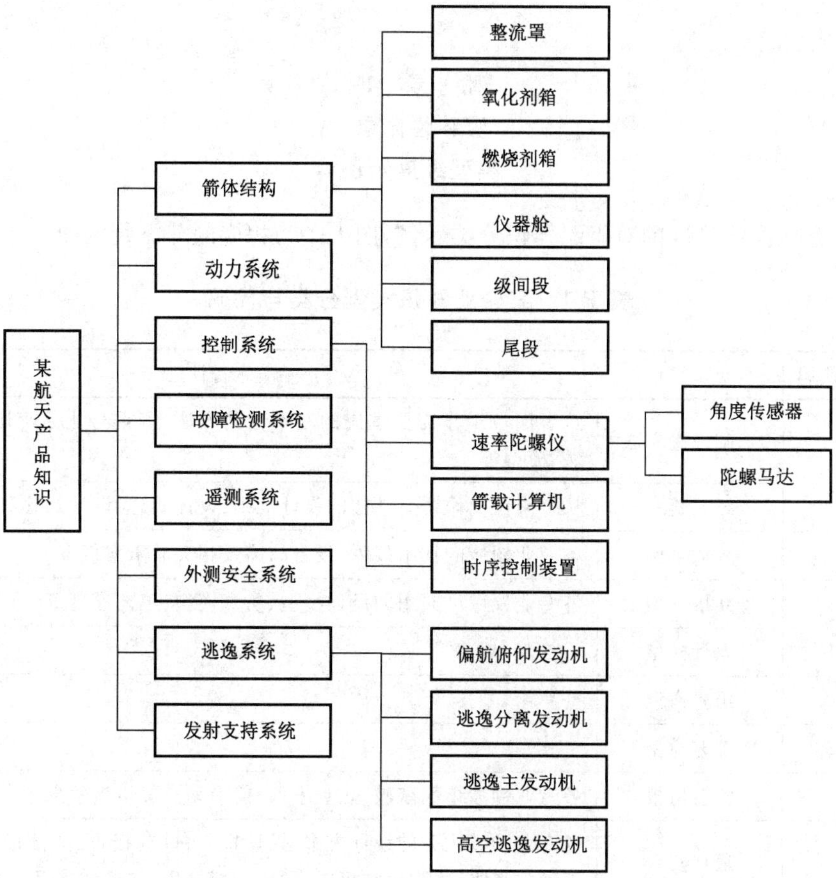

图 D.1　某航天产品知识分类结构图

附 录 E
（资料性附录）
类型维度示例

表 E.1 所示是从类型维度的对组织知识分类示例，图 E.1 为相应的分类结构图。

表 E.1 某企业知识类型分类与代码

一级代码	二级代码	知识类目	备注
1		基础理论方法	从事岗位工作需要掌握的基本理论方法，侧重与业务密切相关的原理、方法、模型等
2		经验禁忌	从事岗位工作需要掌握的设计准则、设计禁忌、设计经验等
3		故障案例	各专业领域的技术故障、设备故障及相关故障案例等
4		共用模型	各专业领域可共用的设计模型、仿真模型、工艺模型等
	4.1	设计模型	
	4.2	仿真模型	
	4.3	工艺模型	
5		科技情报	各专业领域重大突破、热点事件、前沿动态等情报信息
6		最佳实践	各专业领域优秀的设计方案、设计报告、试验报告、测试报告、产品报告、航天科技报告、国防科技报告、预研创新报告、技改技措报告等
	6.1	最佳设计实践	
	6.2	最佳试验实践	
	6.3	最佳工艺实践	
	6.4	最佳管理实践	
7		学术论文	企业员工撰写的具有代表性及指导性的技术或管理论文
8		知识产权	各专业领域申报的国家专利及国防专利、版权
	8.1	专利	
	8.2	商标	
	8.3	著作权	
	8.4	商业秘密	
9		科技成果	获国家、省部级、企业级奖励的科技成果申报书、技术评价证明、应用证明、知识产权状况报告及授奖证书等相关文件
10		标准规范	涵盖企业所有专业领域的国际标准、国家标准、国家军用标准、行业标准、企业标准等各级标准规范
	10.1	国际标准	
	10.2	国家标准	
	10.3	国家军用标准	
	10.4	行业标准	
	10.5	企业标准	

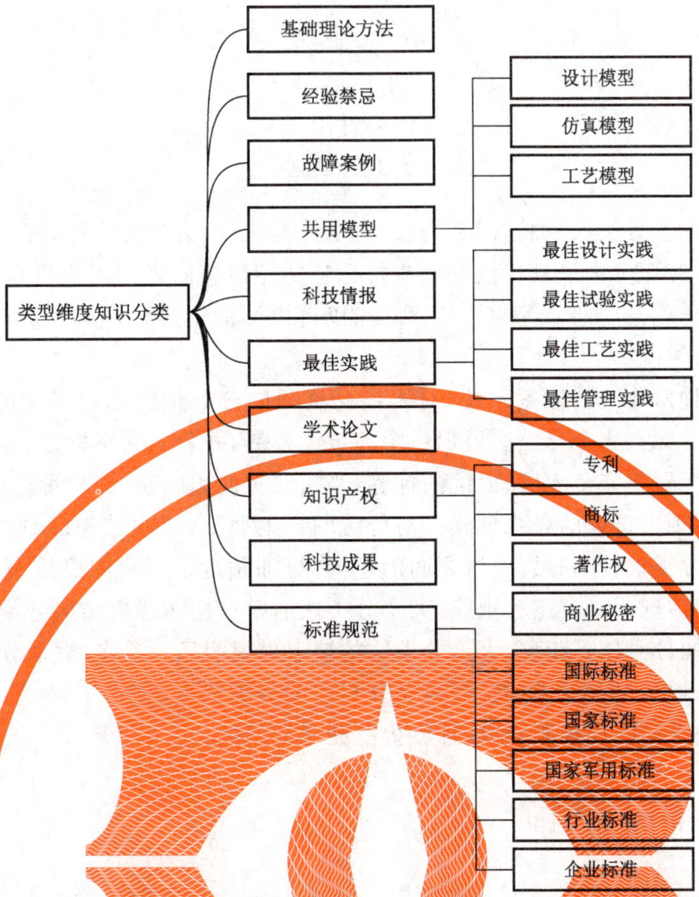

图 E.1　某企业知识类型分类结构图

附 录 F
（资料性附录）
大众分类法

大众分类法也称标签分类法、关键词分类法、自由分类法、社会分类法等，其来源于英文单词大众和分类法的组合，是由社交服务中最具特色的用户打标签功能衍生而来。用户可以根据自己对于某篇文章、某个照片、某段音乐或某个商品等的认知、理解，以自由词汇作为标签对信息资源进行标记、组织和利用。

大众分类法是一种协作式打标签系统，对于信息资源的分类是由用户完成的，由三个基本要素构成：用户、标签和信息资源。大众分类法可以由个体定义标签，并公开共享标签；也可以在系统指定的标签池中选择。从表面上看是完全无序、混乱的标签，当按照被使用的频次、权重进行汇总、统计并分析后形成的标签云，则能体现出群体的思维模式。与传统的自上而下、层次结构的分类体系相比，其实质是用户心智模型与网站分类设计师心智模型之间的差异，更加贴近于用户的思维逻辑。在无序中反映出一种关注焦点，混乱中体现出一定逻辑规律，大众分类法通常被用作层次结构分类体系的补充。

与传统的层次结构分类体系相比，大众分类法的缺点也很明显。首先，大众分类法是一种简单的分类方式，很难使用它来揭示复杂关系；其次，大众分类法的分类依据（关键字、标签）是用户自定义的词，容易导致语义模糊、缺乏同义词控制、垃圾标签扰乱秩序等问题。

参 考 文 献

[1] GB/T 7635 全国主要产品分类与代码

[2] GB/T 13745 学科分类与代码

[3] 经济合作与发展组织(OECD).基于知识的经济[EB/OL].http://www.oecd.org/dataoecd/51/8/1913021.pdf,1996.

ICS 03.100.01;35.080
A 00

中华人民共和国国家标准

GB/T 23703.8—2014

知识管理
第8部分:知识管理系统功能构件

Knowledge management—
Part 8: Functional component of knowledge management software system

2014-09-03 发布　　2015-02-01 实施

中华人民共和国国家质量监督检验检疫总局
中国国家标准化管理委员会　发布

前　言

GB/T 23703《知识管理》包括以下部分：

——第 1 部分：框架；

——第 2 部分：术语；

——第 3 部分：组织文化；

——第 4 部分：知识活动；

——第 5 部分：实施指南；

——第 6 部分：评价；

——第 7 部分：知识分类通用要求；

——第 8 部分：知识管理系统功能构件。

本部分为 GB/T 23703 的第 8 部分。

本部分按照 GB/T 1.1—2009 给出的规则起草。

本部分由全国信息分类与编码标准化技术委员会(SAC/TC 353)提出并归口。

本部分的主要起草单位：中国运载火箭技术研究院、深圳市蓝凌软件股份有限公司、北京智识企业管理咨询有限公司、中国标准化研究院。

本部分的主要起草人：岳高峰、毕经元、王立伟、贾晓霞、杨青海、王涛、杜俊鹏、吴庆海、杨秋皓、张育润、贾倩、黄波。

引　言

当代社会正在进入知识经济时代，知识正逐渐成为组织取得竞争优势的关键因素。对知识的有效管理是一个组织取得成功和可持续发展的关键。知识管理系统应运而生，作为支撑知识管理实施的重要技术设施，目前社会对其应具备的基本功能还缺乏统一的认识。GB/T 23703的本部分规定了知识管理系统的功能框架及功能构件，可以促进知识管理系统的有序发展，从而推动知识管理在我国的广泛应用。

知识管理
第8部分:知识管理系统功能构件

1 范围

GB/T 23703的本部分规定了知识管理系统的功能框架及功能构件。

本部分适用于知识管理系统的选型、分析、设计、开发、测试、部署以及验收。

2 规范性引用文件

下列文件对于本文件的应用是必不可少的。凡是注日期的引用文件,仅注日期的版本适用于本文件。凡是不注日期的引用文件,其最新版本(包括所有的修改单)适用于本文件。

GB/T 23703.2 知识管理 第2部分:术语

3 术语和定义

GB/T 23703.2界定的以及下列术语和定义适用于本文件。为了便于使用,以下重复列出了GB/T 23703.2中的一些术语和定义。

3.1

构件 component

组件

一个系统内可明确区分的、具有一定集成度并可以重复使用的独立构成单元。

注:改写GB/T 25109.3—2010,定义3.3.1。

3.2

功能构件 functional component

信息系统中从用户需求的角度可明确区分的、业务功能方面的构件。

3.3

知识管理系统 knowledge management information system

组织内管理知识的信息系统,用于支持知识鉴别、创造、获取、存储、共享、应用等活动。

[GB/T 23703.2—2010,定义4.1]

4 知识管理系统功能框架

4.1 构建原则

4.1.1 实用性

知识管理系统应便于使用、维护,能够支撑组织对知识的鉴别、获取、创造、存储、共享和应用等活动。

4.1.2 业务相关性

知识管理系统应以组织业务需求为基础和导向。

4.1.3 兼容性

知识管理系统应兼容组织内现有的信息与通信基础设施以及现有的信息系统。

4.1.4 扩展性

知识管理系统应具备相应的扩展接口,以便于将来系统功能扩展和集成。

4.2 构建方法

根据组织的发展战略,分析业务需求,基于业务流程和知识活动,进行知识管理系统功能构件框架设计。在知识管理系统开发过程中,功能构件在需求分析、设计和开发过程中的作用如图1所示。

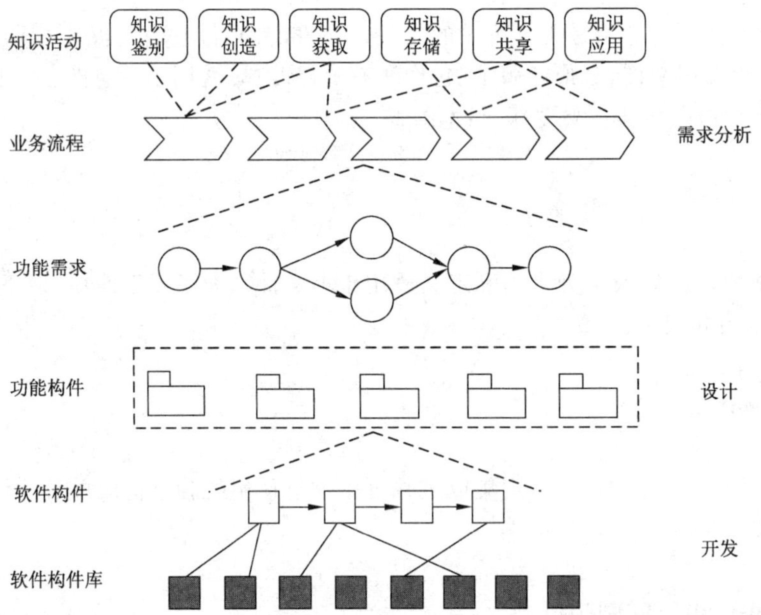

图1 知识管理系统构建过程示意图

知识管理系统构建过程关键步骤包括:

a) 根据组织的发展战略,面向组织的业务流程,开展需求分析,并将知识活动与业务流程相关联;
b) 基于业务流程的分析,梳理知识管理系统的功能需求;
c) 提取共性需求、定制特殊需求,设计功能构件;
d) 开发软件构件,形成软件构件库;
e) 实现面向业务流程的知识管理软件系统。

4.3 功能框架构成

图2为知识管理系统功能框架,分为展现层、应用层、支撑层和系统层,由知识管理系统功能构件组成,应包含基础构件,对于有条件的组织,还可以包含扩展构件。

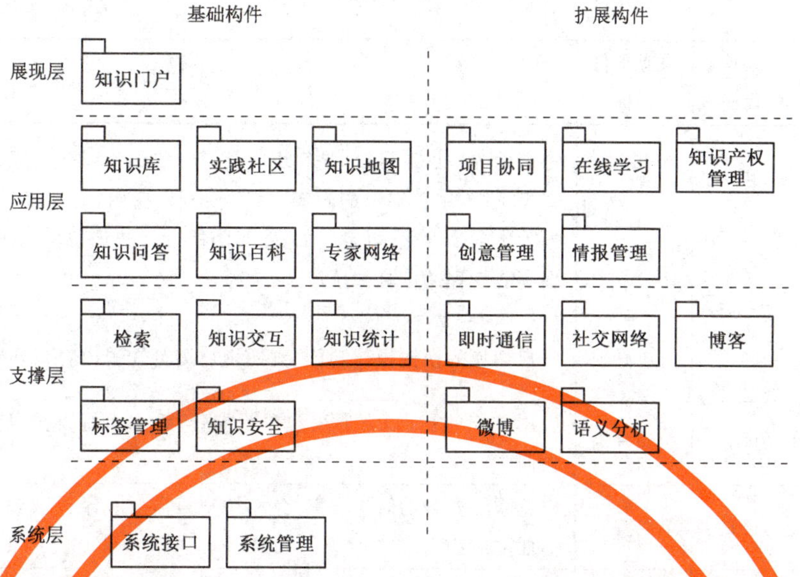

图 2　知识管理系统功能框架构成

5　知识管理系统功能构件

5.1　知识管理系统功能构件分类分级

功能构件分为基础构件和扩展构件两类;每类构件分为一级构件和二级构件两级。

5.2　知识管理系统功能构件代码结构

知识管理系统功能构件代码为层次结构,分为两层,见图 3。其中:

a)　第一层代码是一级构件代码;由两位阿拉伯数字组成,从 01 开始,升序排列。

b)　由第一层代码和第二层代码共同组成二级构件代码;第二层代码由两位阿拉伯数字组成,从 01 开始,升序排列。

c)　扩展构件代码标识(K)是区分基础构件与扩展构件的标记,无 K 表示基础构件,有 K 表示扩展构件。

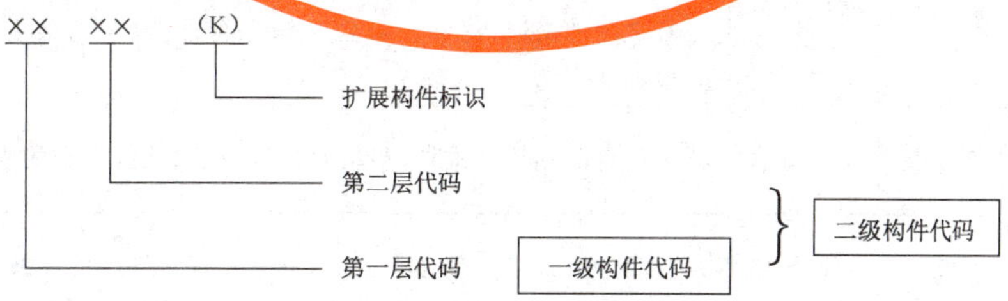

图 3　知识管理系统功能构件代码结构

5.3　知识管理系统功能构件和代码表

表 1 为知识管理系统功能构件、代码和简要说明。

表 1 知识管理系统功能构件和代码表

序号	一级构件代码	二级构件代码	功能构件名称	简要说明
1	01		知识门户	知识的统一展示平台，是组织内员工与组织知识软件系统进行交互的人机交互系统，用于知识的发布、共享、获取、应用；通常提供了一个集成的、以人为本的个性化、可定制的、随时随地进行知识协同的工作环境，是组织实现高效管理的工具和手段
2		0101	门户导航	门户切换的便捷操作功能，方便用户浏览知识内容、获取知识服务
3		0106	功能导航	应用功能的指引，方便用户执行操作，返回系统首页以及其他相关内容的页面
4		0111	单点登录	信息系统整合的解决方案之一，用户只需要登录一次就可以访问所有相互信任的应用系统
5		0116	内容配置	对知识门户中所展现的内容栏目进行配置维护的操作，通常包括添加、拖拽排序布局、删除等
6	05		知识库	组织内有意识的、有组织的对知识进行集中统一存储、使用、维护的集合，内容上侧重于组织非结构化、显性化知识，功能上侧重于文档的分类、授权、审批、更新、检索等
7		0501	知识分类	根据共性需求，选择分类维度，设计多层级分类结构，进行知识类目的创建、修改、删除等操作
8		0506	权限管理	根据不同的角色，对知识的创建、修改、删除、阅读、下载等操作进行权限的分配和变更
9		0511	知识生命周期管理	知识的创建、修改、删除、查询等功能
10		0516	知识审批	对知识的创建、修改、删除等操作的审批
11		0521	版本管理	知识版本的创建、升级、恢复、删除等操作
12	09		实践社区	在组织内由专家、员工等自发建立的围绕共性的专题进行互动、交流的区域。在实践社区中，员工通过发起话题、分享知识、发起投票等增进员工与专家之间的交流，建立专家隐性知识管理、分享的渠道，并推动知识发现、知识创造
13		0901	主题社区	社区信息的创建和维护，包括对社区成员、社区主题的管理
14		0906	社区导航	以分类的方式来展现各类社区，进而实现对社区的导航
15	13		知识地图	将组织的显性知识以图形化或文字等方式展现出来；方便于用户直观的找到所需要的知识
16		1301	地图呈现	以图形化或文字等形式对知识地图的展现

表 1（续）

序号	一级构件代码	二级构件代码	功能构件名称	简要说明
17		1306	地图分类	通过知识地图的分类，建立并维护不同类别的知识地图。知识地图的类别信息包含类别名称、类别维护者、类别使用者、默认编辑者、默认阅读者等属性。类别管理支持创建、编辑、删除等操作
18		1311	地图管理	知识地图的创建、修改、删除以及记录地图操作的日志
19	17		知识问答	通过建立知识的在线提问与回答的方式实现知识共享；知识问答以线上交流的方式使隐性知识显性化并沉淀下来
20		1701	问答分类	建立问答的分类体系并进行维护，便于导航管理
21		1706	提问	支持问题的创建、修改、删除、关闭、定向提问，设置问题的悬赏积分，提问的图文混排，上传附件等操作
22		1711	回答	对问题进行回答及答案采纳、答案修改等操作，并支持回答的图文混排模式、精彩回复投赞成
23	21		知识百科	对各项业务知识，尤其是专业术语进行定义与详细解释，从而实现知识共享的一种方式
24		2101	百科分类	建立百科的分类体系，对百科词条进行分类导航
25		2106	词条管理	词条的创建、修改、查询、删除、版本审核、发布等操作
26	25		专家网络	对内外部专家进行管理的网络体系，内容上侧重于隐性知识，功能上侧重于专家的技能展示、专业行为记录、专业合作、沟通互动等
27		2501	专家分类	根据组织的共性需求，设计专家的分类结构，进行专家类目的创建、修改、删除等操作
28		2506	专家信息	对内外部专家进行标记，记录并维护专家的个人信息，重点体现专家的专业领域和技能等级
29		2511	专家活动	对专家的专业行为以及参与活动进行记录和维护
30		2516	专家互动	与专家进行交流、问答，对专家进行关注、评价、推荐
31	29K		项目协同	通过营造虚拟的项目工作空间，促进项目成员进行协同工作，从而提高项目管理的效率。主要包含单个项目协同空间的创建、修改、删除、查找以及多个项目协同空间的管理
32		2901K	多项目协同空间	以多项目管理的视角，按不同的项目特性维度，对多个项目协同空间进行分类、呈现、排序、统计等，对不同项目协同空间的内容也可以进行筛选、过滤、聚合等处理
33		2906K	单项目协同空间	创建、修改、维护一个项目协同空间，其中可以对项目公告、项目文档、项目成员、项目微博、项目博客、项目论坛等多个协同元素进行系统配置、内容更新以及系统管理等

表 1（续）

序号	一级构件代码	二级构件代码	功能构件名称	简要说明
34	33K		在线学习	通过计算机、移动通信设备或智能终端设备，在一个网络虚拟教室，结合电子课件进行的自助式学习；还可以结合在线授课、三维虚拟现实等技术实现交互式学习
35		3301K	课件分类	根据不同的分类维度对课件进行分类，方便对课件进行多维度地呈现、过滤、浏览、检索等。可以设置多级类目，还可以通过标签实现多样化的描述和分类
36		3306K	课件全生命周期管理	对课件创建、审核、审批、发布、版本升级、下载、废止等全生命周期管理，也会涉及权限配置
37		3311K	个人学习管理	以用户为中心，开展培训规划、报名、课程参加、学习、考试、分析、统计等学习管理
38	37K		创意管理	以推进技术创新和产品进步为目的，充分发挥个人或团队的创造性思维，对创意产生、收集、评审、实施等环节进行全面地管理，针对现存问题，从而不断产生新想法、解决方案或改进建议
39		3701K	创意分类	对创意进行分类，以便于查找和管理
40		3706K	创意收集	以多种方式激发员工产生创意，并支持方便快捷地提交
41		3711K	创意评估	从完整性、可行性、创新性等维度对创意进行打分评估，选出最具价值的创意
42		3716K	创意应用	对创意的应用情况进行管理，包括应用实例的采集、应用效果的评估等，以促进创意转化为实际产品或方法
43	41K		情报管理	也称为竞争情报管理、商业情报管理，以人的智能为主导，信息网络为手段，增强组织竞争力为目标的人机结合的竞争战略决策支持和咨询系统
44		4101K	情报分类	根据组织对情报的来源、使用等管理需要，对情报进行不同维度、不同层级的分类
45		4106K	情报监测与采集	关注组织内部、竞争对手、行业机构、政府部门等各方面最新情报的发展动态，并对情报进行搜集
46		4111K	情报分析与挖掘	根据组织的战略和发展需要，对情报进行分析、挖掘，整理出有价值情报，支持咨询和管理，辅助决策
47	45K		知识产权管理	在组织的生产、经营、管理活动中，对知识产权进行获取、维护、运用和保护，以促进组织的创新，提高产品附加值，防范知识产权风险，提高组织核心竞争力
48		4501K	知识产权获取	根据知识产权目标，制定知识产权获取工作计划。在获取知识产权前，支持知识产权的检索和分析；支持知识产权的检索、申报和授予；保持知识产权获取记录；保障发明创造人员的署名权

表 1（续）

序号	一级构件代码	二级构件代码	功能构件名称	简要说明
49		4506K	知识产权维护	支持知识产权分类、评估、分级、统计等功能
50		4511K	知识产权运用	支持知识产权绩效评估，制定知识产权调查方案，知识产权价值评估，知识产权尽职调查及知识产权联盟工作
51		4516K	知识产权保护	支持知识产权权属管理、风险识别和评测，知识产权争议处理，以及涉外贸易的知识产权保护工作
52	49		检索	指从文档库、专家网络、知识百科或跨知识管理应用系统的信息或知识库中查找到自己需要的信息、资料或知识的过程
53		4901	关键字检索	通过输入关键字在标题、摘要等知识属性中进行知识搜索，也可以进行全文检索
54		4906	高级检索	通过输入或选择多项条件，进行组合检索，便于用户快速精确查找到所需知识
55		4911K	语义检索	透过设置特定的搜索条件，准确捕捉并理解用户的真正意图，并以此来进行搜索，准确地返回最恰当的知识
56		4916	搜索结果呈现	对搜索结果进行排序、去重、聚类等处理，为用户提供更直观、多维度的结果呈现
57	53		知识交互	用户对文档、专家、百科、地图、问答、主题、博客、创意、情报等进行互动，包括点评、推荐、转载、收藏、订阅等
58	57		知识统计	从人员的角度，对知识的创造、共享、应用等知识活动进行记录、汇总和分析；从知识对象的角度来说，对知识应用情况进行记录、汇总和分析。知识统计结果可以作为知识管理绩效考核和激励、系统或流程改进、决策支持的依据
59	61		标签管理	对标签的修改、分组、删除、合并、更新等进行管理，以及在知识发布时对知识进行标识，在知识检索时辅助查询；贯穿于知识库、专家网络、知识问答等应用构件。由于贴近大众的概念认知，一般用于辅助分类，发现热点，趋势跟踪，多维关联
60	65		知识安全	通过权限管理、密级管理、加密、日志、备份等措施，保护知识的保密性、完整性、有效性等；可以参考信息安全
61	69K		即时通信	支持用户之间即时交流的工具，有利于知识的交流共享
62	71K		社交网络	为组织内部拥有相同兴趣与活动的人创建在线社区；侧重于技术支撑功能
63	75K		博客	一种通常由个人管理、不定期张贴新的文章的网站。文章通常根据张贴时间，以倒序方式由新到旧排列；可以用于发布组织内部员工的个人日记，或参与艺术、摄影、视频、音乐等主题活动；侧重于技术支撑功能
64	79K		微博	一种基于用户关系信息分享、传播以及获取的平台，用户可以通过 WEB、WAP 等各种客户端组建个人社区，以 140 字左右的文字更新信息，并实现即时分享；侧重于技术支撑功能

表1（续）

序号	一级构件代码	二级构件代码	功能构件名称	简要说明
65	83K		语义分析	利用本体、自然语言处理、叙词表、分类体系等语义网相关技术分析知识资源。用于支撑知识搜索、知识推送、文档关联、知识自动分类等
66	87		系统接口	与其他应用系统进行数据交换、应用功能集成的接口，为其他系统提供知识的访问和交互，以及实现相关系统应用功能调用和集成
67	91		系统管理	提供用户管理、系统基本信息配置、系统监控、日志和审计、统计报表、功能模块配置等

参考文献

[1] GB/T 25109.3—2010 企业资源计划 第3部分:ERP功能构件规范

ICS 17.160
J 04

中华人民共和国国家标准

GB/T 23718.6—2014/ISO 18436-6:2008

机器状态监测与诊断　人员资格与人员评估的要求　第6部分:声发射

Condition monitoring and diagnostics of machines—Requirements for qualification and assessment of personnel—Part 6: Acoustic emission

(ISO 18436-6:2008,IDT)

2014-06-24 发布　　2015-03-01 实施

中华人民共和国国家质量监督检验检疫总局
中国国家标准化管理委员会　发布

前　言

GB/T 23718《机器状态监测与诊断　人员资格与人员评估的要求》已经或计划发布以下部分：

——第1部分：对认证机构和认证过程的要求；

——第2部分：振动状态监测与诊断；

——第3部分：对培训机构和培训过程的要求；

——第4部分：现场润滑分析；

——第5部分：润滑实验室技术员/分析师；

——第6部分：声发射；

——第7部分：热成像；

——第8部分：超声；

——第9部分：状态监测专家。

本部分是GB/T 23718的第6部分。

本部分按照GB/T 1.1—2009给出的规则起草。

本部分使用翻译法等同采用ISO 18436-6:2008《机器状态监测与诊断　人员资格与人员评估的要求　第6部分：声发射》。

本部分做了下列编辑性修改：

——对ISO 18436-6:2008引用的其他国际标准，有被等同采用为我国标准的用我国标准代替相应的国际标准；

——根据最新资料对本系列标准的名称进行了修正和补充。

本部分由全国机械振动、冲击与状态监测标准化技术委员会(SAC/TC 53)提出并归口。

本部分主要起草单位：武汉理工大学、中国特种设备测试研究院、广州市计量检测技术研究院、郑州机械研究所。

本部分主要起草人：向阳、沈功田、周伦彬、韩国明。

引　言

把声发射技术应用于机器状态监测，是大多数产业在制定预测维修方案时采用的重要手段。其他的非干扰技术包括红外热成像、振动分析、润滑油分析、磨粒形态分析和电机电流分析等。成功应用这些技术的制造业所获得的投资回报远超过预期。但是，这些手段的有效性取决于进行测量与数据分析人员的能力。

本部分由评估机构执行，用来培训人员以及评估人员是否能够胜任工作，这些人员需要具有相应的机器状态监测与诊断的理论和实践知识。

本部分规定了对用声发射技术进行机器状态监测的人员资格认证的要求以及对这些人员的评估方法。

机器状态监测与诊断　人员资格与人员评估的要求　第6部分:声发射

1　范围

GB/T 23718的本部分规定了使用声发射技术从事机器状态监测与诊断相关人员资格与人员评估的要求。

符合本部分的资格证书或证明,用于对机器状态监测中使用声发射设备进行声发射测量和分析的人员进行资格和能力的认证,本认证程序不适用特殊设备和其他特定情况。

本部分规定了该技术领域的三级认证方案。

2　规范性引用文件

下列文件对于本文件的应用是必不可少的。凡是注日期的引用文件,仅注日期的版本适用于本文件。凡是不注日期的引用文件,其最新版本(包括所有的修改单)适用于本文件。

GB/T 20921—2007　机器状态监测与诊断　词汇(ISO 13372:2004,IDT)

GB/T 22393—2008　机器状态监测与诊断　一般指南(ISO 17359:2003,IDT)

GB/T 22394—2008　机器状态监测与诊断　数据判读和诊断技术的一般指南(ISO 13379:2003,IDT)

GB/T 23718.1—2009　机器状态监测与诊断　人员培训与认证的要求　第1部分:对认证机构和认证过程的要求(ISO 18436-1:2004,IDT)

GB/T 25742.1—2010　机器状态监测与诊断　数据处理、通信和表示　第1部分:一般指南(ISO 13374-1:2003,IDT)

GB/T 25889—2010　机器状态监测与诊断　声发射(ISO 22096:2007,IDT)

ISO/IEC 17000　合格评定　词汇和通用原则(Conformity assessment—Vocabulary and general principles)

ISO 18436-3　机器状态监测与诊断　人员资格与人员评估的要求　第3部分:培训机构和培训过程的要求(Condition monitoring and diagnostics of machines—Requirements for qualification and assessment of personnel—Part 3: Requirements for training bodies and the training process)

ASTM E650—97(2007)　压电式声发射传感器的安装指南(Standard guide for mounting piezoelectric acoustic emission sensors)

ASTM E1106—07　声发射传感器绝对校准的标准试验方法(Standard test method for primary calibration of acoustic emission sensors)

ASTM E2374—04　声发射系统性能验证指南(Standard guide for acoustic emission system performance verification)

EN 1330-9:2000　无损检测　术语　第9部分:声发射试验中的术语(Non-destructive testing—Terminology—Part 9: Terms used in acoustic emission)

EN 13477-1:2001　声发射　设备特性　第1部分:设备描述(Non-destructive testing—Acoustic emission—Equipment characterization—Part 1:Equipment description)

EN 13477-2:2001　无损检测　声发射　设备特性　第2部分:运行特性的检验(Non-destructive

testing—Acoustic emission—Equipment characterization—Part 2:Verification of operating characteristic)

EN 13554:2002 无损检测 声发射 一般原理(Non-destructive testing—Acoustic emission—General principles)

3 术语和定义

GB/T 20921—2007 和 ISO/IEC 17000 界定的以及下列术语和定义适用于本文件。

3.1

重要中断 significant interruption

已经认证的人员未从事相关认证范围的职责的实践活动

a) 连续超过 365 天;或者

b) 两个或多个时段的总时间超过证书总有效期的 2/5。

3.2

学员 trainee

正在进行资格认证培训的人员。

4 人员的分级(声发射)

4.1 总则

按照本部分要求认证的人员,应根据他们的资格定为三个级别。他们应证明在状态监测中按照附录 A 所示级别应用声发射技术的能力。

认证Ⅱ级的人员应具备Ⅰ级人员所有的知识和技能,而认证Ⅲ级的人员应具备Ⅱ级人员所有的知识和技能。

4.2 Ⅰ级

符合Ⅰ级要求的人员能够按照已经确定和认证的步骤进行声发射测量。Ⅰ级人员应该能够胜任:

a) 执行规定的声发射测量程序和步骤;

b) 安装调试基本声发射数据采集装置;

c) 检验采集数据的完整性和准确性;

d) 进行基本的声发射分析;

e) 根据规定的书写格式对结果进行记录和分类;

f) 维护结果和趋势分析的数据库;

g) 依照指南评估并报告试验结果。

符合Ⅰ级要求的人员不必具有选择试验方法或技术以及评价试验结果的能力。

4.3 Ⅱ级

符合Ⅱ级要求的人员能够按照已经确定和公认的步骤进行和(或)指导声发射分析,还应该了解声发射方法的局限性。Ⅱ级人员还应该能够胜任:

a) 选择合适的声发射技术;

b) 解释所用方法的局限性;

c) 为便携式和固定安装的系统选定合适的硬件和软件;

d) 进行并检验仪器的设置;

e) 测量并对声发射信号进行诊断；
f) 对声发射数据进行测量、解释和分析；
g) 对声发射测量系统的校准进行验证；
h) 准备机器状况的报告，推荐合适的修复措施，并评价其有效性；
i) 对Ⅱ级或Ⅱ级以下人员提供声发射的技术指导；
j) 执行、监督和指导Ⅰ级人员的所有工作；
k) 了解可使用的其他状态监测技术，至少达到Ⅰ级人员的水平。

4.4 Ⅲ级

符合Ⅲ级要求的人员能进行和(或)指导所有类型的声发射测量和分析。Ⅲ级人员应该能够胜任：

a) 应用声发射理论和技术，包括测量和解释测量结果；
b) 理解并进行数据分析，了解其局限性；
c) 确定声发射数据采集系统及其部件；
d) 在声发射和故障诊断中运用非常规技术；
e) 推荐所有已认知的各种修复措施；
f) 解释并且评估标准、法规、规范以及程序；
g) 确定声发射监测方案，包括确定定期或连续监测的要求、试验频次等；
h) 建立对新的和在役系统及故障设备接受和损坏的准则；
i) 预测故障状况；
j) 推荐可选用的或补充的状态监测技术；
k) 对Ⅲ级以下人员的工作进行指导。

5 合格条件

5.1 总则

候选人应该把接受教育、培训和实践相结合，保证理解声发射测量和分析的原理和方法。

5.2 教育

寻求认证的候选人不一定需要提供正式的教育证明以取得合格条件。然而建议Ⅰ级和Ⅱ级的候选人至少应该具有中学毕业文凭或同等的学历。Ⅱ级和Ⅲ级的候选人应该能够处理简单的代数方程，使用基本的科学计算器(含三角函数和对数函数)，并且熟悉个人计算机的操作。特别建议寻求Ⅲ级认证的候选人，应该在认可的学院、大学或技术学校成功地修满两年或更长时间的机械技术或机械工程课程。

5.3 培训

5.3.1 引言

为了能根据本部分认证提出合格的申请，候选人应该提供成功地完成A.2所要求的培训的证明。A.2的培训课程提纲包括在相关主题中对实践知识、实际技能的要求。附录B中所列的文件提供了培训课程提纲中的知识主体。累积培训的最少时间示于表1。培训应该有授课、演示、实际操作或者正规的训练课。

资格认证的要求应按照本部分进行。根据A.2和表1的要求确定每个主题的培训时间。

表 1　累积培训的最少时间(h)

Ⅰ级	Ⅱ级	Ⅲ级
40	80	120

培训可分为两个或两个以上的专题领域模块，涵盖通用的科学原理和特定的应用知识，以使对无损检测和状态监测评估之间有相互关联的认知。

5.3.2　有关机器知识的附加培训

除了表 1 中和 A.2 细化的培训要求外，候选人应参加正式或在职的机器和部件知识的培训，时间至少和表 1 所示的时间相接近。

这种培训是除了遵循 5.2 的所有的学院和大学正式教育之外的附加培训。附加培训将涵盖机器和部件的设计、安装、操作和维护的原理，以及与每种原理相关的失效模式和机理。这样的培训需要用能证实的记录来证明。

5.3.3　成熟候选者的加入

成熟候选者的加入需要由评估机构行使处理权。

成熟候选者可不参加Ⅱ级人员参加的培训课程。如果他们可以提供可证实的文件证明自己满足Ⅰ级和Ⅱ级资格要求的培训和经验，可以申请直接加入Ⅱ级而不必参加之前的Ⅰ级人员认证。

成为Ⅱ级人员的候选者在基于声发射的机器状态监测上应有至少五年以上的有文件证明的经历，而且期间没有出现重要中断。候选者应提供完成了等同于 A.2 课程提纲里所列的培训课程学习的证明。

这样的候选者应申请加入评估机构的成熟候选者的认证途径，如果存在重要中断，那么候选者可被要求参加评估机构确定的进一步的培训。

5.4　实践经历

5.4.1　为使根据本部分认证提出的申请合格，候选人应该根据表 2 向评估机构提供在声发射状态监测领域经验的证明。认证Ⅱ级和Ⅲ级则要求已有较低一级的认证。

表 2　累积实践经历的最低要求(月和 h)

Ⅰ级	Ⅱ级	Ⅲ级
6 个月 96 h[a]	12 个月 192 h[a]	36 个月 576 h[a]
[a] 每月做声发射试验最少 16 h。		

5.4.2　候选者应持有可验证的经验证明文件。Ⅰ级和Ⅱ级的候选者的这些证明应由Ⅱ级或更高级别人员来验证。如果缺少此级别人员，则可以由候选者的技术指导人员来完成。

5.4.3　Ⅲ级候选者的这些证明应由Ⅲ级人员来验证，如果缺少此级别人员，则可以由候选者的技术指导人员来完成。

5.4.4　对各级人员的验证过程应有验证人员在文件证明上的签名。验证人员应通过口头测试，还包括工作表现、报告递交和审阅、手续递交和审阅或者两者的结合来加强验证过程，以增加验证过程的可信度。

6 考试

6.1 考试内容

6.1.1 对每一认证级别，候选人应在表3规定的时间内回答规定最少数量的多项选择题。Ⅲ级人员的考试可包括故障诊断、预测和解决方案推荐等内容。考试可以包括问答题。

6.1.2 试卷内容应包括A.2中所有的专题。权重应等同于A.2每个专题所花时间的百分比。

6.1.3 试题应该有实践内容，考察候选者在进行声发射状态测试、分析和评估所需要的概念、原理以及步骤的知识。

6.1.4 有些试题会包括对数据的解释，包括进行简单的数学计算，有时要使用基本的科学计算器。

6.1.5 评估机构可在要求某种形式补偿时，酌情给候选者提供食宿。

表3 最低考试要求

级别	问题数目	时间/h	及格分数/%
Ⅰ级	60	2.0	75
Ⅱ级	60	2.0	75
Ⅲ级	60	3.0	75

6.2 考试管理

所有的考试应按照GB/T 23718.1—2009的8.2进行，如果用计算机阅卷，候选者可使用铅笔和橡皮。

附 录 A
（规范性附录）
机器声发射状态监测与诊断人员培训课程要求及最少训练时间

A.1 培训提纲

培训提纲见表 A.1。

表 A.1 培训提纲

专题	培训课时/h		
	Ⅰ级	Ⅱ级	Ⅲ级
1. 声发射原理	6	2	1
2. 通用设备知识	2	2	1
3. 数据采集	7.5	2.5	1
4. 数据/信号处理	3	2	2
5. 状态监测	3	2	2
6. 应用	8	24	24
7. 故障分析及故障级别确定	2	2	6
8. 声发射设备测试与诊断	4	1	1
9. 参照标准	2	0.5	0.5
10. 报告与文件以及修复措施	1	0.5	0.5
11. 人员安全	0.5	0.5	0
12. 培训考试	1	1	1
每类培训总学时	40	40	40

A.2 授课主题及学时详表

授课主题及学时详表见表 A.2。

表 A.2 授课主题及学时详表

专题	主题	培训课时/h		
		Ⅰ级	Ⅱ级	Ⅲ级
1. 声发射原理		6	2	1
	a） 发射源介绍	*		
	b） 发射源性质		*	*
	c） 传播和衰减	*	*	*

表 A.2（续）

专题	主题	培训课时/h		
		Ⅰ级	Ⅱ级	Ⅲ级
2. 通用设备知识		2	2	1
	a） 设备的校准	*	*	*
	b） 传感器及连接	*	*	*
	c） 放大器和信号调理器		*	*
3. 数据采集		7.5	2.5	1
	a） 数据采集的原理	*	*	*
	b） 传感器的定位	*	*	*
	c） 噪声	*	*	*
	d） 激励	*	*	*
	e） 测量	*	*	
	f） 其他方法	*	*	
4. 数据/信号处理		3	2	2
	a） 数据存储和结构	*	*	*
	b） 数据管理和数据库	*	*	*
	c） 处理过程的要素		*	*
	d） 输出		*	*
5. 状态监测		3	2	2
	a） 状态监测的原理	*	*	*
	b） 其他技术（红外热成像、振动分析、磨粒形态分析、摩擦学、空气中超声测试等。）	*	*	*
	d） 编程			*
6. 应用		8	24	24
	a） 机器			
	b） 轴承			
	c） 齿轮箱			
	d） 阀门			
	e） 管道	*全部	*全部	*全部
	f） 电动机			
	g） 底座			
	h） 其他机器			
7. 故障分析及故障级别确定		2	2	6
	a） 时域分析		*	*
	b） 报警	*	*	*
	c） 趋势		*	*
	d） 案例研究		*	*
	e） 诊断和预测			*

表 A.2（续）

专题	主题	培训课时/h		
		Ⅰ级	Ⅱ级	Ⅲ级
8. 声发射设备测试与诊断		4	1	1
	a） 校验测试	*	*	*
	b） 基准值	*	*	
	c） 演示	*	*	
	d） 系统试验	*	*	*
	e） 故障探测	*	*	*
9. 参照标准		2	0.5	0.5
	a） ISO	*	*	*
	b） EN 和 ASTM	*	*	*
	c） GB/T	*	*	*
10. 报告与文件以及修复措施		1	0.5	0.5
	a） 报告的格式	*	*	*
	b） 规定的信息	*	*	*
	c） 修复措施	*	*	*
11. 人员安全		0.5	0.5	—
12. 培训考试		1	1	1
总学时		40	40	40

注 1：Ⅱ级包含Ⅰ级的知识。

注 2：Ⅲ级包含Ⅰ级和Ⅱ级的知识。

注 3：*表示在各级需要讲授的主题。

附 录 B
(规范性附录)
考题来源的标准

[B.1] GB/T 25742.1—2010 机器状态监测与诊断 数据处理、通信与表示 第1部分:一般指南

[B.2] GB/T 20921—2007 机器状态监测与诊断 词汇

[B.3] GB/T 22393—2008 机器状态监测与诊断 一般指南

[B.4] GB/T 22394—2008 机器状态监测与诊断 数据判读和诊断技术的一般指南

[B.5] GB/T 25889—2010 机器状态监测与诊断 声发射

[B.6] ASTM E2374—04 Standard guide for acoustic emission system performance verification

[B.7] ASTM E1106—07 Standard test method for primary calibration of acoustic emission sensors

[B.8] ASTM E650—97 (2007) Standard guide for mounting piezoelectric acoustic emission sensors

[B.9] EN 13477-1:2001 Non-destructive testing—Acoustic emission—Equipment characterization—Part 1: Equipment description

[B.10] EN 13477-2:2001 Non-destructive testing—Acoustic emission—Equipment characterization—Part 2: Verification of operating characteristic

[B.11] EN 13554:2002 Non-destructive testing—Acoustic emission—General principles

[B.12] EN 1330-9:2000 Non-destructive testing—Terminology—Part 9: Terms used in acoustic emission testing

参 考 文 献

[1] ISO 9712 Non-destructive testing—Qualification and certification of personnel

[2] ISO/TR 25107 Non-destructive testing—Guidelines for NDT training syllabuses

[3] ISO/TR 25108 Non-destructive testing—Guidelines for NDT personnel training organizations

[4] ISO/IEC 17024:2003 Conformity assessment—General requirements for bodies operating certification of persons

[5] ISO/IEC 17050-1:2004 Conformity assessment—Supplier's declaration of conformity—Part 1:General requirements

[6] Acoustic emission testing (ed. Mizutani, Y.).Japanese Society for Non-Destructive Inspection,2006

[7] AFIAP. Guide for Good Practice for Acoustic Emission Testing of Pressure Equipment,2004

[8] HEWERDINE, S. Plant Integrity Assessment by Acoustic Emission Testing. 2nd ed., IChemE Books,1993. ISBN 085295316X

[9] HOLROYD,T.J. The Acoustic Emission and Ultrasonic Monitoring Handbook. Coxmoor Publishing Co.,UK,2000

[10] Nondestructive Testing Handbook,Third Edition: Volume 6,Acoustic Emission Testing,(ed. MOORE,P.O),ASNT,2005. ISBN 1-57117-106-1

[11] RAO,B.K.N. Handbook of Condition Monitoring.Elsevier,1996. ISBN 1-85617-234-1

ICS 83.080
G 31

中华人民共和国国家标准

GB/T 24148.7—2014

塑料 不饱和聚酯树脂(UP-R)
第7部分：室温条件下凝胶时间的测定

Plastics—Unsaturated polyester resins—
Part 7: Measurement of gel time at ambient temperature

(ISO 2535:2001, Plastics—Unsaturated polyester resins—Measurement of gel time at ambient temperature, MOD)

2014-07-08 发布　　2014-12-01 实施

中华人民共和国国家质量监督检验检疫总局
中国国家标准化管理委员会　发布

前　言

GB/T 24148《塑料　不饱和聚酯树脂(UP-R)》分为以下9部分：

——第1部分：命名系统；

——第2部分：试样制备和性能测定；

——第3部分：技术要求；

——第4部分：黏度的测定；

——第5部分：固体含量测定；

——第6部分：130℃反应活性测定；

——第7部分：室温条件下凝胶时间的测定；

——第8部分：铂-钴比色法测定颜色；

——第9部分：总体积收缩率测定。

本部分为GB/T 24148的第7部分。

本部分按照GB/T 1.1—2009给出的规则起草。

本部分使用重新起草法，修改采用ISO 2535:2001《塑料　不饱和聚酯树脂　室温条件下凝胶时间测定》(英文版)。

本部分与ISO 2535:2001相比存在技术性差异，这些差异涉及的条款已通过在其外侧页边空白位置的垂直单线(|)进行了标示。

本部分与ISO 2535:2001的主要技术差异及其原因如下：

——术语和定义中增加了室温凝胶时间两种状态描述(见3.1)；因为本部分增加了爬杆法、手动法两种测试方法；

——原理中增加了爬杆法、手动法两种凝胶时间检测(见第4章)；因为这两种测试方法在我国行业内也普遍采用；

——对操作步骤做了较详细的说明(见第7章)；

——把“规范性引用文件”一章所列的国际标准用对应的等同采用该文件的我国国家标准代替；

——将ISO的精密度改为本部分的附录C；

——增加了附录D为本标准章条编号与ISO 2535:2001的章条编号对照。

为便于使用，本部分做了下列编辑性修改：

——把“本国际标准”一词改为“本部分”，把“ISO 2535的本标准”改为“GB/T 24148的本部分”或“本部分”；

——删除了ISO 2535:2001的前言；

——增加了国家标准的前言。

本部分由中国石油和化学工业联合会提出。

本部分由全国塑料标准化技术委员会热固性塑料分会(SAC/TC 15/SC 11)归口。

本部分负责起草单位：浙江天和树脂有限公司。

本部分参加起草单位：天津合材树脂有限公司、国家合成树脂质量监督检验中心、江苏亚邦涂料股份有限公司、华东理工大学华昌聚合物有限公司、江苏富菱化工有限公司、常州天马集团有限公司。

本部分主要起草人：马勇、林定多、肖淑红、王永桂、姚元省、杨萌、马跃群、刘华、宣维栋。

塑料　不饱和聚酯树脂(UP-R)
第7部分：室温条件下凝胶时间的测定

1　范围

GB/T 24148的本部分规定了在室温条件下测定不饱和聚酯树脂凝胶时间的方法，测定的温度范围是18 ℃～30 ℃。推荐温度为25 ℃。

本部分适用于液态不饱和聚酯树脂。

2　规范性引用文件

下列文件对于本文件的应用是必不可少的。凡是注日期的引用文件，仅注日期的版本适用于本文件。凡是不注日期的引用文件，其最新版本(包括所有的修改单)适用于本文件。

GB/T 2035—2008　塑料术语及其定义(ISO 472:1999，IDT)

ISO 4619:1998　色漆和清漆用干燥剂(Driers for paints and varnishes)

ISO 15038:1999　塑料　不饱和聚酯热固性材料的有机聚酯交联剂　活性氧含量的测定(Plastics—Organic-perester crosslinking agents for unsaturated-polyester thermosetting materials—Determination of active-oxygen content)

3　术语和定义

GB/T 2035—2008中界定的以及下列术语和定义适用于本文件。

3.1

室温凝胶时间　gel time at ambient temperature

引发剂加到树脂中后黏度达到50 Pa·s，引发剂加到树脂中后试样沿玻璃棒开始上升(爬杆)时，引发剂加到树脂中后出现拉丝状态时的时间。

4　原理

测量时间是指室温(18 ℃～30 ℃)，不饱和聚酯树脂(含促进剂、引发剂)的黏度达到50 Pa·s(作为凝胶时间)；引发剂加到树脂中后试样沿玻璃棒开始上升(爬杆)时；引发剂加到树脂中后试样出现拉丝状态时的时间。

试验方法如下：

方法A1：使用自动释放装置(见附录A)，玻璃棒在装有树脂混合物的试管中旋转，当树脂的黏度达到50 Pa·s时，玻璃棒就会自动停止旋转。

方法A2：也使用自动释放装置，不同的是树脂混合物放在烧杯里。

方法B1：使用连续测量装置(见附录B)，玻璃棒在装有树脂混合物的试管中来回水平振荡，黏度会被连续地测量，是对应一段时间连续区段的黏度。

方法B2：也使用连续测量装置，不同的是树脂混合物放在烧杯里。

方法C：使用搅拌器测定，玻璃棒在装有树脂混合物的烧杯中旋转，试样沿玻璃棒开始上升(爬杆)

时状态。

方法 D：使用手动测定，玻璃棒在装有树脂混合物的烧杯中试验试样流动情况，直至出现拉丝状态。

5 试剂

仅使用分析纯的试剂。

5.1 甲苯

5.2 参考促进剂：含 0.6%（质量分数）钴的异辛酸钴溶液。

此溶液的配制方法如下：

用移液管移取 5 mL 钴的质量分数为 6%钴的异辛酸钴溶液到带磨砂玻璃塞的容量瓶中，加入惰性溶剂（如脂肪族酯类），然后用甲苯（5.1）将溶液稀释至 50 mL，并摇匀使其充分混溶。

1 mL 这样的溶液相当于 0.100 g 含 0.6%（质量分数）钴的异辛酸钴溶液。

测定溶液中钴的含量，参照 ISO 4619：1998。

5.3 参考引发剂：在邻苯二甲酸二甲酯中，当过氧化甲乙酮的质量分数达到 50%时，测得活性氧含量为 9%。

测定活性氧的含量，参照 ISO 15038：1999 指定的方法。

过氧化物溶液适宜在低温（如 5 ℃）下储存，如在冰箱中。在这种情况下，溶液需在室温下保持 24 h 后方能使用。

警告：严禁将过氧化甲乙酮和异辛酸钴溶液混合，以防爆炸。要分别将这两种试剂加入不饱和聚酯树脂中。

6 仪器

6.1 测量容器：测量容器容积应能满足指定测试所需的树脂的量。

方法 A1 和方法 B1 使用硼硅玻璃试管：长度最小 150 mm，内径 18 mm。

方法 A2 和方法 B2 使用聚丙烯材料的烧杯：容积 50 mL。

方法 C 和方法 D 使用玻璃烧杯：容积 50 mL。

6.2 黏度测量装置：此种装置应能被校正并在对树脂混合物的黏度性能影响最小的情况下，测量的黏度为 50 Pa·s（±2 Pa·s）。剪切速率可以被忽略。

注：性能优良的自动释放装置和连续测量装置的描述分别参见附录 A 和附录 B。

6.3 恒温水浴：试验温度的精度为±0.5 ℃（测定温度在 18 ℃～30 ℃之间），水浴要远离光源。

6.4 烧杯：100 mL，用于树脂混合。

6.5 移液管：容量 1 mL，最小分度值 0.01 mL。

警告：移液管应明确标识（促进剂、引发剂），以免发生混淆。

6.6 天平：精确至 0.01 g。

6.7 玻璃棒：直径 6 mm。

6.8 秒表：精确至 1 s。

6.9 温度计：应能测量 18 ℃～30 ℃的温度，精确至±0.5 ℃。

6.10 电动搅拌器：30 W。

7 操作步骤

试验在室温（18 ℃～30 ℃）下进行，试验步骤见 7.1～7.4，推荐测定温度为 25 ℃。为了获得较高的精确度，试验中测定用的容器和试剂温度都应与测试温度相近。对于预促进树脂省略7.1.4。

7.1 黏度法(方法A1,方法A2,方法B1,方法B2)

7.1.1 将水浴温度调节在25 ℃±0.5 ℃。

7.1.2 称取50 g±0.1 g试样，加入烧杯中。

7.1.3 将烧杯放进水浴中(试样液面低于水面2 mm)恒温，至试样温度为25 ℃±0.5 ℃。

7.1.4 用移液管移取0.5 mL参考促进剂加入烧杯中，将试样搅拌均匀。

7.1.5 用另一根移液管移取0.7 mL参考引发剂加入烧杯中。

7.1.6 启动秒表开始计时，将试样混合30 s。

7.1.7 把混合物转移到测量容器中并把测量黏度的装置按照附录A或附录B描述操作过程放在适当的位置。

7.1.8 当黏度达到50 Pa·s时，凝胶时间测定仪自动停止运动，记录下凝胶时间。

7.2 爬杆法(方法C)

7.2.1 取样和恒温及操作步骤同7.1.1～7.1.5。

7.2.2 启动秒表开始计时，用玻璃棒将试样混合30 s，并将下端圆滑的直径6 mm的玻璃棒装在搅拌器上，开动搅拌器使速度为60 r/min，并使其玻璃棒插在试样中央。

7.2.3 当试样沿玻璃棒开始上升(爬杆)时停止秒表，记录下秒表所示的时间即凝胶时间。

7.3 手动法(方法D)

7.3.1 取样和恒温及操作步骤同7.1.1～7.1.5。

7.3.2 启动秒表开始计时，用玻璃棒搅匀试样，每隔30 s观察，用玻璃棒试验试样流动情况，直至出现拉丝状态时，停止秒表，记录下秒表所示的时间即凝胶时间。

7.4 测量次数和测量要求

对于黏度法、爬杆法和手动法，均应在相同的条件下进行第二次测量，两次测量的误差不超过10%。测量误差超过10%，就要重新测量，直至达到测量要求为止。

8 结果表示

室温下的凝胶时间为两次测量的算术平均数，单位用分和秒表示。

9 精密度

本部分未能获得足够的实验室内和实验室间数据，故暂无精密度。

注：相应的ISO精密度见附录C。

10 试验报告

试验报告应包含以下内容：

a) 注明采用本部分；

b) 所测样品的必要标识；

c) 所用的方法(方法A1、方法A2、方法B1、方法B2、方法C、方法D)和所用仪器的细节；

d） 试验温度；

e） 凝胶时间；

f） 测试时间。

附 录 A
（规范性附录）
自动释放装置

A.1 基本原理

将直径为 6 mm 的玻璃棒插入装有树脂混合物的试管中 50 mm 处（方法 A1）或者插入装有树脂混合物的烧杯中 15 mm 处（方法 A2），见图 A.1。玻璃棒通过一个扭转钢丝线连接到电动机上，并以非常低的速度绕轴旋转（通常频率为 1 Hz 到 2 Hz 之间）。当扭转丝线扭转一定的角度使树脂黏度达到 50 Pa・s时，完成凝胶时间的测量。此时，自动释放装置关闭电机并记录相应时间。

单位为毫米

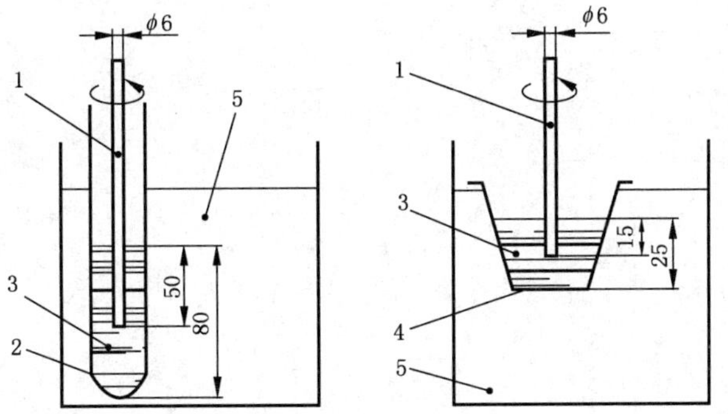

a）方法A1（树脂在试管中） b）方法A2（树脂在烧杯中）

说明：
1——玻璃棒（直径 6 mm）；
2——硼硅玻璃试管；
3——树脂混合物；
4——聚丙烯材料的烧杯；
5——恒温水浴。

图 A.1 自动释放装置简图

A.2 校正过程

A.2.1 购买如下标准油：温度为 x 时黏度为 50 Pa・s，温度为 y 时黏度为 48 Pa・s（标准油的校准证书中应给出准确的测试温度），这些黏度是在低剪切速率下测定的。

注：使用的油是 Cannon 或是硅油，并且每种油都附有按照相关标准制定的校正说明书。

A.2.2 按照测量方法（方法 A1 或方法 A2）所必需的油加到测量容器中。

A.2.3 将玻璃棒插到相应深度（方法 A 为 50 mm，方法 B 为 15 mm）。

A.2.4 将整个装置放到温度为 x 的恒温水槽中直到温度恒定，然后将装置置于测量仪器下面。

A.2.5 开启测量仪器并把自动释放装置调整到测量的极限值，然后停止测量仪器。

A.2.6 将温度调到 y 直到温度恒定。

A.2.7 开启测量仪器，并确保在温度 y 下释放装置没有释放，同时测量仍然继续。

为了保证校正能在适宜的条件下进行，温度 x 和 y 的变动范围将被控制在 20 ℃～50 ℃之间。

示例：

Cannon 油，No.600	
温度	对应的黏度
25 ℃	60 Pa·s
35 ℃	50 Pa·s
50 ℃	40 Pa·s

校正说明书上给出准确的温度和黏度值。

附 录 B
（规范性附录）
连续测量装置

B.1 基本原理

将直径为 6 mm 的玻璃棒插入装有树脂混合物的试管中 50 mm 处(见方法 B1)或者插入装有树脂混合物的烧杯中 15 mm 处(见方法 B2)(见图 B.1)。

玻璃棒将在低频率(<2 Hz)和低振幅(<2 mm)进行水平振荡运动(既不转动也不摇摆)。混合物反应中给玻璃棒的力可用传感器测量。当这个力与 50 Pa·s(见 B.2 描述的校正过程)的黏度相当时，记录相应的时间。

此后，为了获得完整的交联曲线，校正继续进行，否则就停止校正。

将热电偶置于测量容器[图 B.1b)]中，以测试散热速率(见图 B.2)。

注 1：方法 B1 和方法 B2 更适合于完全固化的试验，以及进行不同混合物量的试验以评价质量对反应活性和放热性的影响。

注 2：在方法 B2 中，为了提高测量的灵敏度，可以用配有酚醛塑料球(直径为 16 mm)的螺纹金属棒来代替直径为 6 mm的玻璃棒。

B.2 校正过程

B.2.1 购买如下标准油：温度为 x 时黏度为 50 Pa·s，温度为 y 时黏度为 48 Pa·s(标准油的校准证书中应给出准确的测试温度)，这些黏度是在低剪切速率下测定的。

注：使用的油是 Cannon 或是硅油，并且每种油都附有按照相关标准制定的校正说明书。

B.2.2 按照测量方法(方法 B1 或方法 B2)所必需的油量将油加到测量容器中。

B.2.3 将玻璃棒插到相应深度(方法 B1 为 50 mm，方法 B2 为 15 mm)。

B.2.4 将整个装置放到温度为 x 的恒温水槽中直到温度稳定，然后将装置置于测量仪器下面。

B.2.5 开启测量仪器记录测量值，此测量值应与相应测量条件下黏度为 50 Pa·s 的树脂黏度相当。

为了保证校准能在适宜的条件下进行，温度 x 和 y 的变动范围将被控制在 20 ℃～50 ℃之间。

示例：

Cannon 油，No.600	
温度	对应的黏度
25 ℃	60 Pa·s
35 ℃	50 Pa·s
50 ℃	40 Pa·s

校正说明书上给出准确的温度和黏度值。

单位为毫米

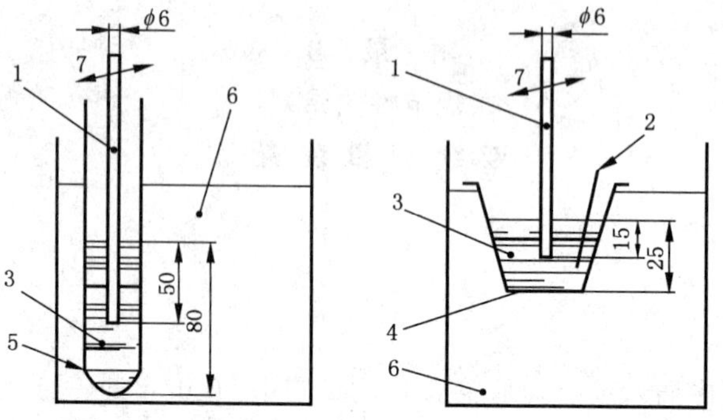

a) 方法B1 (树脂在试管中)　b) 方法B2 (树脂在烧杯中)

说明：

1——玻璃棒(直径 6 mm)；

2——热电偶；

3——树脂混合物；

4——聚丙烯材料的烧杯；

5——恒温水浴；

6——硅酸硼玻璃试管；

7——水平振荡位移器(既不旋转也不摆动)。

图 B.1　连续测量装置简图

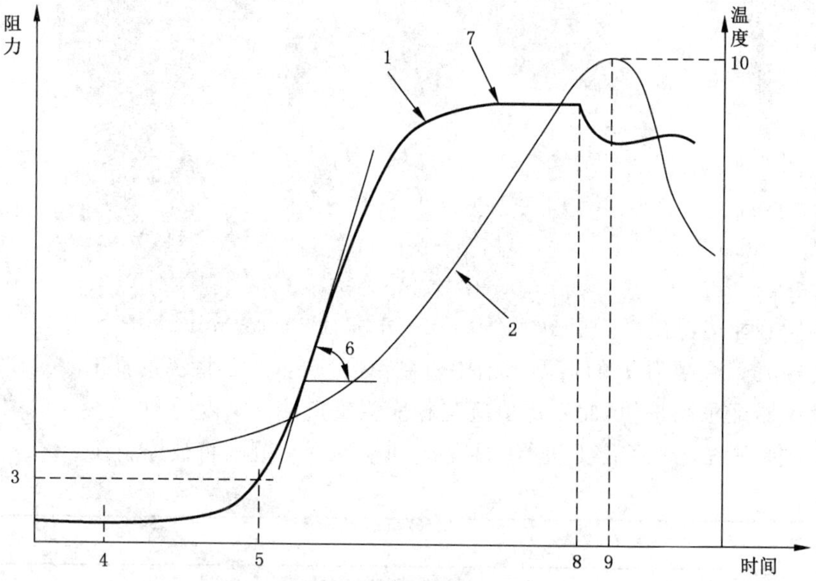

说明：

1 ——力-时间曲线；

2 ——温度-时间曲线；

3 ——相当于 50 Pa·s 的力(校正值)；

4 ——凝胶起始点；

5 ——凝胶时间；

6 ——指示树脂活性的拐点斜率；

7 ——聚合终点；

8 ——开始收缩的时间；

9 ——到最大放热峰的时间；

10——最大放热峰。

图 B.2　由方法 B1 和方法 B2 得到的力-时间和温度-时间曲线

附 录 C
（资料性附录）
ISO 精确性的实验

数据的精确性是由八个欧洲实验室于 2000 年用方法 B2 进行的时间轮转盘实验来测量的。他们分析了两种具有不同凝胶时间的商用树脂，得出的结果符合 ISO 5725-2:1994《测试方法与结果的准确度（正确度和精密度） 第 2 部分：确定标准测试方法重复性和可再现性的基本方法》。此数据可从 ISO/TC 61/SC 12 中获得。

由时间轮转盘数据计算得到的重复性和再现性如表 C.1 所示。

表 C.1 重复性和再现性

样本	平均凝胶时间 s	重复性 S_r	再现性 S_R
UPR A	667	17	34
UPR B	2 758	73	196
S_r——指实验结果的标准偏差，此实验结果是由同一个操作人员在同一个实验室用相同的设备和标准的测量方法在很短的时间间隔内对同样的材料测量得到。 S_R——是指实验结果标准偏差，此实验结果是由不同的操作人员在不同的实验室用标准化方法对相同材料测量得到的。			

附 录 D
（资料性附录）
本部分章条编号与 ISO 2535:2001 章条编号对照

表 D.1 给出了本部分章条编号与 ISO 2535:2001 的章条编号对照一览表。

表 D.1 本部分章条编号与 ISO 2535:2001 章条编号对照

本部分章条编号	对应的 ISO 2535:2001 章条编号
1	1
2	2
3	3
3.1	3.1
4	4
5	5
5.1～5.3	5.1～5.3
6	6
6.1～6.9	6.1～6.9
6.10	—
7	7
悬置段	7.1
7.1(7.1.1～7.1.8)	7.2～7.8
7.2(7.2.1～7.2.3)	—
7.3(7.3.1～7.3.2)	—
7.4	7.9
8	8
9	9
10	10
附录 A	附录 A
附录 B	附录 B
附录 C	—
附录 D	—

ICS 83.080.10
G 32

中华人民共和国国家标准

GB/T 24148.8—2014
代替 GB/T 7193.7—1992

塑料 不饱和聚酯树脂(UP-R) 第8部分:铂-钴比色法测定颜色

Plastics—Unsaturated polyester resin—Part 8:Determination of color using platinum-cobalt colormetric method

(ISO 6271-1:2004,Clear liquids—Estimation of colour by the platinum-cobalt scale—Part 1:Visual method,MOD)

2014-07-08 发布 2014-12-01 实施

中华人民共和国国家质量监督检验检疫总局
中国国家标准化管理委员会 发布

前　言

GB/T 24148《塑料　不饱和聚酯树脂(UP-R)》分为以下9部分:

——第1部分:命名系统;

——第2部分:试样制备和性能测定;

——第3部分:技术要求;

——第4部分:黏度的测定;

——第5部分:固体含量测定;

——第6部分:130 ℃反应活性测定;

——第7部分:室温条件下凝胶时间的测定;

——第8部分:铂-钴比色法测定颜色;

——第9部分:总体积收缩率测定。

本部分为GB/T 24148的第8部分。

本部分代替GB/T 7193.7—1992《液态不饱和聚酯树脂颜色试验方法》,与GB/T 7193.7—1992相比,主要变化如下:

——标题由《液态不饱和聚酯树脂颜色试验方法》改为《塑料　不饱和聚酯树脂(UP-R)　第8部分:铂-钴比色法测定颜色》;

——增加了规范性引用文件(见第2章);

——增加了对试剂等级的规定(见第5章);

——增加了取样规范性(见第8章);

——增加了精密度描述(见第11章);

——增加了资料性附录A和附录B。

本部分按照GB/T 1.1—2009给出的规则起草。

本部分使用重新起草法,修改采用ISO 6271-1:2004《透明液体　以铂-钴等级评定颜色　第1部分:目测法》(英文版)。

本部分与ISO 6271-1:2004相比存在技术性差异,这些差异涉及的条款已通过在其外侧页边空白位置的垂直单线(|)进行了标示。

本部分与ISO 6271-1:2004的主要技术差异及其原因如下:

——标题由《透明液体　以铂-钴等级评定颜色　第1部分:目测法》改为《塑料不饱和聚酯树脂(UP-R)　第8部分:铂-钴比色法测定颜色》。需说明的是,不饱和聚酯树脂为系列标准,本部分为GB/T 24148《塑料　不饱和聚酯树脂(UP-R)》的第8部分;

——范围由"所有与铂-钴标准液相似色度特征的纯液体"改为"颜色特征与铂-钴标准液色调接近的液态不饱和聚酯树脂"。由于本部分作为不饱和聚酯系列标准中的第8部分,不宜涉及环氧树脂等其他纯液体;

——增加了比色架和比色箱的说明(见6.2和6.3),删除了比色器的说明。由于比色箱内,便于比色液避光保存,同时在比色箱内比色,避免了其他光源的干扰,提高比色精度;

——密封材料由"水泥"改为"石蜡"(见7.2)。便于实验室准备以及使用,同时也同样起到密闭作用;

——铂-钴比色原液的储存时间由1年变为6个月(见7.3)。修改后可以提高比色精度;

——铂-钴标准比色液的储存时间由6个月变为2个月(见7.3)。修改后可以提高比色精度;

——对操作步骤做了更适用于不饱和聚酯树脂这个领域的修改(第9章)。主要是针对不饱和聚酯树脂的专业处理，避免不当处理后，影响比色结果；

——增加了附录A，为一些色号超过500的不饱和聚酯树脂提供了测试参考方法。便于对一些颜色较深树脂(色号大于500号)也可以参考使用本部分，避免采用不同的比色体系去衡量。

本部分还做了下列编辑性修改：

a) 把"本国际标准"一词改为"本部分"，把"ISO 6271-1的本部分"改为"本部分"；

b) 删除了ISO 6271-1:2004的前言；

c) 增加了国家标准的前言；

d) 把"规范性引用文件"一章所列的国际标准用对应的国家标准代替。

本部分由中国石油和化学工业联合会提出。

本部分由全国塑料标准技术委员会热固性塑料分会(SAC/TC 15/SC 11)归口。

本部分负责起草单位：江苏亚邦涂料股份有限公司。

本部分参加起草单位：浙江天和树脂有限公司、国家合成树脂质量监督检验中心、广东省番禺福田化工有限公司、天津合材树脂有限公司、华东理工大学华昌聚合物有限公司、江苏富菱化工有限公司、常州天马集团有限公司。

本部分主要起草人：姚元省、杨晨、马勇、王永桂、蒋永发、肖淑红、杨萌、马越群、徐大云。

本部分所代替标准的历次版本发布情况为：

——GB/T 7193.7—1992。

塑料　不饱和聚酯树脂(UP-R)
第8部分:铂-钴比色法测定颜色

1　范围

GB/T 24148的本部分规定了用铂-钴色号来评定液态不饱和聚酯树脂颜色的方法。

本部分适用于液态不饱和聚酯树脂,用于颜色特征与铂-钴标准液色调接近的液态不饱和聚酯树脂的颜色测定。

2　规范性引用文件

下列文件对于本文件的应用是必不可少的。凡是注日期的引用文件,仅注日期的版本适用于本文件。凡是不注日期的引用文件,其最新版本(包括所有的修改单)适用于本文件。

GB/T 3186—2006　色漆、清漆和色漆与清漆用原材料　取样(ISO 15528:2000,IDT)

GB/T 6682—2008　分析实验室用水规格和试验方法(ISO 3696:1987,MOD)

3　术语和定义

下列术语和定义适用于本文件。

3.1

铂-钴色号　Pt-Co scale

铂-钴色号是含有规定量的铂(Ⅳ)(以氯铂酸盐离子形式存在)及六水合氯化钴(Ⅱ)时的溶液颜色。

4　原理

液态不饱和聚酯树脂样品与标准颜色的溶液进行比较,并以最接近的铂-钴色号表示结果。

5　试剂

在试验期间,仅使用分析纯试剂和GB/T 6682—2008中规定的等级至少为三级的水。

5.1　氯铂酸钾(Ⅳ),K_2PtCl_6。

5.2　六水合氯化钴(Ⅱ),$CoCl_2 \cdot 6H_2O$。

5.3　盐酸(HCl),38%(质量分数),密度为1.19 g/mL。

6　仪器

6.1　比色管:平底,容积100 mL,有磨口透明的玻璃塞。各比色管的颜色应一致,管底以上275 mm和295 mm之间应标有刻度线,并使各比色管刻度线之间高度差不超过3 mm。

6.2　比色架:其孔径能使100 mL的比色管放入,底层带镜面玻璃。架子涂无光黑漆。

6.3 比色箱:自制,用 3 mm 厚的磨砂玻璃将比色箱分隔成上下两部分,其磨面向下。比色箱的顶部均匀平行装置 2 支 15 W 日光灯,其下部正面开有双门用于观测。内壁涂无光黑漆,避免光线从侧面照射。其装置示意图如图 1 所示。

6.4 分光光度计:能测定波长为 430 nm、455 nm、480 nm 和 510 nm 的光透射比。光度计透射比的精度应不低于 0.005。

6.5 吸收池:厚度为 10 mm,与分光光度计(6.4)一起使用。

单位为毫米

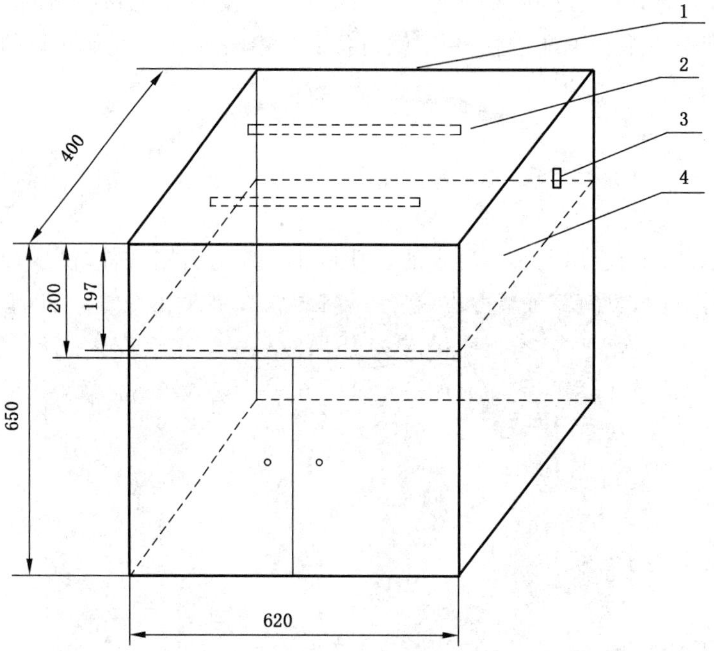

说明:

1——木箱;

2——日光灯;

3——电源开关;

4——磨砂玻璃。

图 1 比色箱

7 标准溶液的制备

7.1 铂-钴原液,铂-钴色号为 500

称取 1.245 g 氯铂酸钾(Ⅳ)(5.1)和 1.000 g 六水合氯化钴(Ⅱ)(5.2),放入 400 mL 烧杯中,用 100 mL 水润湿后,加入 100 mL 盐酸(5.3),若有需要可加温使其溶解,以得到透明溶液。待溶液冷却后,移至 1 000 mL 容量瓶中,用水稀释至刻度线,混合均匀。

将以上颜色原液放入吸收池(6.5)中用分光光度计(6.4)在 430 nm、455 nm、480 nm 和 510 nm 下进行测定,其透射比应符合表 1 中所规定的透射比范围。

表 1 铂-钴色号为500时,铂-钴原液透射比与吸光度的允许范围

波长/nm	透射比	吸光值
430	0.759～0.776	0.110～0.120
455	0.716～0.741	0.130～0.145
480	0.759～0.785	0.105～0.120
510	0.861～0.881	0.055～0.065

7.2 铂-钴标准比色溶液

制备符合要求的一系列标准溶液(见表 2),量取一定体积的铂-钴原液(7.1)放入系列比色管(6.1)中,用水稀释至 100 mL,混合均匀。然后将比色管盖上盖子,用石蜡密封即可,并分别在比色管上面标明铂-钴色号(使用黑色无光标记,避免对颜色造成影响)。

7.3 贮存

将密封好的颜色原液(7.1)存放于黑暗处(容器最好用带磨口的深色玻璃瓶),其贮存期不超过 6 个月。铂-钴标准比色液(7.2)存放在黑暗处,其贮存期不超过 2 个月。

表 2 铂-钴标准比色液

颜色 铂-钴色号	颜色原液的体积(7.1) mL	颜色 铂-钴色号	颜色原液的体积(7.1) mL
0	0	100	20
10	2	125	25
20	4	150	30
30	6	200	40
40	8	250	50
50	10	300	60
60	12	350	70
70	14	400	80
80	16	450	90
90	18	500	100

8 取样

按 GB/T 3186—2006 要求取具代表性的样品。

9 操作步骤

将不饱和聚酯树脂样品倒入一支比色管(6.1)中至刻度线。如树脂样品有浑浊现象或有可见杂质，应先进行过滤，以得到透明的溶液；如树脂样品中有大量气泡时，应适当加热，使气泡快速消除，冷却至室温后，再进行比色。

将6.1中处理好的比色管放在比色箱(6.3)内的比色架上(6.2)，用肉眼从比色架底部镜面中观察与标准比色溶液(7.2和附录A)进行比较，使其颜色达到最接近的某铂-钴标准比色液为止。

10 结果表示

不饱和聚酯树脂样品的颜色以最接近样品颜色的某一标准比色液的铂-钴色号来表示，如果颜色介于两标准比色溶液之间，则以其中颜色深者的数目来表示。

如果不饱和聚酯树脂样品的颜色特征与标准比色溶液不同，从而不能确定，报告能得到近似等级的颜色色号，并对观察到的颜色作一说明，或记录为“色相不同”。

11 精密度

由于尚未得到实验室间试验数据，故未知本试验方法的精密度。如果得到上述数据，则在下次修订时加上精密度说明。

12 试验报告

试验报告应包括以下内容：

a) 注明采用本部分；

b) 测试样品所有信息；

c) 是否采用所需的预处理；

d) 根据第10章报告试验结果；

e) 任何与试验方法的偏离；

f) 试验日期。

附 录 A
（资料性附录）
液态不饱和聚酯树脂颜色（色号为 500～1 000）的铂-钴比色法

A.1 铂-钴原液，铂-钴色号为 1 000

对于一些超过 500 铂-钴色号的不饱和聚酯树脂，可以采用 7.1 中的方法，唯一不同之处是，把冷却后的溶液移至 500 mL 容量瓶中，用蒸馏水稀释至刻度线，摇匀。该溶液为铂-钴色号为 1 000 的原液。

A.2 铂-钴标准比色溶液

制备符合要求的一系列标准溶液（550～1 000 铂-钴色号见表 A.1），量取一定体积的铂-钴原液（A.1）放入系列比色管（6.1）中，用水稀释至 100 mL，混合均匀。然后将比色管盖上盖子，用石蜡密封即可，并分别在比色管上面标明铂-钴色号（使用黑色无光标记，避免对颜色造成影响）。

表 A.1 铂-钴标准比色液

颜色 铂-钴色号	颜色原液的体积 mL	颜色 铂-钴色号	颜色原液的体积 mL
550	55	800	80
600	60	900	90
700	70		

A.3 贮存

同 7.3。

附 录 B
（资料性附录）
本部分章条编号与 ISO 6271-1:2004 的章条编号对照

表 B.1 给出了本部分章条编号与 ISO 6271-1:2004 的章条编号对照一览表。

表 B.1 本部分章条编号与 ISO 6271-1:2004 章条编号对照

本部分章条编号	对应的 ISO 6271-1:2004 标准章条编号
1	1
2	2
3	3
3.1	3.1
4	4
5	5
5.1	5.1
5.2	5.2
5.3	5.3
6	6
6.1	6.1
6.2	6.2
6.3	
6.4	6.3
6.5	6.4
7	7
7.1	7.1
7.2	7.2
7.3	7.3
8	8
9	9
10	10
11	11
	11.1
	11.2
	11.3
12	12
附录 A	—
附录 B	—

ICS 83.080
G 31

中华人民共和国国家标准

GB/T 24148.9—2014

塑料　不饱和聚酯树脂(UP-R)
第9部分:总体积收缩率测定

Plastics—Unsaturated polyester resins (UP-R)—
Part 9: Determination of overall volume shrinkage

(ISO 3521:1997 and ISO 3521:1997/Cor 1:2003, Plastics—
Unsaturated polyester and epoxy resins—
Determination of overall volume shrinkage, MOD)

2014-07-08 发布　　2014-12-01 实施

中华人民共和国国家质量监督检验检疫总局
中国国家标准化管理委员会　发布

前　言

GB/T 24148《塑料　不饱和聚酯树脂(UP-R)》分为以下9部分：

——第1部分：命名系统；

——第2部分：试样制备和性能测定；

——第3部分：技术要求；

——第4部分：黏度的测定；

——第5部分：固体含量测定；

——第6部分：130 ℃反应活性测定；

——第7部分：室温条件下凝胶时间的测定；

——第8部分：铂-钴比色法测定颜色；

——第9部分：总体积收缩率测定。

本部分为GB/T 24148的第9部分。

本部分按照GB/T 1.1—2009给出的规则起草。

本部分使用重新起草法，修改采用ISO 3521:1997《塑料　不饱和聚酯树脂和环氧树脂　整体体积收缩率测定》(英文版)和修改单ISO 3521:1997/Cor 1:2003。

本部分与ISO 3521:1997和ISO 3521:1997/Cor 1:2003相比存在技术性差异，这些差异涉及的条款已通过在其外侧页边空白位置的垂直单线(|)进行了标示。

本部分与ISO 3521:1997的主要技术差异及其原因如下：

——本部分范围仅适用于液态不饱和聚酯树脂的总体积收缩率测定。

——删除了"6.1.2 环氧树脂"的相关内容，这是因为本部分范围仅适用于液态不饱和聚酯树脂，环氧树脂不属于不饱和聚酯树脂范围之内。

本部分为了便于使用，还做了下列编辑性修改：

——把"本国际标准"一词改为"本部分"或"GB/T 24148.9—2014"

——删除了ISO 3521:1997的前言；

——增加了国家标准的前言；

——把"规范性引用文件"一章所列的国际标准用对应的等同采用该文件的我国国家标准代替。

本部分由中国石油和化学工业联合会提出。

本部分由全国塑料标准技术委员会热固性塑料分会(SAC/TC 15/SC 11)归口。

本部分负责起草单位：华东理工大学华昌聚合物有限公司。

本部分参加起草单位：浙江天和树脂有限公司、国家合成树脂质量监督检验中心、天津合材树脂有限公司、江苏富菱化工有限公司、常州天马集团有限公司、江苏亚邦涂料股份有限公司。

本部分主要起草人：杨萌、马勇、赵平、肖淑红、杨晨、宣维栋、朱锐。

塑料　不饱和聚酯树脂(UP-R)
第9部分:总体积收缩率测定

1　范围

GB/T 24148的本部分规定了不饱和聚酯树脂总体积收缩率的测定方法。

本部分适用于液态不饱和聚酯树脂。

2　规范性引用文件

下列文件对于本文件的应用是必不可少的。凡是注日期的引用文件,仅注日期的版本适用于本文件。凡是不注日期的引用文件,其最新版本(包括所有的修改单)适用于本文件。

GB/T 15223—2008　塑料　液体树脂　用比重瓶法测定密度(ISO 1675:1985,IDT)

3　术语和定义

下列术语和定义适用于本文件。

3.1

总体积收缩率　overall volume shrinkage

浇铸件固化过程及固化后冷却至室温时产生的体积收缩总和。

4　原理

总体积收缩率是通过测量同一样品固化前后的密度计算得来。

先测定树脂合成物的密度:

a)　在混合各组分的初始温度条件下测量,混合组分中不包括不饱和聚酯树脂中的引发剂(见6.1.2注1);

b)　样品固化完成后在23 ℃下状态调节。

总体积收缩率是通过对样品固化前后的密度变化的百分比计算得来:

$$\text{总体积收缩率}=\frac{\text{固化后样品密度}-\text{固化前样品密度}}{\text{固化后样品密度}}\times 100\%$$

混合物在混合时的密度通过已知的时间段和测量结果推断至零点得到。

对于高温发生反应的混合物,混合物的密度是通过各组分的密度计算得来。

样品固化调整状态后,在23 ℃条件下的密度要在硅油中测得。

5　仪器

5.1　天平,精确到1 mg,带有密度测量装置(尽可能选用反应灵敏的天平)。

5.2　铅锤,质量25 g±5 g,尺寸大小应避免壁效应。应知道铅锤在固化温度和23 ℃±0.1 ℃条件下的体积。

5.3 恒温硅油浴装置,应知道硅油在固化温度和 23 ℃±0.1 ℃条件下的密度。

5.4 试管,长约 180 mm,直径 20 mm。

5.5 秒表。

5.6 干燥器。

6 操作步骤

6.1 测定固化温度高于室温的混合物密度

6.1.1 仪器准备

在混合物固化温度下测定铅锤体积 V_S,精确到 10^{-3} mL。在室温下空气中称量铅锤质量(记为 m_S)。在混合物固化温度下的硅油中称量带有吊线的铅锤质量(记为 m_{S+W})。

在室温下空气中称量吊线质量(记为 m_W)。

如果不明确硅油在混合物固化温度下的密度,可按 GB/T 15223—2008 在固化温度下进行测定。

6.1.2 不饱和聚酯树脂

按混合物比例称取各组分,不包括引发剂,要保证足够量的树脂完成如下测试及按照 6.3 中的要求制作试验样品。

注 1:用于固化不饱和聚酯树脂的引发剂通常为过氧化物,不可以加热,以免爆炸(见生产商提供的安全数据表)。由于引发剂的用量很少(1%～2%),所以混合物中的其他组分可以提供确定足够精确的密度。

混合称量过的各组分。

取出用于浇铸试验样品的混合物(见 6.3),将剩余的混合物加热至固化温度,达到温度后立即按下秒表(记为零点)。

将混合物迅速倒入试管。将预热至固化温度的铅锤放入混合物中。在一系列相同时间间隔后记录总质量(m_{S+W}),即铅锤和吊线的总质量。时间间隔及记录的次数视所检测的混合物而定。

6.2 测定在常温下固化的混合物密度

由于常温固化树脂的高放热特性,很难在常温反应时测定混合物的密度。按照 GB/T 15223—2008,在 23 ℃±0.1 ℃条件下分别测量混合物中各组分的密度。

6.3 浇铸试样表观密度的测定

6.3.1 初步测量

如所用硅油在 23 ℃±0.1 ℃下的密度未知,则按 GB/T 15223—2008 进行测定。

6.3.2 浇铸体样品的质量和表观质量的测量

将 25 g±5 g 混合物倒入试管。

混合物固化完全后,将装有浇铸试样的试管放入干燥器中冷却至室温。测试结果取决于固化条件,所以固化条件需相关组织协商确定。对于任何给定混合物,固化时间和固化温度即为固化条件。

在空气中称量试验样品质量(m_C)。

在 23 ℃±0.1 ℃下硅油中测定其表观质量(m_{C+W}),然后在空气中称量吊线质量(m_W)。

尽快读取质量以避免湿度的影响。在硅油中测量样品质量时,需使试样与油浴达到热平衡后方能读数。

称量完毕后,用滤纸仔细地擦净附着在样品表面的硅油,用石油醚洗净,根据产品说明放置在固化温度或者热处理温度下进行后固化 1 h(对于常温固化树脂,后固化温度采用 110 ℃)。

将试样放置在干燥器中冷却至室温。

再次在空气中测量试样质量(记为 m_C)。

再次在 23 ℃±0.1 ℃的硅油中测量试样表观质量(m_{C+W})。

如果后固化后的试样加上吊线在空气中的总质量与在硅油中的总表观质量的偏差 Δm,与后固化前这两个质量的偏差之比小于 0.2%的话,就采用后固化后的表观质量进行密度计算。

如果 Δm 的比值大于 0.2%的话,清理试样并按上述操作重复后固化,直至 Δm 的比值小于 0.2%。采用最终后固化的样品表观质量进行密度计算。

7 计算结果

7.1 高于室温固化的混合物(见 6.1)

混合物在零点时的密度按式(1)计算:

$$\rho_0 = \frac{m_S + m_W - m_{S+W}}{V_S} \qquad \cdots\cdots(1)$$

式中:

ρ_0 ——混合物密度,单位为克每毫升 (g/mL);

m_S ——铅锤在空气中的质量,单位为克(g);

m_W ——吊线在空气中的质量,单位为克(g);

m_{S+W}——零点时铅锤和吊线在混合物中的表观质量,单位为克(g);

V_S ——铅锤的体积,单位为毫升(mL),通过式(2)计算:

$$V_S = \frac{m_S + m_W - m'_{S+W}}{\rho'_{Si}} \qquad \cdots\cdots(2)$$

式中:

m'_{S+W}——混合物固化温度下铅锤和吊线在硅油中的表观质量,单位为克(g);

ρ'_{Si} ——混合物固化温度下硅油的密度,单位为克每毫升(g/mL);

m_S 和 m_W 同上述定义。

7.2 室温条件下固化的混合物(见 6.2)

零点时混合物的密度 ρ_0,单位为克每毫升(g/mL),由式(3)计算:

$$\rho_0 = \frac{(m_A + m_B) \times \rho_A \times \rho_B}{m_A \times \rho_B + m_B \times \rho_A} \qquad \cdots\cdots(3)$$

式中:

m_A——用于浇铸样品的组分 A 的质量,单位为克(g);

m_B——用于浇铸样品的组分 B 的质量,单位为克(g);

ρ_A ——用于浇铸样品的组分 A 的密度,单位为克(g);

ρ_B ——用于浇铸样品的组分 B 的密度,单位为克(g)。

7.3 浇铸样品的表观密度(见 6.3)

试验样品在 23 ℃±0.1 ℃下的表观密度 ρ_C,由式(4)计算:

$$\rho_C = \frac{m_C \times \rho_{Si}}{m_C + m_W - m_{C+W}} \qquad \cdots\cdots(4)$$

式中：

m_C ——样品在空气中的质量，单位为克(g)；

m_W ——吊线在空气中的质量，单位为克(g)；

m_{C+W}——样品和吊线在硅油中的表观质量，单位为克(g)；

ρ_{Si} ——硅油在 23 ℃±0.1 ℃温度条件下的密度，单位为克每毫升 (g/mL)。

7.4 总体积收缩率

总体积收缩率由式(5)计算：

$$\frac{(\rho_C-\rho_0)}{\rho_C}\times 100\% \qquad \cdots\cdots(5)$$

式中 ρ_C 和 ρ_0 由上述计算而得。

8 精密度

由于尚未得到实验室间试验数据，故未知本试验方法的精密度。如果得到上述数据，则在下次修订时加上精密度说明。

9 试验报告

试验报告应包含以下内容：

a) 注明采用本部分；

b) 所测试样所有信息；

c) 总体积收缩率，以百分比表示；

d) 测试过程中与本部分规定的任何偏差，以及试验中观察到的任何非正常现象。

ICS 59.080.30
W 04

中华人民共和国国家标准

GB/T 24218.18—2014

纺织品　非织造布试验方法 第18部分：断裂强力和断裂伸长率的测定(抓样法)

Textiles—Test methods for nonwovens—
Part 18: Determination of breaking strength and elongation (grab method)

(ISO 9073-18:2007, MOD)

2014-12-31 发布　　2015-08-01 实施

中华人民共和国国家质量监督检验检疫总局
中国国家标准化管理委员会　发布

前　言

GB/T 24218《纺织品　非织造布试验方法》分为以下部分：

——第1部分：单位面积质量的测定；

——第2部分：厚度的测定；

——第3部分：断裂强力和断裂伸长率的测定(条样法)；

——第5部分：耐机械穿透性的测定(钢球顶破法)；

——第6部分：吸收性的测定；

——第8部分：液体穿透时间的测定(模拟尿液)；

——第10部分：落絮的测定；

——第11部分：溢流量的测定；

——第12部分：受压吸收性的测定；

——第13部分：液体多次穿透时间的测定；

——第14部分：包覆材料返湿量的测定；

——第15部分：透气性的测定；

——第16部分：抗渗水性的测定(静水压法)；

——第17部分：渗水性的测定(喷淋冲击法)；

——第18部分：断裂强力和断裂伸长率的测定(抓样法)；

——第101部分：抗生理盐水性能的测定(梅森瓶法)。

GB/T 24218《纺织品　非织造布试验方法》第1～18部分与ISO 9073系列标准相对应，除上述标准外，其他部分与ISO 9073的对应关系如下：

——GB/T 3917.3《纺织品　织物撕破性能　第3部分：梯形试样撕破强力的测定》(GB/T 3917.3—2009，ISO 9073-4:1997，MOD)

——GB/T 18318.1《纺织品　弯曲性能的测定　第1部分：斜面法》(GB/T 18318.1—2009，ISO 9073-7:1995，MOD)

——GB/T 23329《纺织品　织物悬垂性的测定》(GB/T 23329—2009，ISO 9073-9:2008，MOD)

本部分为GB/T 24218的第18部分。

本部分按照GB/T 1.1—2009给出的规则起草。

本部分使用重新起草法修改采用ISO 9073-18:2007《纺织品　非织造布试验方法　第18部分：断裂强力和断裂伸长率的测定(抓样法)》(英文版)。

本部分与ISO 9073-18:2007的主要差异为：

——删除了国际标准的前言；

——规范性引用文件中的国际标准替换为相应的国家标准，删除了对ISO 186的引用；

——将3.2注的内容调整为正文，对定义进行了简化；

——简化了第4章，将部分内容调整为注；

——增加了6.1中拉伸仪隔距长度和断裂强力显示和记录的允差；

——修改了7.1的取样方法；

——将第7章按照取样、试样准备和试验步骤的顺序对条款进行了调整，即：原7.5、7.7、7.8调整为7.1、7.2、7.3，原7.1～7.4调整为7.4～7.7，原7.6调整为7.8；

——增加了试验结果修约的规定；

——修改了试验报告的内容。

本部分由中国纺织工业联合会提出。

本部分由全国纺织品标准化技术委员会基础标准分技术委员会(SAC/TC 209/SC 1)归口。

本部分起草单位:中纺标(北京)检验认证中心有限公司。

本部分主要起草人:韩玉茹、王欢、郑宇英。

纺织品　非织造布试验方法　第18部分：断裂强力和断裂伸长率的测定(抓样法)

1　范围

GB/T 24218的本部分规定了采用抓样法测定非织造布拉伸性能的试验方法，包括湿态试样试验。

本部分适用于大多数类型的非织造布，不推荐用于伸长率较大的非织造布。

2　规范性引用文件

下列文件对于本文件的应用是必不可少的。凡是注日期的引用文件，仅注日期的版本适用于本文件。凡是不注日期的引用文件，其最新版本(包括所有的修改单)适用于本文件。

GB/T 6529　纺织品　调湿和试验用标准大气(GB/T 6529—2008，ISO 139:2005，MOD)

GB/T 19022—2003　测量管理体系　测量过程和测量设备的要求(ISO 10012:2003，IDT)

3　术语和定义

下列术语和定义适用于本文件。

3.1

抓样试验　grab test

试样宽度方向的中央部位被夹持器夹持的拉伸试验。

注：通常情况下，采用抓样法测定拉伸强力时试样宽度为100 mm。用25 mm宽的夹钳面夹持试样两端的居中部位，使拉伸力作用于试样宽度的正中央。

3.2

伸长率　elongation

因力的作用引起的试样长度增量与其初始长度之比，以百分率表示。

3.3

断裂强力　breaking force

试样拉伸至断脱过程中承受的最大力。

注：脆性材料通常在最大力处断脱，韧性材料通常最大力发生在断脱前。

3.4

拉伸强力　tensile strength

试样在拉伸过程中承受的应力。

注：衡量试样在未断裂时能够承受的力。

4　原理

将宽度为100 mm的试样居中夹持在宽度为25 mm的夹钳内，拉伸试验仪以规定的拉伸速度拉伸试样直至断脱，记录试样的断裂强力和断裂伸长率。

注：本试验方法用于模拟肘部产生的力或者其他类似的受力情况。抓样法试验和条样法试验测得结果没有明确的关系。

5 材料和试剂

5.1 蒸馏水，用于湿态测试。

5.2 非离子润湿剂，用于湿态测试。

5.3 容器，用于浸湿试样。

6 仪器

6.1 等速拉伸试验仪，拉伸速度能满足(300±10)mm/min，隔距长度的误差不超过±1 mm，在仪器全量程内的任意点，指示或记录断裂强力的误差应不超过±1%。仪器的计量确认需符合GB/T 19022—2003中第7章、图2和附录A的规定。

6.2 夹持器和夹钳面，能够牢固夹持试样，不打滑，不剪切或破坏试样。同一夹持器的两夹钳面应平行并且中间对齐，两夹持器的对应夹钳面应中间对齐。每个夹持器的前(或上)夹钳面在与拉伸力垂直方向的宽度应为(25±1)mm，与拉伸力平行方向的长度至少25 mm。每个夹持器的后(或下)夹钳面宜至少与其配套的夹钳面一样大，但是使用较大的夹钳面可减少前后夹钳面未对准的问题。

注：如果试验过程中发生试样滑移，夹钳面与拉伸力平行方向的长度可从25 mm改为50 mm。

7 程序

7.1 按产品标准规定或有关方协议取样。尽可能取全幅宽样品，长度约为1 m，确保所取样品没有明显的缺陷。

7.2 从每个样品上剪取纵向试样至少5块，横向试样至少5块。如需要进行湿态试验，另行剪取纵向和横向各至少5块试样。

7.3 每块试样宽度为(100±1)mm，长度应满足隔距长度的要求，试样伸出夹持器两端至少10 mm为宜。长度方向与拉伸力方向平行。

7.4 将试样放入GB/T 6529中规定的标准大气中调湿平衡。用于湿态试验的试样应浸没在室温下的蒸馏水(5.1)中直到完全浸湿。如有必要可在水中加入不多于0.05%的非离子润湿剂。试样应在移出水后吸去多余的水分2 min内完成试验。

7.5 调整夹持器之间的距离(隔距长度)为(75±1)mm。

7.6 除有其他规定，调整拉伸试验仪的拉伸速度为(300±10)mm/min。

7.7 选择并确定拉伸试验仪的力值量程，使测试值在仪器满量程的10%～90%之间。

7.8 小心手持试样端头，避免改变试样测试区域的自然状态。

7.9 将试样夹入上下夹钳中，使25 mm宽的夹钳处于试样宽度居中部位。

小心夹持试样，使试样在无预张力的情况下尽量保持伸直。将试样放入拉伸试验仪上下夹钳的过程可能是试验方法操作中产生误差的来源。伸长测量是从拉力曲线离开原点开始的。将试样小心放入夹钳中可减少一些操作误差。

7.10 在试样上沿每个夹钳的边缘各做一条标记线用于检查试样滑移。

7.11 启动仪器进行抓样试验，拉伸试样至断裂或断脱。

7.12 读取断裂强力，如需要，读取断裂伸长率。分别记录纵向和横向的测得结果。

如果试样在夹钳中滑移，或在夹钳边缘5 mm内断裂且试验结果低于该组试样的平均值50%时，舍弃该试验结果并增加试样，继续试验直到获得要求数量的有效断裂试样。舍弃数据时宜根据试验过程中对试样的观察，并考虑试样的多样性。

7.13 如果试样在夹钳中有滑移，或者25%以上的试样断裂发生在夹钳边缘5 mm内，可尝试下列改进措施，采用的改进措施在试验报告中注明：

——夹钳面可使用橡胶垫减少滑移；

——夹钳面可为锯齿状或有凹槽以便更好夹持试样；

——避免因夹钳面上的锋利边缘造成试样断裂。

有时很难确定一些试样夹钳边缘断裂的确切原因。因夹钳破坏试样而引起的断裂，其试验结果宜舍弃。但是，如果钳口断裂是由于非织造布不匀的随机分布引起，则为有效数据。钳口断裂有可能是因为当施加载荷时夹钳会阻止试样在宽度方向的收缩，导致夹钳邻近区域的应力集中，在这种情况下，钳口断裂是不可避免的，其试验结果是可以接受的。

影响试验结果精密度的因素参见附录A。

8 结果计算

8.1 断裂强力

分别计算有效试样纵向和横向断裂强力的平均值，单位为牛顿(N)，结果精确至0.1 N。

8.2 断裂伸长率

分别计算有效试样纵向和横向断裂伸长率的平均值，以百分率(%)表示，结果精确至0.5%。如需要，计算其他拉伸强力对应的伸长率。

8.3 浸湿试样结果

如果测试浸湿试样，按8.1和8.2的方法计算平均断裂强力和平均断裂伸长率。

9 试验报告

试验报告应包括以下内容：

a) 试验是按本部分(列出本部分的标准号)规定进行的；

b) 样品描述；

c) 使用的拉伸试验仪相关信息(如型号、夹钳面、传感器量程)；

d) 试验环境(温度和湿度)；

e) 有效试样数量，舍弃的试样数量；

f) 有效试样的断裂强力平均值；

g) 如有要求，有效试样的断裂伸长率平均值；

h) 任何偏离本部分的细节。

附 录 A
（资料性附录）
影响抓样法拉伸试验精密度的因素

以下是在试验过程中一些引起实验室间或实验室内精密度偏低的原因。所有这些因素宜在试验报告中注明：

——使用不同生产厂商或不同型号的拉伸试验仪；

——使用不同量程的传感器；

——使用不同数据处理软件；

——使用不同实验室的环境；

——样品是否进行预调湿和调湿。

以下是一些人员误差来源：

——改变仪器试验条件后没有清零；

——没有对仪器和传感器进行适当的和及时的校准；

——没有进行适当和持续的培训，没有进行定期能力测试。

ICS 77.140.60
H 44

中华人民共和国国家标准

GB/T 24242.3—2014

制丝用非合金钢盘条 第3部分:沸腾钢和沸腾钢替代品低碳钢盘条

Non-alloy steel wire rod for conversion to wire—Part 3:Specific requirements for rimmed and rimmed substitute low carbon steel wire rod

(ISO 16120-3:2011,MOD)

2014-06-24 发布 2015-04-01 实施

中华人民共和国国家质量监督检验检疫总局
中国国家标准化管理委员会 发布

前　言

GB/T 24242《制丝用非合金盘条》分为四个部分：

——第1部分：一般要求；

——第2部分：一般用途盘条；

——第3部分：沸腾钢和沸腾钢替代品低碳钢盘条；

——第4部分：特殊用途盘条。

本部分为GB/T 24242的第3部分。

本部分按照GB/T 1.1—2009给出的规则起草。

本部分使用重新起草法修改采用重新起草法修改采用ISO 16120-3：2011《制丝用非合金钢盘条　第3部分：沸腾钢和沸腾钢替代品低碳钢盘条》。

本部分与ISO 16120-3：2011相比主要技术差异及其原因参见附录C。

本部分由中国钢铁工业协会提出。

本部分由全国钢标准化技术委员会(SAC/TC 183)归口。

本部分起草单位：江苏沙钢集团有限公司、泰博制钢股份有限公司、天津钢铁集团有限公司、冶金工业信息标准研究院、宣化钢铁集团有限责任公司、首钢总公司。

本部分主要起草人：李晓波、黄正玉、陈少慧、李长春、李树庆、梁云科、任翠英、祁立国、李莉、谢瑞萍、朱红斌、王玲君。

制丝用非合金钢盘条
第3部分:沸腾钢和沸腾钢替代品低碳钢盘条

1 范围

GB/T 24242的本部分规定了制丝用非合金钢盘条中的沸腾钢和沸腾钢替代品低碳钢盘条的尺寸、外形、重量及允许偏差、订货内容、技术要求、试验方法、检验规则、包装、标志和质量证明书等。

本部分适用于拉拔或冷轧钢丝用具有高延性的低碳、低硅沸腾钢非合金钢盘条,以及沸腾钢替代品非合金钢盘条(以下简称盘条)。

2 规范性引用文件

下列文件对于本文件的应用是必不可少的。凡是注日期的引用文件,仅注日期的版本适用于本文件。凡是不注日期的引用文件,其最新版本(包括所有的修改单)适用于本文件。

GB/T 222 钢的成品化学成分允许偏差

GB/T 223.5 钢铁 酸溶硅和全硅含量的测定 还原型硅钼酸盐分光光度法(GB/T 223.5—2008,ISO 4829-1:1986、ISO 4829-2:1988,MOD)

GB/T 223.11 钢铁及合金 铬含量的测定 可视滴定或电位滴定法(GB/T 223.11—2008,ISO 4937:1986,MOD)

GB/T 223.12 钢铁及合金化学分析方法 碳酸钠分离-二苯碳酰二肼光度法测定铬量

GB/T 223.19 钢铁及合金化学分析方法 新亚铜灵-三氯甲烷萃取光度法测定铜量

GB/T 223.23 钢铁及合金 镍含量的测定 丁二酮肟分光光度法

GB/T 223.26 钢铁及合金 钼含量的测定 硫氰酸盐分光光度法

GB/T 223.37 钢铁及合金化学分析方法 蒸馏分离-靛酚蓝光度法测定氮量

GB/T 223.59 钢铁及合金 磷含量的测定 铋磷钼蓝分光光度法和锑磷钼蓝分光光度法

GB/T 223.62 钢铁及合金化学分析方法 乙酸丁酯萃取光度法测定磷量

GB/T 223.63 钢铁及合金化学分析方法 高碘酸钠(钾)光度法测定锰量

GB/T 223.68 钢铁及合金化学分析方法 管式炉内燃烧后碘酸钾滴定法测定硫含量

GB/T 223.74 钢铁及合金化学分析方法 非化合碳含量的测定

GB/T 228.1 金属材料 拉伸试验 第1部分:室温试验方法(GB/T 228.1—2010,ISO 6892-1:2009,MOD)

GB/T 2975 钢及钢产品 力学性能试验取样位置及试样制备(GB/T 2975—1998,eqv ISO 377:1997)

GB/T 4336 碳素钢和中低合金钢 火花源原子发射光谱分析方法(常规法)

GB/T 6394 金属平均晶粒度测定法

GB/T 10561—2005 钢中非金属夹杂物含量的测定 标准评级图显微检验法(GB/T 10561—2005,ISO 4967:1998,IDT)

GB/T 20066 钢和铁 化学成分测定用试样的取样和制样方法(GB/T 20066—2006,ISO 14284:1996,IDT)

GB/T 20123 钢铁 总碳硫含量的测定 高频感应炉燃烧后红外吸收法(常规方法)(GB/T 20213—2006,ISO 15350:2000,IDT)

GB/T 20124 钢铁 氮含量的测定 惰性气体熔融热导法(常规方法)(GB/T 20124—2006,ISO 15351:1999,IDT)

GB/T 20125 低合金钢 多元素含量的测定 电感耦合等离子体原子发射光谱法

GB/T 24242.1—2009 制丝用非合金钢盘条 第1部分:一般要求(GB/T 24242.1—2009,ISO 16120-1:2001,MOD)

3 术语和牌号表示方法

3.1

沸腾钢替代品 rimmed substitute

拉拔和成形性能与沸腾钢相当的连铸钢,它能替代沸腾钢使用。

3.2 牌号表示方法

盘条的牌号由英文Carbon、Drawning首字母和平均含碳量、用途分类三部分组成。例如C×D1。

其中:×——平均碳含量;

C、D——分别为Carbon、Drawing的第一个字母;

1——代表沸腾钢和沸腾钢替代品。

4 技术要求

4.1 一般要求

盘条的尺寸、外形、重量及允许偏差、订货内容、冶炼方法、交货状态、检验规则、包装、标志和质量证明书等一般要求应符合GB/T 24242.1的规定。

4.2 牌号和化学成分

4.2.1 盘条的牌号及化学成分(熔炼分析)应符合表1的规定。

表1 盘条牌号及化学成分(熔炼分析)

牌号	化学成分(质量分数)/%										
	C≤	Si≤	Mn	P≤	S≤	Cr≤	Ni≤	Mo≤	Cu≤	Al_t≤	N≤
C2D1	0.03	0.05	0.10~0.35	0.020	0.020	0.10	0.10	0.03	0.10	0.01	0.007
C3D1	0.05	0.05	0.20~0.40	0.025	0.025	0.10	0.10	0.03	0.15	0.05	—
C4D1	0.06	0.10	0.20~0.45	0.025	0.025	0.15	0.15	0.03	0.15	0.05	—

4.2.2 沸腾钢替代品盘条的成品化学成分允许偏差应符合GB/T 222的规定。

4.2.3 除冶炼所需元素外,表1中未列入的各元素未经需方同意不得有意加入钢中。

4.2.4 铬、镍、铜含量的总和满足如下关系:

C2D1钢:Cr+Ni+Cu≤0.25%;C3D1钢:Cr+Ni+Cu≤0.30%;C4D1钢:Cr+Ni+Cu≤0.35%。

4.2.5 经供需双方协商,可降低 C3D1、C4D1 牌号 Al 含量的上限值。

4.2.6 经供需双方协商,可降低 Si 含量的上限值。

4.3 力学性能

盘条应进行力学性能检验,除非在订货时另有规定,盘条最大抗拉强度应符合表 2 的规定。

表 2 盘条的力学性能要求

牌号	抗拉强度 R_m/MPa
C2D1	≤360
C3D1	≤390
C4D1	供需双方协商

4.4 非金属夹杂物

盘条应进行非金属夹杂物检验,非金属夹杂物的级别按 GB/T 10561—2005 中的方法 A 进行评定,合格级别由供需双方协商确定。

4.5 晶粒度

根据需方要求,经供需双方协议,并在合同中注明,可进行奥氏体晶粒度检验,具体允许级别在订货时商定并在合同中注明。

4.6 表面质量

4.6.1 盘条应将头尾有害缺陷部分切除,其截面不得有缩孔、分层及夹杂。

4.6.2 盘条表面应光滑,不得有裂纹、折叠、耳子、结疤等有害缺陷。允许有压痕及局部的凸块、划痕、麻面,其深度或高度从实际尺寸算、实际长度不得超过表 3 规定的范围。其深度和长度的测量方法采用目视法或附录 A 中的金相法。仲裁时采用金相法。

表 3 盘条表面缺陷最大允许值

盘条公称直径 D/mm	表面缺陷最大允许深度或高度/mm	表面缺陷最大允许实际长度/mm
5~10	2%D	0.25
>10~16	1.5%D	0.25
>16	0.25	0.30

4.6.3 盘条不得有影响后续加工和最终使用的机械损伤存在(机械损伤包括盘卷之间、盘卷与地面之间以及盘卷在装运、堆垛过程中与机械设备之间的机械损伤三类)。机械损伤的可接收程度由供需双方协商确定。机械损伤的图示说明见附录 B。

5 试验方法

盘条的检验项目、取样数量、取样方法及部位和试验方法应符合表 4 的规定。

表 4　盘条取样、检验要求

序号	检验项目	取样数量/个	取样方法及部位	试验方法
1	化学成分	1/炉	GB/T 20066	GB/T 223、GB/T 4336、GB/T 20123、GB/T 20124、GB/T 20125
2	拉伸试验	2/批	GB/T 2975、不同根盘条	GB/T 228.1
3	非金属夹杂物	2/批	不同根盘条	GB/T 10561
4	晶粒度	2/批	不同根盘条	GB/T 6394
5	外形尺寸	逐盘	—	千分尺、游标卡尺
6	表面质量	逐盘	—	目测、金相法(见附录 A、附录 B)

附 录 A
（规范性附录）
表面缺陷的测量

A.1 概述

本附录介绍了采用微观方法测定和评估如下条款中描述的表面缺陷。适用于 GB/T 24242.2～GB/T 24242.4 涉及的所有钢种。

A.2 术语及定义

表面缺陷指盘条表面在生产过程中产生的任何可测量的缺陷。

A.3 总则

本方法是在显微镜下观察盘条经浸蚀的抛光截面上的表面缺陷。

A.4 试样的制备

A.4.1 切取试样

待检查表面应为横向截面。

A.4.2 抛光

在分等级的金刚砂纸上逐级对试样进行研磨，用细金刚石研磨膏进行抛光。在抛光成镜面后，将试样用清水小心冲洗、用酒精擦拭并干燥。

A.4.3 浸蚀

可在浸蚀过或未经浸蚀的试样上进行检查。如需浸蚀，浸蚀溶液采用 100 mL 乙醇中含 2 mL 硝酸（ρ=1.33 g/mL）的硝酸酒精溶液。在室温下对抛光表面进行浸蚀，时间至少为 10 s 直至表面被清晰地浸蚀。

浸蚀后，试样表面用酒精擦拭并干燥。

A.4.4 表面缺陷深度的评定

用光学显微镜观察缺陷深度，放大倍数可根据试样直径及缺陷深度选择。应观察试样的整个周边。

A.4.5 检查报告

检查结果用两种形式进行报告，即“径向深度”或“实际长度”。

——径向深度：

缺陷根部与盘条表面之间的沿着半径方向的径向距离，见图 A.1。

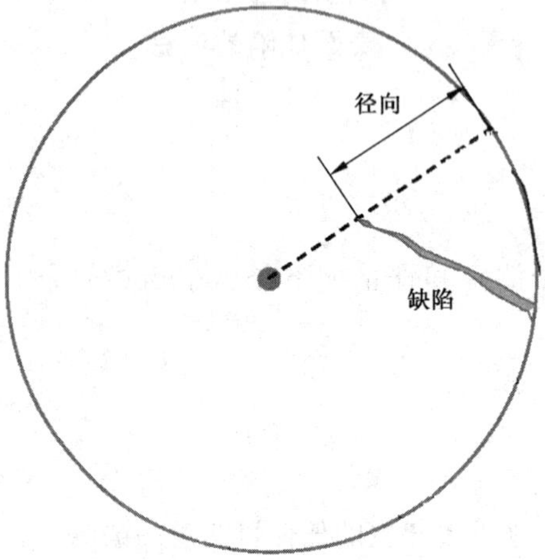

图 A.1 第一种情况下表面缺陷的测量

——实际长度：

缺陷从表面破坏点算起至缺陷末尾点两点之间的实际线段长度，见图 A.2。在缺陷是非线性的情况下，理论上将缺陷分成若干个线性部分，然后对每一段的长度进行加和，见图 A.3。

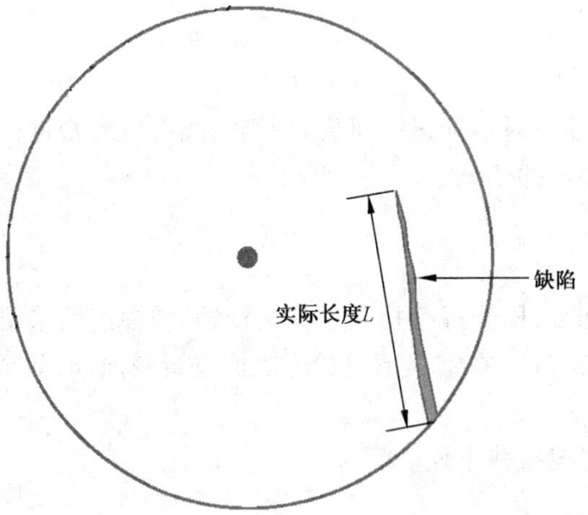

图 A.2 第二种情况下表面缺陷的测量

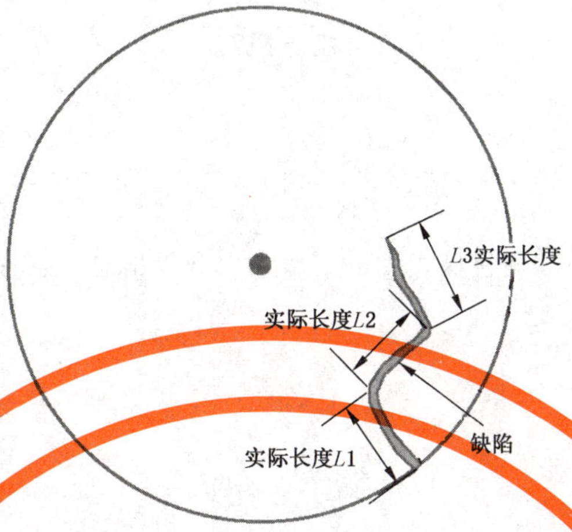

图 A.3 第三种情况下表面缺陷的测量

附 录 B
（资料性附录）
机械损伤

B.1 概述

本附录旨在提供关于盘条表面机械损伤的类型和表观等信息，这些损伤严重的话，将导致拉拔或在后续的加工过程中的断裂或失效。

B.2 术语及定义

B.2.1

机械损伤

用于描述盘条在轧制或集卷操作后，其后续的盘卷包装、贮运等过程中，因接触产生的任何可辨别的表面损伤。

注：这种接触可导致磨损或撞伤，可产生于盘卷与盘卷之间，或盘卷与其他可诱导损伤的材料之间（如混凝土、钢或其他材料）。

B.3 机械损伤实例

损伤的类型和可能的原因见图 B.1～图 B.3。

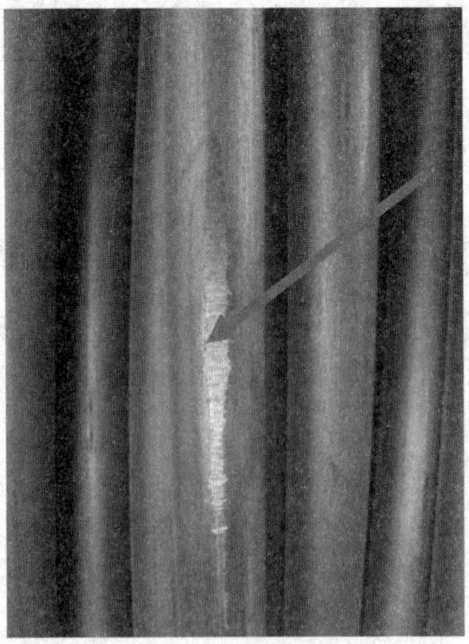

图 B.1 盘卷与盘卷之间的磨蚀

图 B.2 盘卷与混凝土地面之间的磨蚀接触导致的损伤

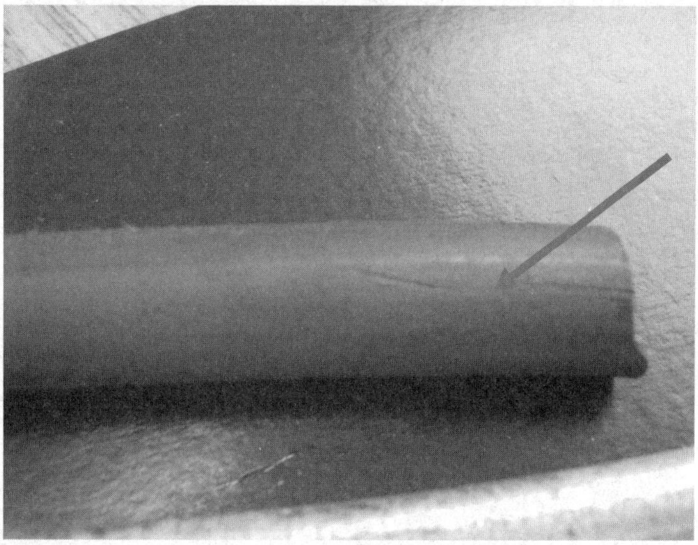

图 B.3 在堆垛过程中盘卷与盘卷接触导致的损伤

B.4 防止机械损伤的方法

在盘卷从生产线上下卷后的各种不同阶段，通常可采用如下方法避免机械损伤。

B.4.1 盘卷的搬运（如起吊、装货、卸货）

a) 搬运设备（如C形钩或叉车）与盘卷接触的表面应使用软钢材料制成，或配有内置的铝或其他软的材料。

b) 应垂直起吊盘卷，避免与地面、钢架或其他盘卷拉拽。

c) 吊索应为纤维品或其他非金属材料。如不可避免地使用链条或绳索，需用塑料或其他无害的材料包覆或环套。

B.4.2 盘卷的贮存

a) 盘卷的贮存应放在木头、橡胶栅网或其他软材料上。应在盘卷间放置软质隔层(用硬板或卡板制成)。

b) 当在盘卷的每一层上堆垛另外的盘卷时,在盘卷层间应放置软质隔层(用硬板或卡板制成)。

c) 当对盘条的表面质量要求极高时,应单层堆放,不得堆垛。

B.4.3 运输

a) 在采用卡车或货车运输时,可用防止盘卷在运输过程移动的托架或其他专用工具,以防止盘卷之间的接触。

b) 至少应在卡车、货车、船的底层,铺设木头或其他软质材料,对产品进行保护。

c) 应在盘卷之间垂直放置软质隔层[如用硬板或卡板制成,见 B.4.2a)],以避免盘卷和盘卷之间的磨蚀(如果不采用此方法,运输过程中盘卷的移动可能导致磨蚀损伤)。

d) 当盘卷需要捆扎在固定位置以保证运输安全时,捆扎材料应采用比钢软的材质(如纤维)。

附 录 C
(资料性附录)
本部分与 ISO 16120-3:2011 的技术性差异及其原因

表 C.1 给出了本部分与 ISO 16120-3:2011 的技术性差异及其原因。

表 C.1 本部分与 ISO 16120-3:2011 的技术性差异及其原因

本部分的章条编号	技术性差异	原因
2	将 ISO 16120-3:2011 的引用标准改为引用相应的我国国家标准和行业标准	以适应我国国情
4.1	盘条的一般要求应符合 GB/T 24242.1 的规定	按我国标准体系
4.2.2	沸腾钢替代品盘条的成品化学成分允许偏差应符合 GB/T 222 的规定	按我国标准体系,以适应我国国情
4.4	非金属夹杂物检测方法标准调整为我国国家标准 GB/T 10561	按我国标准体系,以适应我国国情
4.5	根据需方要求并经供需双方协商可进行晶粒度检验的要求	按我国标准体系,以适应我国国情
4.6	将原内部缺陷及表面质量、表面缺陷允许深度两个条款合并为现行国家标准习惯的表面质量条款,并对部分缺陷名称做了调整。纳入新版 ISO 16120-1 附录 B、附录 C 中关于表面缺陷长度和机械损伤的相关规定	符合我国国情和客户使用习惯
5	检验方法标准调整为我国国家标准和行业标准	按我国标准体系,以适应我国国情

ICS 77.140.60
H 44

中华人民共和国国家标准

GB/T 24242.4—2014

制丝用非合金钢盘条
第4部分：特殊用途盘条

**Non-alloy steel wire rods for conversion to wire—
Part 4: Specific requirements for wire rod for special applications**

(ISO 16120-4:2011, MOD)

2014-06-24 发布　　2015-04-01 实施

中华人民共和国国家质量监督检验检疫总局
中国国家标准化管理委员会　发布

前　言

GB/T 24242《制丝用非合金盘条》分为四个部分：

——第1部分：一般要求；

——第2部分：一般用途盘条；

——第3部分：沸腾钢和沸腾钢替代品低碳钢盘条；

——第4部分：特殊用途盘条。

本部分为GB/T 24242的第4部分。

本部分按照GB/T 1.1—2009给出的规则起草。

本部分使用重新起草法修改采用国际标准ISO 16120-4：2011《制丝用非合金钢盘条　第4部分：特殊用途盘条》。

本部分与16120-4：2011相比主要技术差异及其原因参见附录E。

本部分由中国钢铁工业协会提出。

本部分由全国钢标准化技术委员会(SAC/TC 183)归口。

本部分起草单位：江苏沙钢集团有限公司、冶金工业信息标准研究院、青岛钢铁有限公司、邢台钢铁有限公司、宣化钢铁集团有限责任公司、首钢总公司。

本部分主要起草人：黄正玉、李晓波、陈少慧、王玲君、朱红斌、任翠英、胡海平、王勇、张育新、刘鹏鹰、李莉、谢瑞萍。

制丝用非合金钢盘条
第4部分:特殊用途盘条

1 范围

GB/T 24242的本部分规定了制丝用非合金钢盘条中的特殊用途盘条的尺寸、外形、重量及允许偏差、订货内容、技术要求、试验方法、检验规则、包装、标志和质量证明书等。

本部分适用于较高性能要求的拉拔和(或)冷轧钢丝用优质盘条(以下简称盘条)。

2 规范性引用文件

下列文件对于本文件的应用是必不可少的。凡是注日期的引用文件,仅注日期的版本适用于本文件。凡是不注日期的引用文件,其最新版本(包括所有的修改单)适用于本文件。

GB/T 222 钢的成品化学成分允许偏差

GB/T 223.5 钢铁 酸溶硅和全硅含量的测定 还原型硅钼酸盐分光光度法(GB/T 223.5—2008,ISO 4829-1:1986、ISO 4829-2:1988,MOD)

GB/T 223.12 钢铁及合金化学分析方法 碳酸钠分离-二苯碳酰二肼光度法测定铬量

GB/T 223.19 钢铁及合金化学分析方法 新亚铜灵-三氯甲烷萃取光度法测定铜量

GB/T 223.23 钢铁及合金 镍含量的测定 丁二酮肟分光光度法

GB/T 223.26 钢铁及合金 钼含量的测定 硫氰酸盐分光光度法

GB/T 223.37 钢铁及合金化学分析方法 蒸馏分离-靛酚蓝光度法测定氮量

GB/T 223.50 钢铁及合金化学分析方法 苯基荧光酮-溴化十六烷基三甲基胺直接光度法测定锡量

GB/T 223.59 钢铁及合金 磷含量的测定 铋磷钼蓝分光光度法和锑磷钼蓝分光光度法

GB/T 223.62 钢铁及合金化学分析方法 乙酸丁酯萃取光度法测定磷量

GB/T 223.63 钢铁及合金化学分析方法 高碘酸钠(钾)光度法测定锰量

GB/T 223.68 钢铁及合金化学分析方法 管式炉内燃烧后碘酸钾滴定法测定硫含量

GB/T 223.69 钢铁及合金 碳含量的测定 管式炉内燃烧后气体容量法

GB/T 223.74 钢铁及合金化学分析方法 非化合碳含量的测定

GB/T 224 钢的脱碳层深度测定法(GB/T 224—2008,ISO 3887:2003,MOD)

GB/T 228.1 金属材料 拉伸试验 第1部分:室温试验方法(GB/T 228.1—2010,ISO 6892-1:2009,MOD)

GB/T 2975 钢及钢产品 力学性能试验取样位置及试样制备(GB/T 2975—1998,eqv ISO 377:1997)

GB/T 4336 碳素钢和中低合金钢 火花源原子发射光谱分析方法(常规法)

GB/T 6394 金属平均晶粒度测定方法

GB/T 10561—2005 钢中非金属夹杂物含量的测定 标准评级图显微检验法(GB/T 10561—2005,ISO 4967:1998,IDT)

GB/T 20066 钢和铁 化学成分测定用试样的取样和制样方法(GB/T 20066—2006,ISO 14284:1996,IDT)

GB/T 20123 钢铁 总碳硫含量的测定 高频感应炉燃烧后红外吸收法(常规方法)(GB/T 20213—2006,ISO 15350:2000,IDT)

GB/T 20124 钢铁 氮含量的测定 惰性气体熔融热导法(常规方法)(GB/T 20124—2006,ISO 15351:1999,IDT)

GB/T 20125 低合金钢 多元素含量的测定 电感耦合等离子体原子发射光谱法

GB/T 24242.1—2009 制丝用非合金钢盘条 第1部分:一般要求(GB/T 24242.1—2009,ISO 16120-1:2001,MOD)

YB/T 169 高碳钢盘条索氏体含量金相检测方法

3 牌号表示方法

3.1 盘条用钢的牌号通常以成分表示,牌号代号为C××D2。由Carbon、Drawning英文首字母和平均含碳量、用途分类代号三部分组成。

示例:C70D2。

其中:××——平均碳含量;

C、D——分别为Carbon、Drawing的第一个字母;

2——表示特殊用途。

3.2 如按附录A的要求供应牌号以抗拉强度命名的盘条产品,牌号代号为T××××S。由抗拉强度英文首字母、抗拉强度范围中值、用途分类代号三部分组成。

示例:T1020S。

其中:T——抗拉强度Tensile Strength第一个单词的首位字母;

××××——抗拉强度范围的中值;

S——特殊用途Special Application第一个单词的首位字母。

4 技术要求

4.1 一般要求

盘条的尺寸、外形、重量及允许偏差、订货内容、冶炼方法、交货状态、检验规则、包装、标志和质量证明书等一般要求应符合GB/T 24242.1的规定。

4.2 牌号和化学成分

4.2.1 以化学成分命名的盘条,其牌号及化学成分(熔炼分析)应符合表1的规定。

表1 盘条牌号及化学成分

牌号	化学成分(质量分数)/%										
	C	Si	Mn	P	S	Cr	Ni	Mo	Cu	Al	N
				≤							
C3D2	≤0.05	≤0.30	0.30~0.50	0.020	0.025	0.10	0.10	0.05	0.15	0.01	0.007
C5D2	≤0.07	≤0.30	0.30~0.50	0.020	0.025	0.10	0.10	0.05	0.15	0.01	0.007
C8D2	0.06~0.10	≤0.30	0.30~0.50	0.020	0.025	0.10	0.10	0.05	0.15	0.01	0.007
C10D2	0.08~0.12	≤0.30	0.30~0.50	0.020	0.025	0.10	0.10	0.05	0.15	0.01	0.007

表 1（续）

牌号	化学成分（质量分数）/%										
	C	Si	Mn	P	S	Cr	Ni	Mo	Cu	Al	N
				≤							
C12D2	0.10～0.14	≤0.30	0.30～0.50	0.020	0.025	0.10	0.10	0.05	0.15	0.01	0.007
C15D2	0.13～0.17	≤0.30	0.30～0.50	0.020	0.025	0.10	0.10	0.05	0.15	0.01	0.007
C18D2	0.16～0.20	≤0.30	0.30～0.50	0.020	0.025	0.10	0.10	0.05	0.15	0.01	0.007
C20D2	0.18～0.23	≤0.30	0.30～0.50	0.020	0.025	0.10	0.10	0.05	0.15	0.01	0.007
C26D2	0.24～0.29	0.10～0.30	0.50～0.70	0.020	0.025	0.10	0.10	0.03	0.15	0.01	0.007
C32D2	0.30～0.34	0.10～0.30	0.50～0.70	0.020	0.025	0.10	0.10	0.03	0.15	0.01	0.007
C36D2	0.34～0.38	0.10～0.30	0.50～0.70	0.020	0.025	0.10	0.10	0.03	0.15	0.01	0.007
C38D2	0.36～0.40	0.10～0.30	0.50～0.70	0.020	0.025	0.10	0.10	0.03	0.15	0.01	0.007
C40D2	0.38～0.42	0.10～0.30	0.50～0.70	0.020	0.025	0.10	0.10	0.03	0.15	0.01	0.007
C42D2	0.40～0.44	0.10～0.30	0.50～0.70	0.020	0.025	0.10	0.10	0.03	0.15	0.01	0.007
C46D2	0.44～0.48	0.10～0.30	0.50～0.70	0.020	0.025	0.10	0.10	0.03	0.15	0.01	0.007
C48D2	0.46～0.50	0.10～0.30	0.50～0.70	0.020	0.025	0.10	0.10	0.03	0.15	0.01	0.007
C50D2	0.48～0.52	0.10～0.30	0.50～0.70	0.020	0.025	0.10	0.10	0.03	0.15	0.01	0.007
C52D2	0.50～0.54	0.10～0.30	0.50～0.70	0.020	0.025	0.10	0.10	0.03	0.15	0.01	0.007
C56D2	0.54～0.58	0.10～0.30	0.50～0.70	0.020	0.025	0.10	0.10	0.03	0.15	0.01	0.007
C58D2	0.56～0.60	0.10～0.30	0.50～0.70	0.020	0.025	0.10	0.10	0.03	0.15	0.01	0.007
C60D2	0.58～0.62	0.10～0.30	0.50～0.70	0.020	0.025	0.10	0.10	0.03	0.15	0.01	0.007
C62D2	0.60～0.64	0.10～0.30	0.50～0.70	0.020	0.025	0.10	0.10	0.03	0.15	0.01	0.007
C66D2	0.64～0.68	0.10～0.30	0.50～0.70	0.020	0.025	0.10	0.10	0.03	0.15	0.01	0.007
C68D2	0.66～0.70	0.10～0.30	0.50～0.70	0.020	0.025	0.10	0.10	0.03	0.15	0.01	0.007
C70D2	0.68～0.72	0.10～0.30	0.50～0.70	0.020	0.025	0.10	0.10	0.03	0.15	0.01	0.007
C72D2	0.70～0.74	0.10～0.30	0.50～0.70	0.020	0.025	0.10	0.10	0.03	0.15	0.01	0.007
C76D2	0.74～0.78	0.10～0.30	0.50～0.70	0.020	0.025	0.10	0.10	0.03	0.15	0.01	0.007
C78D2	0.76～0.80	0.10～0.30	0.50～0.70	0.020	0.025	0.10	0.10	0.03	0.15	0.01	0.007
C80D2	0.78～0.82	0.10～0.30	0.50～0.70	0.020	0.025	0.10	0.10	0.03	0.15	0.01	0.007
C82D2	0.80～0.84	0.10～0.30	0.50～0.70	0.020	0.025	0.10	0.10	0.03	0.15	0.01	0.007
C86D2	0.84～0.88	0.10～0.30	0.50～0.70	0.020	0.025	0.10	0.10	0.03	0.15	0.01	0.007
C88D2	0.86～0.90	0.10～0.30	0.50～0.70	0.020	0.025	0.10	0.10	0.03	0.15	0.01	0.007
C92D2	0.90～0.95	0.10～0.30	0.50～0.70	0.020	0.025	0.10	0.10	0.03	0.15	0.01	0.007
C98D2	0.96～1.00	0.10～0.30	0.50～0.70	0.020	0.025	0.10	0.10	0.03	0.15	0.01	0.007

4.2.2 以抗拉强度命名的盘条，其牌号及主要元素的化学成分（熔炼分析）应符合附录 A 的规定。

4.2.3 盘条的化学成分的成品分析允许偏差应符合 GB/T 222 的规定。

4.2.4 除冶炼所需元素之外，表1中未列入的各元素未经需方同意不得有意加入钢中。根据供需双方协商可在钢中加入Cr、V等常见合金元素。Cr最大含量不超过0.35%，V最大含量不超过0.10%。

4.2.5 经供需双方协商，C32D2至C98D2各牌号的碳含量可在表1的基础上将上限提高0.01%，或将下限下降0.01%。

4.2.6 锰含量在波动范围0.20%不变的情况下，可在表1的基础上进行调整，但在订货时，锰含量上限不大于1.20%，下限不低于0.30%。

4.2.7 对C42D2及以上各牌号，订货时可增加A、B两个级别，A：Mn=0.30%～0.60%，B：Mn=0.60%～0.90%。

4.2.8 对于Cr元素不是根据需方要求而有意添加的钢，铬、镍、铜含量的总和应满足Cr+Ni+Cu≤0.30%。

4.2.9 铜、锡含量的总和应满足Cu+Sn≤0.15%。根据需方要求，经供需双方协商，对于高性能要求的盘条(如动载弹簧钢丝用盘条)，Cu≤0.12%、Sn<0.03%。

4.2.10 对于用于镀锌的盘条，其Si含量应偏下限控制。若需方要求更低的Si含量，需在订货时注明。

4.2.11 经供需双方协商，Al含量可为0.02%～0.10%(此时N含量的限值也应在订货时商定)，如有要求Si含量可不大于0.10%。

4.2.12 经供需双方协议，并在合同中注明，可供应其他牌号和化学成分的盘条。

4.3 力学性能

4.3.1 盘条应进行力学性能检验。具体要求供需双方协商，并在合同中注明。

4.3.2 根据需方要求，供方可提供抗拉强度的特征值、断后伸长率或断面收缩率等力学性能。订货时可商定同一公称直径、同一炉号及同一轧制制度盘条的抗拉强度波动范围，并在合同中注明。盘条抗拉强度的波动范围不得超出表2的规定范围。

表2 抗拉强度波动范围

含碳量(质量分数)/%	公称直径/mm	抗拉强度波动范围/MPa
≤0.20	≤13	100
	>13	120
>0.20～≤0.70	≤13	120
	>13	140
>0.70	≤13	140
	>13	170

4.4 脱碳层

4.4.1 C42D2～C98D2各牌号盘条应进行脱碳层深度检验，盘条一边总脱碳层(铁素体层+过渡层)深度不得大于1.5%*D*(*D*为盘条的公称直径)。

4.4.2 根据需方要求，经供需双方协商确定，也可提出更高要求的脱碳层。

4.5 金相组织

4.5.1 含碳量大于0.40%、直径不大于16 mm的直接拉拔用盘条，其金相组织主要为均匀的索氏体组织。索氏体含量应符合表3的要求。

表 3　盘条索氏体含量要求

碳含量(质量分数)/%	索氏体含量最小值/%	
	公称直径 $D \leqslant 10$ mm	10 mm< 公称直径 $D \leqslant 16$ mm
>0.40～0.60	75	70
>0.60～0.80	80	75
>0.80	80	80

4.5.2　对于 Cr 元素作为残余元素的盘条,不允许存在马氏体或贝氏体组织。对于加 Cr 元素的盘条,允许有孤立的心部马氏体岛存在。

4.5.3　含碳量大于 0.65% 的盘条,其晶界渗碳体及心部马氏体岛的允许级别,应符合表 4 的规定。

表 4　盘条晶界渗碳体及心部马氏体岛级别要求

碳含量(质量分数)/%	公称直径/mm	心部马氏体岛级别/级	盘条晶界渗碳体/级
≥0.65～<0.82	≤6.5	≤1.0	≤1.5
	>6.5	≤1.5	
≥0.82	<10	≤1.5	
	≥10	≤2.0	

4.6　非金属夹杂物

盘条应进行非金属夹杂物检验,非金属夹杂物的级别按 GB/T 10561—2005 中的方法 A 进行评定。合格级别应符合 5 规定。

表 5　非金属夹杂物允许级别

类别		非金属夹杂物类型及允许级别				
		A 类	B 类	C 类	D 类	Ds 类
粗系	最大值	3.0	2.0	3.0	2.0	2.5
	平均值	1.5	1.0	1.5	1.0	2.0
细系	最大值	3.0	3.0	3.0	3.0	2.5
	平均值	2.0	2.0	2.0	2.0	2.0

4.7　中心偏析

根据需方要求,经供需双方协议,可对 C60D2 及以上各牌号盘条进行中心碳偏析检验,4 级中心碳偏析试样数不得超过受检试样总数的 10%,不允许有 5 级中心碳偏析。

4.8　晶粒度

根据需方要求,经供需双方协议,可进行奥氏体晶粒度检验,具体允许级别在订货时商定。

4.9　表面质量

4.9.1　盘条应将头尾有害缺陷部分切除,其截面不得有缩孔、分层及夹杂。

4.9.2 盘条表面应光滑，不得有裂纹、折叠、耳子、结疤等有害缺陷，允许有压痕及局部的凸块、划痕、麻面，其深度或高度从实际尺寸算起，实际长度不得超过表 6 规定的范围。其深度和实际长度的测量方法采用目视法或附录 B 中的金相法。仲裁时采用金相法。

表 6 盘条表面缺陷最大允许值

盘条公称直径 D/mm	表面缺陷最大允许深度或高度/mm	表面缺陷最大允许实际长度/mm
5～10	2%D	0.20
>10～16	1.5%D	0.25
>16	0.25	0.25

4.9.3 盘条不得有影响后续加工和最终使用的机械损伤存在(机械损伤包括盘卷之间、盘卷与地面之间以及盘卷在装运、堆垛过程中与机械设备之间的机械损伤三类)。机械损伤的可接收程度由供需双方协商确定。机械损伤的图示说明见附录 C。

5 试验方法

盘条的检验项目、取样数量、取样方法及部位和试验方法应符合表 7 的规定。

表 7 盘条取样、检验要求

序号	检验项目	取样数量/个	取样方法及部位	试验方法
1	化学成分	1/炉	GB/T 20066	GB/T 223、GB/T 4336、GB/T 20123、GB/T 20124、GB/T 20125
2	拉伸试验	2/批	GB/T 2975、不同根盘条	GB/T 228.1
3	脱碳层	2/批	不同根盘条	GB/T 224
4	索氏体	2/批	不同根盘条	YB/T 169
5	心部马氏体岛	2/批	不同根盘条	GB/T 24242.1—2009 中的附录 B
6	晶界渗碳体	2/批	不同根盘条	GB/T 24242.1—2009 中的附录 C
7	非金属夹杂物	2/批	不同根盘条	GB/T 10561
8	中心偏析	10[a]/批	不同根盘条	GB/T 24242.1—2009 中的附录 A
9	晶粒度	2/批	不同根盘条	GB/T 6394
10	外形尺寸	逐盘	—	千分尺、游标卡尺
11	表面质量	逐盘	—	目测、金相法(见附录 B)、本部分附录 C

[a] 取样数量由供需双方协商确定，建议取样数量不少于 10 个。

附 录 A
（规范性附录）
以抗拉强度命名的盘条牌号及其要求

A.1 范围

本附录对牌号按抗拉强度命名的盘条的牌号、化学成分进行了提示。

本附录适用于牌号以抗拉强度命名的特殊要求盘条。

A.2 盘条牌号

牌号按抗拉强度命名的盘条，其牌号及每批的抗拉强度范围应符合表 A.1 的要求。

表 A.1 以抗拉强度命名的特殊用途盘条的牌号及抗拉强度

牌号	抗拉强度范围 R_m/MPa
T750S	700～800
T850S	800～900
T950S	900～1 000
T1050S	1 000～1 100
T1150S	1 100～1 200
T1250S	1 200～1 300
注：经供需双方协商，可供应中间牌号盘条，其抗拉强度范围为：以此牌号中命名的抗拉强度值为基数、偏差±50 MPa。如可供应 T800S 盘条，其抗拉强度要求为：800 MPa±50 MPa。	

A.3 盘条抗拉强度范围判定

从每批中 5 个不同盘卷各取一个试样，其抗拉强度范围应在表 A.1 的相应牌号的“抗拉强度范围”内。

A.4 盘条化学成分

A.4.1 盘条主要元素含量（熔炼分析）应满足表 A.2 规定。

表 A.2 以抗拉强度命名的特殊用途盘条的主要元素成分含量

元素	Si	Mn	P	S
化学成分（质量分数）/%	0.10～0.30	0.50～0.70	≤0.020	≤0.025

A.4.2 为确保盘条性能符合表 A.1 的要求，供方应确定 C 及 Cr、Ni、Cu、Mo、Al 等元素的含量。

附 录 B
（规范性附录）
表面缺陷的测量

B.1 概述

本附录介绍了采用金相法测定和评估如下条款中描述的表面缺陷。适用于 GB/T 24242.2～GB/T 24242.4 涉及的所有钢种。

B.2 术语及定义

表面缺陷是盘条表面在生产过程中产生的任何可测量的缺陷。

B.3 总则

本方法是在显微镜下观察盘条经浸蚀的抛光截面上的表面缺陷。

B.4 试样的制备

B.4.1 切取试样

待检查表面应为横向截面。

B.4.2 抛光

在分等级的金刚砂纸上逐级对试样进行研磨，用细金刚石研磨膏进行抛光。在抛光成镜面后，将试样用清水小心冲洗、用酒精擦拭并干燥。

B.4.3 浸蚀

可在浸蚀过或未经浸蚀的试样上进行检查。如需浸蚀，浸蚀溶液采用 100 mL 乙醇中含 2 mL 硝酸（ρ=1.33 g/mL）的硝酸酒精溶液。在室温下对抛光表面进行浸蚀，时间至少为 10 s 直至表面被清晰地浸蚀。

浸蚀后，试样表面用酒精擦拭并干燥。

B.4.4 表面缺陷深度的评定

用光学显微镜观察缺陷深度，放大倍数可根据试样直径及缺陷深度选择。应观察试样的整个周边。

B.4.5 检查结果的报告

检查结果用两种形式进行报告，即“径向深度”或“实际长度”。

——径向深度：

缺陷根部与盘条表面之间的沿着半径方向的径向距离，如图 B.1 所示。

——实际长度：

缺陷从表面破坏点算起至缺陷末尾点两点之间的实际线段长度，见图 B.2。在缺陷是非线性的情况下，理论上将缺陷分成若干个线性部分，然后对每一段的长度进行加和，见图 B.3。

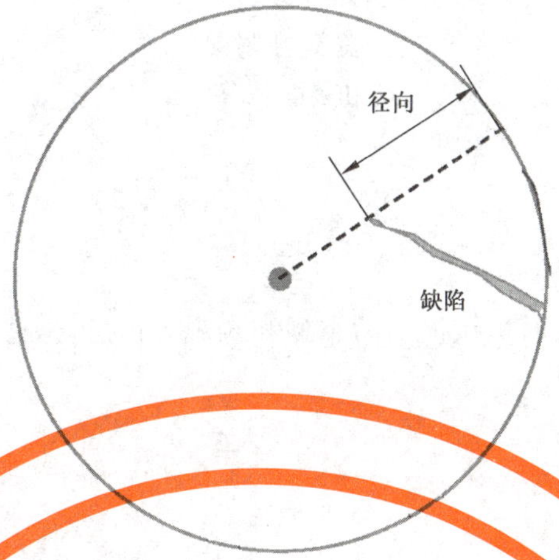

图 B.1　第一种情况下表面缺陷的测量

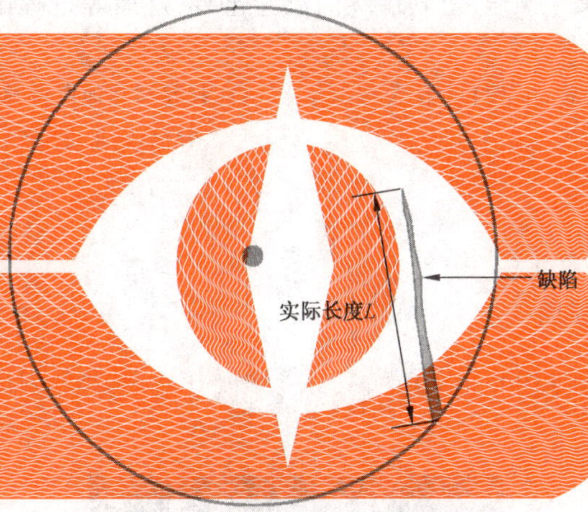

图 B.2　第二种情况下表面缺陷的测量

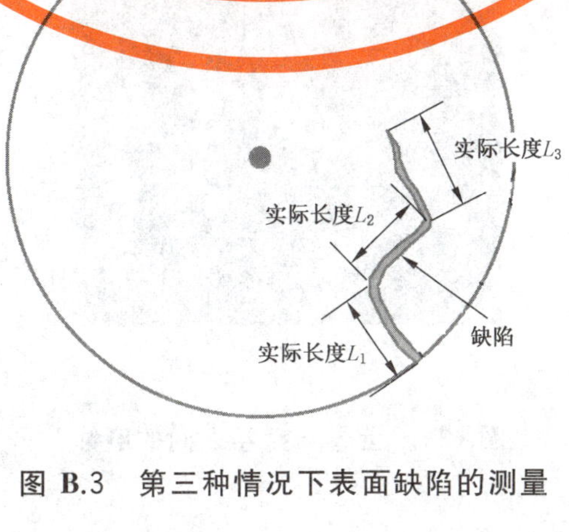

图 B.3　第三种情况下表面缺陷的测量

附 录 C
（资料性附录）
机械损伤

C.1 概述

本附录旨在提供关于盘条表面机械损伤的类型和表观等信息，这些损伤严重的话，将导致拉拔或在后续的加工过程中的断裂或失效。

C.2 术语及定义

C.2.1

机械损伤

用于描述盘条在轧制或集卷操作后，其后续的盘卷包装、贮运等过程中，因接触产生的任何可辨别的表面损伤。

注：这种接触可导致磨损或撞伤，可产生于盘卷与盘卷之间，或盘卷与其他可诱导损伤的材料之间（如混凝土、钢或其他材料）。

C.3 机械损伤实例和后果

C.3.1 损伤的类型和可能的原因

损伤的类型和可能的原因见图 C.1～图 C.3。

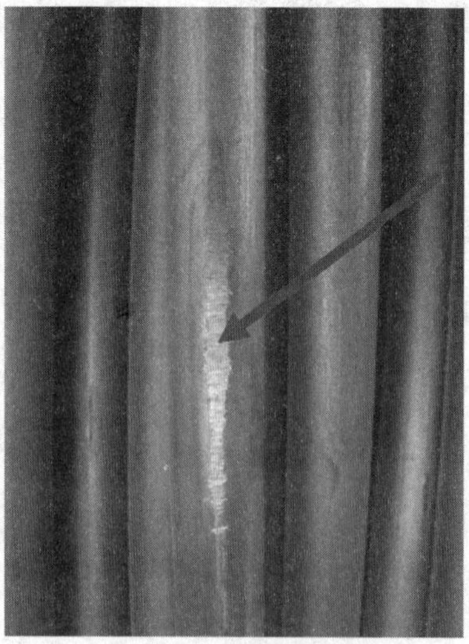

图 C.1 盘卷与盘卷之间的磨蚀

图 C.2　盘卷与混凝土地面之间的磨蚀接触导致的损伤

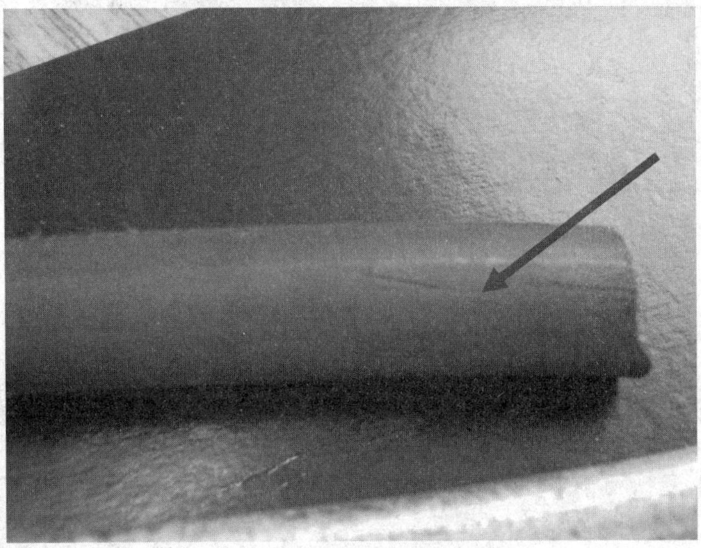

图 C.3　在堆垛过程中盘卷与盘卷接触导致的损伤

C.3.2　机械损伤的后果

图 C.4 给出了可作为断裂源的盘条表面机械损伤(箭头所示处)。图 C.5 和图 C.6 的微观照片(分别放大×18 和×118 倍)显示,盘条表面与具有更高硬度的材料相互接触磨蚀造成的机械损伤与马氏体有关。

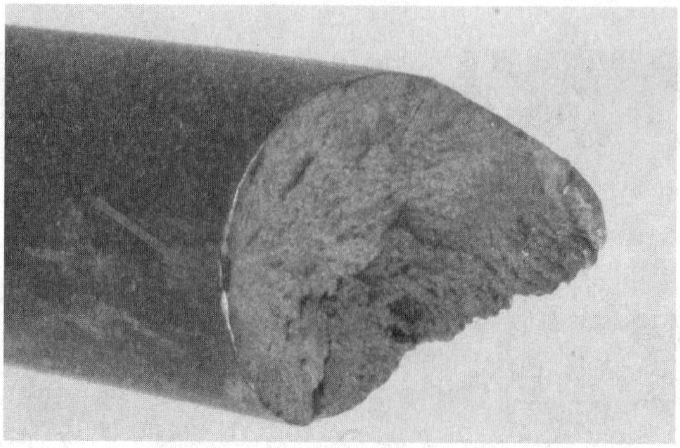

图 C.4 机械损伤裂纹源

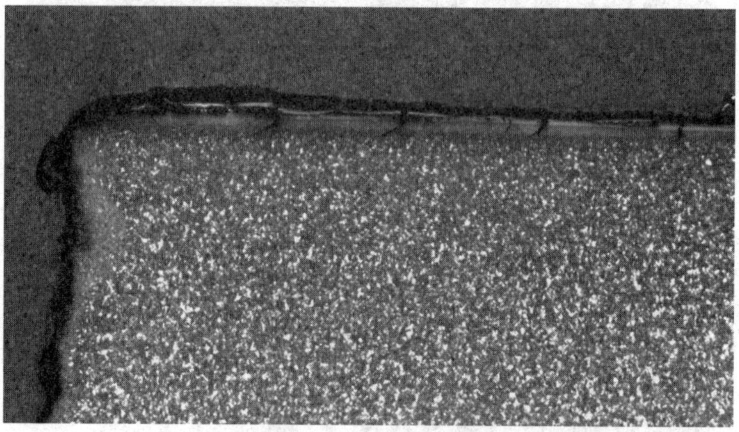

图 C.5 机械损伤显微照片(放大×18倍)

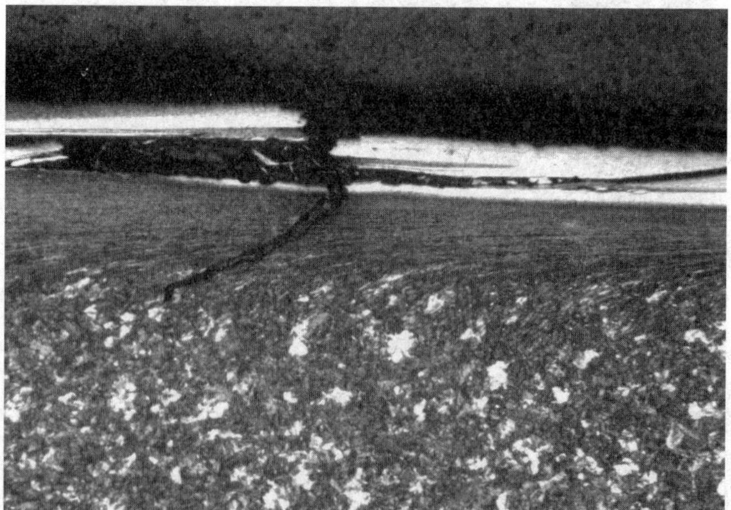

图 C.6 机械损伤显微照片(放大×118倍)

C.4 防止机械损伤的方法

在盘卷从生产线上下卷后的各种不同阶段，通常可采用如下方法避免机械损伤。

C.4.1 盘卷的搬运(如起吊、装货、卸货)

a) 搬运设备(如C形钩或叉车)与盘卷接触的表面应使用软钢材料制成，或配有内置的铝或其他软的材料；

b) 应垂直起吊盘卷，避免与地面、钢架或其他盘卷拉拽；

c) 吊索应为纤维品或其他非金属材料，如不可避免地使用链条或绳索，需用塑料或其他无害的材料包覆或环套。

C.4.2 盘卷的贮存

a) 盘卷的贮存应放在木头、橡胶栅网或其他软材料上，应在盘卷间放置软质隔层(用硬板或卡板制成)；

b) 当在盘卷的每一层上堆垛另外的盘卷时，在盘卷层间应放置软质隔层(用硬板或卡板制成)；

c) 当盘条的表面质量要求极高时，应单层堆放，不得堆垛。

C.4.3 运输

a) 在采用卡车或货车运输时，可用防止盘卷在运输过程移动的托架或其他专用工具，以防止盘卷之间的接触；

b) 至少应在卡车、货车、船的底层，铺设木头或其他软质材料，对产品进行保护；

c) 应在盘卷之间垂直放置软质隔层[如用硬板或卡板制成，见C.4.2a)]，以避免盘卷和盘卷之间的磨蚀(如果不采用此方法，运输过程中盘卷的移动可能导致磨蚀损伤)；

d) 当盘卷需要捆扎在固定位置以保证运输安全时，捆扎材料应采用比钢软的材质(如纤维)。

附　录　D
（资料性附录）
盘条牌号对照

本部分盘条牌号与国际标准 ISO 16120-4:2011、日本工业标准 JIS G3502:2004、JIS G3505:2004、JIS G3506:2004、美国标准 ASTM A510-08、国家标准 GB/T 24238—2009、GB/T 699—1999 的牌号对照见表 D.1～表 D.3。

表 D.1　与 ISO 16120-4:2011、JIS G3505:2004、ASTM A510-08、GB/T 699—1999 的牌号对照

本部分中的牌号	ISO 16120-4:2011 中的牌号	JIS G3505:2004 中的牌号	ASTM A510-08 中的牌号	GB/T 699—1999 中的牌号
C3D2	C3D2	SWRM4	1005	—
C5D2	C5D2	SWRM6	1005 或 1006	—
C8D2	C8D2	SWRM8	1008	08E
C10D2	C10D2	SWRM10	1010	10E
C12D2	C12D2	SWRM12	1012	—
C15D2	C15D2	SWRM15	1015	15E
C18D2	C18D2	SWRM17	1017	—
C20D2	C20D2	SWRM20	1020	20E

表 D.2　与 ISO 16120-4:2011、JIS G3506:2004、ASTM A510-08、GB/T 699—1999 的牌号对照

本部分中的牌号	ISO 16120-4:2011 中的牌号	JIS G3506:2004 中的牌号	ASTM A510-08 中的牌号	GB/T 699—1999 中的牌号
C26D2	C26D2	SWRH27	1025 或 1026	25E
C32D2	C32D2	SWRH32	1030	30E
C36D2	C36D2	SWRH37	1034	35E
C38D2	C38D2	SWRH37	1038	35E
C40D2	C40D2	SWRH37	1040	40E
C42D2A	—	SWRH42A	—	—
C42D2	C42D2	—	1042	40E
C42D2B	—	SWRH42B	1042	40MnE
C46D2A	—	SWRH47A	—	—
C46D2	C46D2	—	1045	45E
C46D2B	—	SWRH47B	1045 或 1046	45MnE
C48D2A	—	SWRH47A	—	—
C48D2	C48D2	—	1049	45E 或 50E
C48D2B	—	SWRH47B	1049	45MnE

表 D.2（续）

本部分中的牌号	ISO 16120-4:2011 中的牌号	JIS G3506:2004 中的牌号	ASTM A510-08 中的牌号	GB/T 699—1999 中的牌号
C50D2A	—	SWRH47A	—	—
C50D2	C50D2	—	1050	50E
C50D2B	—	—	1050 或 1053	50MnE
C52D2A	—	—	—	—
C52D2	C52D2	—	1050	50 特优
C52D2B	—	—	1050 或 1053	50MnE
C56D2A	—	SWRH52A 或 SWRH57A	—	—
C56D2	C56D2	—	1055	55E
C56D2B	—	SWRH52B 或 SWRH57B	1055	50MnE
C58D2A	—	SWRH57A	—	—
C58D2	C58D2	—	1059	55E 或 60E
C58D2B	—	SWRH57B	1059 或 1060	60MnE
C60D2A	—	SWRH57A 或 SWRH62A	—	—
C60D2	C60D2	—	1059	60E
C60D2B	—	SWRH57B 或 SWRH62B	1059 或 1060	60MnE

表 D.3　与 ISO 16120-4:2011、JIS G3502—2004、ASTM A510-08、GB/T 699—1999、GB/T 24238—2009 的牌号对照

本部分中的牌号	ISO 16120-4:2011 中的牌号	JIS G3502:2004 中的牌号	ASTM A510-08 中的牌号	GB/T 699—1999 中的牌号	GB/T 24238—2009 中的牌号
C62D2A	—	SWRS62A	—	—	—
C62D2	C62D2	—	1064	60E	—
C62D2B	—	SWRS62B	1064 或 1065	60MnE	—
C66D2A	—	SWRS67A	—	—	—
C66D2	C66D2	—	1064	65E(65MnE)	—
C66D2B	—	SWRS67B	1065	60MnE	—
C68D2A	—	SWRS67A	—	—	—
C68D2	C68D2	—	1069	65E(65MnE)或 70E(70MnE)	—
C68D2B	—	SWRS67B	1070	—	—
C70D2A	—	SWRS72A	—	—	YL72A
C70D2	C70D2	—	1069	70E	—
C70D2B	—	SWRS72B	1070	—	YL72B

表 D.3（续）

本部分中的牌号	ISO 16120-4:2011 中的牌号	JIS G3502:2004 中的牌号	ASTM A510-08 中的牌号	GB/T 699—1999 中的牌号	GB/T 24238—2009 中的牌号
C72D2A	—	SWRS72A	—	—	YL72A
C72D2	C72D2	—	1069	70E	—
C72D2B	—	SWRS72B	1070	—	YL72B
C76D2A	—	SWRS75A	1078	—	—
C76D2	C76D2	—	1075	75E	—
C76D2B	—	SWRS75B	1080	—	—
C78D2A	—	SWRS77A	1078	—	YL77A
C78D2	C78D2	—	1075	75E	—
C78D2B	—	SWRS77B	1080	—	YL77B
C80D2A	—	SWRS77A	1078	—	—
C80D2	C80D2	—	1075	80E	—
C80D2B	—	SWRS77B	1080	—	—
C82D2A	—	SWRS82A	1078	—	YL82A
C82D2	C82D2	—	1075	80E	—
C82D2B	—	SWRS82B	1080	—	YL82B
C86D2A	—	SWRS87A	1078	—	YL87A
C86D2	C86D2	—	—	85E	—
C86D2B	—	SWRS87B	1080 或 1084	—	YL87B
C88D2A	—	SWRS87A	1086	—	YL87A
C88D2	C88D2	—	—	—	—
C88D2B	—	SWRS87B	1085	—	YL87B
C92D2A	—	SWRS92A	1095	—	—
C92D2	C92D2	—	—	—	—
C92D2B	—	SWRS92B	1090	—	—
C98D2A	—	—	1095	—	—

附 录 E
（资料性附录）
本部分与 ISO 16120-4:2011 的技术差异及其原因

表 E.1 给出了本部分与 ISO 16120-4:2011 的技术性差异及其原因。

表 E.1 本部分与 ISO 16120-4:2011 的技术性差异及其原因

本部分的章条编号	技术性差异	原 因
2	将 ISO 16120-4:2011 的引用标准改为引用相应的我国国家标准和行业标准	以适应我国国情
3.2	修改了以抗拉强度命名的牌号表示方法，与本标准的第二部分相呼应	符合我国标准体系要求，适应我国国情
4.1	盘条的一般要求应符合 GB/T 24242.1 的规定	按我国标准体系
4.2.2	成品化学成分允许偏差应符合 GB/T 222 的规定	按我国标准体系，以适应我国国情
4.2.6	对 C42D2 及以上各牌号，按照锰含量的不同在订货时可增加 A、B 两个级别。A:Mn＝0.30%～0.60%，B:Mn＝0.60%～0.90%	体现标准水平，适应我国国情
4.3.2	以盘条的公称直径 13 mm 分界，分别不同程度上加严了抗拉强度的波动范围	体现标准水平，适应我国国情
4.4	调整了局部脱碳层所分的 A、B 两类，合并为一类，即一边全脱碳层深度不大于 1.5%*D*	符合我国国情和客户使用习惯
4.5.3	增加了晶界渗碳体及心部马氏体岛进行了规定	体现标准先进性，以适应我国国情
4.6	非金属夹杂物检测方法标准调整为我国国家标准 GB/T 10561	按我国标准体系，以适应我国国情
4.7	取消推荐将中心碳偏析的检验作为质量体系的一部分的相关规定	符合我国标准体系要求，适应我国国情
4.8	暂保留根据需方要求并经供需双方协商可进行晶粒度检验的要求	按我国标准体系，以适应我国国情
4.9	将原内部缺陷及表面质量、表面缺陷允许深度两个条款合并为现行国家标准习惯的表面质量条款，并对部分缺陷名称做了调整。纳入新版 ISO 16120-1 附录 B、附录 C 中关于表面缺陷长度和机械损伤的相关规定	符合我国国情和客户使用习惯
5	检验方法标准调整为我国国家标准和行业标准	按我国标准体系，以适应我国国情
附录 A	增加了以抗拉强度命名的盘条牌号及其要求	为用户订货提供依据，适应我国国情和客户使用习惯
附录 D	增加了牌号对照表	为用户订货提供依据，适应我国国情和客户使用习惯

ICS 73.080
Q 69

中华人民共和国国家标准

GB/T 24265—2014
代替 GB 24265—2009

工业用硅藻土助滤剂

Diatomite filter aid for industrial

2014-06-24 发布　　　　2015-02-01 实施

中华人民共和国国家质量监督检验检疫总局
中国国家标准化管理委员会　发布

前　言

本标准按照 GB/T 1.1—2009 给出的规则起草。

本标准代替 GB 24265—2009《硅藻土助滤剂》。

与 GB 24265—2009 比较，本标准主要技术内容修改如下：

——将标准的属性由强制性修改为推荐性，标准名称由“硅藻土助滤剂”修改为“工业用硅藻土助滤剂”；

——将“焙烧品”修改为“煅烧品”，表示符号也由“BS”修改为“DS”(见 3.2、3.3，2009 版的 3.2、3.3)；

——将型号由 15 个合并修改为 3 个(见 4.1.2，2009 版的 4.1.2)；

——标记方式作了修改(见 4.2，2009 版的 4.2)；

——取消了食品、医药用硅藻土助滤剂的质量要求及其相应的试验方法(2009 版的 5.1)；

——取消了外观颜色规定，将微观结构要求的表述作了适当修改(见表 2，2009 版的表 3)；

——将水分指标要求由“≤0.5%”修改为“≤3.0%”(见表 2，2009 版的表 3)；

——将水可溶物指标要求由“≤0.5%”修改为“≤0.8%”(见表 2，2009 版的表 3)；

——将二氧化硅指标要求由“≥85%、≥82%、≥80%”分别修改为“≥85%、≥80%、≥75%”(见表 2，2009 版的表 3)；

——取消了三氧化二铁、三氧化二铝、氧化钙、氧化镁的指标要求，修改为“其他化学成分，供需双方协商确定”(见表 2，2009 版的表 3)；

——对微观结构检测方法作了适当修改(见 6.1，2009 版的 6.1)；

——对渗透率测定装置的要求进行了细化明确(见 6.2.1，2009 版的 6.2.1)；

——将水可溶物的测定方法由引用标准修改为具体给出(见 6.4，2009 版的 6.4)；

——将 pH 值的测定方法由引用 GB 14936 修改为引用 JC/T 414(见 6.5，2009 版的 6.5)；

——将振实密度的测定方法由引用 GB/T 21354 修改为引用 JC/T 414(见 6.6，2009 版的 6.9)；

——删除了盐酸可溶物、灼烧失量、氢氟酸残留物、三氧化二铁、三氧化二铝、氧化钙和氧化镁、可溶性铁离子、铅、砷的测定方法(2009 版的 6.6、6.7、6.8、6.11、6.12、6.13、6.14、6.15、6.16)；

——将批量数由“30 t”修改为“500 t”(见 7.2，2009 版的 7.2)；

——增加了“产品贮存期为 36 个月”的规定(见 9.2.3)。

本标准由中国建筑材料联合会提出。

本标准由全国非金属矿产品及制品标准化技术委员会(SAC/TC 406)归口。

本标准起草单位：青岛川一硅藻土有限公司、青岛三星硅藻土有限公司、咸阳非金属矿研究设计院有限公司、国家非金属矿制品质量监督检验中心、白山市产品质量检验所。

本标准主要起草人：尚兴春、董卜祯、李存昌、唐崇明、石晓莹、张小曼。

本标准所代替标准的历次版本发布情况为：

——GB 24265—2009。

工业用硅藻土助滤剂

1 范围

本标准规定了工业用硅藻土助滤剂的术语和定义、分类与标记、要求、试验方法、检验规则、标志、包装、运输和贮存。

本标准适用于以硅藻土为主要原料，经煅烧或助熔煅烧制成的工业用硅藻土助滤剂。

2 规范性引用文件

下列文件对于本文件的应用是必不可少的。凡是注日期的引用文件，仅注日期的版本适用于本文件。凡是不注日期的引用文件，其最新版本(包括所有的修改单)适用于本文件。

JC/T 414 硅藻土

3 术语和定义

下列术语和定义适用于本标准。

3.1

渗透率 permeability

指在滤液黏度为 1 cP，过滤层压力 101 325 Pa 时，单位滤饼厚度、单位过滤面积、单位时间内所通过的滤液量。

3.2

煅烧品 calcined diatomite

硅藻土原料经 650 ℃～1 000 ℃煅烧、粉碎、分级而得到的产品。

3.3

助熔煅烧品 flux calcined diatomite

硅藻土原料加入适量的助熔剂，经 800 ℃～1 200 ℃煅烧、粉碎、分级而得到的产品。

4 分类与标记

4.1 分类

4.1.1 工业用硅藻土助滤剂按加工方式分为煅烧品助滤剂(用符号 DS 表示)和助熔煅烧品助滤剂(用符号 ZDS 表示)两种。

4.1.2 工业用硅藻土助滤剂按产品的渗透率分为高渗透率、中渗透率、低渗透率三个型号，分别用字母 G、Z、D 表示，如表 1 所示。

表 1

型号	高渗透率 G	中渗透率 Z	低渗透率 D
渗透率(darcy)	>4.00	0.71～4.00	$\leqslant 0.70$

4.1.3 工业用藻土助滤剂按照二氧化硅含量分为三个等级，分别用罗马数字Ⅰ、Ⅱ、Ⅲ表示。

4.2 标记

工业用硅藻土助滤剂的产品标记按产品名称、标准编号、煅烧方式、型号和等级顺序编写。

示例：助熔煅烧品、渗透率为3.8 darcy、等级为Ⅰ级的工业用硅藻土助滤剂标记为：工业用硅藻土助滤剂 GB/T 24265-ZDS-Z-Ⅰ。

5 要求

工业用硅藻土助滤剂理化指标应符合表2规定。

表2

指标名称	Ⅰ级	Ⅱ级	Ⅲ级
微观结构	在显微镜下观察时，可见一定几何图形和微孔结构的完整硅藻颗粒或硅藻颗粒碎片		
渗透率/darcy	按表1确定		
水分/%	≤3.0		
水可溶物/%	≤0.8		
pH值(10%水浆值)	5.5～11.0		
振实密度/(g/cm^3)	≤0.53		
SiO_2/%	≥85.0	≥80.0	≥75.0
其他化学成分	供需双方协商确定		

6 试验方法

6.1 微观结构检测

6.1.1 仪器设备

显微镜：20(物)×10(目)

6.1.2 试验步骤

于载玻片上滴一滴蒸馏水，然后加入微量试样，盖上盖玻片，放入显微镜下观察。必要时进行成像处理。

6.2 渗透率的测定

6.2.1 仪器设备

要求如下：

a) 测压设备，U型压力计(量程为1 000 Pa)或真空压力表(量程为0～0.01 MPa)。

b) 真空泵，量程为(0～0.01)MPa。

c) 稳压瓶，容量为10 L左右。

d) 测试瓶，1[#]和2[#]测试瓶细颈部的直径以20 mm为宜；1[#]测试瓶的细颈高度应不小于50 mm，从底部开始应标有刻度，分度值不大于 1 mm，法兰盘下端的细颈出口应低于水平支管(30～50)mm，以免滤液被抽进稳压瓶。

e) 天平，感量为 0.1 g。

f) 秒表，精度 0.1 s。

6.2.2 测试步骤

6.2.2.1 按图 1 安装渗透率测试装置。$1^{\#}$ 和 $2^{\#}$ 测试瓶联结部的两个铜质法兰盘应与上、下测试瓶密封连接。两法兰间夹有 40 μm 孔径的铜筛网或不锈钢筛网，加橡胶密封圈并涂抹真空油膏密封，然后进行密封效果检查，保证不漏水。

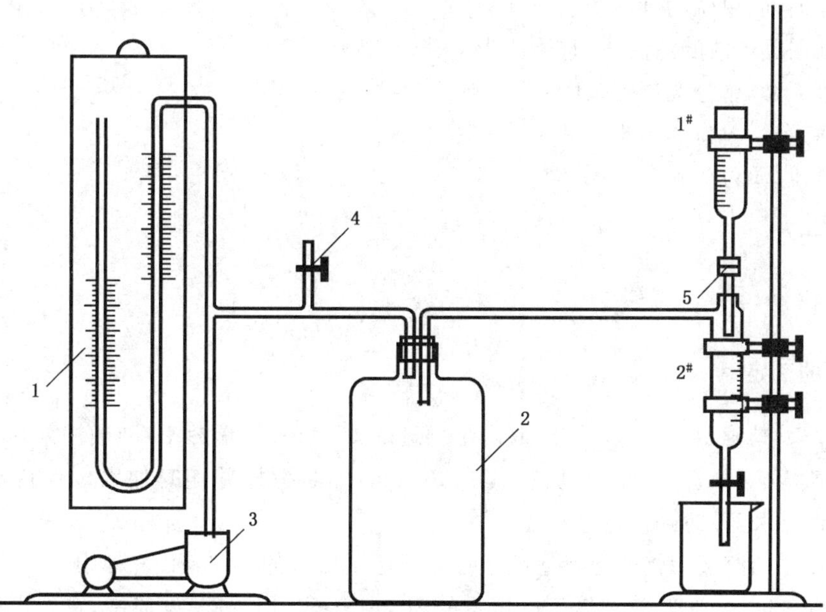

说明：

1——压力计；

2——稳压瓶；

3——真空泵；

4——负压调节阀；

5——滤网。

图 1 渗透率测定装置示意图

6.2.2.2 称取约 5 g 干燥后的试样(精确到 0.1 g)置入 100 mL 烧杯中，加 50 mL 左右的蒸馏水搅匀后全部倒入 $1^{\#}$ 测试瓶。

6.2.2.3 开启真空泵，将真空度控制在 7 600 Pa±100 Pa(750 mm±10 mm 水柱)，直至滤饼形成，不再有滤液产生。

6.2.2.4 关闭真空泵，清空 $2^{\#}$ 测试瓶。再沿 $1^{\#}$ 测试瓶的瓶壁加入 50 mL～60 mL 蒸馏水(不应直接冲滤饼)后，在 7 600 Pa±100 Pa 真空度下进行过滤，滤液体积以 40 mL 左右为宜。准确记录相应的过滤时间 t 和滤液体积 V。

6.2.2.5 重复 6.2.2.4，取 3 次平均值计算滤液流量 $Q(Q=V/t)$。

6.2.2.6 准确测定滤饼厚度。

6.2.2.7 测定试验时的蒸馏水温度，并参照附录 A 读取相应的黏度值。

6.2.3 结果计算

渗透率按式(1)计算：

$$k=\frac{\eta\times h\times Q}{P\times A}\times 1.01\times 10^{5} \quad \cdots\cdots(1)$$

式中：

k ——渗透率，单位为达西(darcy)；

A——过滤面积，单位为平方厘米(cm^2)；

Q——滤液流量(三次测试结果的平均值)，$Q=V/t$，单位为毫升每秒(mL/s)；

t ——过滤时间，单位为秒(s)；

V——过滤时间 t 内的滤液体积，单位为毫升(mL)；

η ——黏度系数，单位为厘泊(cP)；

h ——滤饼厚度，单位为厘米(cm)；

P——真空度，单位为帕(Pa)。

6.3 水分的测定

按 JC/T 414 进行。

6.4 水可溶物的测定

6.4.1 称取约 5 g(精确至 0.01 g)试样，放入干燥过的 150 mL 锥形瓶中，准确加入 50.00 mL 蒸馏水或去离子水(pH 值为 5.5～7.2)，搅匀，加热煮沸 30 min，不断搅拌并随时加水以保持水溶液的原体积。取下，冷至室温，补水至原质量，混匀。

6.4.2 将锥形瓶中的溶液用慢速定量滤纸干过滤于已干燥过的 100 mL 烧杯中。

6.4.3 准确分取 25.00 mL 澄清滤液于已恒重的 30 mL～50 mL 瓷蒸发皿中，置沸水浴上蒸发至干，然后移至干燥箱中，在 105 ℃～110 ℃下干燥 1 h，取出，置于干燥器中冷至室温，称量(精确至 0.000 1 g)。反复干燥，直至恒重。

6.4.4 水可溶物的含量按式(2)计算：

$$\omega=\frac{(m_1-m_2)\times 2}{m}\times 100 \quad \cdots\cdots(2)$$

式中：

ω ——水可溶物的含量，以 10^{-2} 或%表示；

m_1——干燥后残渣及瓷蒸发皿的质量，单位为克(g)；

m_2——瓷蒸发皿的质量，单位为克(g)；

2 ——全部试样溶液与所分取试样溶液的体积比；

m ——试样的质量，单位为克(g)。

计算结果修约至小数点后三位数。取两个平行测定结果的算术平均值作为报告值。

6.5 pH 值的测定

按 JC/T 414 进行。

6.6 振实密度的测定

按 JC/T 414 进行。

6.7 二氧化硅的测定

按 JC/T 414 进行。

7 检验规则

7.1 检验分类

7.1.1 出厂检验

出厂检验项目为渗透率、水分、振实密度。

7.1.2 型式检验

型式检验项目包括第 5 章的全部要求。

有下列情况之一时,应进行型式检验:

a) 新产品投产或产品定型鉴定时;

b) 原材料、工艺等发生较大变化,可能影响产品质量时;

c) 出厂检验结果与上次型式检验结果有较大差异时;

d) 产品停产 3 个月以上恢复生产时;

e) 正常生产时,每 6 个月进行一次。

7.2 组批原则

同一类型、同一级别、连续生产的工业用硅藻土助滤剂每 500 t 为一批,不足 500 t 仍按一批计。

7.3 取样方法

以袋为取样单元。采用等距离抽样,每隔 $n-1$($n=N/20$,N 为本批产品总袋数,n 取整数)袋抽取一袋,用可封闭的采样探子在该袋中抽取约 100 g 试样,将所取试样混合,组成混合试样。批量在 200 袋以下时,适当增加每袋的取样量,使总试样量不少于 1 kg。

7.4 样品保存

采集的试样经充分混合后用堆锥四分法缩分为两份,分别装入洁净、干燥的广口瓶中,盖好瓶盖,贴上标签(标签上应注明取样日期、取样人、生产厂名称、出厂批号及批量),一瓶送交检测,一瓶保留六个月以备仲裁。

7.5 判定规则

产品的各项质量指标全部符合第 5 章的要求时,判定该批产品合格。当产品有一项或一项以上质量指标不符合第 5 章的要求时,应重新抽样复验不合格项。若复验结果全部符合第 5 章的要求时,仍判定该批产品合格,否则判定该批产品不合格。

8 标志

8.1 硅藻土助滤剂产品外包装上应标明产品标记、净质量、生产厂名、厂址和防雨、防潮、防晒标识。

8.2 每批产品应附有产品合格证。产品合格证应包括产品名称和标记、生产日期、检验日期、生产厂名称和批号,并加盖生产企业检验部门的公章及检验人员印记。

9 包装、运输和贮存

9.1 包装

硅藻土助滤剂产品采用袋装。包装袋内附衬膜、外用编织袋或牛皮纸袋。包装封口前应排气。每袋净质量为 20 kg 或由供需双方协商确定，质量允许偏差为±1%。

9.2 运输和贮存

9.2.1 产品在运输过程中应防止雨、雪、日晒、受潮、重压、污染和人为损坏，装卸过程中不应抛掷和用铁钩提拉。

9.2.2 产品贮存时应堆放在清洁干燥处，不得直接接触地面，防止雨、雪、日晒、受潮、重压。

9.2.3 产品贮存期为 36 个月。

附　录　A
（资料性附录）
水的温度与黏度系数的关系

水的温度与黏度系数的关系见表 A.1。

表 A.1　　单位为厘泊

温度/℃	0	1	2	3	4	5	6	7	8	9
0	1.794	1.732	1.674	1.619	1.568	1.519	1.473	1.429	1.387	1.348
10	1.310	1.274	1.239	1.206	1.175	1.145	1.116	1.088	1.060	1.034
20	1.009	0.984	0.960	0.938	0.916	0.894	0.874	0.855	0.836	0.816
30	0.800	0.783	0.767	0.751	0.735	0.720	0.706	0.692	0.679	0.666

ICS 77.140.75
H 48

中华人民共和国国家标准

GB 24512.3—2014

核电站用无缝钢管 第3部分：不锈钢无缝钢管

Seamless steel tubes and pipes for nuclear power plant—Part 3: Seamless stainless steel tubes and pipes

2014-06-24 发布　　2015-04-01 实施

中华人民共和国国家质量监督检验检疫总局
中国国家标准化管理委员会　发布

前　言

本部分的5.4、5.6、6.1、6.2.1、6.2.2、6.2.3、6.2.4、6.2.5.1、6.2.5.2、6.3、6.4、6.5、6.6、6.7.1、6.8、6.9.1.1、6.9.1.2、6.10、第7章、第8章、9.1、9.2和9.4为强制性的，其余为推荐性的。

GB 24512《核电站用无缝钢管》分为三个部分：

——第1部分：碳素钢无缝钢管；

——第2部分：合金钢无缝钢管；

——第3部分：不锈钢无缝钢管。

本部分为GB 24512的第3部分。

本部分按照GB/T 1.1—2009给出的规则起草。

本部分参照EN 10216-5：2004《压力用途的无缝钢管　交货技术条件　第5部分：不锈钢管》及SA-312M《焊接和无缝奥氏体不锈钢公称管》制定。

本部分由中国钢铁工业协会提出。

本部分由全国钢标准化技术委员会(SAC/TC 183)归口。

本部分起草单位：中兴能源装备股份有限公司、冶金工业信息标准研究院、苏州热工研究院有限公司、江苏武进不锈股份有限公司、浙江久立特材科技股份有限公司、江苏银环精密钢管股份有限公司、山西太钢不锈钢钢管有限公司、永兴特种不锈钢股份有限公司、衡阳华菱钢管有限公司、攀钢集团江油长城特殊钢有限公司。

本部分主要起草人：马小军、仇云龙、董莉、赵彦芬、宋建新、邵羽、华杨康、康喜唐、王建勇、赵斌、朱卫飞、褚艳丽、张琪、王伯文、张路。

核电站用无缝钢管
第3部分:不锈钢无缝钢管

1 范围

GB 24512 的本部分规定了核电站用不锈钢无缝钢管(以下简称"钢管")的分类及代号、尺寸、外形、重量及允许偏差、技术要求、试验方法、检验规则、包装、标志和质量证明文件。

本部分适用于核电站核安全1、2、3级和非核安全级设备承压部件用不锈钢无缝钢管。

本部分不适用于核电站热交换器用不锈钢无缝钢管。

2 规范性引用文件

下列文件对于本文件的应用是必不可少的。凡是注日期的引用文件,仅注日期的版本适用于本文件。凡是不注日期的引用文件,其最新版本(包括所有的修改单)适用于本文件。

GB/T 223.11 钢铁及合金 铬含量的测定 可视滴定或电位滴定法

GB/T 223.16 钢铁及合金化学分析方法 变色酸光度法测定钛量

GB/T 223.18 钢铁及合金化学分析方法 硫代硫酸钠分离-碘量法测定铜量

GB/T 223.19 钢铁及合金化学分析方法 新亚铜灵-三氯甲烷萃取光度法测定铜量

GB/T 223.21 钢铁及合金化学分析方法 5-Cl-PADAB 分光光度法测定钴量

GB/T 223.22 钢铁及合金化学分析方法 亚硝基R盐分光光度法测量钴量

GB/T 223.23 钢铁及合金 镍含量的测定 丁二酮肟分光光度法

GB/T 223.25 钢铁及合金化学分析方法 丁二酮肟重量法测定镍量

GB/T 223.26 钢铁及合金 钼含量的测定 硫氰酸盐分光光度法

GB/T 223.28 钢铁及合金化学分析方法 α-安息香肟重量法测定钼量

GB/T 223.36 钢铁及合金化学分析方法 蒸馏分离-中和滴定法测定氮量

GB/T 223.37 钢铁及合金化学分析方法 蒸馏分离-靛酚蓝光度法测定氮量

GB/T 223.40 钢铁及合金 铌含量的测定 氯磺酚S分光光度法

GB/T 223.42 钢铁及合金化学分析方法 离子交换分离-溴邻苯三酚红光度法测定钽量

GB/T 223.58 钢铁及合金化学分析方法 亚砷酸钠-亚硝酸钠滴定法测定锰量

GB/T 223.59 钢铁及合金 磷含量的测定 铋磷钼蓝分光光度法和锑磷钼蓝分光光度法

GB/T 223.60 钢铁及合金化学分析方法 高氯酸脱水重量法测定硅含量

GB/T 223.62 钢铁及合金化学分析方法 乙酸丁酯萃取光度法测定磷量

GB/T 223.63 钢铁及合金化学分析方法 高碘酸钠(钾)光度法测定锰量

GB/T 223.64 钢铁及合金 锰含量的测定 火焰原子吸收光谱法

GB/T 223.68 钢铁及合金化学分析方法 管式炉内燃烧后碘酸钾滴定法测定硫含量

GB/T 223.69 钢铁及合金 碳含量的测定 管式炉内燃烧后气体容量法

GB/T 223.72 钢铁及合金 硫含量的测定 重量法

GB/T 223.75 钢铁及合金 硼含量的测定 甲醇蒸馏-姜黄素光度法

GB/T 223.84 钢铁及合金 钛含量的测定 二安替比林甲烷分光光度法

GB/T 223.85 钢铁及合金 硫含量的测定 感应炉燃烧后红外吸收法

GB/T 223.86　钢铁及合金　总碳含量的测定　感应炉燃烧后红外吸收法
GB/T 228.1　金属材料　拉伸试验　第1部分:室温试验方法
GB/T 241　金属管　液压试验方法
GB/T 242　金属管　扩口试验方法
GB/T 246　金属管　压扁试验方法
GB/T 2102　钢管的验收、包装、标志和质量证明书
GB/T 2975　钢及钢产品　力学性能试验取样位置及试样制备
GB/T 4334—2008　金属和合金的腐蚀　不锈钢晶间腐蚀试验方法
GB/T 4338　金属材料　高温拉伸试验方法
GB/T 5777—2008　无缝钢管超声波探伤检验方法
GB/T 6394　金属平均晶粒度测定法
GB/T 7735　钢管涡流探伤检验方法
GB/T 11170　不锈钢　多元素含量的测定　火花放电原子发射光谱法(常规法)
GB/T 17395　无缝钢管尺寸、外形、重量及允许偏差
GB/T 17505　钢及钢产品交货一般技术要求
GB/T 20066　钢和铁　化学成分测定用试样的取样和制样方法
GB/T 20123　钢铁　总碳硫含量的测定　高频感应炉燃烧后红外吸收法(常规方法)
GB/T 20124　钢铁　氮含量的测定　惰性气体熔融热导法(常规方法)
GB/T 20490　承压无缝和焊接(埋弧焊除外)钢管　分层缺欠的超声检测
GB/T 20878　不锈钢和耐热钢　牌号及化学成分
JB/T 4730.5　承压设备无损检测　第5部分:渗透检测
YB/T 5137　高压用热轧和锻制无缝钢管圆管坯

3　分类及代号

3.1　钢管按产品制造方式分为两类,其类别和代号如下:

a)　热轧(挤、顶、锻、扩)钢管,代号为 W-H;

b)　冷拔(轧)钢管,代号为 W-C。

3.2　钢管按尺寸精度分为两类,其类别和代号如下:

a)　普通级精度,代号为 PA;

b)　高级精度,代号为 PC。

3.3　下列代号适用于本部分:

D:外径(如未特别指明公称外径或计算外径,即为公称外径或计算外径)。

S:壁厚(如未特别指明公称壁厚或最小壁厚,即为公称壁厚或最小壁厚)。

S_{min}:最小壁厚。

d:公称内径。

L:长度。

4　订货内容

按本标准订货钢管的合同或订单应包括下列内容:

a)　本标准编号;

b)　产品名称;

c) 钢的牌号；

d) 核安全等级；

e) 订购的数量(总重量或总长度)；

f) 尺寸规格；

g) 晶间腐蚀试验方法；

h) 交货状态；

i) 特殊要求。

5 尺寸、外形、重量及允许偏差

5.1 外径和壁厚

5.1.1 钢管按公称外径和公称壁厚交货，钢管的公称外径和公称壁厚应符合 GB/T 17395 的规定。根据需方要求，经供需双方协商，可供应 GB/T 17395 规定以外尺寸的钢管。

5.1.2 根据需方要求，经供需双方协商，钢管可按公称外径和最小壁厚、公称内径和公称壁厚或其他尺寸规格方式交货。

5.2 外径和壁厚的允许偏差

5.2.1 钢管按公称外径和公称壁厚交货时，其公称外径和公称壁厚的允许偏差应符合表 1 的规定。

钢管按公称外径和最小壁厚交货时，其公称外径的允许偏差应符合表 1 的规定，壁厚的允许偏差应符合表 2 的规定。

钢管按公称内径和公称壁厚交货时，其公称内径的允许偏差为 ±1%*d*，公称壁厚的允许偏差应符合表 1 的规定。

5.2.2 当需方未在合同中注明钢管尺寸允许偏差级别时，钢管外径和壁厚的允许偏差应符合普通级的规定。

根据需方要求，经供需双方协商，并在合同中注明，可供应表 1 和表 2 规定以外尺寸允许偏差的钢管，或其他内径允许偏差的钢管。

表 1 钢管公称外径和公称壁厚的允许偏差

单位为毫米

热轧(挤、顶、锻、扩)钢管(W-H)				冷拔(轧)钢管(W-C)			
尺寸		允许偏差		尺寸		允许偏差	
		普通级(PA)	高级(PC)			普通级(PA)	高级(PC)
公称外径 *D*	68～159	±1.25%*D*	±1%*D*	公称外径 *D*	6～10	±0.20	±0.15
					>10～30	±0.30	±0.20
					>30～50	±0.40	±0.30
	>159	±1.5%*D*			>50～219	±0.85%*D*	±0.75%*D*
					>219～457	±0.9%*D*	±0.8%*D*
					>457	±1%*D*	±0.9%*D*
公称壁厚 *S*	<15	+15%*S* −12.5%*S*	±12.5%*S*	公称壁厚 *S*	≤3	±12%*S*	±10%*S*
	≥15	+20%*S* −15%*S*			>3	+12.5%*S* −10%*S*	±10%*S*

表 2　钢管最小壁厚的允许偏差

单位为毫米

制造方式	尺寸	允许偏差	
		普通级(PA)	高级(PC)
热轧(挤、顶、扩、锻)钢管 W-H	$S_{min}<15$	$^{+27.5\%S_{min}}_{0}$	$^{+25\%S_{min}}_{0}$
	$S_{min}\geqslant 15$	$^{+35\%S_{min}}_{0}$	
冷拔(轧)钢管 W-C	$S_{min}\leqslant 3$	$^{+24\%S_{min}}_{0}$	$^{+20\%S_{min}}_{0}$
	$S_{min}>3$	$^{+22.5\%S_{min}}_{0}$	$^{+20\%S_{min}}_{0}$

5.3　长度

5.3.1　通常长度

5.3.1.1　钢管的通常长度为 4 000 mm～12 000 mm。

5.3.1.2　经供需双方协商，并在合同中注明，可交付长度大于 12 000 mm 或小于 4 000 mm 但不小于 3 000 mm 的钢管，长度短于 4 000 mm 但不短于 3 000 mm 的钢管，其数量应不超过该批钢管交货总数量的 5%。

5.3.2　定尺长度和倍尺长度

5.3.2.1　根据需方要求，经供需双方协商，并在合同中注明，钢管可按定尺长度或倍尺长度交货。

5.3.2.2　钢管按定尺长度交货时，其长度允许偏差应符合下述规定：

a）$D\leqslant 406.4$ mm 时，$^{+15}_{0}$ mm；

b）$D>406.4$ mm 时，$^{+20}_{0}$ mm。

5.3.2.3　钢管按倍尺长度交货时，每个倍尺长度应按下述规定留出切口余量：

a）$D\leqslant 159$ mm 时，切口余量为 5 mm～10 mm；

b）159 mm$<D\leqslant 406.4$ mm 时，切口余量为 10 mm～15 mm；

c）$D>406.4$ mm 时，切口余量为 15 mm～20 mm。

5.4　弯曲度

5.4.1　钢管的每米弯曲度应符合如下规定：

a）$S\leqslant 15$ mm 时，不大于 1.5 mm/m；

b）15 mm$<S\leqslant 30$ mm 时，不大于 2.0 mm/m；

c）$S>30$ mm 时，不大于 3.0 mm/m。

5.4.2　$D\geqslant 127$ mm 的钢管，其全长弯曲度应不大于钢管总长度的 0.10%。

5.5　不圆度和壁厚不均

根据需方要求，经供需双方协商，并在合同中注明，钢管的不圆度和壁厚不均应分别不超过外径和壁厚公差的 80%。

5.6 端头外形

钢管两端端面应与钢管轴线垂直，切口毛刺应予清除。

5.7 重量

5.7.1 交货重量

钢管按公称外径和公称壁厚或公称内径和公称壁厚交货时，钢管按实际重量交货，亦可按理论重量交货。

钢管按公称外径和最小壁厚交货时，钢管按实际重量交货；供需双方协商，并在合同中注明，钢管亦可按理论重量交货。

5.7.2 理论重量的计算

钢管的理论重量按式(1)计算：

$$W=\frac{\pi}{1\,000}(D-S)S\times\rho \qquad (1)$$

式中：

W ——钢管每米理论重量，单位为千克每米(kg/m)；

π ——3.141 6；

D ——钢管的公称外径，单位为毫米(mm)；

S ——钢管的公称壁厚，单位为毫米(mm)；

ρ ——钢的密度(见表4)，单位为千克每立方分米(kg/dm^3)。

按公称内径和公称壁厚交货的钢管，应采用计算外径计算理论重量，其计算外径是按公称内径和公称壁厚计算出来的外径值；按最小壁厚交货钢管，应采用平均壁厚计算理论重量，其平均壁厚是按壁厚及其允许偏差计算出来的壁厚最大值与最小值的平均值。

5.7.3 重量允许偏差

钢管按理论重量交货时，供需双方可协商重量允许偏差，并在合同中注明。

6 技术要求

6.1 钢的牌号和化学成分

6.1.1 钢的牌号和化学成分(熔炼成分和成品成分)应符合表3的规定。

6.1.2 根据需方要求，经供需双方协商，并在合同中注明，供方可分析并报告钢中残余元素含量。

6.2 制造

6.2.1 制造大纲

钢管制造前，制造厂应制定制造大纲，其内容应包括制造过程中按先后顺序的各个制造和检验工序。

6.2.2 钢的冶炼方法

6.2.2.1 钢应采用电炉加炉外精炼或电渣重熔法冶炼。需方指定某一种冶炼方法时，应在合同中注明。

表 3　钢的牌号和化学成分

序号	统一数字代号	牌号	化学成分(质量分数)[a]/%											
			C	Mn	Si	P[b]	S[b]	Cr	Ni	Mo	Cu	Ti	N	B
1	S30408	06Cr19Ni10	≤0.08	≤2.00	≤0.75	≤0.030	≤0.015	18.0～20.00	8.00～11.00	—	—	—	—	≤0.001 8
2	S30403	022Cr19Ni10	≤0.030	≤2.00	≤0.75	≤0.030	≤0.015	17.00～20.00	9.00～12.00	—	≤1.00	—	—	≤0.001 8
3	S30453	022Cr19Ni10N	≤0.035	≤2.00	≤1.00	≤0.030	≤0.015	18.50～20.00	9.00～10.00	—	≤1.00	—	≤0.080	≤0.001 8
4	S31608	06Cr17Ni12Mo2	≤0.08	≤2.00	≤0.75	≤0.030	≤0.015	16.00～19.00	11.00～14.00	2.00～2.50	—	—	—	≤0.001 8
5	S31603	022Cr17Ni12Mo2	≤0.030	≤2.00	≤0.75	≤0.030	≤0.015	16.00～19.00	10.00～14.00	2.00～2.50	≤1.00	—	—	≤0.001 8
6	S31653	022Cr17Ni12Mo2N	≤0.035	≤2.00	≤1.00	≤0.030	≤0.015	17.00～18.00	11.50～12.50	2.25～2.75	≤1.00	—	≤0.080	≤0.001 8
7	S32168	06Cr18Ni11Ti	≤0.08	≤2.00	≤1.00	≤0.030	≤0.015	17.00～19.00	9.00～12.00	—	—	5C～0.70	—	≤0.001 8
8	S31782	015Cr21Ni26Mo5Cu2	≤0.020	≤2.00	≤0.70	≤0.030	≤0.015	19.00～21.00	24.00～26.00	4.00～5.00	1.20～2.00	—	≤0.100	≤0.001 8

注：本部分钢的化学成分与 GB/T 20878 相比有所调整。

[a] 根据需方要求，经供需双方协商，并在合同中注明，可规定钢中 Co 含量应不大于 0.20%，Nb+Ta 应不大于 0.15%。

[b] P、S 成品化学成分允许偏差为 0.005%。

6.2.2.2 经供需双方协商,并在合同中注明,可采用其他更高要求的冶炼方法。

6.2.3 管坯的制造方法

管坯应采用切除异钢种连浇过渡段的连铸坯或充分切除头尾的模铸钢锭,通过热轧或锻压方法制造。切除比例应在制造大纲中明确规定。管坯热轧或锻压的总延伸系数应不小于3。

热轧(锻)管坯应符合YB/T 5137的规定。

6.2.4 钢管的制造方法

钢管应采用热轧(挤、顶、锻、扩)或冷拔(轧)无缝方法制造。热扩钢管应采用坯料钢管经整体加热后扩制变形的方法制造。

制造厂应采用恰当的制造工艺保证钢管不同部位加工变形的均匀性和不会削弱钢的抗晶间腐蚀性能。

6.2.5 交货状态

6.2.5.1 钢管应以固溶热处理状态交货,固溶热处理温度应为1 050 ℃~1 150 ℃。

6.2.5.2 钢管应经酸洗、钝化后交货。凡经整体磨(抛光)、镗或光亮热处理的钢管可不经酸洗交货。

6.2.5.3 根据需方要求,经供需双方协商,并在合同中注明,06Cr18Ni11Ti钢管在固溶热处理后,可进行稳定化热处理,稳定化热处理制度由供需双方协商确定。

6.3 力学性能

6.3.1 室温力学性能

交货状态钢管的室温力学性能应符合表4的规定。

表4 力学性能与密度

序号	统一数字代号	牌号	室温				350 ℃		密度 kg/dm³
			抗拉强度 R_m/MPa	规定塑性延伸强度 $R_{p0.2}$/MPa	断后伸长率 A/%		规定塑性延伸强度 $R_{p0.2}$/MPa	抗拉强度 R_m/MPa	
					纵向	横向			
			不小于						
1	S30408	06Cr19Ni10	520	210	45	45	125	394	7.93
2	S30403	022Cr19Ni10	490	175	45	45	105	350	7.90
3	S30453	022Cr19Ni10N	520	210	45	45	125	394	7.93
4	S31608	06Cr17Ni12Mo2	520	210	45	45	130	445	8.00
5	S31603	022Cr17Ni12Mo2	490	175	45	45	105	355	8.00
6	S31653	022Cr17Ni12Mo2N	520	220	45	45	135	400	8.04
7	S32168	06Cr18Ni11Ti	520	210	40	35	130	394	8.03
8	S31782	015Cr21Ni26Mo5Cu2	520	230	35	30	—	—	8.00

6.3.2 高温力学性能

根据需方要求，经供需双方协商，并在合同中注明，钢管可进行350 ℃高温拉伸试验，其结果应符合表4的规定。

6.3.3 力学性能试样

外径小于219 mm的钢管，拉伸试验应沿钢管纵向取样。

外径不小于219 mm的钢管，当钢管尺寸允许时，拉伸试验应沿钢管横向截取圆形横截面试样。当钢管尺寸不足以沿横向截取圆形横截面试样时，拉伸试验应沿钢管纵向取样。横向圆形横截面试样应取自未经压扁的试料。

力学性能试验试样的轴线部位应尽可能靠近钢管的内表面。

6.4 液压试验

钢管应逐根进行液压试验。试验压力按式(2)计算，最大试验压力应不超过50 MPa。在试验压力下，稳压时间应不少于15 s，钢管不允许出现渗漏现象及残余变形。

$$p = 2SR/D \qquad \cdots\cdots(2)$$

式中：

p ——试验压力，单位为兆帕(MPa)，当 $p<7$ MPa时，修约到最接近的0.5 MPa，当 $p \geqslant 7$ MPa时，修约到最接近的1 MPa；

S ——钢管壁厚，单位为毫米(mm)；

R ——允许应力，为表4中规定室温塑性延伸强度最小值的70%，单位为兆帕(MPa)；

D ——钢管外径，单位为毫米(mm)。

液压试验的水质要求由供需双方协商并在合同中注明。

经需方同意，并在合同中注明，供方可用涡流探伤代替液压试验。涡流探伤时，对比样管人工缺陷应符合GB/T 7735中验收等级B的规定。

6.5 工艺性能

6.5.1 压扁试验

6.5.1.1 钢管应做压扁试验。压扁试验按以下两步进行：

a) 第一步是延性试验，试验时试样压至两平板间距离为 H，H 按式(3)计算。

$$H = \frac{(1+\alpha)S}{\alpha + \frac{S}{D}} \qquad \cdots\cdots(3)$$

式中：

H ——两平板间的距离，单位为毫米(mm)；

α ——单位长度变形系数，当 $D \leqslant 114.3$ mm时，取0.13；当 $D>114.3$ mm时，取0.11；

S ——钢管壁厚，单位为毫米(mm)；

D ——钢管外径，单位为毫米(mm)。

试样压至两平板间距离为 H 时，试样上不允许出现裂缝或裂口。

b) 第二步是完整性试验(闭合压扁)。压扁继续进行，直到试样破裂或试样相对两壁相碰。在整个压扁试验期间，试样不允许出现目视可见的分层、白点和夹杂。

6.5.1.2 下述情况不应作为压扁试验合格与否的判定依据：

a) 试样表面缺陷引起的无金属光泽的裂缝或裂口；

b) 当 $S/D>0.1$ 时,试样 6 点钟(底)和 12 点钟(顶)位置处内表面的裂缝或裂口。

6.5.2 扩口试验

外径不大于 150 mm 且壁厚不大于 10 mm 的钢管应做扩口试验。扩口试验在室温下进行,顶心锥度为 60°。扩口后试样的内径扩口率应达到 30%,扩口后的试样不允许出现裂缝或裂口。

6.6 晶粒度

对于核安全 1、2 级钢管,交货状态的实际晶粒度应为 2 级或更细,且两个试片上晶粒度最大级别与最小级别之差应不大于 3 级。

根据需方要求,经供需双方协商,并在合同中注明,交货状态钢管的实际晶粒度可为 4 级或更细。

晶粒度不合格,该批钢管应判为不合格,不允许复验。

6.7 晶间腐蚀试验

钢管应做晶间腐蚀试验。试验后试样不允许出现晶间腐蚀倾向,试验方法见附录 A。

6.8 表面质量

6.8.1 钢管的内外表面不允许有裂纹、折叠、结疤、轧折和离层。这些缺陷应完全清除,缺陷清除深度应不超过壁厚的 10%,缺陷清除处的实际壁厚应不小于壁厚所允许的最小值。缺陷清除处不允许焊补,且应圆滑过渡,缺陷清除的深、宽、长之比应不小于 1∶6∶8。

钢管内外表面上直道允许的深度应符合如下规定:

a) 冷拔(轧)钢管和以机加工表面交货的钢管:不大于壁厚的 4%,且最大为 0.2 mm;

b) 热轧(挤、顶、锻、扩)钢管:不大于壁厚的 5%,且最大为 0.4 mm。

深度不超过钢管壁厚的 5%,或钢管壁厚小于 6.0 mm 时深度不超过 0.3 mm,且不超过壁厚允许负偏差的其他局部缺欠允许存在。

6.8.2 采用对比样块或样管测量钢管表面粗糙度 Ra。冷拔(轧)钢管的内外表面以及热轧(挤、顶、锻、扩)钢管的外表面,表面粗糙度 Ra 应不大于 6.3 μm;热轧(挤、顶、锻、扩)钢管的内表面,表面粗糙度 Ra 应不大于 12.5 μm。

6.8.3 核安全 1、2 级和 3 级钢管,表面缺陷修磨处或对表面质量有疑问时,供方应进行液体渗透检验。

液体渗透检验应符合 JB/T 4730.5 的规定。检验时,尺寸超过 1 mm 的任何显示应予记录;凡呈现下述显示的缺陷都应标明位置,并按 6.8.1 的规定进行清除:

——线性缺陷显示;

——尺寸超过 3 mm 的非线性缺陷显示;

——3 个或 3 个以上排列成行,且边缘间距小于 3 mm 的缺陷显示;

——在 100 cm^2 的矩形面积上,累积有 5 个或 5 个以上密集缺陷显示,该矩形长边不大于 20 cm,且取自缺陷显示评定最不利的部位。

6.9 超声波探伤检验

6.9.1 纵向和横向缺陷检验

6.9.1.1 核安全 1、2 级钢管应按 GB/T 5777—2008 的规定逐根全长进行纵向缺陷和横向缺陷超声波探伤检验,超声波探伤检验对比试样人工缺陷刻槽深度等级应为 L2,最小深度应为 0.2 mm,最大深度应为 1.0 mm。

当钢管壁厚与外径之比大于0.2时,除非合同中另有规定,钢管内壁人工缺陷深度按GB/T 5777—2008中附录C的C.1规定执行。

当钢管按最小壁厚交货时,对比样管刻槽深度按钢管平均壁厚计算。

6.9.1.2 自动检验不能完全检验的钢管端部应切除或进行手工超声波检验。手工检验方法的灵敏度应至少与自动检验方法一致,用作校正灵敏度的钢管应是用于自动检验的钢管。

6.9.1.3 根据需方要求,经供需双方协商,并在合同中注明,钢管可采用其他标准规定的方法进行超声波检验。

6.9.2 分层缺欠检验

根据需方要求,经供需双方协商,并在合同中注明,钢管可按GB/T 20490的规定进行超声波分层缺欠检验,分层缺欠检验推荐采用验收等级B1。

6.10 涡流探伤检验

外径不大于50 mm,且壁厚不大于2.0 mm的核安全1、2级钢管应进行涡流探伤检验。涡流探伤时,对比样管人工缺陷应符合GB/T 7735中验收等级B的规定。

7 试验方法

7.1 钢管的尺寸和外形应采用符合精度要求的量具逐根测量。

7.2 钢管的内外表面应在充分照明条件下逐根目视检查。

7.3 钢管其他检验项目的试验方法和取样方法应符合表5的规定。

表5 钢管的检验项目、取样数量、取样方法和试验方法

序号	检验项目		取样数量	取样方法	试验方法
1	化学成分	熔炼分析	每炉取1个试样	GB/T 20066	GB/T 223、GB/T 11170 GB/T 20123、GB/T 20124
		成品分析	每批取1个试样		
2	室温拉伸试验		每批在两根钢管上各取1个试样	GB/T 2975、6.3.3	GB/T 228.1
3	高温拉伸试验		每批在一根钢管上取1个试样	GB/T 2975、6.3.3	GB/T 4338
4	液压试验		逐根	—	GB/T 241
5	压扁试验		每批在总数5%但不少于两根钢管上各取1个试样	GB/T 246、6.5.1	GB/T 246、6.5.1
6	扩口试验		每批在总数5%但不少于两根钢管上各取1个试样	GB/T 242	GB/T 242
7	晶粒度		每批在两根钢管上各取1个试样	GB/T 6394	GB/T 6394
8	晶间腐蚀试验		每批在两根钢管上各取1组2个试样	GB/T 4334—2008附录A	GB/T 4334—2008附录A
9	液体渗透检验		6.8.3	—	JB/T 4730.5
10	超声波探伤检验		逐根	—	GB/T 5777—2008、6.9.1
11	分层缺欠检测		逐根	—	GB/T 20490
12	涡流探伤检验		逐根	—	GB/T 7735

8 检验规则

8.1 检查和验收

钢管的检查和验收由供方质量技术监督部门进行。

8.2 组批规则

钢管应按批检查和验收。每批应由同一牌号、同一炉号、同一规格和同一热处理制度(炉次)的钢管组成。每批钢管的数量应不超过如下规定：

a) $D \leqslant 114.3$ mm，200 根；

b) 114.3 mm $< D \leqslant 325$ mm，100 根；

c) $D > 325$ mm，50 根。

8.3 取样数量

钢管各项检验的取样数量应符合表 5 的规定。

8.4 复验与判定规则

8.4.1 钢管的复验与判定规则除了在本部分另有规定外，其他项目的复验与判定应符合 GB/T 17505 的规定。复验时，应对测得的不合格项目取双倍数量试样进行检验，不是双倍数量试验时，可逐根检验。如果复验试样在原抽样钢管上截取时，其试样应在试料上原取样邻近部位截取。

8.4.2 如果某根钢管的压扁试验不合格，则该根钢管应重新取样，且还应在另外两根钢管上各取 1 个试样进行复验。如果复验结果有一个或以上不合格，则可对该批剩余钢管逐根检验，亦可重新热处理后并作为新的一批重新检验。逐根检验后应剔除所有压扁试验不合格的钢管。如果一批中压扁试验不合格的钢管根数超过该批钢管总数的 10%，则该批钢管应判为不合格。扩口试验结果的判定与复验规则与压扁试验的规定相同。

8.4.3 若复验不合格，供方可将该批剩余钢管逐根检验。

8.5 重新热处理

力学性能和工艺性能不合格的钢管，可进行重新热处理。重新热处理后的钢管应以新的批提交验收。重新热处理只允许一次。

9 清洁、包装、标志和质量证明文件

9.1 钢管包装前应使用无油、干燥、清洁的压缩空气或其他适宜的方法对钢管内、外表面进行清洁处理。钢管两端管口应采用塑料管帽、管塞、塑料薄膜或其他合适的方法和材料进行封堵。

钢管包装的其他规定应符合 GB/T 2102 的规定。

9.2 钢管的标志应符合 GB/T 2102 的规定。

9.3 根据需方要求，经供需双方协商，并在合同中注明，清洁、标志、包装、运输的要求可以不同于本部分的规定。

9.4 不论交货前的钢管状况如何，供方应在每一项检验后建立以下相应的质量报告，并将报告提供给需方：

a) 钢的冶炼方法，钢的化学成分熔炼分析和成品分析报告；

b) 管坯的制造方法报告；

c) 热处理记录及分析报告；

d) 力学和工艺性能试验报告；

e) 晶粒度检验报告；

f) 晶间腐蚀试验报告；

g) 表面质量目视检查报告；

h) 无损检验报告；

i) 液压试验报告；

j) 采用钢锭制造核 1、2 级钢管时，钢锭头尾的最小切除比例报告；

k) 其他规定检验项目的检验报告。

这些报告中还应包括以下内容：

——熔炼炉号和钢管批号；

——制造厂识别标志；

——订货单号(合同号)；

——如有必要，检查机构的名称；

——各种试验和复验的结果及与其相对照的规定值。

附 录 A
（规范性附录）
钢管的晶间腐蚀试验方法

A.1 钢管的晶间腐蚀试验可采用A.2、A.3或A.4中规定的方法之一，具体方法由供需双方协商确定，并在合同中注明。当需方未在合同中注明试验方法时，应按A.2进行试验。

A.2 晶间腐蚀试验应符合GB/T 4334—2008中方法E的规定。

A.3 晶间腐蚀试验应符合以下规定，其余要求应符合GB/T 4334—2008中方法E的规定：

a) 钢管直径不大于38 mm时，试样应为一段长度25 mm的整管段。钢管直径大于38 mm时，应在25 mm长的整管段上截取75 mm的圆弧；壁厚不大于6 mm时，试样厚度为原壁厚，壁厚大于6 mm时，保留受检表面，从另一面加工到6 mm厚度。

b) 超低碳（C≤0.035%）和稳定化的钢种，试样敏化处理时，在675 ℃保温1 h。

c) 腐蚀试验时，同一容器里可以试验三个试样，并使试样表面积与溶液的比例至少保持8 mL/cm^2。

d) 整管段压扁试验两平板间距离应符合6.5.1.1的规定。

A.4 晶间腐蚀试验应符合以下规定，其余要求应符合GB/T 4334—2008中方法E的规定：

a) 钢管直径不大于30 mm时，试样应为一段长度30 mm的整管段。钢管直径大于30 mm时，当壁厚不大于4 mm，试样的厚度为原壁厚；当壁厚大于4 mm时，保留受检表面，从另一面加工到4 mm厚度；试样的轴线平行于轧制方向，宽度为10 mm。

b) 不含钼的超低碳（C≤0.035%）钢种和以钛稳定化的钢种，试样的敏化温度为700 ℃；含钼的超低碳（C≤0.035%）钢种，试样的敏化温度为725 ℃。敏化处理加热时间不超过5 min，保温30 min，在炉内以每小时60 ℃±5 ℃的速率缓慢冷却到500 ℃，然后在空气中冷却。

其他钢种，试样的敏化温度为650 ℃，保温10 min，然后浸入水中冷却。

c) 腐蚀试验用溶液配方：10%硫酸（H_2SO_4）+ 10%结晶硫酸铜（$CuSO_4 \cdot 5H_2O$）+80%蒸馏水。

d) 每块试样完全浸泡在一个单独的装有铜屑和不少于250 mL溶液的烧瓶中，沸腾腐蚀24 h。

e) 腐蚀试验后，试样围绕芯棒缓慢弯曲90°，芯棒直径不大于腐蚀试验前试样厚度的2倍。整管段试样进行压扁试验，压扁间距等于管壁厚度的4倍。

ICS 83.040.01
B 72

中华人民共和国国家标准

GB/T 24797.2—2014/ISO 20299-2:2006

橡胶包装用薄膜　第2部分:天然橡胶

Film for wrapping rubber bales—Part 2:Natural rubber

(ISO 20299-2:2006,IDT)

2014-07-08 发布　　2014-12-01 实施

中华人民共和国国家质量监督检验检疫总局
中国国家标准化管理委员会　发布

前　言

GB/T 24797《橡胶包装用薄膜》分为三个部分：

——第1部分：丁二烯橡胶(BR)和苯乙烯-丁二烯(SBR)橡胶；

——第2部分：天然橡胶；

——第3部分：乙烯-丙烯-二烯烃橡胶(EPDM)、丙烯腈-丁二烯橡胶(NBR)、氢化丙烯腈-丁二烯橡胶(HNBR)、乙烯基丙烯酸橡胶(AEM)和丙烯酸橡胶(ACM)。

本部分是GB/T 24797的第2部分。

本部分按照GB/T 1.1—2009给出的规则起草。

本部分使用翻译法等同采用ISO 20299-2:2006《橡胶包装用薄膜　第2部分：天然橡胶》(英文版)。

与本标准中规范性引用的国际文件有一致性对应关系的我国文件如下：

——GB/T 19466.3—2004　塑料　差示扫描量热法(DSC)　第3部分：熔融和结晶温度及热焓的测定(ISO 11357-3:1999，IDT)。

本部分由中国石油和化学工业联合会提出。

本部分由全国橡胶与橡胶制品标准化技术委员会天然橡胶分技术委员会(SCA/TC 35/SC 8)归口。

本部分起草单位：中国热带农业科学院农产品加工研究所、海南天然橡胶产业集团股份有限公司。

本部分主要起草人：卢光、吕明哲、袁瑞全、余和平。

引　　言

块状天然橡胶通常是通过天然橡胶凝块造粒、洗涤、干燥、打包和包装等加工工艺处理而成。胶包用透明聚乙烯袋包裹好，再装入聚丙烯编织袋、金属或木制包装箱中。

使用聚乙烯袋的主要目的是使胶包始终分开，这样在使用时就能很容易将其从包装中取出。然而，由于要将该薄膜从每一胶包上剥下很困难，而且这种做法效率也很低。因此，该薄膜的一个基本特性是在混炼时能分散于橡胶胶料中。这就意味着薄膜的熔点应低于胶料密炼周期所能达到的温度（通常为120 ℃～160 ℃）。

橡胶包装用薄膜　第2部分:天然橡胶

警告:使用本标准的人员应有正规实验室工作的实践经验。本标准并未指出所有可能的安全问题。使用者有责任采取适当的安全和健康措施,并保证符合国家有关法规规定的条件。

1　范围

GB/T 24797的本部分规定了包裹天然橡胶胶包用的不剥离型高熔点薄膜的材料和物理性能要求,这些薄膜的作用是使胶包在储存期间互相分开。

2　规范性引用文件

下列文件对于本文件的应用是必不可少的。凡是注日期的引用文件,仅注日期的版本适用于本文件。凡是不注日期的引用文件,其最新版本(包括所有的修改单)适用于本文件。

ISO 306:2004　热塑性塑料　维卡软化温度(VST)的测定[Plastics—Thermoplastic materials—Determination of Vicat softening temperature (VST)]

ISO 11357-3　塑料　差示扫描量热法(DSC)　第3部分:熔融和结晶温度及热焓的测定[Plastics—Differential scanning calorimetry (DSC)—Part 3: Determination of temperature and enthalpy of melting and crystallization]

3　材料

薄膜应使用低密度聚乙烯(PE-LD)制造。

注:薄膜通常不含滑爽剂、防老剂和防粘剂。

4　物理性能

4.1　厚度

使用螺旋测微器测量,薄膜的厚度应在30 μm~50 μm之间。

4.2　热性能

4.2.1　总则

满足下列规定的两种热性能要求之一即可。

注:维卡软化温度通常比用DSC测量的熔融峰温低18 ℃。

4.2.2　维卡软化温度

按ISO 306:2004中的方法A_{50}测定,维卡软化温度应小于或等于95 ℃。

4.2.3　熔融峰温

按ISO 11357-3规定,使用差示扫描量热法(DSC)测定,熔融峰温应小于113 ℃。

5 试验报告

试验报告应包括以下内容：

a） 本部分的编号；

b） 识别样品所必需的所有细节；

c） 在测定期间观察到的任何异常现象；

d） 第4章规定试验所得的结果；

e） 试验日期。

ICS 83.060
G 35

中华人民共和国国家标准

GB/T 24797.3—2014/ISO 20299-3:2008

橡胶包装用薄膜 第3部分:乙烯-丙烯-二烯烃橡胶(EPDM)、丙烯腈-丁二烯橡胶(NBR)、氢化丙烯腈-丁二烯橡胶(HNBR)、乙烯基丙烯酸酯橡胶(AEM)和丙烯酸酯橡胶(ACM)

Film for wrapping rubber bales—Part 3:Ethylene-propylene-diene rubber (EPDM),acrylonitrilebutadiene rubber (NBR),hydrogenated nitrile-butadiene rubber(HNBR),acrylic-ethylene rubber (AEM) and acrylic rubber (ACM)

(ISO 20299-3:2008,IDT)

2014-07-08 发布　　2014-12-01 实施

中华人民共和国国家质量监督检验检疫总局
中国国家标准化管理委员会　发布

前　言

GB/T 24797《橡胶包装用薄膜》分为三个部分：

——第1部分：丁二烯橡胶(BR)和苯乙烯-丁二烯橡胶(SBR)；

——第2部分：天然橡胶；

——第3部分：乙烯-丙烯-二烯烃橡胶(EPDM)、丙烯腈-丁二烯橡胶(NBR)、氢化丙烯腈-丁二烯橡胶(HNBR)、乙烯基丙烯酸酯橡胶(AEM)和丙烯酸酯橡胶(ACM)。

本部分为GB/T 24797的第3部分。

本部分按照GB/T 1.1—2009给出的规则起草。

本部分等同采用ISO 20299-3:2008《乙烯-丙烯-二烯烃橡胶(EPDM)、丙烯腈-丁二烯橡胶(NBR)、氢化丙烯腈-丁二烯橡胶(HNBR)、乙烯基丙烯酸酯橡胶(AEM)和丙烯酸酯橡胶(ACM)》。

本部分由中国石油化工集团公司提出。

本部分由全国橡胶与橡胶制品标准化技术委员会合成橡胶分技术委员会归口(SAC/TC 35/SC 6)。

本部分起草单位：中国石油天然气股份有限公司石油化工研究院、凯迪西北橡胶有限公司、宁波顺泽橡胶有限公司。

本部分主要起草人：孙丽君、陆延、李晓银、王春龙、魏玉丽、李淑萍、张兆庆。

引　言

为了确保橡胶在储存期间，每块胶能够单独分离不相互粘连，通常采用合适的薄膜对橡胶块进行包装。

大部分通用合成橡胶是由橡胶胶料经过干燥压制成块，在自动化程序下覆盖包装薄膜，最后进行外包装，因此包装用薄膜应具有足够的强度以承受在包装过程中所受到的力。同时，橡胶在贮存过程中会冷流，因此也要求包装用薄膜应具有足够的强度能够承受橡胶冷流过程所产生的压力，以防止薄膜破损导致橡胶与外包装发生粘连。

在橡胶混炼前，如果剥去每个橡胶包上的包装膜，既困难又不经济，因此操作者通常直接将橡胶连同其包装膜一起混炼，这就要求该薄膜在橡胶混炼过程中能较好地分散到橡胶中去，其熔点应低于密炼过程所达到的温度(通常为 120 ℃～160 ℃)。

目前还没有直接测量分散性的方法。

如果在开炼或密炼混炼过程中不能达到所需要的分散温度，则应剥去包装膜，或者使用更低熔点的包膜。

橡胶包装用薄膜 第3部分：乙烯-丙烯-二烯烃橡胶(EPDM)、丙烯腈-丁二烯橡胶(NBR)、氢化丙烯腈-丁二烯橡胶(HNBR)、乙烯基丙烯酸酯橡胶(AEM)和丙烯酸酯橡胶(ACM)

警告：使用本标准的人员应该熟悉普通实验室操作。本标准没有对使用中可能出现的安全问题做任何陈述。使用者有责任建立适当的安全和健康机制并确保拥有国家正规实验室条件。

1 范围

GB/T 24797的本部分规定了合成橡胶所用的非剥离型包装薄膜的材料及其物理特性。

本部分适用于乙烯-丙烯-二烯烃橡胶(EPDM)、丙烯腈-丁二烯橡胶(NBR)、氢化丙烯腈-丁二烯橡胶(HNBR)、乙烯基丙烯酸酯橡胶(AEM)和丙烯酸酯橡胶(ACM)。

本部分不适用于需剥离型的薄膜。

2 规范性引用文件

下列文件对于本文件的应用是必不可少的。凡是注日期的引用文件，仅注日期的版本适用于本文件。凡是不注日期的引用文件，其最新版本(包括所有的修改单)适用于本文件。

GB/T 1633—2000 热塑性塑料维卡软化温度(VST)的测定(ISO 306:1994,IDT)

GB/T 19466.3—2004 塑料 差示扫描量热法(DSC) 第3部分：熔融和结晶温度及热焓的测定(ISO 11357-3:1999,IDT)

GB/T 20220—2006 塑料薄膜和薄片 样品平均厚度、卷平均厚度及单位质量面积的测定 称量法(称量厚度)(ISO 4591:1992,IDT)

ISO 1872-1:1993 聚乙烯(PE)模塑和挤出材料 第1部分：命名系统和分类基础[Polyethylene (PE) moulding and extrusion materials—Part 1:Designation system and basis for specifications]

3 材料

包装薄膜应由以下材料之一制得：

a) 低密度聚乙烯(LDPE)；

b) 低密度聚乙烯与乙烯-乙酸乙烯酯聚合物(EVAC)的共混物；

c) 合适规格的乙烯-乙酸乙烯酯聚合物(EVAC)；

d) 其他1-烯烃单体含量少于50%(质量分数)的乙烯共聚物和带官能团的非烯烃单体含量不多于3%(质量分数)的乙烯共聚物(见ISO 1872-1:1993)。

注：可以存在防老剂、爽滑剂和防粘剂。

4 物理特性

4.1 厚度

按照 GB/T 20220—2006 的称量法测定薄膜厚度。采用第 3 章中材料 a)、b)和 c)制得的薄膜,其厚度应在 0.040 mm～0.070 mm 之间;采用材料 d)制得的薄膜,其厚度应在 0.040 mm～0.085 mm 之间;如果在混炼过程中分散性不好,薄膜厚度也可以在 0.025 mm～0.040 mm 之间。

4.2 热性能

4.2.1 概要

本部分规定了两种热性能,满足其中一种即可。

4.2.2 维卡软化温度

按照 GB/T 1633—2000 中的方法 A_{50} 测定,维卡软化温度应不高于 95 ℃。

4.2.3 DSC 熔融峰温

按照 GB/T 19466.3—2004 测定,熔融峰温应低于 113 ℃(相当于维卡软化温度加 18 ℃)。

5 试验报告

报告应包括以下内容:

a) 本部分的编号;

b) 有关样品的详细说明;

c) 试验过程中发现到的任何异常情况;

d) 根据第 4 章的规定所得到的结果;

e) 试验日期。

ICS 29.140.99
K 71

中华人民共和国国家标准

GB/T 24908—2014
代替 GB/T 24908—2010

普通照明用非定向自镇流 LED 灯 性能要求

Non-directional self-ballasted LED-lamps for general lighting services —Performance requirements

(IEC 62612:2009,Self-ballasted LED-lamps for general lighting services —Performance requirements,NEQ)

2014-09-03 发布　　2015-08-01 实施

中华人民共和国国家质量监督检验检疫总局
中国国家标准化管理委员会　发布

前　言

本标准按照 GB/T 1.1—2009 和 GB/T 20000.2—2009 给出的规则起草。

本标准代替 GB/T 24908—2010《普通照明用自镇流 LED 灯　性能要求》，与 GB/T 24908—2010 相比主要技术变化如下：

——标准名称 增加了“非定向”限定范围，相应地在范围中删除了反射型自镇流 LED 灯的性能要求；

——修改了适用范围(见第 1 章，2010 年版第 1 章)；

——删除了 GB/T 1406.2、GB/T 1406.3 和 GB/T 1406.4 三个引用文件，增加了 GB/T 7249、GB/T 10681、GB 17743、GB/T 18595、GB/T 20145 和 GB/T 31112 六个引用文件(见第 2 章，2010 年版第 2 章)；

——修改了自镇流 LED 灯的定义，增加了定向照明、非定向照明、非定向自镇流 LED 灯、初始值、功率因数、早期失效、平均寿命、光通维持率的术语和定义，删除了失效的定义(见第 3 章，2010 年版第 3 章)；

——修改了产品分类(见 4.1，2010 年版的 4.1)，修改了型号编写规则(见 4.2，2010 年版的 4.2)；

——修改了灯的外形尺寸和灯头的要求(见 5.2，2010 年版的 5.2)；

——修改了灯功率、功率因数的要求(见 5.3 和 5.4，2010 年版的 5.3 和 5.4)；

——修改了光通量和初始光效的要求(见 5.5，2010 年版的 5.5)；

——修改了颜色特征的要求(见 5.6，2010 年版的 5.6)；

——修改了寿命的要求(见 5.7，2010 年版的 5.7)；

——修改了电磁兼容特性的要求(见 5.8，2010 年版的 5.8)；

——增加了质量限值的要求(见 5.9)；

——修改了标志和包装的要求(见 5.10，2010 年版的 8.1)；

——修改了交收试验和例行试验规则(见 7.2 和 7.3，2010 年版的 7.2 和 7.3)；

本标准使用重新起草法参考 IEC 62612:2009《普通照明用自镇流 LED 灯　性能要求》编制，与 IEC 62612的一致性程度为非等效。

本标准由中国轻工业联合会提出。

本标准由全国照明电器标准化技术委员会(SAC/TC 224)归口。

本标准起草单位：杭州菁蓝照明科技有限公司、厦门通士达照明有限公司、松下电器研究开发(苏州)有限公司、苏州盟泰励宝光电有限公司、国家电光源质量监督检验中心(北京)、浙江阳光照明电器集团股份有限公司、佛山电器照明股份有限公司、横店集团得邦照明有限公司、德泓(福建)光电科技有限公司、泰州亿嘉电子科技有限公司、浙江上光照明有限公司、杭州鸿雁电器有限公司、杭州杭科光电股份有限公司、浙江生辉照明有限公司、杭州庄诚进出口有限公司、南京汉德森科技股份有限公司、惠州市西顿工业发展有限公司、浙江金陵光源电器有限公司、杭州泰格电子电器有限公司、杭州安得电子有限公司、宁波亚茂照明电器有限公司、上海三思电子工程有限公司、杭州派威电源有限公司、杭州固态照明有限公司、北京电光源研究所。

本标准主要起草人：吴永强、秦碧芳、戴忻、张迎春、张伟、吕军、魏彬、杜国红、沈清全、王勤荣、杨立功、柯建锋、孙泉明、严钱军、陆光明、简国新、周鸣、陈实、吴超、王佩诚、伍兆兆、曹茂军、许礼、叶建波、郑为、江姗、段彦芳。

本标准所代替标准的历次版本发布情况为：

——GB/T 24908—2010。

普通照明用非定向自镇流 LED 灯 性能要求

1 范围

本标准规定了普通照明用非定向自镇流 LED 灯的术语和定义、产品分类与命名、技术要求、试验方法和检验规则。

本标准适用于在家庭和类似场合作为普通照明用、把稳定燃点部件集成为一体的非定向自镇流 LED 灯。

适用范围如下：

——额定功率不大于 60 W；

——额定电压 AC 220 V、频率 50 Hz；

——采用符合 GB/T 1406.1 的螺口式灯头或符合 GB/T 1406.5 的卡口式灯头。

注：在本标准中出现的“灯”代表“普通照明用非定向自镇流 LED 灯”，除非特别指明是其他类型的灯。

凡是符合本标准要求的灯，在额定电源电压的 92%～106%或标称工作电压范围内，环境温度为 −20 ℃～45 ℃之间的条件下应能启动并正常工作。

2 规范性引用文件

下列文件对于本文件的应用是必不可少的。凡是注日期的引用文件，仅注日期的版本适用于本文件。凡是不注日期的引用文件，其最新版本(包括所有的修改单)适用于本文件。

GB/T 1406.1　灯头的型式和尺寸　第 1 部分：螺口式灯头

GB/T 1406.5　灯头的型式和尺寸　第 5 部分：卡口式灯头

GB/T 1483.1　灯头、灯座检验量规　第 1 部分：螺口式灯头、灯座的量规

GB/T 1483.5　灯头、灯座检验量规　第 5 部分：卡口式灯头、灯座的量规

GB/T 2828.1　计数抽样检验程序　第 1 部分：按接收质量限(AQL)检索的逐批检验抽样计划

GB/T 2829　周期检验计数抽样程序及表(适用于对过程稳定性的检验)

GB/T 7249　白炽灯的最大外形尺寸

GB/T 10681　家庭和类似场合普通照明用钨丝灯　性能要求

GB 17625.1　电磁兼容　限值　谐波电流发射限值(设备每相输入电流≤16 A)

GB 17743　电气照明和类似设备的无线电骚扰特性的限值和测量方法

GB/T 18595　一般照明用设备电磁兼容抗扰度要求

GB/T 20145　灯和灯系统的光生物安全性

GB/T 24824　普通照明用 LED 模块测试方法

GB/T 24826　普通照明用 LED 和 LED 模块术语和定义

GB 24906　普通照明用 50 V 以上自镇流 LED 灯　安全要求

GB/T 31112　普通照明用非定向自镇流 LED 灯规格分类

3 术语和定义

GB/T 24826 和 GB/T 31112 界定的以及下列术语和定义适用于本文件。

3.1

自镇流 LED 灯　self-ballasted LED lamp

含有灯头、LED 光源和保持其稳定燃点所必需的元件并使之为一体的，在不损坏其结构时是不可拆卸的灯。

3.2

定向照明　directional lighting

灯在立体角为 π sr(相当于 120°锥角圆锥的立体角)内有 80%以上的光输出。

3.3

非定向照明　non-directional lighting

灯在立体角为 π sr(相当于 120°锥角圆锥的立体角)内的光输出小于 80%。

3.4

非定向自镇流 LED 灯　non-directional self-ballasted LED lamp

具备非定向照明灯特性的自镇流 LED 灯。

3.5

初始值　Initial value

灯老炼 1 000 h 后的光电和颜色参数。

3.6

功率因数　power factor

所测得灯的有功功率与灯的输入电压(有效值)和输入电流(有效值)的乘积之比。

3.7

早期失效　early failure

灯在 1 000 h 老炼过程中所发生的不能出光、可观测闪烁或光通量明显下降等的失效情况。

3.8

平均寿命(50%的灯失效时的寿命)　average life (life to 50% failures)

灯的光通维持率达到本标准要求，并能继续燃点至 50%的灯的光通维持率衰减到 70%时的累积燃点时间。

3.9

光通维持率　lumen maintenance

灯在寿命期间内一特定时间的光通量与该灯的初始光通量之比，以初始光通量的百分数表示，在此期间灯在规定条件下燃点。

4　产品分类与命名

4.1　产品分类

灯的规格分类应符合 GB/T 31112 的要求。

4.2　型号

4.2.1　型号表示规则

灯的型号由五部分组成：第一部分表示灯的代号(BPZ 代表普通照明用非定向自镇流 LED 灯)；第二部分表示灯的光通量规格；第三部分表示灯的配光类型，包括全配光型(代码为 O)、准全配光型(代码为 Q)和半配光型(代码为 S，可省略)；第四部分表示灯的颜色特征，采用显色指数代码(一般显色指数不低于 80 的代码为“8”、高显色指数代码为“9”)和色调代码(见 GB/T 31112)的组合表示，如 865 代表显色指数为 80、色温 6 500 K；第五部分为补充部分，表示灯的其他信息，可采用灯头型号（如 E27、B22d 等）和/或其他信息，各生产者可自行选择和取舍，如果上述两种或者多种内容同时出现，中间用符号隔开。

4.2.2 型号示例

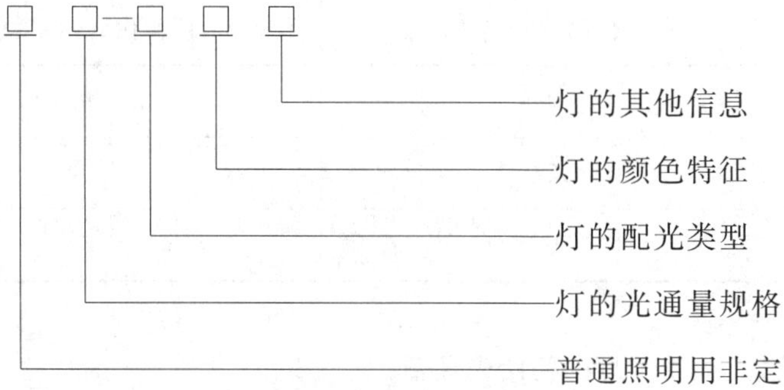

示例：额定电压 220 V、光通量规格为 500 lm、半配光型、显色指数为 80、色温 6 500 K、E27 灯头的普通照明用非定向自镇流 LED 灯的型号为：BPZ500-865 E27。

5 技术要求

5.1 安全要求

灯的安全要求应符合 GB 24906 的要求。

灯的光生物安全性应符合 GB/T 20145 的要求。

5.2 灯的外形尺寸和灯头

灯的最大直径和总长度应符合生产者声称替换的 GB/T 7249 中相应规格白炽灯的最大外形尺寸要求。

灯所用灯头应符合 GB/T 1406.1 或 GB/T 1406.5 的要求。

5.3 灯功率

灯在额定电压和额定频率下工作时，其实际消耗的功率不大于标称功率的 110%，不小于标称功率的 80%。

5.4 功率因数

灯在额定电压和额定频率下工作时，其实际功率因数应不比生产者的标称值低 0.05。

标称功率不大于 5 W 的灯的功率因数应不低于 0.4，大于 5 W 的灯的功率因数应不低于 0.7。若灯宣称为高功率因数的，则应不低于 0.9。

5.5 初始光效/光通量

灯的初始光效等级可由生产者或销售商宣称，对于半配光型和准全配光型，其初始光效实测值应不低于表 1 的规定；对于全配光型，其初始光效实测值不低于表 1 的规定值的 90%。如生产者或销售商未宣称应符合Ⅲ级要求。

灯的初始光通量实测值应符合生产者或销售商宣称的光通量规格在表 2 中对应的光通量要求。表 2的光通量规格分别与 GB/T 10681 的白炽灯功率规格有对应的替换关系。

表 1　灯的初始光效

等级	光效 lm/W	
	色调代码:65/50/40	色调代码:35/30/27
Ⅰ	100	95
Ⅱ	85	80
Ⅲ	70	65

表 2　灯的初始光通量

序号	光通量规格	白炽灯规格	初始光通量 lm		
			目标值	下限值	上限值
1	150 lm	15 W	136	125	165
2	250 lm	25 W	249	225	300
3	500 lm	40 W	470	420	565
4	800 lm	60 W	806	725	950
5	1 000 lm	75 W	1 055	950	1 270
6	1 500 lm	100 W	1 521	1 370	1 825
注：初始光通量的上限值仅供参考。					

5.6　颜色特征

5.6.1　色品性能

灯的色品性能应符合表 3 的规定。

灯一般显色指数 Ra 的初始值平均值应不低于表 3 规定值，个别值不应比平均值低 3 个数量值，$R_9>0$。

灯色品容差平均值应不大于表 3 规定值。

表 3　灯的色品性能

<table>
<tr><th rowspan="3">色调规格</th><th rowspan="3">色调代码</th><th colspan="6">色品参数</th></tr>
<tr><th rowspan="2">一般显色指数</th><th colspan="2">色坐标目标值[a]</th><th rowspan="2">相关色温目标值
K</th><th rowspan="2">色品容差
SDCM</th></tr>
<tr><th>x</th><th>y</th></tr>
<tr><td>6 500 K(日光色)</td><td>65</td><td rowspan="7">80
(标称高显色指数的:90)</td><td>0.313</td><td>0.337</td><td>6 430</td><td rowspan="7">≤5</td></tr>
<tr><td>5 000 K(中性白色)</td><td>50</td><td>0.346</td><td>0.359</td><td>5 000</td></tr>
<tr><td>4 000 K(冷白色)</td><td>40</td><td>0.380</td><td>0.380</td><td>4 040</td></tr>
<tr><td>3 500 K(白色)</td><td>35</td><td>0.409</td><td>0.394</td><td>3 450</td></tr>
<tr><td>3 000 K(暖白色)</td><td>30</td><td>0.440</td><td>0.403</td><td>2 940</td></tr>
<tr><td rowspan="2">2 700 K(白炽灯色)</td><td>27</td><td>0.463</td><td>0.420</td><td>2 720</td></tr>
<tr><td>P27</td><td>0.458</td><td>0.410</td><td>2 700</td></tr>
<tr><td colspan="8">[a] 企业可根据用户的要求制造非标准颜色的灯,但应同时给出非标准颜色色品坐标的目标值和容差范围。</td></tr>
</table>

5.6.2　颜色不均匀度

CIE 1976(u',v')图上,灯在光束角范围内各方向上的颜色坐标与平均颜色坐标的偏差 $\Delta u'v'$ 应不超过 0.005。

5.7　寿命

5.7.1　早期失效

灯在 1 000 h 老炼过程中不应出现早期失效现象。

5.7.2　平均寿命

灯的平均寿命应不低于 25 000 h。

5.7.3　光通维持率

灯在燃点 3 000 h 和 6 000 h 时光通维持率应不低于表 4 的规定值。若灯的宣称平均寿命不是表 4 所列出数值时,其光通维持率的要求从相邻的两个数值用线性内插法计算。

表 4　灯的光通维持率

序号	宣称平均寿命 h	3 000 h 光通维持率 %	6 000 h 光通维持率 %
1	25 000	95.8	91.8
2	30 000	96.5	93.1
3	35 000	97.0	94.1
4	40 000	97.4	94.8
5	45 000	97.7	95.4
6	50 000	97.9	95.8

5.7.4 颜色漂移

灯燃点至 3 000 h 的平均颜色坐标相对于初始颜色坐标的漂移 $\Delta u'v'$应不超过 0.005，灯燃点至 6 000 h的平均颜色坐标相对于初始颜色坐标的漂移 $\Delta u'v'$应不超过 0.007。

5.7.5 开关试验

在额定输入电压下，将灯开启和关闭各 30 s，此循环重复进行 25 000 次，在试验结束后灯应能持续正常工作 15 min 以上。

5.8 电磁兼容特性

5.8.1 无线电骚扰特性

灯的无线电骚扰特性应符合 GB 17743 的要求。

5.8.2 谐波

灯的谐波电流应符合 GB 17625.1 的要求。

5.8.3 电磁兼容抗扰度

灯的电磁兼容抗扰度应符合 GB/T 18595 的要求。

5.9 质量

每种规格灯的质量要求见表 5。

表 5 灯的质量

序号	规格	质量的上限值 g
1	150 lm	80
2	250 lm	100
3	500 lm	150
4	800 lm	180
5	1 000 lm	210
6	1 500 lm	250
注：质量的上限值仅供参考。		

5.10 标志、包装

5.10.1 标志的一般要求

灯的标志内容应符合表 6 的要求，且应清晰牢固。

包装/说明书以及产品目录应按表 6 的要求标出相应标志内容。

表 6　标志的位置

标识的内容	产品	包装/说明书	产品目录
产品名称	—	×	×
来源标志:制造厂名称或注册商标	×	×	×
灯的型号	×	×	×
额定电压/V	×	×	×
标称功率/W	×	×	×
制造日期(年、季或月)或能追溯生产日期的生产批次	×	×	×
特殊工作条件(例如,可调光或不可调光)	—	×	×
额定光通量/lm	—	×	×
额定光效/(lm/W)或光效等级	—	×	×
频率/Hz	—	×	×
工作电流/A	—	×	×
功率因数	—	×	×
配光类型	—	×	×
显色指数 CRI	—	×	×
色温/K	—	×	×
额定寿命/h	—	×	×
执行标准名称或编号	—	×	×
灯头类型	—	×	×
灯的最大直径和长度尺寸/mm	—	×	×
替换的白炽灯规格(见表 2)	—	×	×
注:“×”为必标的内容;“—”为选标的内容。			

对于产品宣称指标高于标准要求的信息,应标注在产品或包装上。

5.10.2　包装要求

灯应有独立包装,每个包装应有合格证或合格印章,然后再用包装箱集装。

包装箱上应标有箱内灯的数量。

包装箱内应附有产品合格证或盖有合格印章,并加盖检验日期。

6　试验方法

6.1　试验的一般要求

除另有规定的项目外,全部试验均应在环境温度为 25 ℃±1 ℃,相对湿度最大为 65%的无对流风的环境中进行。

在稳定期间，电源电压应稳定在±0.5%的范围之内；在测量时，应降至±0.2%的范围之内；对于寿命试验应该稳定在±2%。

电源电压的谐波含量不超过3%。总谐波含量是基波为100%时各次谐波分量的均方根之和。

各项试验均应在额定频率下进行，灯应置于自由空间中，灯头垂直在上。

6.2 外形尺寸和灯头(5.2)

灯的外形尺寸(5.2)用误差不大于0.05 mm的量具测量。

灯头使用GB/T 1483.1和GB/T 1483.5规定的量规进行检验。

6.3 光电色参数

光电参数(包括灯功率(5.3)、功率因数(5.4)、初始光效/光通量(5.5)、颜色特征(5.6))的测试方法按GB/T 24824要求进行。

6.4 寿命

早期失效(5.7.1)、平均寿命(5.7.2)、光通维持率(5.7.3)、颜色漂移(5.7.4)和开关试验(5.7.5)的测试方法按GB/T 24824要求进行。

6.5 电磁兼容特性(5.8)

灯的电磁兼容特性包括无线电骚扰特性(5.8.1)、谐波(5.8.2)和电磁兼容抗扰度(5.8.3)，试验分别按照GB 17743、GB 17625.1和GB/T 18595的要求进行。

6.6 质量(5.9)

灯的质量(5.9)用称重法测量。

6.7 标志(5.10.1)

标志应通过以下三项内容的检验：

a) 标志的正确性：检查样品、包装、合格证及说明书的标识内容应符合本标准的规定。目视法检查内容是否完整无缺漏项。型号中的参数标志视为有效。
b) 标志的清晰度：用目视法检查。
c) 标志的牢固度：采用擦拭试验方法检查产品上标志的牢固度。牢固度用蘸水的湿布轻轻擦拭标志15 s后，水渍干后再用蘸有己烷的布擦拭15 s后来检验，擦拭后，标志仍应清晰可辨。

7 检验规则

7.1 为了检验灯是否符合本标准要求，生产者应对本企业生产的产品进行交收检验和例行检验。

7.2 交收检验的灯应从每班生产的同一型号灯中均匀地抽取。交收试验按照GB/T 2828.1执行，其试验项目、抽样方案、检查水平及合格质量水平按表7规定。

表 7　交收试验项目的分组、抽样方案、检查水平和合格质量水平

序号	组别	试验项目	技术要求	试验方法	抽样方案	检查水平	AQL/%
1	Ⅰ	外形尺寸	5.2	6.2	一次	S-3	4.0
2		标志	5.10.1	6.7			
3	Ⅱ	灯功率	5.3	6.3		S-2	6.5
4		功率因数	5.4				
5		初始光效/光通量	5.5				
6		颜色不均匀度	5.6.2				
7		早期失效	5.7.1	6.4			
8		谐波	5.8.2	6.5			
9	Ⅲ	显色指数/色品容差	5.6.1	6.3	样本大小 12，判定见[a]		

注：企业进行交收试验时，可不进行 1 000 h 老炼，而采用等效方式进行。

[a] 按照 6.3 规定的试验方法确定显色指数/色品容差的平均值，再与 5.6.1 比较，判定是否合格。

7.3　例行试验的灯应从交收试验合格的灯中均匀地抽取，每年不少于一次。每当停止生产半年以上，或当灯的设计、工艺或材料变更或可能影响灯的性能时，都应进行例行试验。

例行试验按 GB/T 2829 的判别水平Ⅰ的一次抽样方案执行，其试验项目、不合格质量水平、抽样数量和不合格判定数组按表 8 规定进行。

例行试验不合格，则应停止生产和验收，直至新的例行试验合格后，方可恢复生产和验收。

表 8　例行试验的试验项目、不合格质量水平、抽样数量和判别数组

序号	试验项目	技术要求	试验方法	RQL/%	样本大小	判定数组
1	外形尺寸	5.2	6.2	25	12	[2,3]
2	标志	5.10.1	6.7			
3	灯功率	5.3	6.3			
4	功率因数	5.4				
5	初始光效/光通量	5.5				
6	显色指数/色品容差	5.6.1		—	12	[a]
	颜色不均匀度	5.6.2		25	12	[2,3]
7	电磁兼容特性	5.8	6.5			
8	平均寿命	5.7.2	6.4	—	10	[b]
	早期失效	5.7.1		30	10	[2,3]
	光通维持率/颜色漂移/开关试验	5.7				

[a] 按照 6.3 规定的试验方法确定显色指数/色品容差的平均值，再与 5.6.1 比较，判定是否合格。

[b] 按照 6.4 规定的试验方法确定平均寿命，再与 5.7 比较，判定是否合格。

ICS 35.080
L 77

中华人民共和国国家标准

GB/T 25000.62—2014/ISO/IEC 25062:2006

软件工程　软件产品质量要求与评价(SQuaRE)　易用性测试报告行业通用格式(CIF)

Software engineering—Software product quality requirements and evaluation (SQuaRE)—Common industry format (CIF) for usability test reports

(ISO/IEC 25062:2006,IDT)

2014-09-03 发布　　2015-02-01 实施

中华人民共和国国家质量监督检验检疫总局
中国国家标准化管理委员会　发布

前　　言

本部分是GB/T 25000《软件工程　软件产品质量要求与评价(SQuaRE)》的第62部分。

本部分按照GB/T 1.1—2009给出的规则起草。

本部分使用翻译法等同采用ISO/IEC 25062:2006《软件工程　软件产品质量要求与评价(SQuaRE)易用性测试报告行业通用格式(CIF)》。

本部分由全国信息技术标准化技术委员会(SAC/TC 28)提出并归口。

本部分起草单位:广西达译商务服务有限责任公司、山东省计算中心、中国电子技术标准化研究院、北京凯思昊鹏软件工程技术有限公司、北京邮电大学、北京中科院软件中心有限公司。

本部分主要起草人:邓姿娴、施贵基、丁锦春、马骏、邹丰义、杨美红、李刚、张倪、顾玉良、奉旭辉、刘建毅、高翊、王枞、袁玉宇、郭新伟、周鸣乐、韩庆良、顾卫东、董火民、韩红强。

引　言

易用性是预测软件能否成功部署的关键因素。软件厂商在产品开发的不同阶段都进行易用性测试。一些企业在作出软件购买决策前也测试软件的易用性。测试通常包含以下内容:(1)软件目标用户中具有代表性的受测人;(2)具有代表性的任务;(3)效率、有效性和主观满意度的测度。包含以上内容的测试被称为总结性测试,即,其结果是具有统计意义的测度趋势(如平均数或中间值)和可变性(如标准差)。易用性测试报告行业通用格式(CIF)目的在于辅助易用性专业人员作出总结性的易用性测试报告。

行业通用格式(CIF)规范了用户测试过程中获取的信息类型。主要的可变因素是用户统计数据、任务描述、测试周境(包括所用设备、测试执行环境、受测人和测试管理员交互时使用的协议),以及为规范研究发现而选择的特别度量。

行业通用格式(CIF)目的是取代软件供应商和软件购买方进行易用性测试所使用的自有格式。使用标准报告格式的优点包括:(1)减少易用性测试人员的培训时间,因为不管一个人为多少家企业工作,他只需要学会使用一种格式;(2)进一步提高供应商和购买方之间沟通效果,因为作为行业通用格式适用报告的读者,他们会有共同的语言和期望。

本文件旨在促使易用性成为交互性产品采购决策过程的一部分,以便更容易判断产品是否满足易用性目标。这种决策过程的例子包括购买、升级和采用自动化技术。它为供方的人类工效学工程师和易用性专业人员提供了一个向顾客描述易用性测试方法和结果的通用格式。

读者

供方组织中的易用性专业人员可利用行业通用格式(CIF)生成可供顾客组织使用的报告。它也供顾客组织确认一个特定报告是否符合行业通用格式。易用性测试报告本身针对以下两类读者:

——顾客组织中评价易用性测试技术价值和产品易用性的专业人员;

——其他专业人员和根据易用性测试结果进行商业决策的管理者。

单一组织也可使用行业通用格式来生成正式的易用性测试报告。在这种情况下,需要提供附加材料,如详细的发现清单。

报告包含执行摘要和正文两个主要部分。正文适用于上面提及的第一类读者,内容包括方法和结果。这些部分:(1)描述了测试方法和结果的技术细节,使得在测试可重复的情况下,允许其他组织重复测试过程;(2)支持使用测试数据权衡产品预期成本和收益。为了达到最佳效果,理解和解释这些部分需要人类工效学或易用性工程学技术背景。执行摘要和正文的引言部分为非易用性专业人员和管理者提供摘要信息,适用于第二类读者。当然,它也可能是其他计算机专业人员普遍关心的。没有易用性工程专业知识的决策者可在正文中找到有用信息,但必要时宜依靠专家解释。

软件工程 软件产品质量要求与评价(SQuaRE) 易用性测试报告行业通用格式(CIF)

1 范围

GB/T 25000 的本部分适用于按照 GB/T 18978.11—2004 对特定使用周境下的有效性、效率和满意度进行易用性测试后的报告编制工作。

注：易用性需求的其他度量可参考 GB/T 16260.2—2006、GB/T 16260.3—2006。

本部分适用于以下情况：

——供方组织易用性专业人员编写供顾客组织使用的报告时；

——顾客组织验证一个特定报告是否符合本文件时；

——顾客组织内的人类工效学专家或其他易用性专业人员评价易用性测试的技术价值和产品易用性时；

——顾客组织内的其他专业人员和管理者在利用测试结果对产品适宜性和购买进行商业决策时。

“5.2 执行摘要”和“5.3 引言”为非易用性专业人员和管理者提供了摘要信息。

5.4 和 5.5 从技术细节方面描述了测试方法和结果，也可通过这些测试数据权衡产品预期成本和收益。为了达到最佳效果，理解和解释这些章条，需要人类工效学或易用性工程学技术背景。

报告格式假设：在测试设计和执行过程中，遵循正规的做法[1,2]。宜使用产生利于总结的易用性测度的测试规程，即此类测试是总结性的。某些易用性评价方法主要用于识别问题，而不在于产生测量值，如形成性测试。本部分不支持这种测试方法形成的结果。

2 符合性

如果易用性测试报告包含了本文件中要求的所有内容(描述为“应”)，则其符合本文件的要求。如果可能，推荐使用建议性要求(描述为“宜”)。

本部分规定了易用性测试报告宜提供的最基本信息。用户可根据需要进一步增加必要的信息。例如，如果某个组织发现其他的有用信息，那么即使行业通用格式中没有规定该部分内容，也可把这些信息加入报告中。

3 规范性引用文件

下列文件对于本文件的应用是必不可少的。凡是注日期的引用文件，仅注日期的版本适用于本文件。凡是不注日期的引用文件，其最新版本(包括所有的修改单)适用于本文件。

GB/T 16260.1—2006 软件工程 产品质量 第 1 部分：质量模型(ISO/IEC 9126-1:2001，IDT)

GB/T 16260.2—2006 软件工程 产品质量 第 2 部分：外部度量(ISO/IEC TR 9126-2:2001，IDT)

GB/T 16260.3—2006 软件工程 产品质量 第 3 部分：内部度量(ISO/IEC TR 9126-3:2001，IDT)

GB/T 16260.4—2006 软件工程 产品质量 第 4 部分：使用质量的度量(ISO/IEC TR 9126-4:2001，IDT)

GB/T 18905.5—2002 软件工程 产品评价 第5部分:评价者用的过程(ISO/IEC 14598-5:1998,IDT)

GB/T 18976—2003 以人为中心的交互系统设计过程(ISO 13407:1999,IDT)

GB/T 18978.11—2004 使用视觉显示终端(VDTs)办公的人类工效学要求 第11部分:可用性指南(ISO 9241-11:1998,IDT)

4 术语和定义

GB/T 18978.11—2004 界定的以及下列术语和定义适用于本文件。

注:效率、有效性以及满意度在GB/T 16260中有定义,与GB/T 18978中的定义相似。不过在GB/T 16260中是从软件产品的角度去定义的,而在GB/T 18978中是以用户的观点去定义的。本文件中的术语“效率(efficiency)”等同于GB/T 16260中的术语“生产率(productivity)”,在GB/T 16260中,效率一词具有另外的含义。

4.1

易用性 usability

在特定的使用周境下,特定的用户,使用产品在有效性、效率和满意度方面达到规定目标的程度。

注:GB/T 16260中定义的“使用质量”类似于GB/T 18978中定义的“易用性”。但是,由于“使用质量”可受任何质量特性影响,因此它比GB/T 16260中从易理解性、易学性、易操作性、吸引性和依从性几个方面定义的易用性的含义更加广泛。

4.2

有效性 effectiveness

用户实现特定目标的准确性和完备性。

4.3

效率 efficiency

与用户实现目标的准确性和完备性相应的资源消耗。

注:与软件“效率”的定义相比,易用性中“效率”的定义更接近于“生产率 productivity”的含义。

4.4

满意度 satisfaction

无不适感,并对产品使用持肯定态度。

4.5

使用周境 context of use

用户、任务、设备(硬件、软件和资料)以及使用某产品的物理和社会环境。

4.6

用户 user

与产品交互的个体。

4.7

用户组 user group

根据年龄、文化、专业技术等可能影响易用性的因素区分用户的子集。

4.8

目标 goal

用户与产品交互所产生的期望结果。

注:将与用户交互相关的特定目标称为“任务目标”可能更合适。

4.9

任务 task

实现目标所必需的活动。

注 1：这些活动可能是体力的或认知上的。

注 2：工作职责可决定目标和任务。

4.10

可访问性　accessibility

不管能力大小，人们使用产品、服务、环境或设施的易用性程度。

注 1：尽管“可访问性 accessibility”一般是针对有缺陷的用户而言的，但这个概念并不限于在残疾范畴使用。

注 2：面向易用性的可访问性概念主要关注在特定的使用周境下可获得的有效性、效率和满意度的级别，同时特别关注使用群体的能力差异，使个体的易用性体验的差异最小化。

4.11

援助技术　assistive technologies

为提高可访问性而添加到系统或与系统进行集成的硬件或软件。

示例：可发声的盲字输出设备、屏幕发声器、屏幕放大软件以及视线跟踪设备都是援助技术。

4.12

援助　assist

测试参与者无法自己完成任务时，测试管理者为了使测试继续而进行直接干预，为测试参与者提供帮助。

5　报告格式

5.1　标题页

应提供以下信息：

——标明报告为 GB/T 25000.62 易用性测试报告行业通用格式，并提供联系信息；

——命名被测产品和版本；

——测试负责人；

——测试执行时间；

——报告起草日期；

——报告起草人；

——接受问题质疑和澄清时的联系人姓名；

——供方联系电话；

——供方 e-mail 地址；

——供方邮寄地址。

宜提供以下信息：

——顾客企业名称；

——顾客企业联系人。

5.2　执行摘要

本条给出了测试的概述，旨在为顾客组织中的采购决策者提供信息，他们不必阅读文档的技术部分。

为便于本条作为一个独立的摘要使用，应在新页面开始，并以分页符结束。

应提供以下信息：

——产品名称和描述；

——方法摘要，包括参与者和任务的数量及类型；

——以平均分或其他合适的集中趋势测度表示的执行结果和满意度。

宜提供以下信息：
——测试的特性及目的；
——执行结果的表格汇总；
——当认为产品或数值之间存在差异时，差异非偶然发生的概率。

5.3 引言

本条提供了对产品和测试目标的描述。

5.3.1 产品描述

应提供以下信息：
——正式的产品名称以及发行版本；
——产品被评价的部分；
——产品的意向用户群。
宜提供以下信息：
——产品支持的援助技术；
——预期的产品使用环境(包括物理环境和社会环境)的简短描述；
——产品支持的用户工作类型。

5.3.2 测试目标

应提供以下信息：
——包括所有指定兴趣领域的测试目标；

注：可能的目标包括，在使用产品时，测试用户的任务执行情况和主观满意度，旨在评估该产品是否符合指定的成功准则。

——与用户直接或间接交互的功能和部件。
宜提供以下信息：
——未对完整产品进行测试时，宜说明关注产品某个子集的原因。

5.4 方法

应给出详细信息，使得独立的测试人员可重复进行测试。

5.4.1 参与者

应提供以下信息：
——测试的参与者总数；

注：为了进行有效的总结性的统计分析，应有足够数量的受测人，因此，推荐8个以上的受测人[9]。

——如果参与测试的用户组多于一个，应说明用户组的划分；
——用户组的关键特征和能力；
——选择参与者的依据；参与者是否具有基本的特征；
——抽取的参与者与用户群之间的差异；

示例：实际用户可参加培训，而受测人是未经培训的。

——包含人数统计、专业经验、计算机经验和援助技术需求的表格，其中行代表参与者，列代表特征。

注：需要援助技术的受测人可能是生理或认知方面有缺陷的个体。

示例：表1为参与者统计示例表，该表列出的是典型特征，并不一定包括测试参与者的每一种特征。

表 1 参与者统计示例表

·	性别	年龄	教育情况	职业/职责	专业经验	计算机经验	产品经验
参与者 1	·	·	·	·	·	·	·
参与者 2	·	·	·	·	·	·	·
参与者 n	·	·	·	·	·	·	·

注 1：在“性别”栏，应输入男性或女性。

注 2：在“年龄”栏，应输入参与者的实际年龄。如果不能提供准确年龄，则需说明成员的年龄范围（如 25～45 岁）或年龄段（如小于 18 岁，大于 45 岁）。

注 3：在“教育情况”栏，应输入所受全日制正规教育的年限（例如，一个高中毕业生有 12 年教育经历，而一个大学本科毕业生则有 16 年教育经历）。在某些情况下，教育程度可描述为“最高学历”。

注 4：在“职业/职责”栏，应输入用户使用该产品时的工作角色。应尽可能地提供角色的头衔。

注 5：在“专业经验”栏，应给出用户担任某角色的时间。

注 6：在“计算机经验”栏，应给出用户的相关背景，如用户使用该平台或操作系统的经历，和用户在产品领域的经历。这可能不止一列。

注 7：在“产品经验”栏，应给出之前曾接触过的本产品或同类产品的类型和持续时间。

特征和能力的描述应足够完整，从而可招聘一组基本相似的参与者。

所选的特征和能力宜与产品易用性相关，应能使顾客确定参与者与用户群的相似程度。

宜提供以下信息：

——需要提供援助技术的用户的描述。

参与者不宜来自于同一测试组织或供方组织。

5.4.2 产品测试使用周境

应提供以下信息：

——评价时的使用周境与预期使用周境之间的任何重要差异。

5.4.2.1 任务

应提供以下信息：

——测试的任务；

——测试的任务场景；

——选择任务的依据；

示例：最常使用的任务、最易发生错误的任务。

——任务来源；

示例：使用类似产品的顾客的观察报告、产品市场需求规格说明和用户或设计团队之间的讨论报告。

——提供给参与者的任务数据；

示例：数据入口的原始材料。

——为每个任务确立的完成或执行的准则。

5.4.2.2 测试设施

宜提供以下信息：

——进行评价的场地设置和类型；

示例：易用性实验室、办公室隔间、会议室、家庭办公室、寓所和生产车间。

——任何可能影响结果的相关特征或环境。

示例：视频和音频记录设备、单面透视镜或自动数据收集设备。

5.4.2.3 参与者的计算环境

为进行重复测试和确认测试，应提供以下信息的详细情况，包括：

——计算机配置，包括型号、操作系统版本、需要的程序库或设置；

——如果使用了浏览器或相关插件，则说明其名称及版本。

5.4.2.3.1 显示设备

应提供以下信息：

——如果产品用显示器输出，应说明屏幕的尺寸、分辨率和颜色设置；

——如果产品用打印输出，应说明打印介质的尺寸和打印分辨率；

——如果可视化界面元素（如字型）尺寸可变的话，应说明测试中所用的尺寸。

5.4.2.3.2 音频设备

宜提供以下信息：

——如果产品有音频接口，宜说明音频比特（确定声音质量）、音量和其他属性的相关设置或值。

5.4.2.3.3 输入设备

宜提供以下信息：

——如果使用了输入设备，宜说明测试用的设备的品牌和型号。

5.4.2.4 测试管理者工具

应提供以下信息：

——如果使用了标准问卷（5.4.4.3 包含部分清单），应在此描述或详细说明。

宜提供以下信息：

用于控制测试或记录数据的任何硬件或软件。

5.4.3 实验设计

应提供以下信息：

——测试的实验设计；为参与者分配实验条件的计划；以及与该计划的独立自变量和控制变量相关的统计分析。

——独立自变量和控制变量；

——为每一组条件记录数据所用的测度。

5.4.3.1 规程

应提供以下信息：

——测度的操作定义；

——独立自变量或控制变量的描述；

——任务的时间限制；

——测试人员与受测人间交互的策略和规程。

宜提供以下信息：

——参与者从加入到解散的事件序列；

——保密协议、完成形式、准备工作、预先培训和任务报告等细节；

——验证参与者了解并理解他们作为受测人的权利[1]；

——执行测试会话和记录数据的步骤；

——测试会话期间与参与者进行沟通的人员数量和各自承担的角色；
——测试环境中是否有其他个体在场；
——是否向参与者支付酬金或提供其他补偿。

5.4.3.2 参与者一般性指导

应提供以下信息：
——给予参与者的指导（在此描述或在附录中描述）；
——参与者如何与在场的其他人进行沟通的指导，在适用的情况下，应包括他们如何请求援助和如何与其他参与者沟通。

5.4.3.3 参与者任务指导

应提供以下信息：
——任务指导摘要。

5.4.4 易用性度量

如4.1中的定义，易用性是从有效性、效率和满意度这三种度量来进行测量的。测度选择应依赖于特定研究的目标、用户的特征、特定任务以及语境特征，示例参见参考文献[4]。

应提供以下信息：
——有效性度量；
——效率度量；
——满意度度量。

即使在指定使用周境中难于解释，也应报告有效性和效率的结果。这时，报告应详述供方认为这些度量没有意义的原因。

示例：假定，产品的使用周境中包括在密切相关事务间的实时的、开放式交互。在这种情况下"任务占用时间"解释为效率测度或许没有意义。因为对许多用户来说，花费在该任务上的时间是"良好的开销"。

如果必须为参与者提供援助，那么应同时提供受援时和非受援时的有效性和效率度量，所提供援助的数量和类型也应作为测试结果的一部分包括其中。

5.4.4.1 有效性

有效性与使用该产品的目标和这些目标可达到的准确度及完备性有关。一般的有效性测度包括任务完成的百分比、出错频率、测试人员援助参与者的频率和在执行任务期间参与者访问文档或寻求帮助的频率。它只考虑任务目标的完成程度，而不考虑如何达到任务目标。效率使达到的有效性等级与开销的资源数量有关。

5.4.4.1.1 完成率

完成率是指完整且正确地完成了每一项任务目标的参与者比例。如果目标能部分完成（如未完成或未达到最佳结果），则通过与部分结果值相关的指定准则按0～100%记分，由此来报告所达到的平均目标。如拼写校对任务涉及识别和校正十个拼写错误，则完成率可根据纠错的百分率计算。另一个计算完成率的方法是权值法，如在文档标题页中的拼写错误的重要程度是文本主体中的两倍。如果在报告中包括这种部分完成的结果，则宜说明进行部分目标分析时所选择的特定方法的基本原理。

应提供以下信息：
——完整且正确地完成了每一项任务目标的参与者比例。

5.4.4.1.2 差错

差错是指测试参与者未成功完成任务，或不得不多次尝试执行部分任务。数据评分宜包括按照某种分类法对差错进行分类，如参考文献[10]。

5.4.4.1.3 援助

当参与者不能继续一个任务时，有时测试管理者会直接给予程序上的帮助，以使测试继续进行。尽管“援助”测度与易学性和有效性均有关联，但为了与GB/T 18978.11—2004中定义的易用性的三个元素相符合，本部分中将其与有效性结合。

应提供以下信息：

——非受援完成率(即在测试人员未干涉的情况下的完成率)；

——在受援完成率和非受援完成率有差别的地方，受援完成率(即在测试人员干涉情况下的完成率)。

示例：如果参与者在任务A中接受了援助，在计算该任务的非受援完成率时，则该参与者不宜包括在成功完成该任务的参与者中。但如果接受援助后成功完成了该任务，则在计算任务A的受援完成率时，可把他包括在内。

当允许或提供援助时，应在测试结果报告中说明援助的类型和次数。如果研究设计允许援助，那么提供受援完成率和提供非受援完成率没有太大的差别。在这种情况下，只需要提供一个完成率，但应包括援助的类型和次数。

示例：在教育方面的设置中，鼓励学生来寻求援助。

在一些易用性测试中，当参与者不能独立完成任务时，他们可得到帮助工具(如在线帮助或文档)的指导，而这些工具是产品的一部分。对本报告来说，获取提示信息和在线帮助的产品特性不算是一种援助。不过，如果产品的帮助特性可使参与者获得独立使用产品的能力，那么还是应在报告中记录获取不同产品帮助特性的频率。

5.4.4.2 效率

效率与达到的有效性级别以及开销的资源数量有关。效率通常是用完成任务的平均时间来评估的。效率也与其他资源相关(如总开销)。效率的一般测度是完成任务的时间。

应提供以下信息：

——参与者完成每项任务的平均时间，以及时间范围和标准差。

5.4.4.2.1 完成率/任务时间均值

完成率/任务时间均值是效率的另一个测度[10]。通过成功率与时间的关系，顾客可将快速但易错的界面(如用通配符批量删除文件的命令行界面)与慢速但易用的界面(如用鼠标和键盘把文件逐个拖至回收站的界面)进行对比。

5.4.4.3 满意度

应提供以下信息：

——一个或多个用户满意度的测度。

满意度是指使用产品时，用户的主观反应。用户满意度可能和使用产品的动机相关，并且在某些情况下可能影响使用性能。用于测量满意度和相关看法的问卷，通常使用Likert标度和语义差异标度来构造。

可使用不同的工具测量交互式软件产品的用户满意度，也有许多组织创建了自己的工具。不管是使用外部的、标准的工具，还是自己定制的工具，宜包含主观评级方法，如满意度、有用性和易使用性，因为顾客组织普遍对此感兴趣。

许多问卷被广泛使用，包括ASQ[6]、CSUI[7]、PSSUQ[6]、QUIS[3]、SUMI[5]和SUS[2]。尽管每种问卷都给出了一些对产品易用性主观测度的独特看法，但大多数都包括满意度、有用性和易使用性的测量。参考文献[4]对问卷结构的一般信息进行了解释。

供方可选择使用已发布的、经确认的满意度测度或提交他们自己完成的满意度度量。

5.5 结果

5.5.1 数据分析

应对以下信息做详细的描述，以便于在重复测试时，其他组织可重复所使用的数据分析方法：

——数据采集：规划要采集的数据和实际采集的数据之间的差异。

示例：如何处理缺失数据；排除局外人的情况下，如何处理数据。

——数据评分：收集到的数据值和后续分析中使用的值之间的对应关系；

示例：差错如何分类；实际年龄和年龄段的对应关系；受援差错和一系列值之间的对应关系。

——数据简化：计算集中趋势测度和描述数据变化的方法；

示例：使用哪种集中趋势测度（如平均值或模式）；如何测量变化（如标准差或范围）。

——统计分析：分析数据的统计规程。

示例：组之间如何进行比较（如 t-测试，F-测试等）。

所报告的平均值数据应包括标准差和可选的均值的标准误差。

5.5.2 结果表述

应提供以下信息：

——用表格形式表示的每个任务或任务组执行结果的有效性和效率的测度。

示例：可仿效表 2 来描述任务组中的每个任务。

表 2 任务 A

用户 #	非受援情况下的任务有效性[(%)完成量]	受援情况下的任务有效性[(%)完成量]	任务时间(分)	……	差错	援助	效率
1							
2							
N							
平均值							
标准差							
最小值							
最大值							

不同的图形格式有助于表述易用性数据。条形图用来表示主观数据，如利用 Likert 标度方法采集的数据。通过有效使用不同的图形能对一个产品的专家基准时间和参与者执行的平均时间进行对比。这些数据可附有结果的简短说明，但不鼓励在报告的正文中对此做详细解释。在必要时，可在附录中进行详细解释。

可提供以下信息：

——描述执行结果的有效性和效率测度的图。

5.5.2.1 执行结果

宜提供以下信息：

——描述所有任务执行结果的有效性和效率测度的汇总表；

——描述执行结果的有效性和效率测度的图形表示；

——如果度量和产品设计及特定应用领域相关，应提供附加的度量表。

示例：表 3——所有任务执行结果的汇总表。

表 3 任务执行结果汇总表

用户#	非受援情况下的任务有效性总量[(%)完成量]	受援情况下的任务有效性总量[(%)完成量]	总任务时间(分)	……	差错总数	援助总数	效率
1							
2							
N							
平均值							
标准差							
最小值							
最大值							

结果表格可用来表示相关任务组(例如,一个组包括所有的程序编制任务,另一个组包括所有的调试任务),这会更有效、更有意义。如果单元任务有子任务,那么可以以摘要的方式记录子任务。

示例:如果单元任务的目的是识别一页中所有写错的字,那么结果可概括为已发现错误书写的百分比。

5.5.2.2 满意度结果

应提供以下信息:

——描述满意度结果的测度的汇总表。

示例:表 4——部分满意度结果的汇总表。

表 4 满意度汇总表

参与者编号	易使用性	有用性	外观	清晰度	……
1					
2					
N					
中间值					
最小值					
最大值					

宜提供以下信息:

——描述满意度结果的测度的图形表示。

5.6 附件

应提供以下信息:

——所使用的定制问卷(见 5.4.2.4 和 5.4.4.3);

——参与者一般性指导(若报告正文中未提供)(见 5.4.3.2);

——参与者任务指导(见 5.4.3.3)。

宜提供以下信息:

——发布说明或升级测试结果的注释。

附 录 A
（资料性附录）
检 查 表

本附录给出了易用性测试报告的检查表，见表A.1。

表A.1 检查表

使用以下清单确保您的行业通用格式报告中包含了必需元素（用※表示）。推荐项用◆表示。
标题页
◆公司标志或名称
※标明报告为GB/T 25000.62易用性测试行业通用格式
※命名被测产品和版本
※测试负责人
※测试执行时间
※报告起草日期
※报告起草人
◆顾客企业名称
◆顾客企业联系人
※接受问题质疑和（或）澄清时的联系人姓名
※供方联系电话
※供方e-mail地址
※供方邮寄地址
执行摘要
※提供测试的总体概述
※产品名称和描述
※方法摘要，包括参与者和任务的数量及类型
※以平均分或其他合适的集中趋势测度表示的结果
◆测试的特性及目的
◆执行结果的表格汇总
◆如果声明了差异，应说明相关统计概率
※在新的一页中开始；以分页符结束
引言
产品描述
※正式的产品名称以及发行版本
※描述产品的被评价部分
※产品的意向用户群
◆产品支持的援助技术
◆宜使用产品的环境的简述
◆产品支持的用户工作类型

表 A.1（续）

测试目标
※陈述测试目标及任何指定兴趣领域
※与用户直接或间接交互的功能和部件
◆关注产品某个子集的原因
方法
参与者
※测试的参与者总数
※如果测试的用户组多于一个，应说明用户组的划分
※用户组的关键特征和资质
※选择参与者的方法；参与者是否具有基本的特征
※抽取的参与者与用户群之间的差异
※参与者(行)特征(列)的表格
◆需要提供援助技术的用户的描述
产品测试使用周境
※评价的使用周境与预期使用周境之间的任何重要差异
任务
※描述被测试的任务
※描述测试任务的场景
※解释选择任务的依据
※描述任务来源
※提供给参与者的任务数据
※为每个任务确立的完成准则或性能准则
测试设施
◆描述进行评价所用场地的设置和类型
◆详述任何可能影响结果的相关特征或周围环境
参与者的计算环境
※计算机配置，包括型号、操作系统版本、所需要的程序库或设置
※如果使用了浏览器或相关插件，应说明其名称及版本
显示设备
※如果产品用显示器输出，应说明屏幕的尺寸、分辨率和颜色设置
※如果产品用打印机输出，应说明打印介质尺寸和打印分辨率
※如果可视化界面元素(如字体)尺寸可变的话，应说明测试中所用的尺寸
音频设备
◆如果产品有音频接口，宜说明音频比特、音量和其他属性的相关设置或属性值
手工输入设备
◆如果使用了输入设备，宜说明测试用的设备的品牌和型号
测试管理者工具
※如果使用了标准问卷，在此描述或详细说明
◆描述用于控制测试或记录数据的任何硬件或软件
实验设计
※描述对测试实验的设计
※定义独立自变量和控制变量

表 A.1（续）

※描述记录数据所用的测度
规程
※测度的操作定义
※独立自变量和控制变量的描述
※任务的时间限制
※测试人员与受测人间沟通的策略和规程
◆参与者从加入到解散的事件序列
◆保密协议、完成表格的填写、准备工作、预先培训和任务报告
◆确认参与者了解并理解他们作为受测人的权利
◆说明执行测试和记录数据的步骤
◆测试期间与参与者进行沟通的人员数量和各自承担的角色
◆说明测试环境中是否有其他个体在场
◆陈述是否向参与者支付酬金
参与者一般性指导
※给予参与者的指导（在此描述或在附录中描述）
※参与者如何与在场的其他人进行沟通的指导
参与者任务指导
※任务指导摘要
易用性度量
※有效性度量
※效率度量
※满意度度量
结果
数据分析
※数据采集
※数据评分
※数据简化
※统计分析
结果表述
※用表格形式表示的每个任务或任务组执行结果的有效性和效率的测度
执行结果
◆所有任务执行结果的汇总表
◆执行结果的图形表示
◆附加的度量表（若相关的话）
满意度结果
※描述满意度结果的测度汇总表
※描述满意度结果的测度的图形化表示
附件
※所使用的定制问卷
※参与者一般性指导
※参与者任务指导
◆对发布的注释

附　录　B
（资料性附录）
术　　语

B.1

自动数据收集设备　automatic data collection equipment

自动采集易用性测试数据的硬件和/或软件。数据采集的例子包括屏幕捕获，视频、音频和键盘记录，而且通常伴有时间戳。

B.2

配置　configuration

组成产品测试计算环境的指定硬件和软件，包括型号和版本号。配置包括平台。

B.3

顾客　customer

打算购买产品的组织。

B.4

任务报告　debriefing

测试后对参与者的访谈。

B.5

实验设计　experimental design

将实验条件分配给参与者的计划，以及与此计划关联的统计分析。

通常他包括对独立自变量、因变量、参与者人数和取样策略的说明，将实验条件分配给参与者的规程，以及指派测试任务的顺序。

B.6

形成性评价　formative evaluation

一种测试方法，它是迭代式设计过程的一部分，通常涉及“边想边说规程”的使用（与总结性测试相对）。

B.7

独立自变量　independent variable

测试人员用来建立测试条件所使用的变量（与因变量相对，它是研究中需要测量的变量）。

示例：如果对两个系统中的相同任务进行比较，则独立自变量为系统，因变量为任务执行水平或用户满意程度。

B.8

Likert 标度　Likert scale

通过量化主观信息来测量用户态度或反应的评定标度。它通常包含一组关于产品的褒贬不一的陈述，受访者需表明他（她）对这些陈述赞同或不赞同的程度。一个 Likert 问卷可有奇数或偶数个要点，通常用数字进行编号，并且通常至少有两个锚来描述标度的极端情况。

示例：

该产品易于使用

强烈不同意	基本不同意	稍微不同意	中立	稍微同意	基本同意	强烈同意

使用该产品时我感觉很沮丧

强烈不同意	基本不同意	稍微不同意	中立	稍微同意	基本同意	强烈同意

B.9

平均数　mean

一组值的算术平均。具体来说,即以一组值的和除以这组值的数量。

B.10

保密协议　nondisclosure agreement

供方与顾客组织签订的协议,协议中声明他们的合作需要将某些专有资料披露给对方,并同意不将对方的专有资料泄露给其他任何人。

B.11

单向镜　one-way mirror

一种玻璃,依据照明条件的不同,一面呈现为镜子而另一面呈现为窗口。该设备可让测试人员在自己不被看到或不影响参与者的情况下观察易用性测试。

B.12

参与者　participant

作为产品目标用户群的代表参与易用性测试的人。参与者执行测试任务并遵循测试人员给出的其他指导。

B.13

平台　platform

用于测试的某类计算机(操作系统和硬件)。常见平台包括基于 IdeaCentre 的 Windows,基于 iMac 的 MacOS,基于 Sparc 的 UNIX,基于 Dell 的 Linux,以及基于 IBM 的 OS/2。时尚的设备如掌上电脑也可视为平台。(注:此处的平台信息根据市场和国情做了修改)

B.14

群　population

从中选取统计样本的一组个体。

B.15

采购决策者　procurement decision maker

负责决策顾客组织购买哪些产品的人。

B.16

重复　replication

在相同条件下对两次观察情况的收集。本文件中,它是指顾客组织宜能够利用自己的参与者来重复报告中描述的测试。

B.17

场景　scenario

以用户角度描述的,在指定周境下执行任务的事件序列。

B.18

语义差异　semantic differential

通过量化主观信息来测量用户态度或反应的评定量表。它通常包含一组描述产品某些特性的两极性形容词组(例如,好/坏,易/难)。语义差异问卷通常设有 7 到 10 级。

示例:

该产品

易于使用	1	2	3	4	5	6	7	难以使用
令人沮丧的	1	2	3	4	5	6	7	令人满意的

B.19

标准差 standard deviation

方差的平方根。它为衡量测量分布的可变性提供了一种测度。

B.20

平均数标准误差 standard error of the mean

(方差除以样本大小)的平方根。它可估计样本平均值和总平均值之间的近似性。

B.21

具有统计学意义的 statistically significant

非偶然发生的(即,有可能反映实际差异)。

B.22

总结性测试 summative test

对完整产品进行的易用性测试,以确定它满足易用性目标的程度。

B.23

供方 supplier

产品的生产者。为顾客提供产品的组织(ISO/IEC TR 15504-9:1998)

B.24

任务场景 task scenario

实际可行、简短的任务介绍和描述。

B.25

分类 taxonomy

在某一研究领域中对研究对象的系统分类。

B.26

测试协议 test protocol

测试中应遵循的步骤列表。

B.27

测试人员/测试管理员 tester/test administrator

设计和管理易用性测试的人(测试人员不是与产品进行交互,执行任务场景的人;这样的人被称为测试参与者)。

B.28

易用性专业人员/专家/工程师 usability professional/specialist/engineer

从事易用性工程/测试实践的人。这些从业者懂得如何设计和执行以人为测试对象的总结性性能测试,以及如何分析结果数据。他们的经验通常在人类工效学、行为科学、工业工程、人机交互、工业设计、计算机科学或相关领域处于领先地位。

B.29

确认 validation

对诸如问卷或易用性测试等测度的有效性的确定。

B.30

方差 variance

一组测量和它们的平均值之差的平方和,除以样本大小(参见标准差)。

附 录 C
（资料性附录）
报告模板

GB/T 25000.62 易用性测试报告行业通用格式

[※[1]命名被测产品和版本]

[※ 测试负责人]
[※ 测试执行时间]

[※ 报告起草日期]
[※ 报告起草人]

[◆ 顾客企业名称]
[◆ 顾客企业联系人]

问题致信:[※ 接受问题质疑和澄清时的联系人姓名]
电　　话:[※ 供方联系电话]
电子邮箱:[※ 供方 e-mail 地址]
联系地址:[※ 供方邮寄地址]

1） 图形符号说明:※表示必填信息项,◆表示推荐填写信息项。

执行摘要

[※ 提供测试的总体概述]

[※ 命名和描述产品]

[※ 方法摘要,包括参与者和任务的数量及类型]

[※ 以平均分或其他合适的集中趋势测度表示的结果]

[◆ 测试的特性及目的]

[◆ 性能测试结果汇总表]

[◆ 如果声明了差异,应说明相关统计概率]

引言

产品描述

[※ 正式的产品名称以及发行版本]

[※ 描述产品被评价的部分]

[※ 产品的意向用户群体]

[◆ 产品支持的援助技术]

[◆ 产品预期使用环境的简短描述]

[◆ 产品支持的用户工作类型]

测试目标

[※ 陈述测试目标及任何指定兴趣领域]

[※ 用户直接或间接与之交互的功能和部件]

[◆ 关注产品某个子集的原因]

方法

参与者

[※ 测试参与者的总数]

[※ 如果有多个参与测试的用户组,应说明用户组的划分]

[※ 用户组的关键特征和资质]

[※ 选择参与者的方法;参与者是否具有基本的特征]

[※ 抽取的参与者与用户群体之间的差异]

[※ 参与者(行)与特征(列)的表格]

	特征 1	特征 2	……	特征 N
参与者 1				
参与者 2				
……				
参与者 N				

[◆ 对需要援助技术的用户的描述]

产品测试使用周境

[※ 被评价的使用周境与预期的使用周境之间的任何已知差异]

任务

[※ 描述测试的任务]

[※ 描述测试的任务场景]

[※ 解释选择任务的依据]

[※ 描述任务来源]

[※ 提供给参与者的任务数据]

[※ 为每个任务确立的完成准则或性能准则]

测试设施

[◆ 描述进行评价所用场地的设置和类型]

[◆ 详述任何可能影响结果的相关特征或周围环境]

参与者的计算环境

[※ 计算机配置,包括型号、操作系统版本、所需要的程序库或设置]

[※ 如果使用了浏览器或相关插件,应说明其名称及版本]

<u>显示设备</u>

[※ 如果产品使用显示器输出,应说明屏幕的尺寸、分辨率和颜色设置]

[※ 如果产品使用打印机输出,应说明打印介质尺寸和打印分辨率]

[※ 如果可视化界面元素尺寸可变的话,应说明测试中所用的尺寸]

<u>音频设备</u>

[◆ 如果产品有音频接口,宜说明音频比特、音量和其他属性的相关设置或属性值]

<u>手工输入设备</u>

[◆ 如果使用了输入设备,宜说明测试用的设备的品牌和型号]

测试管理者工具

[※ 如果使用了标准问卷,在此描述或详细说明]

[◆ 描述用于控制测试或记录数据的任何硬件或软件]

实验设计

[※ 描述对测试实验的设计]

[※ 定义独立自变量和控制变量]

[※ 描述记录数据所用的测度]

规程

[※ 测度的操作定义]

[※ 独立自变量和控制变量的描述]

[※ 任务的时间限制]

[※ 测试人员与受测人间沟通的策略和规程]

[◆ 参与者从被组织到被解散的事件序列]

[◆ 保密协议、完成表格的填写、准备工作、预先培训和任务报告]
[◆ 确认参与者了解并理解他们作为受测人的权利]
[◆ 说明执行测试和记录数据的步骤]
[◆ 测试期间与参与者进行沟通的人员数量和各自承担的角色]
[◆ 说明测试环境中是否有其他个体在场]
[◆ 陈述是否向参与者支付酬金]

参与者一般性指导

[※ 给予参与者的指导]
[※ 关于参与者如何与在场的其他人进行沟通的指导]

参与者任务指导

[※ 任务指导摘要]

易用性度量

[※ 有效性度量]
[※ 效率度量]
[※ 满意度度量]

结果

数据分析

[※ 数据采集]
[※ 数据评分]
[※ 数据简化]
[※ 统计分析]

结果表述

[※ 用表格形式表示的每个任务或任务组执行结果的有效性和效率的测度]

用户	测度 1	测度 2	……	测度 N
参与者 1				
参与者 2				
……				
参与者 N				
平均值				
标准差				
最大值				
最小值				

执行结果

[◆ 描述所有任务执行结果的有效性和效率测度的汇总表]

用户	总测度 1	总测度 2	……	总测度 N
参与者 1				
参与者 2				
……				
参与者 N				
平均值				
标准差				
最大值				
最小值				

[◆ 执行结果的图形表示]

[◆ 附加的度量表]

满意度结果

[※描述满意度结果的测度汇总表]

用户	标度 1	标度 2	……	标度 N
参与者 1				
参与者 2				
……				
参与者 N				
平均值				
标准差				
最大值				
最小值				

[◆ 满意度结果的图形表示]

附件

[※ 所使用的定制问卷]

[※ 参与者一般性指导]

[※ 参与者任务指导]

[◆ 发布说明]

参 考 文 献

[1] American Psychological Association.Ethical Principles in the Conduct of Research with Human Participants,1982.

[2] Brooke,J.(1996).SUS: A "quick and dirty" usability scale,In Jordan,P.W.,Thomas,B.T., and Weerdmeester,B.A.(Eds.),Usability Evaluation in Industry.UK: Taylor and Francis,pp.189-194.

[3] Chin,J.P.,Diehl,V.A.,and Norman,K.(1988).Development of an instrument measuring user satisfaction of the human-computer interface.In: CHI'88.Conference Proceedings on Human Factors in Computing Systems.New York: ACM,pp.213-218.

[4] Dumas,J.,and Redish,G.(1999).A Practical Guide to Usability Testing.UK: Intellect.

[5] Kirakowski, J. (1996). The software usability measurement inventory: Background and usage.In Jordan,P.,Thomas,B.,and Weerdmeester,B.(Eds.),Usability Evaluation in Industry.UK: Taylor and Francis,pp.169-177.

[6] Lewis,J.R.(1991).Psychometric evaluation of an after-scenario questionnaire for computer usability studies:the ASQ.SIGCHI Bulletin,23(1),78-81.

[7] Lewis,J.R.(1995).IBM computer usability satisfaction questionnaires:Psychometric evaluation and instructions for use.International Journal of Human-Computer Interaction,7,57-78.

[8] Macleod,M.,Bowden,R.,Bevan,N.and Curson,I.(1997).The MUSiC Performance Measurement method.Behaviour and Information Technology,16,279-293.

[9] Nielsen,J.,and Landauer,T.K.(1993).A mathematical model of the finding of usability problems.In:CHI'93.Conference Proceedings on Human Factors in Computing Systems.New York: ACM,pp.206-213.

[10] Norman,D.A.(1983).Design rules based on analyses of human error.Communications of the ACM,26(4),254-258.

[11] Rubin,J.(1994).Handbook of Usability Testing:How to Plan,Design,and Conduct Effective Tests.New York:John Wiley and Sons,Inc.

检28